宁波农业文化遗产调查
与发展研究

伍鹏 著

宁波文化研究工程

宁波文脉丛书

ZHEJIANG UNIVERSITY PRESS
浙江大学出版社
·杭州·

图书在版编目（CIP）数据

宁波农业文化遗产调查与发展研究 / 伍鹏著.
杭州：浙江大学出版社，2025. 3. -- ISBN 978-7-308
-25998-9

Ⅰ. S

中国国家版本馆 CIP 数据核字第 20252KB306 号

宁波农业文化遗产调查与发展研究

伍　鹏　著

策划编辑	吴伟伟
责任编辑	陈　翩
责任校对	丁沛岚
封面设计	米　兰
出版发行	浙江大学出版社
	（杭州天目山路 148 号　邮政编码 310007）
	（网址：http://www.zjupress.com）
排　　版	浙江大千时代文化传媒有限公司
印　　刷	杭州钱江彩色印务有限公司
开　　本	710mm×1000mm　1/16
印　　张	27.25
字　　数	392 千
版 印 次	2025 年 3 月第 1 版　2025 年 3 月第 1 次印刷
书　　号	ISBN 978-7-308-25998-9
定　　价	128.00 元

前　言

　　2022年7月18日,国家主席习近平向全球重要农业文化遗产大会致贺信强调:"人类在历史长河中创造了璀璨的农耕文明,保护农业文化遗产是人类共同的责任。"①习近平总书记的贺信,彰显了坚持在发掘中保护、在利用中传承,不断推进农业文化遗产保护实践的中国担当。农业文化遗产是中华文化之根基,是劳动人民长久以来生产、生活实践的智慧结晶,在历史上推动了农业发展,促进了社会进步,并创造出了悠久灿烂的中华农业文明。宁波农耕文化源远流长,早在七千年前,河姆渡的先民便种植水稻,创造了辉煌璀璨的稻作文化。宁波农业文化遗产作为我国农耕文明的重要组成部分,在社会组织、精神、宗教信仰、哲学、生活和艺术、文化传承以及和谐社会建设、推动农业现代化等方面具有较高价值。千百年来,勤劳智慧的宁波人民在传统农业生产中积累了包括宁波黄古林蔺草-水稻轮作系统、象山浙东白鹅养殖系统、宁海长街蛏子养殖系统、奉化芋艿头种植系统等在内的生产技艺与管理知识,创造了丰富的生产经验、传统技术以及人与自然生态和谐发展的思想理念,形成了资源保护与循环利用、生物间相生相克、人与自然和谐相处的朴素生态观和价值观。虽然随着社会经济发展的加快,一些传统的农耕方式正逐步被机械化生产方式取代,但传统农耕文化中的一些思想理念、模式对现代农业的发展依然具有参考和借鉴作用,是当前推进农业绿色发展的重要思想基础。因此,加大对宁波农业文化遗产的发掘保护和传承研究,向社会公众宣传宁波农业文化的精髓,对促进全社会了解与关注宁波农业文化遗产、

---

　　①　习近平向全球重要农业文化遗产大会致贺信[N].人民日报,2022-07-19(1).

促进农耕文化的传承和弘扬、拓展现代农业功能等具有重要意义。

党的二十大报告提出：全面推进乡村振兴，"坚持农业农村优先发展"，"加快建设农业强国，扎实推动乡村产业、人才、文化、生态、组织振兴"。2024年2月3日，中共中央、国务院发布《关于学习运用"千村示范、万村整治"工程经验有力有效推进乡村全面振兴的意见》（2024年中央一号文件），提出"强化农业文化遗产、农村非物质文化遗产挖掘整理和保护利用，实施乡村文物保护工程"。乡村振兴战略是新时期解决我国"三农"问题的总抓手，同时也为乡村文化遗产保护带来了新的契机。农业文化遗产作为乡村文化的重要载体，在传承优秀文化、推动乡村文明、建设美丽家园和特色村镇、促进农村一二三产业协调发展等方面具有不可取代的作用。农业文化遗产包含丰富的社会规范、生活伦理、节庆礼仪等人文内容，所传承的耕读传家、勤俭持家、守望相助等中华美德，对新时期加强农村思想道德教化、淳化乡风民风、坚定文化自信、改善社会治理都具有显著价值。河姆渡遗址、井头山遗址等遗址类农业文化遗产，黄古林蔺草-水稻轮作系统、宁海长街蛏子养殖系统等农业生产系统，前童元宵行会等民俗类农业文化遗产，它山堰等工程类农业文化遗产，均包含丰富的文化景观和生态资源，涵盖了家禽家畜、农耕作物、生产方式、生活习俗、乡村景观等多种类型，是宁波现代休闲农业和乡村旅游发展的良好载体。因此，加大对宁波农业文化遗产的发掘、保护和传承研究，深入挖掘与探讨宁波农业文化遗产的价值及其保护路径，对促进现代农业提质增绿、稳量增优以及可持续性发展，对推动乡村文明和高质量建设共同富裕示范区等，具有重要的意义。同时，加强对宁波农业文化遗产的保护与开发，打造具有吸引力的农业文化遗产旅游目的地，有利于保护保护生物、生产和文化的多样性，有利于促进以"望得见山、看得见水、记得住乡愁"为内涵的美丽乡村建设，推动遗产地经济社会的可持续发展。

中国农业文化遗产保护引领世界，相关研究也走在世界各国前列。学术界经过多年来的持续研究，涌现了一大批研究成果，形成了多个研究热点和领域。在论文方面，研究内容包括农业文化遗产的内涵、价值、特征，农业文化遗产的协同保护机制，农业文化遗产的开发利用及可持续发展等，研究主题趋于多元化，研究内容、研究方法等与我国的时代背景结合紧密，反映了我国乡村的历史与变迁，突出了学术研究上的中国特色。在著作方面，国内已经出版多部有关农业文化遗产的著作，研究内容从静态的农业文化遗产转向活态、原生态的农业文化遗产，研究方法从主要依赖历史文献学方法转向借鉴旅游、地理、生态、历史、民俗学多学科的研究方法。但从现有研究成果来看，系统介绍宁波农业文化遗产的分类、价值，以及全面探讨如何挖掘、保护和发展宁波农业文化遗产的成果为数不多，专门研究宁波农业文化遗产的相关著作尚付阙如。

本书对宁波、浙江其他地市以及全国其他地区的农业文化遗产保护与利用现状研究进行了深入调查研究，收集了翔实的数据与资料，从遗址类农业文化遗产、工程类农业文化遗产、技术类农业文化遗产、工具类农业文化遗产、物种类农业文化遗产、特产类农业文化遗产、聚落类农业文化遗产、民俗类农业文化遗产、景观类农业文化遗产、文献类农业文化遗产等方面对宁波市的农业文化遗产的分布、内涵、价值特征等方面进行了挖掘、归纳与分析，并对宁波农业文化遗产的保护实践及发展路径进行了探讨。

本书系 2023 年度宁波市第二批文化研究工程项目"宁波文脉丛书：宁波重要农业文化遗产的保护与发展"（课题编号：WH23-2-8）的成果。此外，本书的出版还得到了宁波市越窑青瓷文化研究中心、宁波市会展与旅游发展研究基地的资助。

农业文化遗产是一门跨学科、跨专业的知识体系，其学科及学术资源整合、知识结构的转型、研究方法等都还处于探索之中。本书内容丰富，涉及的专业知识广，由于课题研究者水平有限，成书时间较仓促，书中难免存在部分缺漏和错误，恳请广大读者批评指正。

本书在撰写过程中参阅并引用了国内外大量相关论著和文献，在此谨向原作者表示诚挚的感谢。

目　录

第一章　农业文化遗产概述

第一节　农业文化遗产的含义、分类与价值

一、农业文化遗产的分类

(一)农业文化遗产的广义分类

石声汉将农业文化遗产分为"具体实物"和"技术方法"两大类。其中,"具体实物"指可以由感官直接感知的农业遗产中的生产手段部分,包括生物、农具和农业生产技术设施所留下的"基本建设";"技术方法"指在一定的条件下,使用一定的生产手段,把从生产实践中得到的认识,用语言乃至文字加以总结整理,成为可以传授的理性知识。[①]

韩燕平、刘建平认为,农业遗产由农业文化遗存组成。这些遗存由与农业相关的遗址、农业制度、耕种方法与技术,与农业相关的民俗文化,以及与农业相关的社会活动场所(农民住宅、古村落、宗教活动地等)组成。在形式上,其由两部分组成:一是物质实体(农作物遗存、生产工具遗存、水利灌溉工程遗址、田地遗址、特色农业等一切与农业生产相关的物质实体以及由物质实体形成的特色景观);二是非物质遗产(历代耕种制度、土地制度、耕种方法与技术的演进、历代农业的产值、产量、规模以及农民的

---

① 石声汉.中国农学遗产要略[M].北京:农业出版社,1981:1-2.

生活状况、农业民俗等)。①

徐旺生、闵庆文认为,农业文化遗产可以分为物质类遗产、非物质类遗产和混合类遗产3种。其中,物质类农业文化遗产有5种类型,分别是农业遗址类遗产、农业工程类遗产、农业工具类遗产、农业物种类遗产、农业景观类遗产;非物质类农业文化遗产有2种类型,分别为农业技术类遗产、农业民俗类遗产;混合类农业文化遗产有2种类型,分别为农业文献类遗产、农业品牌类遗产。②

王思明、李明认为,按遗产"活化"的程度,广义的农业文化遗产可以分为"固态"农业文化遗产和"活态"农业文化遗产。其中,"固态"农业文化遗产是指其形态是凝固不变的,包括遗址类、文献类农业文化遗产以及现在不再使用的农业工程、农业工具等。对于"固态"农业文化遗产,可以采用静态的保护方法,即以图片、文字、录音、录像、实物、模型、数字化等多种技术手段进行记录、收集、保存、陈列,建立农业文化遗产数据库和资源库。"活态"农业文化遗产是指其形态仍然在使用、在发展变化,包括农业景观、农业聚落、农业特产、农业物种、农业民俗,以及仍在使用的农业工程、农业工具和农业技术。对于"活态"农业文化遗产,可以采用动态的保护方法,即让农业文化遗产真实地生活在创造者的世界里面,让文化生态在流传中继承,在展示中保护,在利用中发展。③

彭兆荣认为,按照遗产的存在和展示形式,广义的农业文化遗产可以分为记忆中的农业文化遗产、展台中的农业文化遗产、舞台中的农业文化遗产和生活中的农业文化遗产。记忆中的农业文化遗产是指没有客观载体、以文字和口头叙事形式记载和传承的农业文化遗产,如农业文献中的记载、民间传说等;展台中的农业文化遗产是指以文物、遗址、建筑等形式存在的农业遗址、农业工程、农业工具、与农业相关的文物保护单位等;舞台中的农业文化遗产是指以表演等艺术形式存在的戏曲、民歌、仪式;生

---

① 韩燕平,刘建平.关于农业遗产几个密切相关概念的辨析:兼论农业遗产的概念[J].古今农业,2007(3):111-115.

② 徐旺生,闵庆文.农业文化遗产与"三农"[M].北京:中国环境科学出版社,2008:5.

③ 王思明,李明.中国农业文化遗产名录(上册)[M].北京:中国农业科学技术出版社,2016:11.

活中的农业文化遗产是指以"活态"形式存在的仍然存在于遗产原真性主体生产、生活中的农业文化遗产,如农业景观、农业聚落、农业民俗等。①

（二）农业文化遗产的狭义分类

狭义的农业文化遗产以作物为基础,其特点是高度的生物多样性。这反映了当地农民通过种植若干品种的作物来尽量减少风险的战略,从而稳定长期单产,促进膳食多样化,以少量投入获得最大收益。生物多样性系统通常享有营养丰富的植物、昆虫天敌、授粉生物、固氮和氮分解细菌,以及多种多样、具备各种有益生态功能的其他生物。其他系统通过高效利用各种地貌成分(如高地、谷地)或综合利用作物和畜牧而达到多样化。②

按照联合国粮农组织(FAO)制定的标准,典型的全球重要农业文化遗产分为7种类型:(1)以水稻为基础的农业系统;(2)以玉米/块根作物为基础的农业系统;(3)以芋头为基础的农业系统;(4)游牧与半游牧系统;(5)独特的灌溉和水土资源管理系统;(6)复杂的多层庭园系统;(7)狩猎—采集系统。2011年,联合国粮农组织有关专家将典型的全球重要农业文化遗产项目扩展为10种类型:(1)以山地稻梯田为基础的农业生态系统;(2)以多重收割/混养为基础的农业系统;(3)以林下叶层植物为基础的农业系统;(4)游牧与半游牧系统;(5)独特的灌溉和水土资源管理系统;(6)复杂的多层庭园系统;(7)海平面以下系统;(8)部落农业文化遗产系统;(9)高位值的庄稼和香料系统;(10)狩猎—采集系统。这一分类虽然在数量上有所增加,但仍然局限于狭义的农业文化遗产,有些已列入全球重要农业文化遗产的项目明显并不属于这10种类型,并且狩猎—采集系统与一般的对农业生产系统的理解并不一致。因为狩猎、采集作为一种生存技能,主要是猎捕食物和直接采摘可食用果实的生存技能,而不依靠驯养或农业的生存状态;农业社会出现后,狩猎、采集社会逐渐被取代。

此外,闵庆文、孙业红还将狭义的农业文化遗产按功能分为复合农业

---

①　彭兆荣.文化遗产学十讲[M].昆明:云南教育出版社,2012.

②　赵敏.中外农业遗产介绍[N].中国旅游报,2005-06-17.

系统、水土保持系统、农田水利系统、抗旱节水系统、特定农业物种等类型。①

(三)本书采用的农业文化遗产分类方式

农业文化遗产是人类文化遗产的重要组成部分,是历史时期人类农事活动发明创造、积累传承的,具有历史、科学及人文价值的物质与非物质文化的综合体系。这里说的农业是"大农业"的概念,既包括农耕,也包括畜牧、林业和渔业;既包括农业生产的条件和环境,也包括农业生产的过程、农产品加工及民俗民风。② 本书借鉴王思明、李明《中国农业文化遗产名录》一书对农业文化遗产的分类方法,将农业文化遗产细分为10种主要类型,既包括有形的物质遗产(具体实物),也包括无形的非物质遗产(技术方法),还包括农业物质遗产与非物质遗产相互融合的形态。即:遗址类农业文化遗产、物种类农业文化遗产、工程类农业文化遗产、技术类农业文化遗产、工具类农业文化遗产、文献类农业文化遗产、特产类农业文化遗产、景观类农业文化遗产、聚落类农业文化遗产、民俗类农业文化遗产。每种主要类型的农业文化遗产中又可以划分为若干基本类型,即二级分类,见表1.1。

表1.1 农业文化遗产的分类体系

主要类型	基本类型
A.遗址类农业文化遗产	AA.粟作遗址 AB.稻作遗址 AC.渔猎遗址 AD.游牧遗址 AE.贝丘遗址 AF.洞穴遗址
B.物种类农业文化遗产	BA.畜禽类物种 BB.作物类物种

① 闵庆文,孙业红.农业文化遗产的概念、特点与保护要求[J].资源科学,2009(6):914-918.
② 王思明,李明.中国农业文化遗产名录(上册)[M].北京:中国农业科学技术出版社,2016:11.

主要类型	基本类型
C. 工程类农业文化遗产	CA. 运河闸坝工程 CB. 海塘堤坝工程 CC. 塘浦圩田工程 CD. 陂塘工程 CE. 农田灌溉工程
D. 技术类农业文化遗产	DA. 土地利用技术 DB. 土壤耕作技术 DC. 栽培管理技术 DD. 防虫减灾技术 DE. 生态优化技术 DF. 畜牧养殖、兽医、渔业技术
E. 工具类农业文化遗产	EA. 整地工具 EB. 播种工具 EC. 中耕工具 ED. 施肥积肥工具 EE. 收获工具 EF. 脱粒工具 EG. 农田水利工具 EH. 农用运输工具 EI. 植物保护工具 EJ. 加工工具 EK. 生产保护工具 EL. 渔具 EM. 养蚕工具 EN. 其他农具
F. 文献类农业文化遗产	FA. 综合性类文献 FB. 时令占候类文献 FC. 农田水利类文献 FD. 农具类文献 FE. 土壤耕作类文献 FF. 大田作物类文献 FG. 园艺作物类文献 FH. 竹木茶类文献 FI. 畜牧兽医类文献 FJ. 蚕桑鱼类文献 FK. 农业灾害及救济类文献
G. 特产类农业文化遗产	GA. 农业产品类特产 GB. 林业产品类特产 GC. 畜禽产品类特产 GD. 渔业产品类特产 GE. 农副产品加工品类特产

续表

主要类型	基本类型
H.景观类农业文化遗产	HA.农（田）地景观 HB.园地景观 HC.林业景观 HD.畜牧业景观 HE.渔业景观 HF.复合农业系统
I.聚落类农业文化遗产	IA.农耕类聚落 IB.林业类聚落 IC.畜牧类聚落 ID.渔业类聚落 IE.农业贸易类聚落
J.民俗类农业文化遗产	JA.农业生产民俗 JB.农业生活民俗 JC.民间观念与信俗

资料来源：王思明，李明.中国农业文化遗产名录（上册）［M］.北京：中国农业科学技术出版社，2016：12-13.

1.遗址类农业文化遗产

遗址类农业文化遗产指已经退出农业生产领域的早期人类农业生产和生活遗迹。主要类型有粟作遗址、稻作遗址、渔猎遗址、游牧遗址、贝丘遗址、洞穴遗址，以及从遗址中发掘出的各种农业生产工具遗存、生活用具遗存、农作物和家畜遗存等。如余姚的河姆渡文化遗址、井头山遗址、田螺山遗址等史前遗址，云南普洱古茶园与茶文化系统、浙江杭州西湖龙井茶文化系统，宁波射雀岗畈梯田等生产类农业文化遗址，以及宁波永丰库遗址、宁波大榭遗址等古代与农业文化相关的遗址等。

2.物种类农业文化遗产

物种类农业文化遗产指人类在长期的农业生产实践中驯化和培育的动物和植物（作物）种类。其主要以地方品种的形式存在。如列入中国重要农业文化遗产名单的北京京西稻作文化系统、黑龙江宁安响水稻作文化系统、浙江庆元香菇文化系统、浙江仙居杨梅栽培系统、浙江黄岩蜜橘筑墩栽培系统,以及内蒙古阿鲁科尔沁草原游牧系统、黑龙江抚远赫哲族鱼文化系统、宁夏盐池滩羊养殖系统、浙江德清淡水珍珠传统养殖与利用系统、浙江开化山泉流水养鱼系统、浙江缙云茭白-麻鸭共生系统等。

3. 工程类农业文化遗产

工程类农业文化遗产指为提高农业生产力和改善农村生活环境而修建的各种古代设施。主要类型有运河闸坝工程、海塘堤坝工程、塘浦圩田工程、陂塘工程、农田灌溉工程等。如列入中国重要农业文化遗产名单的安徽寿县芍陂(安丰塘)及灌区农业系统、新疆吐鲁番坎儿井农业系统、新疆伊犁察布查尔布哈农业系统,以及浙江省列入世界灌溉工程遗产的宁波它山堰、丽水通济堰、诸暨桔槔井灌工程等。

4. 技术类农业文化遗产

技术类农业文化遗产指农业劳动者在古代和近代农业时期发明并运用的各种耕种制度、土地制度、种植和养殖方法与技术。主要类型有土地利用技术、土壤耕作技术、栽培管理技术、防虫减灾技术、生态优化技术以及畜牧养殖、兽医、渔业技术等。

5. 工具类农业文化遗产

工具类农业文化遗产指在古代及近代农业时期,由劳动人民所创造的、在现代农业中缓慢或已停止改进和发展的农业工具及其文化,包括整地工具、播种工具、中耕工具、积肥施肥工具、收获工具、脱粒工具、农田水利工具、农用运输工具、植物保护工具、加工工具、生产保护工具、渔具、养蚕工具、其他农具等。

6. 文献类农业文化遗产

文献类农业文化遗产指古代留传下来的各种农书和有关农业的文献资料。主要类型有综合性类文献、时令占候类文献、农田水利类文献、农具类文献、土壤耕作类文献、大田作物类文献、园艺作物类文献、竹木茶类文献、畜牧兽医类文献、蚕桑鱼类文献、农业灾害及救济类文献等。我国古代的农业科学技术文献十分丰富。据统计,我国古代农业文献现存的有 200 多种,如东汉崔寔的《四民月令》、北魏贾思勰的《齐民要术》、宋代陈旉的《陈旉农书》、元代王祯的《王祯农书》、明代徐光启的《农政全书》等。

7. 特产类农业文化遗产

特产类农业文化遗产即传统农业特产,指某地历史上形成的,特有的或特别著名的,有独特文化内涵的植物、动物、微生物产品及其加工品。主要类型有农业产品类特产、林业产品类特产、畜禽产品类特产、渔业产品类特产、农副产品加工品类特产等。如列入中国重要农业文化遗产名单的辽宁宽甸柱参传统栽培体系、江苏泰兴银杏栽培系统、重庆石柱黄连生产系统、宁夏中宁枸杞种植系统、浙江绍兴会稽山古香榧群、浙江仙居杨梅栽培系统等。

8. 景观类农业文化遗产

景观类农业文化遗产是指由自然条件与人类活动共同创造,由生命景观、农业生产、生活场景等多种元素综合构成,具有生产价值和审美价值的复合系统。主要类型有农(田)地景观、园地景观、林业景观、畜牧业景观、渔业景观、复合农业系统等。如列入中国重要农业文化遗产名单的浙江湖州桑基鱼塘系统、浙江云和梯田农业系统、浙江安吉竹文化系统、江西崇义客家梯田系统、云南哈尼稻作梯田系统等农(田)地景观,以及内蒙古敖汉旱作农业系统、内蒙古伊金霍洛农牧生产系统、江苏兴化垛田传统农业系统、浙江青田稻鱼共生系统、甘肃迭部扎尕那农林牧复合系统、新疆奇台旱作农业系统等复合农业系统。

9. 聚落类农业文化遗产

聚落是人类各种形式的聚居地的总称,不仅指房屋建筑的集合体,还包括与居住直接有关的生活设施和生产设施。主要类型有农业类聚落、林业类聚落、畜牧类聚落、渔业类聚落、农业贸易类聚落等。

10. 民俗类农业文化遗产

民俗类农业文化遗产是指一个民族或区域在长期的农业发展中所创

造、享用和传承的生产生活风尚,包括关于农业生产和生活的仪式、祭祀、表演、信俗和禁忌等。主要类型有农业生产民俗、农业生活民俗、民间观念与信俗等。如浙江省的青田鱼灯舞、嘉善田歌、渔民开洋谢洋节等。

二、农业文化遗产的重要价值

闵庆文认为,与世界自然和文化遗产一样,农业文化遗产也具有突出普遍价值(outstanding universal value)。不同的是,作为以活态性、复合性、可持续性、多功能性、濒危性为主要特点的传统农业生产系统,农业文化遗产的突出的普遍价值有自己的内涵,主要表现在生态与环境价值、经济与生计价值、社会与文化价值、科研与教育价值、示范与推广价值等六个方面。[①]

(一)生态与环境价值

首先,农业文化遗产具有突出的农业生物多样性,像浙江青田的田鱼、云南哈尼梯田的红米与紫米、内蒙古敖汉的小米、江西万年的贡米、浙江绍兴的香榧、河北宣化的牛奶葡萄、云南普洱的古茶树资源等种质资源都具有重要的遗产价值,而且农业文化遗产的物种多样性、生态系统多样性乃至景观多样性也很突出。其次,农业文化遗产系统具有多种生态服务功能,特别是能控制水土流失、提高对病虫与极端气候条件的抵御与适应能力、调节气候、涵养水源、提高土壤肥力、提高资源利用效率、控制农业有害生物、减少温室气体排放、维持农业生态系统稳定等,从而使农业文化遗产地具有良好的生态与环境质量,成为发展特色生态农产品的资源优势。

(二)经济与生计价值

首先,独特的品种资源为发展特色农业、品牌农业奠定了生物资源基础,良好的生态条件为发展生态农业、有机农业提供了环境保障,浓郁的民族习俗与地域特色,促进了文化农业、休闲农业的发展,多物种互利共

---

① 闵庆文.农业文化遗产的五大核心价值[N].农民日报,2014-01-21.

生减少了化肥农药投入,降低了生产成本。这些都有助于提高农产品的价格、扩大增收途径,提高农业生产的经济效益,增加农民收入。其次,农业文化遗产系统内的粮食、蔬菜、果品、肉类、油料、木材、药材、燃料、染料、糖料等多种产出,提供了充足营养,改善了人们生活,确保了食物安全,提高了当地居民的生计保障水平与福祉。

（三）社会与文化价值

首先,贫困山区土地资源短缺,农村劳动力剩余较多,农业文化遗产在一定程度上缓解了农村剩余劳动力带来的压力。土地利用类型的多样化和资源管理的有效性、资源利用的多样性,提高了适应本地自然条件的生存能力。其次,包括农耕文化及与系统密切相关的乡村民约、宗教礼仪、风俗习惯、民间传说、歌舞艺术以及饮食文化、服饰文化、建筑文化等,丰富多彩,维持了文化多样性,促进了传统文化的传承,具有重要的文化价值。

（四）科研与教育价值

首先,农业文化遗产蕴藏着许多科技秘密(如生物种群间的相互作用机制、社会文化系统的稳定性维持机制等),为相关领域的多学科综合研究提供了天然实验室。其次,农业文化遗产是重要的生态、文化、传统教育基地,展示了先民的勤劳、勇敢与智慧。

（五）示范与推广价值

农业文化遗产中的传统知识与技术体系值得示范与推广。农业文化遗产地是展示传统农业辉煌成就的窗口,为现代农业生产提供了宝贵经验,为农业文化遗产保护提供了实证案例,为可持续农业和国际农业发展提供了示范案例。以稻鱼共生系统为例,由于它是一种典型的传统生态农业生产方式,具有增产、增收、节支等多种优点及改善农民生活等特点,因此,在适合发展稻鱼共生系统的地区,这种生产方式可进行推广。目前,中国有20多个省份都有稻鱼共生系统,浙江青田的农业文化遗产稻鱼共生系统的保护经验对全国各地稻鱼共生系统具有重要的示范与推广价值。

（六）旅游与休闲价值

首先,文化是旅游的灵魂,也是农业文化遗产地旅游产品开发的源泉。农业文化遗产具有突出的文化多样性和深刻的文化内涵。农耕文化以有形或无形的方式融入遗产地的各个方面,形成特有的农耕旅游文化。对这些文化加以开发利用,有利于保护、传承和弘扬中华农耕文化,促进遗产目的地的乡村旅游开发和乡村振兴,拓展现代农业功能。其次,许多农业文化遗产景观展示的是与农业生产相关的植物、动物、水体、道路、建筑物、工具、劳动者等,是生产功能和审美功能相统一的系统,具有较高的美学价值。最后,农业生产经营活动场面具有观赏价值。如农作物的人工或机械化耕种、采摘、收割等生产经营场面等,能够给城市游客带来壮观新奇的视觉冲击。

三、加强农业文化遗产保护与利用的重要意义

（一）保护、传承和弘扬中华农耕文化,拓展现代农业功能

我国是世界农业大国,拥有历史悠久、内涵丰富的农耕文化。农业文化遗产是中华文化之根基,是劳动人民长久以来生产、生活实践的智慧结晶,在历史上推动了农业发展,促进了社会进步,并创造出了悠久灿烂的中华农业文明。我国不少农业文化遗产在社会组织、精神、宗教信仰、哲学、生活和艺术等方面依然具有重要作用,在文化传承与和谐社会建设方面具有较高价值。因此,深入发掘农业文化遗产的内涵并加以保护,向社会公众宣传我国农业文化的精髓,有利于中华农耕文化的传承和弘扬。同时,加大对农业文化遗产的发掘保护和利用传承力度,对于促进农业农村发展、农民持续增收,保留农村的自然风貌、乡土风韵,建设以"望得见山、看得见水、记得住乡愁"为内涵的美丽乡村,都具有重要意义。

（二）促进现代农业人与自然和谐共生和可持续发展

几千年以来,劳动人民在传统农业生产实践中积累创造了丰富的生产经验、传统技术以及人与自然生态和谐发展的思想理念,形成了资源保

护与循环利用、生物间相生相克、人与自然和谐相处的朴素生态观和价值观。随着社会经济发展的加快,农业生产方式不断转变,一些传统的农耕方式正逐步被机械化生产方式取代。但勤劳智慧的中国人民在数千年来的传统农业生产中积累的生产技艺、管理知识(如节气、农业物候、产品加工、虫害防治、自然灾害规避、合理耕作、水土保持、水利灌溉等知识和技术)对现代农业发展依然具有一定的应用价值,在数千年来的传统农业生产中形成的一些发展思想、理念、模式(如桑基鱼塘、稻田养鱼等生态农业模式,间作、轮作等耕作模式)对现代农业的发展依然具有借鉴作用。尤其是我国传统农业生产所追求的人与自然和谐共生的理念对现代农业提质增绿、稳量增优等具有很强的借鉴意义。同时,加强对农业文化遗产的发掘,促进传承与创新的结合,有利于增强我国现代农业发展的全面性、协调性和可持续性。

(三)促进乡村振兴战略的实施

党的二十大报告提出,全面推进乡村振兴,"坚持农业农村优先发展,坚持城乡融合发展,畅通城乡要素流动。加快建设农业强国,扎实推动乡村产业、人才、文化、生态、组织振兴"。2022 年 7 月 18 日,国家主席习近平向全球重要农业文化遗产大会致贺信强调:"人类在历史长河中创造了璀璨的农耕文明,保护农业文化遗产是人类共同的责任。中国积极响应联合国粮农组织全球重要农业文化遗产倡议,坚持在发掘中保护、在利用中传承,不断推进农业文化遗产保护实践。"[①]2023 年 2 月,中共中央、国务院发布《关于做好 2023 年全面推进乡村振兴重点工作的意见》(中央一号文件),提出"深入实施农耕文化传承保护工程,加强重要农业文化遗产保护利用"。2024 年 2 月,中共中央、国务院发布《关于学习运用"千村示范、万村整治"工程经验有力有效推进乡村全面振兴的意见》(中央一号文件),提出"推动农耕文明和现代文明要素有机结合,书写中华民族现代文明的乡村篇","加强乡村优秀传统文化保护传承和创新发展。强化农业

---

① 习近平向全球重要农业文化遗产大会致贺信[N]. 人民日报,2022-07-19(1).

文化遗产、农村非物质文化遗产挖掘整理和保护利用,实施乡村文物保护工程"。近年来,我国农业文化遗产保护与发展的经济效益、生态效益与社会效益不断显现,涌现出一批重要农业文化遗产保护利用的典型模式,为农业文化遗产保护与发展贡献了经验。

(四)促进乡村旅游发展,保护农村生态环境

将农业文化遗产资源利用与乡村旅游发展有机结合,是农业文化遗产保护和利用的有效途径。我国许多重要农业文化遗产既是重要的农业生产系统,又包含了丰富的文化资源、景观资源和生态资源,是现代休闲农业和乡村旅游发展的良好载体。一方面,在保护的基础上,对这些资源进行文化内涵的发掘,根据"多方参与,惠益共享"的原则,与农业文化展示、休闲农业、乡村旅游发展有机结合,打造具有吸引力的以农业遗产为主题的全域旅游目的地,形成生产、生活、生态有机结合的产业发展格局。如此,既可以为遗产保护提供资金、人力支持,又能有效带动遗产地农民的就业增收,推动遗产地经济社会的可持续发展。另一方面,在传承传统农业文化的基础上,建立政府主导、多方参与、分类管理、利益共享的机制,促进农业文化遗产保护与旅游业的协同发展,促进农业文化遗产目的地生态环境、现代农业、休闲观光等多种功能的实现。这符合"产业兴旺、生态宜居、乡风文明、治理有效、生活富裕"的乡村振兴要求,是"坚持人与自然和谐共生,坚持因地制宜"的乡村振兴战略实施原则的具体体现。

第二节　重要农业文化遗产名录

一、全球重要农业文化遗产名录

(一)全球重要农业文化遗产项目的缘起

随着现代技术、文化和经济的快速发展,许多农业文化遗产及其生物

多样性和社会环境基础正面临威胁。如果不采取有效措施帮助这些农业生产系统应对所面临的威胁,将难以避免世界上无数的农村社区消失于工业化、现代化和全球化浪潮中的厄运。

2002 年 8 月,联合国粮农组织在全球环境基金会(GEF)的支持下,联合有关国际组织和国家发起了全球重要农业文化遗产项目(Globally Important Agricultural Heritage Systems,简称 GIAHS)。其建立的宗旨主要包括:建立农业文化遗产及其有关景观、农业生物多样性、农业知识和文化的保护体系;促进全球范围内对当地农民与少数民族关于自然和环境的传统知识和管理经验的认识,并能运用这些知识和经验来应对当代发展所面临的挑战;促进农业的可持续发展和振兴,以及农村发展目标的实现;等等。

(二)全球重要农业文化遗产的概念与类型

全球重要农业文化遗产在概念上等同于世界文化遗产。联合国粮农组织将其定义为:"农村与其所处环境长期协同进化和动态适应下所形成的独特的土地利用系统和农业景观。这种系统与景观具有丰富的生物多样性,而且可以满足当地社会经济与文化发展的需要,有利于促进区域可持续发展。"

按照联合国粮农组织制定的标准,典型的全球重要农业文化遗产包括以下类型:以水稻为基础的农业系统;以玉米/块根作物为基础的农业系统;以芋头为基础的农业系统;游牧与半游牧系统;独特的灌溉和水土资源管理系统;复杂的多层庭园系统;狩猎—采集系统。

(三)全球重要农业文化遗产的特点

第一,全球重要农业文化遗产专属于农业以及农、林、牧、渔相结合的复合系统遗产类型。与其他世界遗产类型相比,全球重要农业文化遗产是专属于农业的遗产类型。这些农业生产系统是农、林、牧、渔相结合的复合系统。在这种系统中,植物、动物、人类与景观在特殊环境下共同适应与共同进化,通过社会文化实践和机制的协同管理。这种系统能够为当地提供粮食与生计安全,为人类提供社会、文化、生态系统服务,具有重要的保护、传承价值和意义。

第二，全球重要农业文化遗产具有生物多样性的特征。这种多样性主要表现在动植物的遗传、营养丰富的植物、捕食昆虫的动物、授粉动物、固氮和分解氮的细菌，以及大量具有各种有益生态功能的其他有机物等方面。农民可以利用有机生态技术，利用有限的资源，种植不同品种的作物，将自然灾害可能造成的损失降到最小，从而获得最大的收益，促进饮食结构的多样化。这类农业生态系统能够满足被驯化数百年的本土动物品种的生长需要，能够满足当地环境和社会发展的要求，还为野生动物提供了栖息地。

第三，全球重要农业文化遗产是一种注重人地和谐的、活态的复合型遗产。全球重要农业文化遗产主要体现的是人类在长期的生产、生活中与大自然达成的一种和谐与平衡。它不仅是具有突出普遍价值的景观，而且对于保存具有全球重要意义的农业生物多样性、维持可恢复生态系统以及传承具有突出普遍价值的传统知识和文化活动等都具有重要作用。与其他的遗产类型相比，全球重要农业文化遗产更强调人与环境和谐共生，更加注重社会经济的可持续发展。

（四）全球重要农业文化遗产的运行情况

2005 年，联合国粮农组织在全世界不同国家和地区选择了 5 个不同类型的传统农业系统作为首批保护试点。通过研究与试点项目，联合国粮农组织在农业文化遗产的价值挖掘、农业文化遗产的保护与利用途径探索、农业文化遗产的保护理念与经验推广、农业文化遗产地文化自觉和遗产产业发展等方面开展了大量工作。全球重要农业文化遗产作为一种新的世界遗产类型，已经得到国际社会的广泛认可。从 2005 年到 2023 年 11 月，联合国粮农组织认定了 26 个国家的 86 个系统及遗产地。

中国是较早响应并积极参加全球重要农业文化遗产项目的国家之一，并在项目执行中发挥了重要作用。2005 年，浙江青田稻鱼共生系统成为首批保护试点。之后，我国农业主管部门等相关部门编制了相关全球重要农业文化遗产试点的保护与发展规划，成立了全球重要农业文化遗产专家委员会,通过学术研讨、培训等形式,指导试点地区的项目发展,产生了良好的社会效益、生态效益和经济效益,为世界其他试点国家提供了先进经验。

2022年7月18—19日,全球重要农业文化遗产大会在浙江青田举办,国家主席习近平致信祝贺。此次大会是自2002年联合国粮农组织发起全球重要农业文化遗产保护倡议以来,遗产所在国组织召开的规模最大、层级最高、影响最大的会议。大会由中国农业农村部和浙江省人民政府主办,伊朗、意大利、日本、秘鲁、韩国、泰国、坦桑尼亚等国农业部共同举办,32个国家和国际组织的200余名代表线上线下出席会议。大会以"保护共同农业遗产,促进全面乡村振兴"为主题,邀请有关国家、区域、国际组织、学界等探讨全球重要农业文化遗产与粮食系统韧性、乡村可持续发展、农民生计改善等重要议题。

截至2023年11月,我国共有全球重要农业文化遗产22项,数量保持世界首位,见表1.2。

表1.2　中国入选全球重要农业文化遗产项目

序号	项目名称	所在地区	入选时间
1	浙江青田稻鱼共生系统	浙江	2005年6月
2	江西万年稻作文化系统	江西	2010年6月
3	云南红河哈尼稻作梯田系统	云南	2010年6月
4	贵州从江侗乡稻鱼鸭系统	贵州	2011年6月
5	云南普洱古茶园与茶文化系统	云南	2012年9月
6	内蒙古敖汉旱作农业系统	内蒙古	2012年9月
7	浙江绍兴会稽山古香榧群	浙江	2013年6月
8	河北宣化城市传统葡萄园	河北	2013年6月
9	福建福州茉莉花与茶文化系统	福建	2014年4月
10	江苏兴化垛田传统农业系统	江苏	2014年4月
11	陕西佳县古枣园	陕西	2014年4月
12	甘肃迭部扎尕那农林牧复合系统	甘肃	2018年4月

序号	项目名称	所在地区	入选时间
13	浙江湖州桑基鱼塘系统	浙江	2018 年 4 月
14	中国南方稻作梯田	广西、福建、江西、湖南	2018 年 4 月
15	山东夏津黄河故道古桑树群	山东	2018 年 4 月
16	安溪铁观音茶文化系统	福建	2022 年 5 月
17	内蒙古阿鲁科尔沁草原游牧系统	内蒙古	2022 年 5 月
18	河北涉县旱作石堰梯田系统	河北	2022 年 5 月
19	浙江庆元林-菇共育系统	浙江	2022 年 11 月
20	河北宽城传统板栗栽培系统	河北	2023 年 11 月
21	安徽铜陵白姜种植系统	安徽	2023 年 11 月
22	浙江仙居古杨梅群复合种养系统	浙江	2023 年 11 月

二、中国重要农业文化遗产名单

(一)中国重要农业文化遗产名单的建立

我国拥有悠久灿烂的农耕文化历史,创造了种类繁多、特色明显、经济与生态价值高度统一的重要农业文化遗产。重要农业文化遗产是我国劳动人民凭借着独特而多样的自然条件和他们的勤劳与智慧创造出的农业文化典范,蕴含着天人合一的哲学思想,具有较高的历史文化价值。但是,在经济快速发展、城镇化加快推进和现代技术加速应用的过程中,由于缺乏系统有效的保护,一些重要农业文化遗产正面临着被破坏、被遗忘、被抛弃的危险。

为加强我国农业文化遗产的动态保护,推动农业文化遗产地经济社会可持续发展,我国政府从 2012 年开始,每两年发掘和认定一批中国重要农业文化遗产。我国是世界上第一个开展国家级农业文化遗产评选与保护的国家。2012—2015 年,农业部先后制定了《中国重要农业文化遗产认定标准》《中国重要农业文化遗产管理办法(试行)》《重要农业文化遗产管理办法》等文件。

(二)中国重要农业文化遗产的概念与特征

根据 2015 年 7 月农业部发布的《重要农业文化遗产管理办法》,重要农业文化遗产是指我国人民在与所处环境长期协同发展中世代传承并具有丰富的农业生物多样性、完善的传统知识与技术体系、独特的生态与文化景观的农业生产系统,包括由联合国粮农组织认定的全球重要农业文化遗产和由农业部认定的中国重要农业文化遗产。

根据 2012 年农业部制定的《中国重要农业文化遗产认定标准》,中国重要农业文化遗产具有以下特征:(1)活态性。这些系统历史悠久,至今仍然具有较强的生产与生态功能,是农民生计保障和乡村和谐发展的重要基础。(2)适应性。这些系统随着自然条件变化、社会经济发展与技术进步,为了满足人类不断增长的生存与发展需要,在系统稳定基础上因地、因时地进行结构与功能的调整,充分体现出人与自然和谐发展的生存智慧。(3)复合性。这些系统不仅包括一般意义上的传统农业知识和技术,还包括那些历史悠久、结构合理的传统农业景观,以及独特的农业生物资源与丰富的生物多样性。(4)战略性。这些系统对于应对经济全球化和全球气候变化,保护生物多样性、生态安全、粮食安全,解决贫困等重大问题以及促进农业可持续发展和农村生态文明建设具有重要的战略意义。(5)多功能性。这些系统兼具食品保障、原料供给、就业增收、生态保护、观光休闲、文化传承、科学研究等多种功能。(6)濒危性。政策与技术条件以及社会经济发展的阶段性造成这些系统的变化具有不可逆性,会产生农业生物多样性减少、传统农业技术知识丧失以及农业生态环境退化等风险。

(三)入选中国重要农业文化遗产的条件与标准

根据 2015 年 7 月农业部发布的《重要农业文化遗产管理办法》,重要农业文化遗产应当具备以下条件:(1)历史传承至今仍具有较强的生产功能,为当地农业生产、居民收入和社会福祉提供保障;(2)蕴涵资源利用、农业生产或水土保持等方面的传统知识和技术,具有多种生态功能与景观价值;(3)体现人与自然和谐发展的理念,蕴含劳动人民智慧,具有较高的文化传承价值;(4)面临自然灾害、气候变化、生物入侵等自然因素和城镇化、农业新技术、外来文化等人文因素的负面影响,存在着消亡风险。

根据 2012 年 4 月农业部发布的《中国重要农业文化遗产认定标准》,认定中国重要农业文化遗产包括以下基本标准:(1)历史性。包括历史起源、历史长度两个指标。前者指系统所在地是有据可考的主要物种的原产地和相关技术的创造地,或者该系统的主要物种和相关技术在中国有过重大改进;后者指该系统以及所包含的物种、知识、技术、景观等在中国使用的时间至少有 100 年历史。(2)系统性。包括物质与产品、生态系统服务、知识与技术体系、景观与美学、精神与文化等 5 个方面的指标,基本要求包括:物质与产品具有鲜明的特色和显著的地理特征;生态系统服务功能明显;知识与技术系统较完善,并具有一定的科学价值和实践意义;有较高的美学价值和一定的休闲农业发展潜力;具有较丰富的文化多样性等。(3)持续性。包括自然适应、人文发展两个指标。前者指该系统通过自身调节机制所表现出的对气候变化和自然灾害影响的恢复能力;后者指该系统通过其多功能特性表现出的在食物、就业、增收等方面满足人们日益增长的需求的能力。(4)濒危性。包括变化趋势、胁迫因素两个指标。前者指该系统过去 50 年来的变化情况与未来趋势,包括物种丰富程度、传统技术使用程度、景观稳定性以及文化表现形式的丰富程度;后者指影响该系统健康维持的主要因素(如气候变化、自然灾害、生物入侵等自然因素和城市化、工业化、农业新技术、外来文化等人文因素)的多少和强度。

此外,入选中国重要农业文化遗产还需要符合辅助标准。辅助标准主要包括示范性和保障性两个方面。其中,示范性包括参与情况、可进入性、可推广性三个指标;保障性包括组织建设、制度建设、规划编制三个指标。

(四)中国重要农业文化遗产名单入选概况

2012 年 3 月,农业部发布《关于开展中国重要农业文化遗产发掘工作的通知》,并出台了《中国重要农业文化遗产认定标准》。2013 年 5 月,农业部公布传统漏斗架葡萄栽培体系——河北宣化传统葡萄园,世界旱作农业源头——内蒙古敖汉旱作农业系统等 19 项传统农业系统为第一批中国重要农业文化遗产。

2013 年 6 月,农业部发布《关于开展第二批中国重要农业文化遗产发掘认定工作的通知》,于 2014 年 5 月公布天津滨海崔庄古冬枣园等 20 项传统农业系统为第二批中国重要农业文化遗产。

2014 年 6 月,农业部发布《关于开展第三批中国重要农业文化遗产发掘认定工作的通知》,于 2015 年 10 月公布北京平谷四座楼麻核桃生产系统等 23 项传统农业系统为第三批中国重要农业文化遗产。

2016 年 6 月,农业部发布《关于开展第四批中国重要农业文化遗产发掘工作的通知》,于 2017 年 6 月公布河北迁西板栗复合栽培系统等 29 项传统农业系统为第四批中国重要农业文化遗产。

2018 年 7 月,农业农村部办公厅发布《关于开展第五批中国重要农业文化遗产发掘工作的通知》,于 2020 年 1 月公布天津津南小站稻种植系统等 27 项农业系统为第五批中国重要农业文化遗产。

2020 年 12 月,农业农村部办公厅发布《关于开展第六批中国重要农业文化遗产发掘认定工作的通知》,于 2021 年 11 月认定山西阳城蚕桑文化系统等 21 项传统农业系统(其中 20 个新增项目,1 个扩展项目)为第六批中国重要农业文化遗产。

2022 年 12 月,农业农村部办公厅发布《关于开展第七批中国重要农业文化遗产挖掘认定工作的通知》,于 2023 年 9 月认定北京怀柔板栗栽培系统等 50 项传统农业系统为第七批中国重要农业文化遗产。

截至 2023 年 9 月,我国已认定了 7 批中国重要农业文化遗产(见表1.3)。这些农业文化遗产具有丰富的农业生物多样性、完善的传统知识技术体系和独特的农业生态景观,展示了中华民族灿烂悠久、丰富多彩的优秀农耕文化。在这些中国重要农业文化遗产中,浙江宁波黄古林蔺草-水稻轮作系统被列入第五批中国重要农业文化遗产。

表 1.3　中国重要农业文化遗产名单

批次	名单	公布时间
第一批 （19项）	河北宣化传统葡萄园、内蒙古敖汉旱作农业系统、辽宁鞍山南果梨栽培系统、辽宁宽甸柱参传统栽培体系、江苏兴化垛田传统农业系统、浙江青田稻鱼共生系统、浙江绍兴会稽山古香榧群、福建福州茉莉花种植与茶文化系统、福建尤溪联合梯田、江西万年稻作文化系统、湖南新化紫鹊界梯田、云南红河哈尼稻作梯田系统、云南普洱古茶园与茶文化系统、云南漾濞核桃-作物复合系统、贵州从江侗乡稻鱼鸭系统、陕西佳县古枣园、甘肃皋兰什川古梨园、甘肃迭部扎尕那农林牧复合系统、新疆吐鲁番坎儿井农业系统	2013年 5月
第二批 （20项）	天津滨海崔庄古冬枣园、河北宽城传统板栗栽培系统、河北涉县旱作梯田系统、内蒙古阿鲁科尔沁草原游牧系统、浙江杭州西湖龙井茶文化系统、浙江湖州桑基鱼塘系统、浙江庆元香菇文化系统、福建安溪铁观音茶文化系统、江西崇义客家梯田系统、山东夏津黄河故道古桑树群、湖北赤壁羊楼洞砖茶文化系统、湖南新晃侗藏红米种植系统、广东潮安凤凰单丛茶文化系统、广西龙胜龙脊梯田系统、四川江油辛夷花传统栽培体系、云南广南八宝稻作生态系统、云南剑川稻麦复种系统、甘肃岷县当归种植系统、宁夏灵武长枣种植系统、新疆哈密市哈密瓜栽培与贡瓜文化系统	2014年 5月
第三批 （23项）	北京平谷四座楼麻核桃生产系统、北京京西稻作文化系统、辽宁桓仁京租稻栽培系统、吉林延边苹果梨栽培系统、黑龙江抚远赫哲族鱼文化系统、黑龙江宁安响水稻作文化系统、江苏泰兴银杏栽培系统、浙江仙居杨梅栽培系统、浙江云和梯田农业系统、安徽寿县芍陂（安丰塘）及灌区农业系统、安徽休宁山泉流水养鱼系统、山东枣庄古枣林、山东乐陵枣林复合系统、河南灵宝川塬古枣林、湖北恩施玉露茶文化系统、广西隆安壮族"那文化"稻作文化系统、四川苍溪雪梨栽培系统、四川美姑苦荞栽培系统、贵州花溪古茶树与茶文化系统、云南双江勐库古茶园与茶文化系统、甘肃永登苦水玫瑰农作系统、宁夏中宁枸杞种植系统、新疆奇台旱作农业系统	2015年 10月
第四批 （29项）	河北迁西板栗复合栽培系统、河北兴隆传统山楂栽培系统、山西稷山板枣生产系统、内蒙古伊金霍洛农牧生产系统、吉林柳河山葡萄栽培系统、吉林九台五官屯贡米栽培系统、江苏高邮湖泊湿地农业系统、江苏无锡阳山水蜜桃栽培系统、浙江德清淡水珍珠传统养殖与利用系统、安徽铜陵白姜种植系统、安徽黄山太平猴魁茶文化系统、福建福鼎白茶文化系统、江西南丰蜜橘栽培系统、江西广昌莲作文化系统、山东章丘大葱栽培系统、河南新安传统樱桃种植系统、湖南新田三味辣椒种植系统、湖南花垣子腊贡米复合种养系统、广西恭城月柿栽培系统、海南海口羊山荔枝种植系统、海南琼中山兰稻作文化系统、重庆石柱黄连生产系统、四川盐亭嫘祖蚕桑生产系统、四川名山蒙顶山茶文化系统、云南腾冲槟榔江水牛养殖系统、陕西凤县大红袍花椒栽培系统、陕西蓝田大杏种植系统、宁夏盐池滩羊养殖系统、新疆伊犁察布查尔布哈农业系统	2017年 6月

续表

批次	名单	公布时间
第五批 (27项)	天津津南小站稻种植系统、内蒙古乌拉特后旗戈壁红驼牧养系统、辽宁阜蒙旱作农业系统、江苏吴中碧螺春茶果复合系统、江苏宿豫丁嘴金针菜生产系统、浙江宁波黄古林蔺草-水稻轮作系统、浙江安吉竹文化系统、浙江黄岩蜜橘筑墩栽培系统、浙江开化山泉流水养鱼系统、江西泰和乌鸡林下生态养殖系统、江西横峰葛栽培生态系统、山东岱岳汶阳田农作系统、河南嵩县银杏文化系统、湖南安化黑茶文化系统、湖南保靖黄金寨古茶园与茶文化系统、湖南永顺油茶林农复合系统、广东佛山基塘农业系统、广东岭南荔枝种植系统(增城、东莞)、广西横县茉莉花复合栽培系统、重庆大足黑山羊传统养殖系统、重庆万州红桔栽培系统、四川郫都林盘农耕文化系统、四川宜宾竹文化系统、四川石渠扎溪卡游牧系统、贵州锦屏杉木传统种植与管理系统、贵州安顺屯堡农业系统、陕西临潼石榴种植系统	2020年 1月
第六批 (21项)	**新增项目:**山西阳城蚕桑文化系统、内蒙古武川燕麦传统旱作系统、内蒙古东乌珠穆沁旗游牧生产系统、吉林和龙林下参-芝抚育系统、江苏启东沙地圩田农业系统、江苏吴江蚕桑文化系统、浙江缙云茭白—麻鸭共生系统、浙江桐乡蚕桑文化系统、安徽太湖山地复合农业系统、福建松溪竹蔗栽培系统、江西浮梁茶文化系统、山东莱阳古梨树群系统、山东峄城石榴种植系统、湖南龙山油桐种植系统、广东海珠高畦深沟传统农业系统、广西桂西北山地稻鱼复合系统(柳州市三江侗族自治县、融水苗族自治县,桂林市全州县,百色市靖西市、那坡县)、云南文山三七种植系统、西藏当雄高寒游牧系统、西藏乃东青稞种植系统、陕西汉阴凤堰稻作梯田系统 **扩展项目:**广东岭南荔枝种植系统(茂名)	2021年 11月
第七批 (50项)	北京怀柔板栗栽培系统、北京门头沟京白梨栽培系统、河北赵县古梨园、河北涿鹿龙眼葡萄栽培系统、河北泊头古桑林、山西浑源恒山黄芪栽培系统、山西长治党参栽培系统(长治市平顺县、壶关县)、内蒙古库伦荞麦旱作系统、辽宁西丰梅花鹿养殖系统、吉林长白山人参栽培系统(通化市集安市、白山市抚松县、延边朝鲜族自治州安图县)、上海金山蟠桃栽培系统、江苏吴中传统水生蔬菜栽培系统、江苏吴江基塘农业系统、浙江吴兴溇港圩田农业系统、浙江东阳元胡水稻轮作系统、浙江天台乌药林下栽培系统、安徽义安凤丹栽培系统、安徽青阳九华黄精栽培系统、安徽歙县梯地茶园系统、福建长乐番薯种植系统、福建武夷岩茶文化系统、江西湖口大豆栽培系统、山东昌邑山阳大梨栽培系统、山东平邑金银花—山楂复合系统、山东临清黄河故道古桑树群、河南宁陵黄河故道古梨园、河南林州太行菊种植系统、湖北秭归柑橘栽培系统、湖北京山稻作文化系统、湖北咸宁古桂花树群、湖南洪江山地香稻栽培文化系统、广东增城丝苗米文化系统、广东南雄水旱轮作系统、广东饶平单丛茶文化系统、广西永福罗汉果栽培系统、广西苍梧六堡茶文化系统、海南白沙黎族山兰稻作文化系统、重庆江津花椒栽培系统、重庆荣昌猪养殖系统、四川北川苔子茶复合栽培系统、四川高坪蚕桑文化系统、四川筠连山地茶文化系统、贵州兴仁薏仁米栽培系统、西藏芒康葡萄栽培系统、西藏工布江达藏猪养殖系统、青海三江源曲麻莱高寒游牧系统、宁夏平原引黄灌溉农业系统(石嘴山市平罗县,吴忠市利通区、青铜峡市,中卫市沙坡头区)、新疆叶城核桃栽培系统、新疆昭苏草原马牧养系统	2023年 9月

（五）具有潜在保护价值的农业生产系统

2016年4月，为认真贯彻落实2016年中央一号文件关于"开展农业文化遗产普查与保护"的部署要求，进一步加强对我国农业文化遗产的发掘保护利用，农业部决定开展中国农业文化遗产普查工作，签发了《关于开展重要农业文化遗产普查的通知》。该通知要求，在全国范围内对潜在的农业文化遗产开展普查，准确掌握全国农业生产系统的分布状况和濒危程度，为编制国家农业文化遗产后备名录库奠定重要基础，为认定中国重要农业文化遗产提供重要依据。普查涵盖所有区域的农业文化遗产类别，包括种植业、林果业、畜牧业、渔业及其复合系统等农业生产系统。普查内容包括：对普查的农业生产系统，要在吸纳以往调查成果的基础上，重点分析其生产特点、文化价值、科学研究价值，确保普查内容和成果真实可靠；要求其在活态性、适应性、复合性、战略性、多功能性和濒危性方面有较为显著的特征，具有悠久的历史渊源、独特的农业产品，丰富的生物资源，完善的知识技术体系，较高的美学和文化价值。此次普查按照农业部部署指导、省级组织审核汇总、县级农业部门组织填报的方式进行，基本摸清了全国农业文化遗产的底数、类型和分布。该通知还要求，各级农业管理部门要肩负起发掘保护农业文化遗产牵头单位的作用，完善工作措施，落实工作职责，加大工作力度，着力推动本地农业文化遗产发掘保护工作。

2016年12月9日，农业部办公厅印发《关于公布2016年全国农业文化遗产普查结果的通知》，向社会公布408项具有潜在保护价值的农业生产系统（详见本书附录一《2016年全国农业文化遗产普查结果》）。

在408项具有潜在保护价值的农业生产系统中，浙江省有46项，其中宁波市的东钱湖白肤冬瓜种植系统、奉化水蜜桃栽培系统、奉化芋艿栽培系统、奉化曲毫茶文化系统、奉化大桥草籽种植系统、象山白鹅养殖系统等6个项目入选。

三、浙江省重要农业文化遗产的申报与建立

浙江省先后多次组织开展全球和中国重要农业文化遗产申报工作,成功申报全球重要农业文化遗产 5 项和中国重要农业文化遗产 17 项,两项总数均为全国第一。从地区分布看,浙江省列入全球和中国重要农业文化遗产实现了 11 个地市全覆盖;从地形地貌来看,浙南山地区、浙中东丘陵区入选数量多;从历史起源来看,明朝至民国时期入选数量多;从产业类型分布看,种植业入选数量最多;从地理标志情况看,瓜果种植类、茶叶类、蔬菜种植类入选数量最多。

(一)全球重要农业文化遗产申报情况

浙江省成功申报全球重要农业文化遗产 5 项。

2005 年 6 月,浙江青田稻鱼共生系统被联合国粮农组织列入首批全球重要农业文化遗产,开启了我国农业文化遗产的保护实践工作。

2013 年 5 月,在日本石川县举行的全球重要农业文化遗产国际论坛上,浙江绍兴会稽山古香榧群正式被联合国粮农组织认定为全球重要农业文化遗产。

2017 年 11 月,浙江湖州桑基鱼塘系统正式被联合国粮农组织认定为全球重要农业文化遗产。

2022 年 11 月,浙江庆元林-菇共育系统正式获批入选全球重要农业文化遗产。

2023 年 11 月,浙江仙居古杨梅群复合种养系统正式被联合国粮农组织认定为全球重要农业文化遗产。

(二)中国重要农业文化遗产申报情况

浙江省成功申报中国重要农业文化遗产 17 项。在 17 项中国重要农业文化遗产中,宁波市占 1 项,即浙江宁波黄古林蔺草-水稻轮作系统。

2013 年 5 月,农业部公布第一批中国重要农业文化遗产名单,浙江青田稻鱼共生系统、浙江绍兴会稽山古香榧群 2 个项目入选。

2014 年 5 月,农业部公布第二批中国重要农业文化遗产名单,浙江杭州西湖龙井茶文化系统、浙江湖州桑基鱼塘系统、浙江庆元香菇文化系统 3 个项目入选。

2015 年 10 月,农业部公布第三批中国重要农业文化遗产名单,浙江仙居杨梅栽培系统、浙江云和梯田农业系统 2 个项目入选。

2017 年 6 月,农业部发布第四批中国重要农业文化遗产名单,浙江德清淡水珍珠传统养殖与利用系统入选。

2020 年 1 月,农业农村部发布第五批中国重要农业文化遗产名单,浙江宁波黄古林蔺草-水稻轮作系统、浙江安吉竹文化系统、浙江黄岩蜜橘筑墩栽培系统、浙江开化山泉流水养鱼系统 4 个项目入选。

2021 年 11 月,农业农村部发布第六批中国重要农业文化遗产名单,浙江缙云茭白-麻鸭共生系统、浙江桐乡蚕桑文化系统 2 个项目入选。

2023 年 9 月,农业农村部发布第七批中国重要农业文化遗产名单,浙江吴兴溇港圩田农业系统、浙江东阳元胡水稻轮作系统、浙江天台乌药林下栽培系统 3 个项目入选。

(三)浙江省重要农业文化遗产名录建立情况

为更好地推动农业文化遗产保护和利用工作,浙江省于 2022 年、2023 年率先在全国启动了全省农业文化遗产资源普查和增补工作,通过对全省 85 个涉农县的全面普查,初步建立起农业文化遗产资源库,形成了"全球重要农业文化遗产＋中国重要农业文化遗产＋全省农业文化遗产资源库"的梯级培育与发展格局。

目前,浙江全省农业文化遗产资源库入库文化遗产共计 205 项(见本书附录二《浙江省重要农业文化遗产资源库名录》)。其中 2022 年入库177 项,2023 年增补入库 28 项,为浙江省农业文化遗产的保护与利用工作打下了坚实基础。

在 205 项农业文化遗产中,宁波市占 19 项,分别是:宁波黄古林蔺草-水稻轮作系统、宁海长街蛏子养殖系统、宁海双峰香榧文化系统、宁海西店牡蛎养殖系统、宁海越溪稻药轮作系统、象山海盐生产系统、象山海洋渔文化系统、象山浙东白鹅养殖系统、余姚茶文化系统、余姚河姆渡茭白种植系统、余姚杨梅种植系统、余姚河姆渡稻作系统、慈溪咸草种植与利用系统、慈溪杨梅生态栽培系统、鄞州白肤冬瓜种植系统、鄞州雪菜文化系统、奉化曲毫茶文化系统、奉化水蜜桃种植系统、奉化芋艿头种植系统。

第三节　各类遗产名录与农业文化遗产

一、世界遗产名录与农业文化遗产

(一)世界遗产名录的建立

1972 年 10—11 月,联合国教科文组织大会在法国巴黎举行了第十七届会议。这次会议就以下几个议题达成了共识:一是世界各地的许多文化和自然遗产正面临自然、社会和经济条件以及人为等因素的破坏、损害和威胁;二是文化或自然遗产的损坏会对全世界的遗产保护造成不利影响;三是世界遗产保护需要大量的资金投入,需要具备充足的经济、科学和技术力量,仅仅依靠一个国家自身的力量保护很不够,需要发挥全世界和国际社会的共同力量;四是为了整合国际社会的力量,有效保护全球具有突出普遍价值的文化和自然遗产,必须制定一个新的国际公约。1972 年 11 月 16 日,大会通过了《保护世界文化和自然遗产公约》。该公约于 1975 年 12 月 17 日正式生效。

《保护世界文化和自然遗产公约》主要涉及文化遗产和自然遗产的定义、文化遗产和自然遗产的保护措施、保护世界文化遗产和自然遗产政府间委员会、保护世界文化遗产和自然遗产基金、国际援助的条件和安排、教育计划、报告、最后条款等内容,共 8 章 38 条。

《保护世界文化和自然遗产公约》正式生效至今,已有 180 多个国家和地区加入。我国于 1985 年 11 月正式加入《保护世界文化和自然遗产公约》，随后开启了申报世界遗产的历程。1987 年，我国的长城、莫高窟、北京故宫、秦始皇陵及兵马俑坑、周口店北京人遗址等作为世界文化遗产被列入《世界遗产名录》，泰山作为世界文化与自然双重遗产被列入《世界遗产名录》。这 6 处遗产成为我国第一批被列入《世界遗产名录》的项目。

（二）世界遗产的概念与分类

世界遗产是指被联合国教科文组织等机构确认的、全人类公认的具有突出意义和普遍价值的文物古迹及自然景观，包括文化遗产、自然遗产、文化与自然双重遗产和文化景观等类型。

1. 文化遗产

根据《保护世界文化和自然遗产公约》，列入《世界遗产名录》的文化遗产包括文物、建筑群、遗址等类型，其必须具有突出普遍价值。具体来说，文物包括建筑物、碑雕和碑画，具有考古性质的成分或结构、铭文、洞穴及其综合体等，这些遗产的突出普遍价值主要侧重于历史、艺术或科学等方面；建筑群是指在建筑式样、布局或与环境、景观融合等方面的单立或连接的建筑群，这些遗产的突出普遍价值也主要侧重于历史、艺术或科学等方面；遗址包括人造工程、人与自然的联合工程以及考古遗址等，这些遗产的突出普遍价值主要侧重于历史、美学、人种学或人类学等方面。

2. 自然遗产

根据《保护世界文化和自然遗产公约》，世界自然遗产包括自然面貌、地质和自然地理结构、濒危动植物物种生境区和划定的自然地带等类型，其必须具有突出普遍价值。具体来说，自然面貌（主要由地质和生物结构或结构群组成）的突出普遍价值主要侧重于美学或科学方面；地质和自然地理结构和濒危动植物物种生境区的突出普遍价值主要侧重于科学或保护方面；天然名胜或自然地带的突出普遍价值主要侧重于科学、保护或自然美等方面。

3. 文化与自然双重遗产

文化与自然双重遗产又称混合遗产、复合遗产。根据联合国教科文组织相关文件的规定,列入《世界遗产名录》文化与自然双重遗产的项目,必须同时具备自然遗产与文化遗产的两种条件,即同时或者部分满足《保护世界文化与自然遗产公约》中关于文化遗产和自然遗产的定义和标准。

4. 文化景观

1992 年 12 月在美国圣菲召开的联合国教科文组织世界遗产委员会第 16 届会议提出了"文化景观"这一概念,并将之纳入《世界遗产名录》。文化景观包括人类有意设计和建造的景观、有机进化的景观、关联性文化景观等类型。具体来说,人类有意设计和建造的景观主要指出于美学原因建造的园林和公园景观;有机进化的文化景观主要指残遗物(如化石)景观和持续性景观;关联性文化景观主要指以与自然因素、强烈的宗教、艺术或文化相联系为特征的景观,而不是以文化物证为特征的景观。文化景观的评定主要依照文化遗产的标准,同时参考自然遗产的标准。1992 年,新西兰的汤加里罗国家公园(Tongariro National Park)是世界上第一个作为文化景观列入《世界遗产名录》的遗产项目。中国的庐山、五台山、西湖、红河哈尼梯田、普洱景迈山古茶林文化景观等先后作为文化景观列入世界遗产。

(三)世界遗产的数量和分布

截至 2024 年,世界遗产总数达 1223 项,其中世界文化与自然双重遗产 39 项,世界自然遗产 227 项,世界文化遗产 933 项。中国共有 59 个项目被联合国教科文组织列入《世界遗产名录》,包括文化遗产 40 项(含文化景观遗产 5 项)、自然遗产 15 项、文化与自然双重遗产 4 项,具体见表 1.4。在 59 个世界遗产项目中,浙江省占 4 项,分别是中国丹霞(江郎山)、杭州西湖文化景观、大运河、良渚古城遗址。

表 1.4 中国世界遗产名录

序号	名称	分布省份	列入时间	类型
1	明清皇宫(北京故宫、沈阳故宫)	北京、辽宁	北京故宫(1987 年 12 月);沈阳故宫(2004 年 7 月)	文化遗产

序号	名称	分布省份	列入时间	类型
2	秦始皇陵及兵马俑坑	陕西	1987 年 12 月	文化遗产
3	敦煌莫高窟	甘肃	1987 年 12 月	文化遗产
4	周口店北京人遗址	北京	1987 年 12 月	文化遗产
5	长城(北京长城、辽宁九门口水上长城)	北京、辽宁	北京长城(1987 年 12 月);辽宁九门口水上长城(2002 年 11 月)	文化遗产
6	武当山古建筑群	湖北	1994 年 12 月	文化遗产
7	拉萨布达拉宫历史建筑群(含罗布林卡和大昭寺)	西藏	布达拉宫(1994 年 12 月);大昭寺(2000 年 11 月);罗布林卡(2001 年 12 月)	文化遗产
8	承德避暑山庄及其周围寺庙	河北	1994 年 12 月	文化遗产
9	曲阜孔庙、孔林和孔府	山东	1994 年 12 月	文化遗产
10	平遥古城	山西	1997 年 12 月	文化遗产
11	苏州古典园林(拙政园、网师园、留园、环秀山庄、艺圃、藕园、沧浪亭、狮子林和退思园)	江苏	拙政园、网师园、留园和环秀山庄(1997 年 12 月);艺圃、藕园、沧浪亭、狮子林和退思园(2000 年 11 月)	文化遗产
12	丽江古城	云南	1997 年 12 月	文化遗产
13	北京皇家园林——颐和园	北京	1998 年 11 月	文化遗产
14	北京皇家祭坛——天坛	北京	1998 年 11 月	文化遗产
15	大足石刻	重庆	1999 年 12 月	文化遗产
16	皖南古村落——西递、宏村	安徽	2000 年 11 月	文化遗产
17	明清皇家陵寝:湖北明显陵、河北清东陵、河北清西陵、江苏明孝陵、北京十三陵、辽宁盛京三陵	湖北、河北、江苏、北京、辽宁	明显陵、清东陵、清西陵(2000 年 11 月);明孝陵、十三陵(2003 年 7 月);盛京三陵(2004 年 7 月)	文化遗产
18	龙门石窟	河南	2000 年 11 月	文化遗产
19	青城山和都江堰	四川	2000 年 11 月	文化遗产

续表

序号	名称	分布省份	列入时间	类型
20	云冈石窟	山西	2001 年 12 月	文化遗产
21	吉林高句丽王城、辽宁王陵和贵族墓葬	吉林、辽宁	2004 年 7 月	文化遗产
22	澳门历史城区	澳门	2005 年 7 月	文化遗产
23	殷墟	河南	2006 年 7 月	文化遗产
24	开平碉楼与村落	广东	2007 年 6 月	文化遗产
25	福建土楼	福建	2008 年 7 月	文化遗产
26	登封"天地中心"历史建筑群	河南	2010 年 8 月	文化遗产
27	元上都遗址	内蒙古	2012 年 7 月	文化遗产
28	丝绸之路:长安—天山廊道的路网	陕西、河南、甘肃、新疆	2014 年 6 月	文化遗产
29	大运河	北京、天津、河北、山东、河南、安徽、江苏、浙江	2014 年 6 月	文化遗产
30	土司遗址	湖北、湖南、贵州	2015 年 7 月	文化遗产
31	鼓浪屿	福建	2017 年 7 月	文化遗产
32	良渚古城遗址	浙江	2019 年 7 月	文化遗产
33	泉州:宋元中国的世界海洋商贸中心	福建	2021 年 7 月	文化遗产
34	北京中轴线	北京	2024 年 7 月	文化遗产
35	庐山	江西	1996 年 12 月	文化景观
36	五台山	山西	2009 年 6 月	文化景观
37	杭州西湖	浙江	2011 年 6 月	文化景观
38	红河哈尼梯田	云南	2013 年 6 月	文化景观
39	左江花山岩画	广西	2016 年 7 月	文化景观
40	普洱景迈山古茶林文化景观	云南	2023 年 9 月	文化景观

序号	名称	分布省份	列入时间	类型
41	黄龙风景名胜区	四川	1992 年 12 月	自然遗产
42	九寨沟风景名胜区	四川	1992 年 12 月	自然遗产
43	武陵源风景名胜区	湖南	1992 年 12 月	自然遗产
44	三江并流保护区	云南	2003 年 7 月	自然遗产
45	大熊猫栖息地——卧龙、四姑娘山和夹金山	四川	2006 年 7 月	自然遗产
46	中国南方喀斯特	云南石林、贵州荔波、重庆武隆，广西环江与桂林，重庆南川、贵州施秉	云南石林、贵州荔波、重庆武隆（2007 年 6 月）；广西环江与桂林，重庆南川、贵州施秉（2014 年 6 月）	自然遗产
47	三清山国家公园	江西	2008 年 7 月	自然遗产
48	中国丹霞	贵州赤水、福建泰宁、湖南崀山、广东丹霞山、江西龙虎山、浙江江郎山	2010 年 8 月	自然遗产
49	澄江化石遗址	云南	2012 年 7 月	自然遗产
50	天山	新疆	2013 年 6 月	自然遗产
51	神农架	湖北	2016 年 7 月	自然遗产
52	可可西里	青海	2017 年 7 月	自然遗产
53	梵净山	贵州	2018 年 7 月	自然遗产
54	黄渤海候鸟栖息地	江苏	2019 年 7 月	自然遗产
55	巴丹吉林沙漠-沙山湖泊群	内蒙古	2024 年 7 月	自然遗产
56	泰山	山东	1987 年 12 月	文化与自然双重遗产
57	黄山	安徽	1990 年 12 月	文化与自然双重遗产

续表

序号	名称	分布省份	列入时间	类型
58	峨眉山风景区及乐山大佛风景区	四川	1996 年 12 月	文化与自然双重遗产
59	武夷山	福建	1999 年 12 月	文化与自然双重遗产

(四)《世界遗产名录》与农业文化遗产的关系

虽然《世界遗产名录》没有将农业文化遗产列为其中一个类型,但《世界遗产名录》实际已经包含了多项农业文化遗产,涉及遗址类、景观类、工程类和聚落类等农业文化遗产。

已列入《世界遗产名录》、与农业有关的国外文化遗产项目有:墨西哥瓦哈卡古城和阿尔万山考古遗迹(1987 年)、菲律宾安第斯山脉上的稻米梯田(1995 年)、荷兰金德代客—埃尔斯豪特的风车系统(1997 年)、荷兰比姆斯特尔迂田(1999 年)、法国圣艾米利昂葡萄园(1999 年)、古巴维纳勒斯山谷(1999 年)、法国卢瓦尔河谷(2000 年)、奥地利瓦豪文化景观(2000 年)、瑞典奥兰南部农业景观(2000 年)、古巴咖啡种植园考古景观(2000 年)、葡萄牙阿尔托杜劳葡萄酒地区(2001 年)、匈牙利托考伊葡萄酒区历史文化景观(2002 年)、德国莱茵河上游中部河谷(2002 年)、葡萄牙皮克岛酒庄文化景观(2004 年)、墨西哥龙舌兰景观及古代龙舌兰产业设施(2006 年)、阿曼阿夫拉季灌溉系统(2006 年)等。① 已列入《世界遗产名录》与农业有关的中国文化遗产项目包括:皖南古村落(西递、宏村)(安徽,2000 年)、都江堰(四川,2000 年)、开平碉楼与古村落(广东,2007 年)、福建土楼(福建,2008 年)、红河哈尼梯田文化景观(云南,2013 年)、普洱景迈山古茶林文化景观(云南,2023 年)等。

2012 年 11 月 17 日,国家文物局公布了《中国世界文化遗产预备名单》,名单中首次出现了农业遗产类型,名列其中的有 10 项:哈尼梯田(云

南省元阳县);普洱景迈山古茶园(云南省澜沧拉祜族自治县);山陕古民居丁村古建筑群(山西省襄汾县)、党家村古建筑群(陕西省韩城市);侗族村寨(湖南省通道侗族自治县、绥宁县,广西壮族自治区三江县,贵州省黎平县、榕江县、从江县);赣南围屋(江西省赣州市);藏羌碉楼与村寨(四川省甘孜藏族自治州、阿坝藏族羌族自治州);苗族村寨(贵州省台江县、剑河县、榕江县、从江县、雷山县、锦屏县);坎儿井(新疆维吾尔自治区吐鲁番地区)等。[①]

二、非物质文化遗产名录与农业文化遗产

(一)非物质文化遗产的概念

关于非物质文化遗产的概念和定义,世界各国家尚存在差异,国内外学术界也存在争议。英文"intangible cultural heritage"的直译是"无形文化遗产"。日本和韩国将非物质文化遗产称为"无形文化财"或"无形文化遗产"。在我国的文化实践中,长期以来使用"民间文化""民俗文化""传统文化"等概念。一般来说,民间文化指的是古往今来由劳动人民创造、存在于民间传统中的自发的民众通俗文化;民俗文化是指古往今来广大民众所创造、共享、传承的风俗生活习惯,是广大民众在生产生活过程中形成的一系列非物质或精神层面的东西;传统文化则是通过文明演化汇集而成的一种反映民族特质和风貌的文化,是各民族历史上各种思想文化、观念形态的总体表现。

20世纪70年代,联合国教科文组织在制订遗产保护计划时指出,文化遗产由物质文化遗产和非物质文化遗产两部分组成。1989年11月,联合国教科文组织第25届大会通过《关于保护传统和民间文化的建议》,提出了"传统和民间文化"的概念,并将其定义为"某一文化社区的全部创作。这些创作以传统为依据,由某一群体或个体所表达并被认为是符合传统和民间文化社区期望的、作为其文化和社会特性的表达形式,包括语

---

① 王思明,李明.中国农业文化遗产名录(上册)[M].北京:中国农业科学技术出版社,2016:8.

言、文学、音乐、舞蹈、游戏、神话、礼仪、习俗、手工艺、建筑等"。

1998 年 10 月,在联合国教科文组织执行局第 155 届会议上,"人类口头和非物质遗产"的概念被正式提出。2001 年 5 月,联合国教科文组织评选了人类有史以来第一批 19 项代表作(包括我国昆曲表演艺术在内)。2003 年,联合国教科文组织第 32 届大会通过的《保护非物质文化遗产公约》从国际准则的角度明确了非物质文化遗产的概念,即"非物质文化遗产是指被各社区、群体或个人视为其文化遗产组成部分的各种社会实践、观念表述、表现形式、知识、技能,以及相关的工具、实物、手工艺品和文化空间(或文化场所)"。该公约还确定了非物质文化遗产的具体涵盖范围和类型,即以下 5 个方面:口头传统和表现形式(包括作为非物质文化遗产媒介的语言);表演艺术;社会实践、礼仪、节庆活动;有关自然界和宇宙的知识和实践;传统手工艺。

非物质文化遗产是民族传统文化的重要组成部分,也是全人类共同的文化遗产和精神财富。非物质文化遗产概念的提出,扩展了对文化遗产的保护范围和宽度,加大了各国家和地区对文化遗产的保护深度和力度,促使人们对非物质文化遗产价值的认识不断提升,对有效保护人类文化遗产和历史文化传承具有重要和深远的意义。

(二)联合国教科文组织非物质文化遗产名录(名册)项目

《保护非物质文化遗产公约》于 2003 年 10 月在联合国教科文组织第 32 届大会上通过,2006 年 4 月生效。截至 2017 年 9 月,该公约已有 175 个缔约国。2004 年 8 月,中国成为第 6 个加入《保护非物质文化遗产公约》的国家。

为了保护人类非物质文化遗产,联合国教科文组织建立了人类非物质文化遗产代表作名录、急需保护的非物质文化遗产名录和优秀实践名册等非物质文化遗产名录,并分别制定了这 3 项遗产名录的标准,编制了人类口头和非物质遗产申报指南。联合国教科文组织接受和审议世界各国申报的遗产项目,然后决定是否将其列入非物质文化遗产名录。

《保护非物质文化遗产公约》第十七条规定,保护非物质文化遗产政府间委员会负责编辑、更新和公布急需保护的非物质文化遗产名录,负责拟定相关标准,在极其紧急的情况下,可与有关缔约国协商将遗产列入急需保护的非物质文化遗产名录。列入该名录的标准包括:属于公约定义的非物质文化遗产且已被列入缔约国的非物质文化遗产清单;该遗产目前的生存能力受到威胁,且急需保护;该遗产所处的相关国家和地区制定了保护措施,社区、群体或个人能够继续演绎和传承该遗产等。

　　截至 2022 年 12 月,中国列入联合国教科文组织非物质文化遗产名录(名册)项目共计 43 项,总数位居世界第一。其中,人类非物质文化遗产代表作名录 35 项(含昆曲、古琴艺术、新疆维吾尔木卡姆艺术和蒙古族长调民歌),急需保护的非物质文化遗产名录 7 项,优秀实践名册 1 项(见表 1.5)。在 43 项中国列入联合国教科文组织非物质文化遗产名录(名册)项目中,浙江省有 11 项,数量在全国各省份中居第一位。

表 1.5　中国列入联合国教科文组织非物质文化遗产名录(名册)项目

名录(名册)	项目情况
人类非物质文化遗产代表作名录(35 项)	2001 年(1 项):昆曲 2003 年(1 项):古琴艺术 2005 年(2 项):新疆维吾尔木卡姆艺术、蒙古族长调民歌(中国、蒙古国联合申报) 2009 年(22 项):中国篆刻、中国雕版印刷技艺、中国书法、中国剪纸、中国传统木结构营造技艺、南京云锦织造技艺、端午节、中国朝鲜族农乐舞、格萨(斯)尔、侗族大歌、花儿、玛纳斯、妈祖信俗、蒙古族呼麦歌唱艺术、南音、热贡艺术、中国蚕桑丝织技艺、藏戏、龙泉青瓷传统烧制技艺、宣纸传统制作技艺、西安鼓乐、粤剧 2010 年(2 项):京剧、中医针灸 2011 年(1 项):中国皮影戏 2013 年(1 项):中国珠算——运用算盘进行数学计算的知识与实践 2016 年(1 项):二十四节气——中国人通过观察太阳周年运动而形成的时间知识体系及其实践(2016 年) 2018 年(1 项):藏医药浴法——中国藏族有关生命健康和疾病防治的知识与实践 2020 年(2 项):太极拳、送王船——有关人与海洋可持续联系的仪式和相关实践(2020 年,与马来西亚联合申报) 2022 年(1 项):中国传统制茶技艺及其相关习俗

续表

名录（名册）	项目情况
急需保护的非物质文化遗产名录（7项）	2009 年（3 项）：羌年、黎族传统纺染织绣技艺、中国木拱桥传统营造技艺 2010 年（3 项）：新疆的麦西热甫、福建的中国水密隔舱福船制造技艺、中国活字印刷术。 2011 年（1 项）：赫哲族伊玛堪说唱
优秀实践名册（1项）	2012 年：福建木偶戏传承人培养计划

（三）国家级非物质文化遗产代表性项目

我国一直重视文化遗产的保护，但在非物质文化遗产的保护方面起步较晚。2001 年 5 月 18 日，联合国教科文组织宣布第一批"人类口头和非物质遗产代表作"名单，共有 19 个申报项目入选，其中包括中国的昆曲艺术，中国成为首次获此殊荣的 19 个国家之一。2004 年，中国正式加入联合国教科文组织《保护非物质文化遗产公约》，非物质文化遗产保护的力度逐步加大。

2005 年以来，我国出台了一系列与保护非物质文化遗产相关的政策与文件。2005 年 3 月，国务院办公厅发布了《关于加强我国非物质文化遗产保护工作的意见》，决定建立国家级和省、市、县级非物质文化遗产代表作名录体系；2006 年 5 月。我国公布了第一批国家级非物质文化遗产名录；2005 年 12 月，国务院决定从 2006 年 6 月 10 日起设立"中国文化遗产日"。此外，2005 年至 2009 年，我国第一次开展了大规模的全国性的非物质文化遗产普查活动。2011 年 2 月，《中华人民共和国非物质文化遗产法》公布，从保护目标、定义和范畴、调查、名录、传承传播到法律责任等方面对非物质文化遗产进行了详细的规定，从此我国的非物质文化遗产保护步入了有法可依的法治化轨道。

截至 2022 年末，全国共公布了 5 批国家级非物质文化遗产代表性项目 1557 项，有在世国家级非物质文化遗产代表性传承人 2433 名，各省（区、市）也公布和命名了一大批省级非物质文化遗产代表性项目和省级非物质文化遗产代表性传承人。截至目前，我国已经建立起了具有中国特色的国家、省、市、县四级非物质文化遗产名录体系。四级名录共认定非物质文化遗产代表性项目 10 万余项，一大批珍贵、濒危和具有重大价值的非物质文化遗产得到了有效的保护。

截至 2022 年末，浙江省共有 217 项非物质文化遗产入选国家级非物质文化遗产代表性项目名录，总数全国领先。截至 2023 年 7 月，浙江省已建成省、市级非物质文化遗产工坊 218 家，其中省级 87 家、市级 131 家，建成县级非物质文化遗产工坊 841 家。

（四）非物质文化遗产与农业文化遗产的关系

农业文化遗产是农村生产、生活过程中农民智慧的结晶，根据存在方式可以分为物质性遗产和非物质遗产两大部分。农业文化遗产是一个复合系统，生物、技术、文化、景观均是遗产系统的重要组成部分，经过长时间的发展，已经渗入思想观念、农业生产技术、乡村风俗、民间艺术、饮食习惯等各方面。农业文化遗产系统中包含着丰富的非物质文化遗产形式。例如，贵州从江侗乡稻鱼鸭系统中的侗族大歌、湖州桑基鱼塘系统中的中国蚕桑丝织技艺（双林绫绢织造技艺、扫蚕花地）、杭州西湖龙井茶文化系统中的中国传统制茶技艺及相关习俗（西湖龙井）先后被列入联合国教科文组织人类非物质文化遗产代表作名录；青田稻鱼共生系统中的青田鱼灯舞、云和梯田农业系统中的梅源芒种开犁节被列入国家级非物质文化遗产代表性项目名录；云南红河哈尼稻作梯田系统中的栽秧山歌和乐作舞、江西万年稻作文化系统中的稻作习俗等先后被列为国家级非物质文化遗产；浙江庆元香菇传统栽培系统中的香菇功夫等被列为省级非物质文化遗产。

不同于其他文物的保护，农业文化遗产的保护离不开"农"字，只有将其灵活运用，让其产生新的经济、社会、文化价值，才有利于保护和传承。作为优秀传统文化的重要组成部分，非物质文化遗产既是稀缺的文化资源，也是宝贵的精神财富。将保护传承和开发利用结合起来，彰显非物质文化遗产价值赋予中华农耕文明新的时代内涵，对打造农业品牌、巩固拓展脱贫攻坚成果、推动经济社会高质量发展都具有非常重要的意义。

在全面推进乡村振兴的征途上,推动非物质文化遗产与农业产业融合发展,既是深入挖掘、传承、发扬优秀文化遗产的有效手段,也是繁荣农村文化市场、丰富农村文化业态、为农业农村现代化发展注入强大动力的有效途径。近年来,全国许多地方深入挖掘传承、创新利用当地农业类非物质文化遗产资源,积极推动非物质文化遗产融入农业品牌建设过程,充分发挥非物质文化遗产在乡村振兴中的独特作用,全面推动文化、农业、品牌共同发展,使非物质文化遗产在品牌农业中大放异彩。

三、世界灌溉工程遗产与农业文化遗产

(一)世界灌溉工程遗产的建立

世界灌溉工程遗产是国际灌溉排水委员会设置的世界遗产项目,从2014年起开始评选。其每年申报评选公布一批,目的是保护和利用古代灌溉工程遗产,挖掘和宣传灌溉工程发展史及其对世界文明进程的影响,学习、借鉴古人的灌溉智慧和经验。

世界灌溉工程遗产是世界遗产的延伸项目,但二者不是简单的包含和并列关系。世界遗产主要评选文物古迹和自然景观等遗产项目,注重历史、审美、人种学或人类学等角度的突出普遍价值;世界灌溉工程遗产主要评选灌溉、排水等水利类工程,强调该工程为农业发展、粮食增产、农民增收做出过卓越贡献,以及在工程设计、建设技术、工程规模、引水量、灌溉面积等方面具有领先时代的科学价值。

世界灌溉工程遗产属于世界文化遗产的一部分,主要分为两大类:一类是现在仍然运作并长期呈现可持续经营与管理的杰出榜样工程;另一类是实际上只具有遗产价值且不再起作用的工程。列入世界灌溉工程遗产项目的条件是:历史达到或超过100年;属于水坝(主要用于灌溉)、储水工程(如水库、坑塘、堰等)、渠道工程、水车、原始的提水工具(如桔槔)等工程类型中的任意一种。

(二)中国入选世界灌溉工程遗产的项目

中国是传统的农业大国、灌溉历史文明古国和水利灌溉工程大国,灌

溉自古以来是中国农业经济发展的基础。各地区独特的自然环境和复杂多样的气候条件,使我国历史上产生了数量众多、类型多样、地区特色鲜明的水利灌溉工程。不少工程至今依然发挥着重要作用。我国是灌溉工程遗产类型最丰富、分布最广泛、灌溉效益最突出的国家。近年来,随着社会经济的发展和文化遗产保护力度的加大,我国灌溉工程遗产的影响力和受关注度逐步提升,已经成为面向社会传播水利文化的重要载体。

截至 2024 年 9 月,中国的世界灌溉工程遗产总数已达 38 项,其中浙江省占 6 项(宁波市占 1 项)。具体见表 1.6。

表 1.6　中国的世界灌溉工程遗产项目

列入年份	遗产名称
2014	四川乐山东风堰、浙江丽水通济堰、福建莆田木兰陂、湖南新化紫鹊界梯田
2015	诸暨桔槔井灌工程、寿县芍陂、宁波它山堰
2016	陕西泾阳郑国渠、江西吉安槎滩陂、浙江湖州溇港
2017	宁夏引黄古灌区、陕西汉中三堰、福建黄鞠灌溉工程
2018	都江堰、灵渠、姜席堰、长渠
2019	江西抚州千金陂、内蒙古河套灌区
2020	福建省福清天宝陂、陕西省龙首渠引洛古灌区、浙江省金华白沙溪三十六堰(即白沙堰)、广东省佛山桑园围
2021	江苏里运河-高邮灌区、江西潦河灌区、西藏萨迦古代蓄水灌溉系统
2022	江西崇义上堡梯田、四川省通济堰、江苏省兴化垛田、浙江省松阳松古灌区
2023	安徽七门堰调蓄灌溉系统、江苏洪泽古灌区、山西霍泉灌溉工程、湖北崇阳县白霓古堰
2024 年	新疆吐鲁番坎儿井、徽州堨坝—婺源石堨(联合申报)、陕西汉阴凤堰梯田、重庆秀山巨丰堰

2023 年 9 月,根据《浙江省"十四五"水文化建设规划》,经各市推荐甄选,浙江省水利厅发布了共计 205 处浙江省首批重要水利工程遗产资源名录,其中宁波 20 处水利工程上榜,包括东岗碶、淶水大闸、燕山碶、义成碶、白洋湖、浙东运河-宁波段、大西坝遗址、西塘河、泥峙堰、月湖、姚江大闸、半浦渡、李碶渡、青林渡、八卦水系、文山塘坝、象山古井群、它山堰、

东钱湖、镇海后海塘等。具体见表1.7。

表 1.7　浙江省首批重要水利工程遗产资源名录(宁波部分)

序号	遗产名称	遗产类别	所属县(市、区)
1	东岗碶	水闸	北仑区
2	浃水大闸	水闸	北仑区
3	燕山碶	水闸	北仑区
4	义成碶	水闸	北仑区
5	白洋湖	湖塘	慈溪市
6	浙东运河-宁波段	河渠	慈溪市、余姚市、江北区
7	大西坝遗址	堰坝	海曙区
8	西塘河	河渠	海曙区
9	泥峙堰	堰坝	海曙区
10	月湖	湖塘	海曙区
11	姚江大闸	水闸	江北区
12	半浦渡	渡口码头	江北区
13	李碶渡	渡口码头	江北区
14	青林渡	渡口码头	江北区
15	八卦水系	古水系	宁海县
16	文山塘坝	堤	象山县
17	象山古井群	古井	象山县
18	它山堰	堰坝	海曙区
19	东钱湖	湖塘	鄞州区
20	镇海后海塘	堤	镇海区

(三)灌溉工程遗产与农业文化遗产的关系

中国有数千年的农耕史,有发达且传承悠久的农业灌溉技术和灌溉体系。灌溉工程遗产和农业文化遗产密切相关,灌溉工程的建设原本就是服务农业生产的。

许多古代的灌溉工程千百年来一直发挥着重要的灌溉作用,滋养着一方文明,如都江堰、郑国渠、南方梯田等,这是中国农耕文明独有的特征。

灌溉不仅滋养着土地,也保护着文明的传承。灌溉设施需要不断维护、维修才能长期使用;一旦文明中断,这些失修的工程,自然也就难以延续。许多庞大的水利灌溉工程、系统,都是在漫长的时间里一代代维系下来的。我国许多延续至今的灌溉工程遗产既是古代水利工程的经典范例,也是许多古城、古村镇的重要环境保障和文化基因。在进一步强化现代化水利建设、加强历史文化遗产保护、实施乡村振兴战略的大背景下,科学保护灌溉工程体系,挖掘传承区域特色水利历史文化,深入研究灌溉工程遗产的科技价值、历史文化价值和生态价值,对促进现代农业发展、促进乡村振兴等具有重要的现实意义。

四、档案文献遗产与农业文化遗产

(一)世界记忆遗产的建立

世界记忆遗产又称世界记忆工程或世界档案遗产,是联合国教科文组织于1992年启动的一个文献保护项目。该项目的目的是通过国际合作,使用最佳技术手段抢救世界范围内正在逐渐老化、损毁、消失的文献记录,从而使人类的记忆更加完整。1978年11月,联合国教科文组织第20届大会通过的《关于保护可移动文化财产的建议》提出,文化财产除了包括不可移动文化财产,也应该包括具有特殊意义的,记录和传递知识、思想的作为文献形态的可移动财产。基于上述建议,联合国教科文组织与国际档案理事会共同努力,于1992年启动了世界记忆工程,建立了《世界记忆名录》。

中国作为文献遗产大国,一直积极支持并参与联合国教科文组织的世界记忆项目。1996年,中国成立了世界记忆项目国家委员会。2000年,中国建立了世界上第一个记忆遗产国家级名录。中国还是世界记忆项目亚太地区委员会的创始国和积极支持者,为促进亚太地区世界记忆项目的发展、文献遗产的保护和传播做出了重要贡献。自1997年第一次成功申报《世界记忆名录》以来，中国已先后有 15 项文献遗产入选《世界记忆名录》，详见表 1.8。

表 1.8　中国入选《世界记忆名录》项目

序号	文献遗产名称	入选年份
1	中国传统音乐录音档案	1997
2	清代内阁秘本档	1999
3	纳西东巴古籍	2003
4	清代科举大金榜	2005
5	清代"样式雷"建筑图档	2007
6	本草纲目	2011
7	黄帝内经	2011
8	侨批档案——海外华侨银信	2013
9	元代西藏官方档案	2013
10	南京大屠杀档案	2015
11	甲骨文	2017
12	近现代中国苏州丝绸档案	2017
13	清代澳门地方衙门档案(1693—1886)	2017
14	四部医典	2023
15	澳门功德林寺院档案文献(1645—1980)	2023

(二)中国档案文献遗产工程

2000 年，国家档案局启动了"中国档案文献遗产工程"，出台了系列计划和措施，制订了"中国档案文献遗产工程"总计划，并于 2001 年成立了中国档案文献遗产工程领导小组办公室，负责统筹规划、组织协调档案文献遗产工程工作。2001 年 5 月，为推动该工作的全面开展，国家档案局召开了世界记忆工程暨中国档案文献遗产工程申报工作会议，对中国档案文献遗产申报提出了具体要求，同年成立了由文献、档案、史学等领域专家组成的中国档案文献遗产工程国家咨询委员会，并制定了《中国档案文献遗产工程入选标准细则》，中国档案文献遗产申报工作正式全面展开。2000 年开始,国家档案局建立中国档案文献遗产名录并组织申报评选工作。截至 2023 年 1 月,我国共组织 5 批申报和评选,共有 198 件(组)珍贵档案文献入选中国档案文献遗产名录。

(三)档案文献遗产与农业文化遗产的关系

档案文献遗产与农业文化遗产关系密切。许多档案文献遗产包含了古代流传下来的各种农书和有关农业的文献资料,包括综合性类文献、农田水利类文献、土壤耕作类文献、大田作物类文献、园艺作物类文献、竹木茶类文献、畜牧兽医类文献、蚕桑鱼类文献、时令占候类文献、农业灾害文献、救济类文献等各类文献遗产。例如,统称"古代五大农书"的西汉氾胜之的《氾胜之书》、北魏贾思勰的《齐民要术》、宋代陈旉的《陈旉农书》、元代王祯的《王祯农书》、明代徐光启的《农政全书》。又如,中国古代水利著作有《山海经》,晋代郭璞的《水经》,北魏郦道元的《水经注》,北宋沈立的《河防通议》,元代瞻思的《重订河防通议》,南宋程大昌的《禹贡山川地理图》,北宋单锷的《吴中水利书》,清代杨守敬、熊会贞的《水经注疏》,等等;中国古代竹木茶类文献有晋代戴凯的《竹谱》,唐代陆羽的《茶经》,北宋陈翥的《桐谱》,等等。

第二章　宁波市遗址类农业文化遗产

遗址类农业文化遗产指已经退出农业生产领域的早期人类农业生产和生活遗迹，可以分为聚落类农业文化遗址、生产类农业文化遗址等。宁波历史悠久，遗址类农业文化遗产丰富，早在 8000 多年前，宁波先民就在这里繁衍生息，创造了灿烂的河姆渡文化。宁波遗址类农业文化遗产以稻作遗址、渔猎遗址、贝丘遗址为主，既包括河姆渡遗址、井头山遗址、田螺山遗址等史前聚落遗址，也包括上林湖越窑遗址、射雀岗畈梯田等生产类农业文化遗址，以及永丰库遗址、大榭遗址、钱岙遗址、祖关山古迹等古代与农业文化相关的遗址。本章根据宁波市遗址类农业文化遗产的分布特点，对宁波聚落类农业文化遗址、宁波生产类农业文化遗址、其他农业文化遗址进行介绍。

第一节　聚落类遗址

一、史前聚落类遗址

（一）河姆渡遗址

河姆渡遗址位于余姚市河姆渡镇河姆渡村的东北，距宁波市区约 20 千米，是中国南方早期新石器时代（约 7000—5000 年前）遗址。1973 年夏，当地农民建设排涝工程掘土时，河姆渡遗址被发现。同年，浙江省文管会、浙江省博物馆对河姆渡遗址进行了首次大规模发掘。1977 年，浙江省文管会、浙江省博物馆对河姆渡遗址进行第二次大规模发掘。河姆渡遗址以其丰富而鲜明的文化内涵,确立了其在中华民族远古发展史、中国考古学史上的重要地位,被学术界命名为"河姆渡文化"。遗址的发现,为中国史学界和考古界提供了依据,证明长江流域是中华文明的重要发源地之一。1982 年 2 月,河姆渡遗址被公布为第二批全国重点文物保护单位。2018 年 6 月,河姆渡遗址被浙江省文物局公布为第二批省级考古遗址公园。2020 年 5 月,河姆渡遗址入选首批"浙江文化印记"名单。2021 年 10 月,河姆渡遗址入选全国"百年百大考古发现"。

河姆渡遗址总面积达 4 万平方米,堆积厚度 4 米左右,上下叠压着四个文化层。其中,第四文化层的时代,是中国已发现的最早的新石器时代地层之一。河姆渡遗址经过两次科学发掘,出土了骨器、陶器、玉器、木器等各类质料组成的生产工具、生活用品、装饰工艺品,人工栽培稻遗物、干栏式建筑构件,以及动植物遗骸等文物近 7000 件。其中遗址带榫卯的干栏式建筑,是中国现已发现的古代木构建筑中最早的榫卯之一。

第一文化层遗迹有墓葬 11 座、灰坑 3 个和一些坩埚状柱础。代表性文物有扁平穿孔石斧、长条形带脊石锛、鱼篓形釜、细颈盘口釜、折腹小罐、镂空圈足豆和象鼻形釜支架等。

第二文化层遗迹有灰坑 10 个、零星柱洞、木构水井和墓葬 3 座。出土遗物有石、骨、木、陶器,包括长条形弧背石锛、石蝶形器、双孔骨耜和木耜、多角沿釜、钵形釜、圆锥和扁锥形足鼎、外红里黑喇叭形圈足豆、牛鼻耳罐、折腹盆、猪嘴形釜支架等。

第三文化层发现残缺不全的房屋建筑遗迹,以及灰坑 7 个、墓葬 13 座。出土遗物石、骨、木、陶器均有。石器仍为石斧、石锛等;骨器以骨耜、象牙蝶形器为主;木器中漆碗最为引人注目;陶器以夹砂陶为主,夹炭黑陶为次,少量泥质陶,主要器形有带肩脊敞口釜、双耳罐、盘形豆、垂囊盉、方柱状釜支架等。

第四文化层发现大片干栏式木构建筑遗迹以及灰坑 5 个。多数探坑发现稻谷堆积层,总厚度达 100 厘米以上,还有成堆成坑的麻栎果、橡子、酸枣、菱角等植物果实,以及随处可见的各种动物骨骸。出土遗物有石器、骨器、木器和陶器。石器多为小型石斧、石锛;骨器以骨耜、骨哨为典型;木器主要是纺织机构件和木桨;陶器以夹炭黑陶为主,夹砂灰陶次之,典型器为带肩脊敛口釜和敞口釜、双耳罐、唇沿起棱的浅腹盘、弧敛口钵和单把钵、尊形器、方柱状釜支架等。

河姆渡遗址全面反映了中国原始社会母系氏族时期的繁荣景象,为研究当时的农业、建筑、纺织、艺术等东方文明提供了极其珍贵的实物佐证,是中华人民共和国成立以来最重要的考古发现之一。

河姆渡遗址发现的栽培稻谷和大面积的木建筑遗迹、捕猎的野生动物和家养动物的骨骸、采集的植物果实及少量的墓葬等遗存,为研究中国远古时代的农业、建筑、制陶、纺织、艺术和东方文明的起源以及古地理、古气候、古水文的演变提供了极其珍贵的实物资料。

河姆渡遗址是宁绍地区首次发现的新石器时代遗址。这一考古发现是长江流域乃至整个南方地区新石器时代考古的重大突破,为重建中国南方地区新石器时代历史打开了一扇清晰的窗口,证明长江流域与黄河流域一样是中华远古文化的主要发祥地,是具有里程碑意义的空前发现。

作为蜚声中外的新石器时代遗址,河姆渡遗址因其广泛深远的学术意义和社会文化遗产价值而备受关注。随着考古工作的深入,2001—2014年发现和发掘了河姆渡文化中极具代表性的田螺山聚落遗址。2013年河姆渡遗址附近发现了中国已知最早、内涵最丰富的海洋文化遗址——井头山遗址,可确定该遗址为河姆渡文化主要来源。

（二）井头山遗址

井头山遗址位于余姚市三七市镇三七市村,东距田螺山遗址2千米,南距河姆渡遗址8千米。2013年10月发现,文化堆积以海洋软体动物贝壳为主要包含物,埋藏深度达5—10米,总面积约2万平方米。2019年9月至2020年8月,浙江省文物考古研究所联合宁波市文物考古研究所、河姆渡遗址博物馆对遗址进行主动性发掘。2021年4月13日,井头山遗址入选"2020年度全国十大考古新发现"。

井头山遗址文化堆积被 5—8 米厚的海相沉积覆盖,总体顺着地下小山岗的坡势由西向东倾斜,最厚处达 2 米多,分为 12 小层(编号为第 9—20 层)。出土器物有陶器、石器、骨器、贝器、木器、编织物等 400 多件。其中,陶片有数万片,初步整理后已修复 30 多件陶器,器形有釜、敞口盆、圈足盘、碗、小杯、深腹罐、釜支脚、陶拍等。陶质以夹砂陶为主,还有夹炭陶、夹细砂陶、夹贝壳碎屑陶等。陶胎以灰褐色、红褐色为主,厚薄不均,用泥条叠筑加拍打成型,部分有贴塑特征,炊器内壁均有明显的拍打凹窝。纹饰主要有绳纹、浅方格纹、横向篮纹、锯齿纹、蚶齿戳印纹等。部分器表装饰红衣或黑衣,并有少量简单图案的彩陶。石器有斧、锛、锤、凿、镞、砺石、磨盘、圆盘状垫饼(砧)等 30 多件。骨器 100 多件,器型有镞、鹿角锥、镖、凿、针、匙、珠、笄、哨等。另有用大型牡蛎壳加工磨制的贝器(耜、铲、刀、勺等)60 多件,这在浙江考古史上是首次出土,功能应与河姆渡遗址出土的骨耜相近。木器 100 多件,保存优良,器型有桨、器柄、带销钉木器、矛形器、点种棒、双尖头木棍、单尖头木棍、杵、碗、扁担形木器等,其中数量最多、加工最特殊的是挖凿有规整椭圆形卯孔的“刀”形器柄,推测它们应是与石斧组装使用的木工工具。编织物共 18 件,用芦苇、竹子等制作,器类有席子、篮子、筐子、背篓、鱼罩、扇子等,还有一团似渔网残块。

自然遗存中以动植物遗存为主,还有大量胶结着牡蛎壳的小块礁石。动物遗存中最多的是当时先民食用后丢弃的海洋软体动物的贝壳,主要种类有泥蚶、海螺、牡蛎、缢蛏、文蛤五大类;其次是各类渔猎动物骨骸,以鹿科动物骨头为主,也有一些猪、狗、水獭等动物的骨头,以及海鱼的脊椎骨、牙齿、耳石等。植物遗存中,最多的是木棍、木条等木头遗存,以及橡子、麻栎果、桃核、果壳、松果、灵芝块、少量炭化米粒、水稻小穗轴等,还有漆树、黄连木、猕猴桃等种子;另有一些用于制作编织物、绳子的原料,如芦苇秆、麻类纤维等植物遗存,在陶釜支脚的胎土里还可分辨出较多的稻谷壳碎片印痕。

井头山遗址是长三角地区首个贝丘遗址,是迄今为止中国沿海发现的埋藏最深、年代最早的典型海岸贝丘遗址（距今 8300—7800 年），早于河姆渡文化 1000 多年，也早于同一时期的跨湖桥遗址（距今 8200—7000 年），对研究中国海洋文化发源具有重大学术价值。井头山遗址的发现和发掘，为研究全新世以来的环境变迁，海侵时间、过程、中国古海岸线的发展演变，以及中国沿海地区新石器时代人类文化的人地关系提供了全新视角和难得案例，为研究全新世早中期海岸环境和海平面上升过程树立了精确的时空坐标，也是海洋环境研究的又一重大突破。

（三）田螺山遗址

田螺山遗址位于余姚市三七市镇相岙村的田螺山周围，是浙江省一处重要的新石器时代河姆渡文化遗址，遗址总面积约 3 万平方米。2001 年初，当地一家私营热处理厂为解决生产用水在打井时从两三米深的地层里挖出了许多陶片、动物骨骼、木头等地下文物。2004 年，浙江省文物考古研究所联合宁波市文物考古研究所、河姆渡遗址博物馆专业人员对田螺山遗址开展了第一期约 300 平方米文化堆积层的考古发掘，之后持续了十多年。田螺山遗址是已发现的河姆渡文化中地面环境条件较好、地下遗存比较完整的一处古村落遗址，在空间位置上与河姆渡遗址遥相呼应，并具有与河姆渡遗址相近的聚落规模和年代跨度，是继河姆渡遗址、鲻山遗址之后，河姆渡文化早期聚落遗址的又一重要发现。田螺山遗址为充实和完善河姆渡文化内涵，推进河姆渡文化考古研究的整体局面提供了契机。2013 年 5 月，田螺山遗址被公布为第七批全国重点文物保护单位。

田螺山遗址出土了较完整、丰富的文物，质地有陶、石、玉、骨、角、牙、木等。有些陶器器物是以前较少出土过的，如一件刻画着人脸形的陶釜支脚、一件为大象头部形态的陶塑残块、几件制作粗糙的陶塑、一件侈口简腹浅圜底陶釜、一件周身刻画着几何形和动物形图案的夹炭黑陶器、一件夹炭红衣陶盘口釜和一件形体高大（高约 90 厘米）的双耳深腹夹炭陶罐（瓮）等。木质的文物有木桨、象纹雕刻木板、独木梯、双鸟木雕神器、木磨盘、木豆形器、长剑形木器等。在一个灰坑内还出土了一堆萤石、燃石制品,其由 39 件块状原料、管珠珙类半成品和 2 件石质钻具组成。

田螺山遗址的发现完成了河姆渡文化早期遗址在姚江流域空间分布"由点到面"的历史跨越,对研究河姆渡文化的时空分布格局和社会规模具有重要的价值。田螺山遗址出土的遗迹、遗物对于科学系统地研究河姆渡文化,重新确认中国稻作农业起源、发展进程,以及干栏式建筑起源、中国南方史前聚落形态、人与环境的互动关系、南岛语族文化渊源等国内外重大学术课题,均展示出重要的意义。

田螺山遗址发现了炭化米粒,说明河姆渡文化先民在大约 7000 年前就开始栽培水稻。田螺山不仅是早期水稻农业的重要聚落,更见证了野生稻向驯化稻转变的重要过程。田螺山遗址出土了山茶属茶种植物的树根遗存,经有关专家和机构鉴定,这是中国境内考古已发现的最早的人工种植茶树的遗存,由此把中国境内开始种植茶树的历史上推到了 6000 年前。田螺山遗址还发现了鹅骨,为近 7000 年前中国鹅的驯化提供了强有力的证据。

(四)鲻山遗址

鲻山遗址位于余姚市丈亭镇西岙村南鲻山东麓三叉江桥东南,为新石器时代遗址。

鲻山遗址发现于 20 世纪 70 年代末。鲻山遗址南北范围约 100 米,东西约 25 米,是姚江谷地一处重要的新石器时代河姆渡文化遗址。文化堆积厚约 3 米,分为 10 层,文化内涵包括河姆渡文化、良渚文化和商周时期,以河姆渡文化堆积为主。出土文物 1000 余件。2013 年 5 月,鲻山遗址被公布为第七批全国重点文物保护单位。

鲻山遗址的出土遗物按质地可分为陶器石器、木器以及骨、角、牙器等类。鲻山遗址出土了大量的以燧石为原料打制而成的小石器,它不但确认了宁绍平原新石器时代打制石器的存在,而且为河姆渡文化中骨角器的制作加工方法等问题的研究提供了新的资料。

鲻山遗址丰富了河姆渡文化的内涵,为更加全面地了解河姆渡文化的产生、生活状况及经济形态提供了重要的实物资料,对认识河姆渡文的发展环节和推动相关问题的研究具有重要意义。

(五)鲞架山遗址

鲞架山遗址坐落在余姚市河姆渡镇芦山寺村。遗址北靠海拔 60 米的葛山(其东段当地习称鲞架山),往南延伸至王其弄的一片狭长水稻田下。文化堆积依托的生土层海拔在 0—8 米,因此遗址属低丘坡地型遗存。1994 年初,当地砖瓦厂在鲞架山南坡大量取土,使遗址堆积被严重破坏。浙江省文物考古研究所随即组织力量进行了抢救性发掘,历时 2 个月。布方面积 640 平方米,实际发掘面积 550 平方米。2001 年 8 月,余姚市人民政府公布鲞架山遗址为市级文保单位。

考古发掘结果表明,鲞架山遗址包含河姆渡文化遗存和春秋战国时期的文化遗存,该遗址处发现了灰坑、红烧土台、瓮棺葬、道路、河埠、成排木桩等遗迹,以及大量河姆渡文化遗物和印纹陶时期的各类遗物。首次发现了河姆渡文化的瓮棺葬,这种瓮棺葬显示出河姆渡文化中的一种特殊葬俗。鲞架山遗址发掘很可能为重新审视夹炭黑陶的真实情形提供了机会。盘口壶作为河姆渡文化三期前后的主要器类之一,在杭嘉湖平原东南部的海盐王汶遗址和嘉兴南河浜遗址中也有出土,其器型、胎质、器表颜色、装饰纹样等与鲞架山遗址的同类器物相近。

鲞架山遗址与河姆渡遗址毗邻,它的发现与发掘在一定程度上丰富了河姆渡文化的内涵。

(六)施岙遗址

施岙遗址位于余姚市三七市镇相岙村施岙自然村西侧山谷中。2020 年 9 月起,在先期勘探基础上,经国家文物局批准,浙江省文物考古研究所联合宁波市文化遗产管理研究院、余姚市河姆渡遗址博物馆进行了考古发掘。初步钻探发现,附近古稻田总面积约 90 万平方米。

施岙遗址发现了具有明确叠压关系的三期大规模稻田,清晰展现出河姆渡文化早期、河姆渡文化晚期和良渚文化时期的田块形态和稻田结构。另外,在古稻田西边坡脚发现一处商周时期村落遗址。从目前的发现来看,施岙遗址中的古稻田特别是良渚文化时期的稻田呈"井"字形,由路网(阡陌)和灌溉系统组成,展示了比较完善的稻田系统。这种大规模稻田,起源年代早至距今 6500 年以上,一直延续发展,刷新了学术界对史前稻田和稻作农业发展的认识。

施岙古稻田遗址是世界上发现的面积最大、年代最早、证据最充分的古稻田,是史前考古的重大发现,为全面深入研究长江下游地区史前社会经济发展和文明进程提供了极其重要的材料。古稻田堆积与自然淤积层的间隔,反映了距今 7000 年以来人类社会发生了多次波动比较大的环境事件,为研究人地关系提供了新材料。古稻田的发现表明,稻作农业是河姆渡文化到良渚文化社会发展的重要经济支撑。

(七)傅家山遗址

傅家山遗址位于江北区慈城镇八字村傅家山,处于三面环山中间狭长的平原带。2004 年 5 月至 8 月,宁波市文物考古研究所对傅家山路段进行了抢救性发掘,共发掘 725 平方米。

出土可复原器物 470 余件,其中有包括石器、玉石器、骨器、陶器、木器和象牙器在内的生产工具、生活用具和雕刻艺术品。另外还有一定数量的食物果实、植物种子和动物骨骼出土。在出土的大量文物中,考古专家发现了不少关于鹰的形象的生动刻画。其中最为精美的是一件鹰首象牙饰品。鹰头造型精致,形象逼真,宽鼻钩喙,圆睁双目,显示出凶猛威慑的力量。这不得不让人推想到当时傅家山先民已经有了很高的审美情趣,把鸟类作为部落的图腾。另有一件鹰形陶豆,做成大鹏展翅的形状,栩栩如生。这两类文物在河姆渡文化中属首次发现。

通过地层堆积中的遗存和遗物可以确认,傅家山遗址是河姆渡文化早期类型的又一处原始聚落遗址,距今约 7000 年。考古发现的木构建筑村落基址,坐西面东,背靠傅家山。基址残留较多的是桩木、木板,少量带有榫和卯孔的建筑构件。这些构件在制造技术上似乎比河姆渡遗址发现的构件更胜一筹。

(八)芦家桥遗址

芦家桥遗址位于海曙区古林镇三星村上下陈自然村。已探明的遗址总面积 24000 平方米,由东、西两个区块组成,两者相距 30 米左右。其中西区东西长约 220 米,南北宽 10—168 米不等,面积 2.2 万平方米;东区因向东北延伸至芦家桥旁密集的民居下,已探明南北长约 80 米,东西最宽处 32 米,面积约为 2000 平方米。遗址于 1973 年冬挖掘疏浚横江河道时发现。后经浙江省文物局发文批准,才正式对这两处遗址进行考古勘探。2010 年,芦家桥遗址被公布为鄞州区第九批区级文物保护单位。在2016 年宁波市行政区划调整时,芦家桥遗址归至海曙区。

经 2009 年上半年的勘探,芦家桥遗址层位堆积共分 5 层。其主要文化层位于第四层,主要堆积物为各式陶片、木屑、木块、木炭、稻壳等,主要采集物有圈足盘、敞口罐以及豆把、鼎足的残片等。

芦家桥遗址称得上是海曙农耕文化的原点。据考古勘探,芦家桥遗址相当于河姆渡遗址的第三文化层。遗址内发现有颗粒清晰的炭化稻谷和纹路明显的草席碎片等,证明至少 5000 年前遗址所在的古林镇,先民就已经开始编制草席并开展稻作生产活动。这为"宁波黄古林蔺草-水稻轮作系统"的形成奠定了一定的基础。

(九)横港岸遗址

横港岸遗址位于海曙区古林镇三星村。该遗址层地形与芦家桥遗址大同小异,也分为 5 层,勘探到的陶片以泥质红陶为主。两个遗址相距不远,在文化内涵上既有高度的趋同性又有一定的差异性。

横港岸遗址还原了 5000 年前当地先民的真实生活:在这个原始部落群里,石刀、石斧、石钵、石鼎以及陶釜、陶罐是当时的主要生产和生活工具;在木屋和草棚里,挂着鹿角、牛头等各种动物骨骼;窗户用芦苇加草编物编织;披着长发、围着草编围裙的先民用石器劈柴,用牛犁田,用印有花纹的泥质红陶和黑陶盛放食物。

横港岸遗址的发现,说明当时的先民已脱离刀耕火种的年代,在依山傍水处形成了一个固定的生活村寨,开创了相当进步的经济和文化。

(十)塔山遗址

塔山遗址位于象山县丹城塔山东南麓,依坡濒海,面积约 3 万平方米。该遗址于 1988 年发现后,在浙江省考古研究所的主持下,1990 年、1992 年两期共发掘 601 平方米。这两期项目的发掘,使象山地区人类活动的历史,从春秋战国时期上溯到 6000 年前的新石器时代。2013 年 3 月,塔山遗址被公布为第七批全国重点文物保护单位。

遗址文化层堆积厚 0.8—2.3 米,分 10 个地层。时间跨度 3000 余年,早期属于新石器时代,晚期属于商周文化。新石器时代文化又可分为 3 个文化层:下层文化中的数十座墓葬,其形制和人骨架显示的葬式,以及陶器、石器、玉器等随葬品组合,反映了当时的塔山人为河姆渡文化与马家浜文化在这里相遇而不完全相融的状态,其文化面貌正好填补了河姆渡文化二、三期之间的空缺,为此,有考古专家提出了"塔山文化"的命名;中层文化类似于崧泽文化;其上层则相当于良渚文化。

塔山遗址在某种意义上代表了宁绍地区河姆渡文化以后新石器文化发展的序列。遗址中大量人骨架、大型兽骨、各类器物的出土,为研究地质人类学和东南沿海地理环境的变迁、当时社会情状,提供了极为珍贵的资料。塔山史前文化遗址的发现和发掘,体现了我国考古工作的新成就,对研究江南地区史前文化乃至中国历史都具有重要意义。

(十一)童家岙遗址

童家岙遗址位于慈溪市横河镇童岙村北部、大埠头自然村东北部的田畈中,总面积超过 2 万平方米,是一处新石器时代的河姆渡文化遗址。1986 年 8 月,慈溪县人民政府将童家岙遗址公布为第三批文物保护单位。2011 年 1 月,浙江省人民政府将其公布为第六批省级文物保护单位。

1955 年,当地村民在挖掘塘泥时发现此处地下有兽骨、鹿角、陶器等遗物。1979 年,经浙江省考古所试掘,出土了一批锛、斧之类的磨制石器和釜、贮火尊、罐、钵、器盖、支脚等陶器。其从文化特征上与河姆渡第四文化层较接近,部分出土遗物具有河姆渡第三文化层的特征。据推断,童家岙遗址时代约在距今 6000 年至 7000 年。在第三次全国文物普查期间,慈溪市普查办于 2009 年 3 月对遗址进行了较大范围的钻探,发现遗址地表下 110—260 厘米大致属于文化层,最大厚度约 1.5 米,往四周逐渐减薄。文化层以夹杂较多砂粒和有机质遗物的灰褐色土为特征,东西和南北分布范围各约 200 米,大致分布于大埠头村以北、眺头以南、梅湖江以西、余慈铁路以东的田畈中,主体遗存面积超过 2 万平方米。根据钻探结果初步分析,遗址文化内涵与余姚鲻山遗址、宁波傅家山遗址情况相似,堆积主要属河姆渡文化早期。

童家岙遗址内涵丰富,保存较好,是一处值得重视的河姆渡文化类型遗存,对研究浙东一带的自然面貌、地理变迁及人类文明史都具有重要意义。

(十二)名山后遗址

名山后遗址位于奉化区江口街道名山后村村南名山北麓斜坡上,占地面积 2 万余平方米,曾先后经过 2 次考古发掘,发掘面积 620 平方米,出土文物约 300 件、陶片 1 万余片,确定年代为 5600 年,属河姆渡文化延伸,为新石器时代遗址。2003 年,名山后遗址被公布为奉化市级文物保护点;2007 年被公布为奉化市级文物保护单位;2011 年被公布为第六批省级文物保护单位。

1989 年秋冬,文物部门对名山后遗址进行了首次考古发掘,获得了依次叠压的 12 个文化层 8 层以下的文化层的包含物表明它们属河姆渡文化遗存。第一次发掘面积为 360 平方米,共发现了墓葬 6 座,灰坑(沟) 43 个,人工夯筑土台 1 座,出土陶器、石器、玉器 137 件。人工夯筑土台的发现是重要收获。主要的出土物是陶器,包括釜、鼎、豆、盉、罐等。还获得不少阴线细刻花纹标本,鸟纹是装饰的主题,其中 2 件鸟头蛇身纹标本是以盘曲的躯体(蛇身)和尖嘴、羽冠高耸的鸟头为主体。在 1991 年第二期的发掘中,发现了彩绘陶鬶等一些重要的文物,为进一步认识名山后遗址提供了重要的实物资料。

名山后遗址发掘的最大收获有三个方面。一是发现了良渚文化的方形覆斗状土台;二是获得了河姆渡文化与河姆渡后续文化(良渚文化名山后类型)上下叠压的地层关系,并获得了河姆渡文化三、四期联系更为紧密、年代更精确的地层资料;三是获得了河姆渡文化第四期时的墓葬资料。

名山后遗址的发掘为研究河姆渡文化的后续发展提供了重要材料,是河姆渡文化与良渚文化之间地层叠压关系最清楚的一个遗址。

(十三)镇海汶溪遗址

镇海汶溪遗址位于镇海区九龙湖镇西方寺村西南侧、原汶溪小学和汶溪粮站旧址下,倚靠凤凰山坡麓分布,面积约 7000 平方米。2022 年 10 月,为配合镇海九龙康养中心建设,经国家文物局和浙江省文物局批准,宁波市文化遗产管理研究院分别联合复旦大学、中央民族大学和镇海区文物保护管理所,在镇海区民政局、九龙湖镇政府和九龙福利院等单位的大力支持下,对该遗址实施了抢救性考古发掘。此次发掘分两期进行,面积共计 4400 平方米。2023 年 5 月完成第一期发掘工作,第二期发掘工作正在进行中。

汶溪遗址堆积深厚,地表以下文化层最深处达 3.6 米。发现的史前文化遗存可分为 5 个阶段,分别为河姆渡文化早期(距今 6600—6300 年)、中期(距今 6300—5800 年)、晚期(距今 5800—5100 年),良渚文化晚期(距今 4800—4400 年),钱山漾文化早期(距今 4400—4300 年)。其间还发现了多层淤泥质自然层,是史前时期海岸带附近常发生台风、风暴潮,从而引发海侵以及区域性海平面上升事件的见证。目前,共发现古代遗迹单位 200 余处,包括房址、墓葬、水井、水池、灰坑、灰沟、灶址和烧土堆等,出土陶、瓷、石、铜、木质各类小件标本共计 600 余件。该遗址发现的河姆渡文化早期遗存是继河姆渡遗址、童家岙遗址、鲻山遗址、鲞架山遗址、田螺山遗址和傅家山遗址之后,近 10 年来在宁绍平原新发现的又一处史前聚落居址区遗存。该遗址文化堆积最厚达 1.2 米,出土的陶、骨、石、木质文物和动植物遗存颇为丰富。

该遗址发现了史前时期、商代晚期至西周时期、春秋战国时期以及唐宋时期的文化遗存。丰富的遗迹和精美的器物,全面展现了距今 6600 年以来定居在宁波北部海岸带先民的生产生活图景。其中最重要的是河姆渡文化早、晚期遗存的发现,这对深入认识该文化早期向濒海地带的扩散,以及完善晚期文化序列具有十分重要的价值。

(十四)余姚上钱遗址

2023 年 8 月至 10 月,宁波市文化遗产管理研究院联合厦门大学历史与文化遗产学院,在余姚的一次抢救性考古发掘中,发现了一处史前时期古稻田遗址。其发掘面积 1000 平方米,初步判断为河姆渡文化晚期阶段。该遗址位于余姚市三七市镇上钱村以东,北边 1.5 千米即是田螺山遗址。该遗址地层堆积较为一致,由上及下可分为 7 层。此次发掘探明了古稻田分布东、南边界范围,清理出田埂 3 条、沟渠 1 条、道路 1 条、台地 1 处、坑 9 个。3 条田埂呈长条状的土堆隆起,其中一条田埂边发现了用于排放水的沟渠。田埂呈"丁"字形交会。交会处一侧明显低洼,应为灌排水口。除此之外,在发掘区内还有一些坑状遗迹,推测是为了修整田埂、渠道,就近取土而形成。

经初步检测,水稻田堆积中含有水稻小穗轴、颖壳、水稻田伴生杂草等遗存。植硅体分析结果显示,稻田堆积中水稻植硅体密度近 8000 粒/克,高于一般认定的土壤中含水稻植硅体超过 5000 粒/克即可判定为水稻田的标准。古稻田所处位置为河姆渡文化核心区,史前人类活动频繁,周边有河姆渡遗址、井头山遗址、田螺山遗址等重要史前遗址。

上钱遗址古稻田的发掘,进一步刷新了学术界对史前稻田和稻作农业发展的认识。上钱古稻田发现了田埂和灌溉系统,以及反映稻田修整的土坑等,展示出完善的水稻田系统,为宁绍平原地区稻作农业的研究提供了重要材料,为研究史前人类的经济活动、生产力发展水平及环境变迁提供了新的证据与参考。

(十五)八字桥遗址

八字桥遗址位于江北区慈城镇,年代为新石器时代。遗址面积约 1 万平方米,文化层厚 1—2 米,属河姆渡文化第三至四期遗存。1976 年曾进行调查试掘,出土陶器主要有夹砂红陶或灰陶的多沿釜、侈口釜、敛口釜、鼎足、喇叭形器盖、钵、猪鼻形和象鼻形支座,泥质灰红陶罐、盆,泥质灰陶和泥质黑陶豆,陶塑玩具,等等;出土石器主要有斧、锛、刀、杵等;另有碳化稻谷、凸榫木构件、动物遗骸等发现。八字桥遗址现为宁波市文物保护单位。

(十六)慈湖遗址

慈湖遗址位于江北区慈城镇,年代为新石器时代。遗址保存面积约2000平方米。1986年发现并进行过试掘;1988年正式发掘,发掘面积约325平方米,出土陶、石、骨、木类遗物100余件。文化堆积厚2.1米左右,分上、下两个文化层:上文化层遗物主要有扁圆形和宽扁状的鱼鳍形鼎足、圈足浅腹盘、双鼻壶、宽耳杯和口沿针刺纹罐等,经C14测定属良渚文化遗存;下文化层典型器物主要有敞口圜底釜、猪嘴形拱背釜支架、木耜等,还有鱼鳍形鼎足、镂空圈足豆,经C14测定属河姆渡文化遗存。慈湖遗址现为江北区文物保护点。

二、其他历史时期的聚落类遗址

(一)灵山遗址

灵山遗址位于江北区庄桥街道,年代为东周,于1978年发现,1991年文物部门曾进行过试掘。遗址文化堆积厚0.68—1.56米,主要器物有夹砂红陶鼎、罐、釜,泥质灰陶罐,以及原始青瓷、印纹硬陶碎片等。印纹硬陶纹饰有方格纹、窗格纹、菱形纹、米字纹和回字纹等。此外,铜矛、铜斧、石刀等也偶有发现。灵山遗址现为江北区文物保护点。

(二)庶来遗址

庶来遗址位于镇海区骆驼街道,年代为西周至战国。遗址面积约1600平方米。1995年发掘,发掘面积20平方米。文化堆积分为3层,其中第三层出土遗物以泥质红陶为主,极少有印纹硬陶。陶器烧造火候较低,纹饰也较单调,以篮纹和绳纹为主,其年代大致为西周早期。第四层出土遗物的种类和数量都较第三层丰富,陶器中印纹硬陶占绝大多数,其次是泥质红陶和原始瓷,器物组合有罐、碗、钵、鼎、盘等。多见平底器和假圈足,印纹纹饰也较丰富,并出现两种以上的复合纹饰。另外还出土了2件青铜器和3件石器。推测其年代大致在战国时期。庶来遗址现为镇海区文物保护点。

(三)大榭遗址

大榭遗址位于北仑区大榭街道下厂村钱家西南。遗址三面环山,北面向海,核心区占地面积1.4万余平方米,为新石器至宋元时代遗址。1980年9月,当地村民烧窑取土时发现石锛、石镞等石器并上交国家。2008年6月第三次全国文物普查时,根据遗址附近的小道观将其命名为"东岳宫遗址"。

2015—2017年,宁波市文物考古研究所组织对该遗址做了多次勘探发掘,并于2015年12月经专家论证将遗址更名为"大榭遗址"。遗址划定原址保护区约7500平方米,发掘面积达7000平方米,文化层厚1.0—2.8米,可分为大榭遗址一期、大榭遗址二期、东周时期、宋元时期四大文化层。其中,大榭遗址一期、二期遗存属于新石器时代,是遗址的主体遗存,时代上分别相当于良渚文化时期和钱山漾文化时期,发现遗迹有墓葬、灶坑、灰坑、盐灶、制盐废弃物堆等,出土遗物主要为陶、石器和少量木、骨、竹编器,二期遗存中还出现了制盐陶器陶缸、陶盆等。

大榭遗址是浙东海岛首次进行系统科学发掘的以史前遗存为主体的文化遗址。其发现证实了当地先民在距今5000多年前就已进行生产生活活动。遗址二期遗存中发现的距今4000多年的海盐业遗存,更是我国沿海地区制造海盐的最早证据。

大榭遗址的发现对构建浙东沿海地区的史前文化序列,探索中国海盐手工业的起源与发展等,都有着重要意义。2023年6月,大榭遗址被公布为第八批省级文物保护单位。

(四)钱岙古遗址

钱岙古遗址位于鄞州区横溪镇横溪村钱岙自然村中部横河南岸,是在1976年开掘横溪水库导流河时发现的。其范围东至导流河红光闸大樟树下,西达导流河友谊闸毛竹山边,全长800米。当时进行小面积现场试掘,出土文物 46 件。从暴露的文化层分析,下层为商周时期,上层为春秋战国时期。早期器物有豆、带把壶、罐、鼎之类;晚期器物有印纹硬陶和原始瓷。磨制石器有刀、斧、凿、镰、纺轮、环璜等工具,多为通体磨光;尚有一部分带柄石斧、石刀,制作较为粗糙,共 21 件。铜器有铜斧、铜削铜凿等 8 件。

钱岙古遗址距今已有 2500 年历史,是研究奴隶社会生产、生活情况和鄞州区历史发展的宝贵资料,具有较高的历史价值。1982 年 6 月,钱岙古遗址被公布为鄞州区第一批区级文物保护单位。

(五)潘家耷遗址与树桥遗址

潘家耷遗址位于洞桥镇潘家耷村东,分为南、北两个片区。遗址文化堆积深度为 1.4—1.6 米,由上至下可分为 6 个层位。潘家耷遗址共发现遗迹 22 处,出土小件标本 45 件。出土遗存年代由早至晚分别为良渚文化、钱山漾文化和宋元时期,以史前时期遗存为主。在潘家耷发现了分布在平原地区的一处聚落点,该聚落点年代集中在史前良渚文化晚期至钱山漾文化时期。

树桥遗址位于洞桥镇树桥村以西,北依鄞江,南临剡江,地势低洼平坦。遗址分为三个区域进行发掘,共清理灰坑、灰烬活动面、木构建筑等遗迹 11 处,出土小件标本 400 余件,以六朝时期遗存最为丰富,另有少量良渚文化时期遗存以及唐宋时期文化遗存。其中,六朝时期遗迹发现有灰坑 3 处和木构建筑 1 处。树桥遗址出土的器物有瓷器、陶器、砖瓦、木器、石器和金属器等。其中,瓷器为大宗,包括碗、钵、盏、盘、碟、砚台、盏托、盘口壶、四系罐和带釉陶罐等;木器以木构件为主,另出土了 3 件木屐;石器有石球和磨石;金属器有铜碗、铜刀、铜凿、银钗等。树桥遗址是目前发现的首个鄞江流域的六朝旷野遗址,它填补了鄞江流域六朝旷野遗址的空白,与区域内此前发现的上庄山、蜈蚣岭、龙舌山、孟夹岙等墓地相呼应,构建了一个相对完整的六朝时期聚落,为复原六朝时期宁绍地区聚落生活场景提供了重要的实物资料。

（六）陈王遗址

陈王遗址位于奉化区方桥街道陈王村南,是一处横跨河姆渡文化四期、良渚文化时期、战国时期、汉六朝、唐宋时期的文化遗址。遗址分为南、北两个片区,面积分别为 3400 平方米和 4400 平方米。陈王遗址有很多汉六朝时期的生活类遗物和砖、瓦类建筑构件,说明陈王遗址在该时期仍是一处古人生活居住的稳定场所,聚落延续使用时间久远。2023 年 2月至 8 月,宁波市文化遗产管理研究院联合多家单位对陈王遗址进行了抢救性考古发掘。

陈王遗址河姆渡文化四期遗迹发现有土台、墓葬、木构窖穴、木构护栏、灰坑、灰沟等,出土陶器主要有釜、鼎、豆、罐、器盖、支脚等,石器有石锛、石犁、砺石等。陈王遗址良渚文化时期房址为单间或多间地面式建筑,由数段基槽和柱洞组成,平面形状为圆形或近长方形。陈王遗址战国时期文化层被汉六朝时期人类活动破坏,仅发现少量原始瓷盅、杯和拍印米字纹或方格纹等纹饰的印纹硬陶罐、坛残片。陈王遗址汉六朝时期遗迹发现有房址、墓葬、灰坑等,遗物主要为陶、瓷器和砖瓦类建筑构件。该阶段还存在一些硬陶,与商周印纹硬陶的区别主要是在纹饰方面,叶脉纹器耳、梳篦纹、水波纹、垂帘纹是这一时期硬陶常见的装饰。陈王遗址唐宋时期的器物以青瓷为主,有少量白瓷。越窑青瓷器型见有花口盏、荷叶形盏托、碗、韩瓶等。

陈王遗址出土遗存丰富,时代特征明确,是奉化江流域发现的又一处典型平原低地聚落遗址。该遗址出土的考古材料,对构建区域文化发展脉络和研究聚落变迁有重要价值和意义,为复原宁波地区汉六朝时期的社会生活场景提供了新材料。

2024 年 1 月,陈王遗址入选"2023 年浙江考古重要发现"。

（七）杜义弄汉六朝遗址

杜义弄汉六朝遗址位于余姚市梨洲街道余姚市第一实验小学操场内。2023 年 4 月至 7 月,为配合基本建设,宁波市文化遗产管理研究院联合余姚市文物保护管理所对该遗址进行了 800 平方米的考古发掘,共清理了水井、灰坑、灰沟、墙基等遗迹单位 79 处,出土各类遗物标本 258 件。

北宋元丰元年(1078),余姚学宫迁址于此,此后历代多有重修。民国时期在此兴办学宫小学,延至今日的余姚市第一实验小学,可谓弦歌不辍、薪火相传。这次发掘,完善了余姚学宫地块的沿革信息,丰富了汉六朝时期余姚南北双城发展变迁的材料,也展现了更多的历史细节。

2024 年 1 月,杜义弄汉六朝遗址入选"2023 年浙江考古重要发现"。

第二节　生产类遗址

一、古代窑址

(一)上林湖越窑遗址

上林湖越窑遗址位于慈溪市鸣鹤镇西栲栳山麓上林湖一带(原属余姚),为越窑青瓷主要产区之一。因古代地属越州,故名越窑。上林湖越窑遗址现已发现的窑址群分布区以上林湖水库为中心,包括周边的古银锭湖旧址(现已为农田)、白洋湖水库、杜湖水库、里杜湖水库边缘的丘陵与平原交界地带,涵盖上林湖、古上岙湖、白洋湖、杜湖(里杜湖)及古银锭湖(今彭东)四周古窑址等遗址。其中,以上林湖最为集中。其中,上林湖核心片区共有编号窑址 115 处。1980 年,文物部门组织文物普查小组对上林湖越窑遗址进行调查,发现东汉三国、南朝至北宋时期青瓷窑址 97 处。1990 年以后,考古工作者先后对上林湖越窑遗址内的低岭头窑址、荷花芯窑址、古银淀湖寺龙口窑址、白洋湖石马弄窑址、后司岙窑址等遗址进行主动性考古发掘,发现了多处制瓷作坊遗迹,并出土了一批精美的唐、五代、北宋时期青瓷标本。

荷花芯窑址是上林湖越窑遗址的重要窑址之一。其依山而建,沿山麓而上,呈不完全规则的长方形。斜坡坡度为 13 度,面积超过 2000 平方米,由火膛、窑床、窑尾组成,长约 41.8 米,宽 2.0—2.8 米不等,上下高差约 6.5 米,右侧有 7 个缺口,是古代投送柴禾的口子。头部稍低的部分是火膛。

古银淀湖寺龙口窑址是上林湖越窑遗址的重要窑址之一。其河沿岸分布,两侧废品堆积隆起,最厚处达 10 米以上,面积约 2 万平方米。

后司岙窑址是上林湖越窑遗址的核心窑址之一,是烧制贡品秘色瓷的地方,位于上林湖越窑遗址中部的西岸。后司岙窑址考古面积 1200 平方米,有厚 5 米多的晚唐、五代、北宋时期(9—11 世纪)丰富的地层堆积。它是一个完整的窑场,有包括龙窑炉、房址、贮泥池、釉料缸等在内的作坊遗迹。窑址呈"凹"字形分布,中间是烧瓷的龙窑,左侧是碎瓷废料堆积区,右边则是当时制瓷上釉的作坊。

上林湖越窑遗址的唐代地层出土的产品质量较高,少数盏、盘类器物内腹刻有四叶对称的荷叶纹;而五代地层,少量器物胎釉质量极佳,胎质极细腻,釉色天青,釉面莹润,属于秘色瓷类型。主要出土文物有北宋三足蟾蜍砚滴、唐代扁壶、秘色瓷穿带瓶、秘色瓷枕、秘色瓷薰炉、秘色瓷盏、八棱净瓶、还出土有碗、罐、瓶、盏、盘、盒、花盆、三足炉、鸟食缸、器盖、器座等。其中三足蟾蜍砚滴,蟾蜍抬着头,蹲坐在一张荷叶器型的托盘上,为国家一级文物。

上林湖越窑遗址揭露了大量的作坊遗迹,揭示了唐宋时期越窑的窑场布局、制作工艺流程以及窑业生产与管理等重要信息,为研究唐宋时期越窑的制瓷工艺、窑场格局提供了大量翔实的野外材料。上林湖越窑遗址寺龙口窑址的考古发掘,对于鉴别、研究南宋早期越窑烧造的宫廷用瓷或贡瓷有着重要意义,也揭露了完整的南宋时期越窑窑炉,系统地展示了南宋初期越窑的生产面貌。

上林湖越窑遗址是目前发现的烧造年代久远、规模最大、窑场分布最集中的青瓷窑址群,属中国古代制瓷工业最重要的遗址之一,展现了越窑从创烧、发展、繁盛至衰落的整个历史轨迹,被誉为"露天青瓷博物馆"。

上林湖越窑是唐宋越窑青瓷的中心烧造区,历史沿用年代为 2—12

世纪（东汉—宋）。其产品曾代表了中国青瓷制造的最高水平，展现了中国古代青瓷制造业的重要发展阶段，并作为中国南方青瓷全盛时期的代表，在9—11世纪曾对埃及、波斯地区、朝鲜半岛和日本列岛等的陶瓷制作产生显著影响。

1988年1月，上林湖越窑遗址被列为国家重点文物保护单位。2016年3月，国家文物局正式确定"海上丝绸之路"为世界遗产申报项目，上林湖越窑遗址作为该项目的重要内容列入申遗预备名单。这意味着上林湖越窑遗址有望跻身世界文化遗产行列。

（二）宁波东钱湖上水岙越窑窑址

上水岙窑址位于宁波市东钱湖旅游度假区东岸的原上水村境内。其主体遗存时代应在北宋中期，少量遗存年代可能早至10世纪晚期。该考古项目和上林湖后司岙秘色瓷窑址、大榭遗址一起被列入"2016年度浙江八项重要考古发现"。

2012年11—12月，为配合东钱湖开发建设，宁波市文物考古研究所对窑址所在地块进行调查、勘探时，发现1处宋代越窑遗址。2015年10—12月，为配合中国—中东欧投资贸易博览会永久会址项目建设，宁波市文物考古研究所再次对该窑址分布区进行了重点勘探。2016年2—11月，经浙江省文物局和国家文物局批准，宁波市文物考古研究所对该窑址进行了抢救性清理发掘，共发现窑炉遗迹2处，出土了大批精美的越窑青瓷器和窑具等。

通过发掘，上水岙窑址发现了窑场的烧成区——窑炉遗迹，但备料区、成型区、上釉区、存储区等作坊遗迹和配套设施在早期平整农田和修筑原沙山公路时被损毁。出土的青瓷种类丰富，包括碗、盘、杯、盏、盏托、盒、罐、壶、钵、香薰、瓶、套盒、水盂、枕、洗、砚台、五管灯、唾盂等越窑青瓷产品和匣钵、垫圈、复合型垫具等烧窑用具。有的青瓷造型别致，在以往越窑考古中未曾发现，如仿青铜礼器的越窑青瓷花口尊；有的在其他的越窑遗址中少见，如镂雕凤纹、龙纹的香薰。

上水岙窑址出土的青瓷最大的亮点是纹饰精美多样，既有莲瓣、牡丹、荷叶、莲蓬、云草等植物花卉纹样,也有凤、龙、雀、鸳鸯、鹦鹉、鹤、鱼等动物纹样。加上装饰工艺繁复,刻划花、浅浮雕、镂雕、堆塑等工艺大量运用,器物呈现多层次的立体浮雕感。该处出土的很多产品在海外遗址中发现有类似品种。日本考古遗址、印尼沉船遗址发现的越窑青瓷以及迪拜考古发现的越窑青瓷,与上水岙窑址的青瓷高度吻合或近乎一致。这对于研究10世纪晚期到北宋中期东钱湖窑场的产品外销,以及我国古代海外交通史、陶瓷贸易史,特别是宁波古代海上丝绸之路具有重要的参考价值。上水岙窑址的发现,不仅极大提升了作为越窑三大生产中心之一——东钱湖窑场在越窑青瓷体系中的历史地位,也提升了东钱湖旅游度假区的文化内涵和文化品位。

(三)宁海岔路虎头山北宋越窑遗址

1998年11月,同三(今称沈海)高速公路宁海县六标段的施工打开了岔路虎头山一带沉睡了千年之久的几处北宋越窑遗址。经考古发掘,证实了宁海也是越窑青瓷产区之一。从出土的瓷片看,岔路越窑所生产的瓷器釉面青色光亮,部分精瓷产品可与秘色瓷釉相媲美,可见当时的岔路越窑烧制出来的产品档次是相当高的。

岔路虎头山北宋越窑遗址出土了碗、盘、碟、高足杯、壶、罐、盏、盏托、瓶、盂、粉盒、熏炉、碾轮、器盖等器物,多为青釉瓷,有精粗之分。青瓷釉色青亮、施满釉,有的可与秘色瓷相媲美。纹饰以龙头海水纹为主,另有莲瓣、荷叶、卷草、牡丹、蝴蝶等。装饰手法有刻划、戳印和镂孔,有的碗内刻有"库""四"字铭文。

岔路虎头山北宋越窑遗址的发现填补了史料中宁海没有越窑遗址记载的空白,宁海也由此一跃成为宁波西南地区越窑遗址的重要代表。宁海岔路虎头山北宋越窑遗址发掘出土的大量青瓷碎片、窑具以及窑床、生产场所等实物和遗迹,为研究宋代历史文化的发展提供了科学依据。

(四)郭童岙窑址

郭童岙窑址位于宁波市东钱湖旅游度假区,年代为五代至北宋。20世纪80年代,文物部门曾对郭童岙窑址做过初步调查,当时调查有窑址

3座。1986年,郭童岙窑址被公布为鄞县乡镇级文物保护点。2007年,为配合华润卡纳湖谷住宅项目建设,对郭童岙窑址进行了抢救性考古勘探与发掘,勘探面积约5万平方米,发掘面积近3000平方米。共发现并清理越瓷窑址11座、残存作坊建筑遗迹2处、匣钵墙1处。发现的11座窑址分属于五代至北宋中晚期,可分为两大类:一类是龙窑,8座;另一类是馒头窑,3座。出土器物主要有青瓷碗、盘、盆、钵、壶、盏、碟、盅、杯、盏托、韩瓶等生活用具,以及匣钵、垫具、支具、投柴孔塞、火照等窑具。瓷器釉色多呈青黄色,纹饰以刻划为主,并有残次瓷坯。器物风格承袭上林湖窑场,但已初具东钱湖窑场自身特色。郭童岙窑址群中的8座窑址现已原址填埋保护。

（五）小洞岙窑址

小洞岙窑址位于镇海区九龙湖镇汶溪村小洞岙自然村北部的山坡上,现为竹林、庄稼和村庄住宅。1980年5月,经上级文物部门勘探,窑址地面散布有青瓷碎片和烧坏的陶器,堆积范围东西长78—85米,南北宽68—75米,暴露断面厚度1.7—2.2米。窑址有三层,第一层以翻沿碗为主,第二层以矮圈足碗为主,第三层以中假圈足碗为主。经文物部门鉴定,该窑址是唐代时期青瓷、陶器的重要产地之一,具有较高的历史研究价值。1981年7月,小洞岙窑址被公布为镇海县文物保护单位。现为镇海区文物保护单位。

（六）玉缸山窑址

玉缸山窑址位于横溪镇,是鄞州区已发现的最早窑址,时代为东汉。该窑址堆积面积约900平方米,堆积厚度1.0—1.5米。玉缸山窑址堆藏丰富,器物类型较多,以碗、罐为大宗产品,制作精湛;纹饰以印花席纹、网纹、弦纹为主;釉色光滑,多为青中带灰;胎质较细,呈灰白色;窑具有覆钵形垫座、双足器、喇叭口、筒形垫具和圆饼三足钉器等。

2014年7月,玉缸山窑址被公布为鄞州区第十批区级文保单位。

（七）臧墅湖窑址

臧墅湖窑址位于余姚市马渚镇云楼村臧墅湖北山坡,为宋代民窑。

65

窑床整体保存较完整。产品种类丰富,有盏、碗、罐、韩瓶等,质量较高,对研究这一地区宋代窑业生产状况具有较重要价值。2010 年,臧墅湖窑址被公布为余姚市第五批市级文物保护单位。

(八)九缸岭窑址

九缸岭窑址位于余姚市低塘街道黄湖村九缸岭东麓,水陆交通可以东西转运,南北群山又为制瓷提供了充足的原料和燃料。窑址内有长 20 米、宽 4 米的瓷片堆积层,但厚度不明。废品堆积层西侧有高 1 米以上的缓坡,其土呈暗红色,由南至北逐渐与山体混为一色。

九缸岭瓷片纹饰与战国印纹硬陶极其相似,器耳纹饰具有汉代特征。产品器形大,矮壮、胎厚,应属东汉瓷窑。九缸岭窑址为研究陶瓷的渊源关系及演变、发展提供了实物资料。1987 年 10 月,九缸岭窑址被公布为余姚市第二批市级文物保护单位。

(九)马步龙窑址

马步龙窑址位于余姚市牟山镇湖山村砖瓦自然村马步龙山南麓,西北可遥见牟山湖,东西两边是马步龙山主峰,正面 250 米范围内有一块三角环山的茶叶地。据山势观察,窑床自南到北沿山坡延伸 50 米。瓷窑枕山面湖,既有制瓷所需的原料、燃料和水源,又为产品的销售提供了便利的水路运输,因此这里制窑的自然条件非常优越。从采集的标本分析,产品有钵、洗、碗、盅 4 种。从产品纹饰和窑具特征分析,应属三国至两晋时期的青瓷窑。

马步龙窑无以润泽的色釉为我国陶瓷史添写了重重的一笔。1981 年 6 月,马步龙窑址被公布为余姚市第一批市级文物保护单位。

(十)桃园窑址

桃园窑址位于慈溪市横河镇彭南村桃园自然村南部、癞头山北麓平缓山坡处,根据采集物判断为宋代遗址。地表遗存散布面积东西约 40 米,南北约 15 米,占地面积 600 平方米。采集器物以碗、韩瓶、壶、罐、盏为主。器物以素面为主,部分饰刻划纹;施青灰釉,釉附着性较差,部分为施半釉或釉不及底,制作较为粗糙。窑具有夹砂耐火匣钵、垫圈、垫饼、垫柱等。

桃园窑址器型比较丰富,对研究越窑青瓷的烧造历史有一定价值。2011 年 1 月,桃园窑址被公布为慈溪市第六批市级文物保护单位。

(十一)湖西山窑址

湖西山窑址位于慈溪市观海卫镇白洋村,在白洋湖西岸中部偏南段、湖西山东麓的缓坡上,南面距杜湖山庄约 300 米,为唐代窑址。

遗址地表遗存散布面积约 1500 平方米,分布于面向东的缓坡上,东西长约 50 米,南北宽约 30 米。可辨堆积厚度超过 50 厘米,可见器型以侈口、浅腹、矮圈足的大碗为主,另有玉璧底碗、执壶、四系罐等。釉色以青黄、青灰居多,均为素面。窑具多为直壁内凹和钵形两种匣钵。

地表零星有杨梅林、近现代坟分布,基本未发生较大扰动。该窑址的发现为研究慈溪白洋湖沿岸越窑遗址分布和发展状况提供了更为丰富的资料。2011 年 1 月,湖西山窑址被公布为慈溪市第六批市级文物保护单位。

(十二)寺下遗址

寺下遗址位于慈溪市横河镇东畈村寺下自然村东北部,北靠海拔 15 米的小山包。由钻探及地表调查得知,该遗址在山坡下部有商周文化层,山脚下有史前文化地层,为河姆渡文化遗址。

该遗址在东侧小山脚下地下 135—170 厘米处为文化层,在西侧山脚下有约 100 厘米厚的文化层,灰褐色沙土,含小陶粒。西侧山坡地面有商周时期的较多印纹陶片散布。整个遗址面积约 5000 平方米。寺下遗址对于研究河姆渡文化在本地的分布及其发展延续情况有较高的参考价值。2011 年 1 月,寺下遗址被公布为慈溪市第六批市级文物保护单位。

(十三)郭塘岙遗址地

郭塘岙遗址地处江北区慈城镇八字桥郭塘河周围。该窑址共有 4 处,均分布于郭塘河南北岸,总面积达 4830 平方米,其中东汉时期有 3

处,三国吴、西晋各1处。遗物除东汉的基本一致外,三国到西晋基本与宁波地区同时期的相一致。窑址堆积中遗有大量的青瓷片、黑釉瓷片及垫饼、垫座等窑具,主要器物有垒、钵、壶、罐、盆、碗等,与青瓷发源地上虞、小仙坛东汉窑场出土的器物相似。郭塘岙遗址是我国烧造青瓷的古窑址之一,其年代为东汉后期,该窑址出土实物对研究青瓷黑釉瓷的烧造与出现年代有重要价值。1981年12月,郭塘岙遗址地被公布为宁波市级文物保护单位。

(十四)云湖窑

云湖窑是南朝时期的一个重要窑址,位于江北区慈城镇英雄水库豆腐山,于1977年在英雄水库中发现。云湖窑处于长溪岭山脉南麓,西与余姚接壤;北过长溪岭与慈溪交界,距宁波市区约27千米。东西向斜坡式堆积,面积约为3700平方米,且尚有一部分淹入水中。瓷器胎骨稍厚,呈灰白色,施青釉。器物有碗、盘、钵、鸡首壶、砚台、灯盏等,饰有莲瓣花纹。窑具有圆形、筒形垫托。1986年5月,云湖窑被公布为江北区第二批区级文物保护单位。

(十五)金鸡岙青瓷窑址

金鸡岙青瓷窑址位于慈溪市匡堰镇倡隆村,在金鸡岙浪网山南坡,于1982年在文物普查中被发现。

从地表散布的遗物判断,该窑址属东晋时期。窑床方向朝南,地表遗物散布面积2000平方米,堆积断面厚度为1米,部分堆积被唐代窑址瓷片堆积叠压。器物种类丰富,有四系罐、盘口壶、鸡首壶、碗、钵、盏、盆、洗、盘、砚、唾盂、尊、槅等,并清晰地展现出器物的演变过程。例如,碗、钵、盆、洗等器物由平底发展到假圈足,再进一步转变成足底边缘有一周凹弦线的假圈足;胎从含沙粒较多、表面粗糙,发展到含沙粒较少、表面致密细腻;施釉从半釉变为底部露胎,再发展到满釉;釉层从透明度较差、不均匀,发展到玻璃质感强、润泽、均匀。器物釉色以青釉为主,也有青黄、青绿和黑釉。器表装饰比较简单,以粗弦线为主,褐色点彩次之,还有水波纹等。弦线主要装饰在器物的口沿、肩腹和底部;褐色点彩常见于器物的口沿、系等部位,是东晋时期较为流行的一种装饰。窑具均为垫具和间隔具两类。装烧工艺有三种:用锯齿具作间隔进行装烧;用泥点作间隔叠烧;对口合烧。此外,为了提高装烧量,往往在罐和钵内再放置小件器物进行套烧。1986 年 8 月,金鸡岙青瓷窑址被公布为慈溪县第三批县级文物保护单位。由此可见,东晋时期金鸡岙窑场的制瓷技术已有很大创新。

(十六)瓦片滩青瓷窑址

瓦片滩青瓷窑址位于慈溪市匡堰镇倡隆村栋树下,东距上林湖约2 千米。窑址遗物堆积丰厚,散布面积大,瓷片俯拾即是,故称"瓦片滩"。该窑址于 1982 年在文物普查中发现。

该窑址地表瓷片散布面积为 4800 平方米,断面堆积厚度 1.7 米,从采集到的标本判断,烧造时间为五代至北宋时期。产品丰富多彩,做工精致,造型优美,不拘一格。器物有碗、罐、壶、钵、盘、盆、洗、盏、盒、灯等,碗有敞口斜腹环底碗、翻沿弧腹圈足碗、曲口斜腹圈足碗、直口深腹圈足碗,盘有葵口平底盘、敞口平底盘、翻口平底盘、曲口圈足外撇盘、敞口圈足外撇盘、敞口浅圈足盘、卧足盘等。胎骨灰白,细腻,紧密。釉色以青黄釉居多,青绿、青灰次之,釉层均匀,透明度好,晶莹润泽。器表装饰以素面为主,刻划花次之。花纹主要装饰在器物的内底,也有饰于内外壁和口沿部位的。图案有对称双蝶纹、双凤纹、鹦鹉纹、水草纹、水波纹、花鸟纹、莲花纹、缠枝花纹、云纹、龙纹、浮雕莲瓣纹等。纹饰题材广泛,刻纹线条纤细,流畅奔放,疏密有致;画面层次清晰,生动活泼,饶有韵味,洋溢着诗情画意。窑具有夹砂耐火匣钵、垫圈等。部分碗的外底刻有"岑记使迪""胡""太平戊寅""上"等字样。

从产品的造型、胎质、釉色、纹饰、装烧工艺来看,瓦片滩窑址出土的器物与上林湖五代、北宋窑址的器物毫无二致。在调查过程中,还发现了与吴越国钱氏家族墓出土的青瓷器、赤峰大营子村辽穆宗驸马墓出土的葵瓣式青瓷小碗以及辽陈国公主驸马合葬墓出土的六曲花瓣形、内底饰双蝶纹的青瓷碗完全相同的器物。由此可知,五代至北宋时期,此地一直是"贡瓷"的烧造地。

1986 年 8 月,瓦片滩青瓷窑址被公布为慈溪县第三批县级文物保护单位。

二、其他生产类遗址

(一)永丰库遗址

永丰库遗址位于海曙区中山西路北侧唐宋子城遗址内。其前身为南宋常平仓,是元代宁波的衙署仓储区遗址。2001 年 9 月和 2002 年 3 月,宁波市文物考古研究所两次对其进行了抢救性发掘。遗址以两处单体建筑基址为核心,并有与之相关的砖砌甬道、庭院、排水明沟、水井、河道等众多遗迹,是宁波市历史上规模最大、成果最丰硕的一次城市考古发掘。2003 年 4 月,永丰库遗址被国家文物局评定为"2002 年度中国十大考古新发现"。2006 年 6 月,永丰库遗址被国务院公布为第六批全国重点文物保护单位。此外,永丰库遗址作为宁波海上丝绸之路的重要明证,2016年被国家文物局定为海上丝绸之路宁波遗产点之一。

2001 年、2002 年,文物部门对永丰库遗址进行了两次发掘。经发掘,揭露了以两处单体建筑基址为核心,以及砖砌甬道、庭院、排水明沟、水井、河道等与之相互联系、布局相对完整的宋元明时期大型衙署仓储机构。这里发现了大量遗物,其中出土完整或可复原文物 800 余件,尤其是出土的瓷器汇集了宋元时期著名的六大窑系中五大系列的产品,如龙泉窑系的青瓷,景德镇窑系的影青瓷、枢府瓷,磁州窑系、钧窑系、定窑系的瓷器,以及越窑、磁灶窑、吉州窑和福建产的影青瓷、白瓷,德化窑的白瓷,建窑的黑釉盏、兔毫盏等窑口产品。这反映了宋元时期宁波海上丝绸之路发展繁荣的历史事实,充分说明宁波是中国古代海上丝绸之路的重要贸易港。其发现、发掘,为确认宁波为中国元代第二大对外贸易港口城市在考古学上提供了重要实据。

永丰库遗址所反映的元代仓库的构造特点,是一种新发现的古建筑构造做法,对中国古建筑史的研究具有重要价值。考古发掘在宁波历史文化名城核心区揭露了有关元代庆元路遗址的内涵,并找到了元朝都元帅府的物证,确定了都元帅府的位置及其与南宋衙署的关系,为研究古代宁波城市格局提供了重要资料,是我国南方宋元考古学的一次重大突破。

(二)宋东门口码头遗址

码头遗址位于海曙区东门口,年代为唐代至元代。1978—1979年,文物部门为配合交邮大楼施工建设进行了发掘,发掘面积约350平方米。文化堆积最厚处达6米,共分五层:第一文化层为明代,出土器物主要有龙泉窑青瓷盘、瓶、炉等;第二文化层为元代,出土器物主要有龙泉窑青瓷洗、碗、盖罐和景德镇枢府碗等;第三文化层为宋元,各窑口器物共存;第四文化层为宋代,出土器物以越窑青瓷碗,龙泉窑碗、盘等为主;第五文化层为唐代,出土器物主要有越窑玉璧底碗、罐、盆、灯盏等。发掘过程中共清理出3处石砌海运码头遗迹和宋船1艘。残船长9.3米、高1.14米、宽2.16米,是一艘尖头、尖底、方尾的三桅外海船。

(三)明州罗城遗址(望京门段)

明州罗城遗址(望京门段)位于海曙区望京路与中山东路交叉口。2016年8月至9月,为配合宁波市海曙区中山路综合整治9♯地块建设,经浙江省文物局批准,宁波市文物考古研究所与厦门大学历史系联合组建考古队,对该地块开展了先期考古调查勘探,发现了城墙夯土、包砖等遗迹。

2016年11月至2017年6月,经国家文物局批准,在宁波市市政工程前期办公室的大力支持和相关职能部门的通力协作下,联合考古队对所发现的城墙遗址开展了抢救性发掘,确认了该遗址为唐末至民国时期明州罗城之西门望京门北侧的一段城墙基址。考古发掘时,还选择城墙基址的北部和中部各清理了一条与墙体垂直的东西向解剖沟,以了解明州罗城城墙的历史沿革、内部结构、筑城方法、建造工艺等。

考古发掘揭露的城墙基址距地表深度为0.24—0.50米,总长达79.5米,残高1.46—1.86米,大致呈南北走向。残存的城墙基址主要由唐末时期基槽和铺垫层、唐宋至元代夯土墙、宋代包砖墙和护坡、元代至明清包石墙等部分构成,还发掘清理出晚唐五代至明清时期灰坑42个、灰沟 7 条,元代至晚清民国时期水井 7 口,元代水池 3 个,建筑基址 6 座,晚清民国时期墓葬 10 座。出土文物标本数以千计,其中完整及可复原器物达 1900 余件(套),主要为越窑、龙泉窑、景德镇窑、闽清义窑、福清东张窑等全国各地窑口的各类瓷器,还有石夯锤、砖瓦、陶玩具、铜钱等其他遗物。该遗址的发现,集中而真实地再现了宁波(明州)自唐末始建罗城以来 1000 多年的城市发展脉络与兴废更替,为宁波(明州)乃至我国东南沿海州府城墙建筑史、城市发展史研究提供了宝贵的实物例证,具有十分重要的历史、科学和展示价值。该遗址被评为"2016 年度浙江省十大考古新发现"之一。2023 年 5 月,望京门城墙遗址公园正式建成并开放。2023 年 6 月,明州罗城遗址(望京门段)被公布为第八批省级文物保护单位。

(四)祖关山古迹

祖关山古迹位于宁波古城南门外、海曙区南郊公园内,其范围以南郊公园内的祖关山为中心,北至护城河,东至南塘河,南、西两面至祖关河。北宋时该地原有崇法寺,佛教十七祖法智大师在此坐关而逝,遂有祖关之名。此处历代为墓葬地,逐渐堆成小土山。1956 年建造火车南站时对该区域进行了考古发掘。

经考古人员发掘,祖关山古迹共有战国到明代的古墓葬 128 座。其中规模较大的有东汉时的木墩墓,出土文物 1124 件。年代最早的是战国陶豆(即现在的高足盘)、烧煮食物的鼎。西汉的陶壶、罐、敦实用器,都施了釉,呈米黄色,光亮如脂。还有如洗、灯、釜、甑、鐎斗、酒盅、镜和虎子(即便壶)、铜铸秦半两和汉五铢古钱币等青铜器,壶、耳杯、谷仓、灶等陶器,釜(锅)、刀、剑、匕首等铁制器,漆耳杯漆器、玛瑙、琉璃和玉制品,以及麻织物、丝织品等。祖关山古迹对研究宁波自汉至六朝的政治、经济、文化有一定的历史价值。

1961 年 5 月,祖关山古迹被公布为宁波市市级文物保护单位。2010 年,祖关山古迹被公布为鄞州区第九批区级文物保护单位。2016 年宁波市行政区划调整时,祖关山古迹归至海曙区。

（五）射雀岗畈梯田

射雀岗畈梯田位于海曙区石岭自然村射雀岗岭董家屋后的山峁中。层层梯田从山顶而下至爱中村董家屋后并围至南边山峁。该梯田原属石岭人所有，根据其发展历史判断，该地梯田于宋朝开始开垦。梯田基本处于东西向山峁中古道两侧，都以乱石坎层砌而成，大的坎石上吨，小的坎石如碗口，所以大小不一。砌筑方式基本都呈圆弧形层坎，是原始栽种水稻的田地。现因经济发展、种植专业化而发展成多种经营。射雀岗梯田的发现，反映了石岭人民战胜困难、勤俭建家的发展历程。它是当地人民的智慧结晶，具有一定的历史及教育意义。

2010 年 9 月，射雀岗畈梯田被公布为鄞州区第九批区级文物保护单位。2016 年宁波市行政区划调整时，射雀岗畈梯田归至海曙区。

（六）宁海石碾群

宁海石碾群共 7 处 10 座（只），时代跨度为明代至民国，分别位于宁波市宁海县长街镇西岙村、茶院乡寺前王村、许家山村、深甽镇岭下村、力洋镇力洋孔村、一市镇东岙村和越溪乡梅枝田村。其中，西岙村有 4 座（只），其他各村分别有 1 座（只）。

2012 年 3 月，宁海县人民政府公布西岙石碾、许家山石碾、岭下石碾和力洋孔石碾为宁海县第六批县级文物保护单位。2017 年 1 月 13 日，浙江省人民政府公布宁海石碾群为第七批省级文物保护单位。

西岙石碾群在长街西岙村，有 4 个碾子座，除一个为圆柱体碌碡外，其余均为大碾轮的碾子座。大碾碾盘周长 17.27 米，槽深 0.18 米，碾轮直径为 1.66 米，一次性可碾谷 150—200 千克；小碾碾盘周长 3.5 米，槽深 0.13 米，碾轮直径为 1.63 米，一次性可碾谷 100 千克。

寺前王石碾在茶院乡寺前王碾子座祠堂东山墙外。碾轮有两个，一大一小。在小碾轮上发现有一个很大的"王"字，下方是呈放射状分布的 14 列小字。左右两列小字分别为"乾隆己酉""念四"。另外 12 列小字每列都刻有一个单数和双数，两两相对，中间刻有王氏族人的姓名。每个名字上下各对应一个数字，有人推测这些数字和中间的姓名可能是王氏族人轮流使用石碾子的日期安排表。

许家山石碾位于宁海县茶院乡许民行政村许家山自然村。其由碾槽和碾轮两部分组成,碾槽直径 5.13 米,碾轮直径 1.28 米。周边杂草丛生,处于废弃状态。由于时代久远和人为因素,碾轮边角略有残损。

岭下石碾位于深甽镇岭下村。石碾材质取自当地的火山岩,打制于清代,造型独特。整个碾盘与碾槽用一块巨大的青石凿成,直径为 3.2 米,无纹饰,中部隆起呈馒头状,碾道坦斜,碾轧面大,边墙斜立,开一口,便于扫出米粉和谷物。碾子短柱状,碌碡直径 0.63 米,高 0.4 米。

力洋孔村的石碾立于竹林旁,石碾由碾轮和碾槽组成,红石质地,碾轮硕大。碾槽由 12 个石块拼成。碾轮直径 1.6 米,最薄处 0.02 米,最厚处 0.08 米,重约 350 千克;碾槽外直径 5.6 米,内直径 4.6 米。为配合古村的风貌,近年进行修复,现已修复完毕。力洋孔石碾整体保存较为完整,是旧时农村重要的农业生产工具,具有一定的文物价值。

一市镇东岙石碾位于村口,大溪左侧。碾轮、碾槽俱存,碾盘石板无存。碾槽直径 5.2 米,碾轮直径 1.75 米。现在碾槽内部石板遗失,周边用水泥涂抹,具有一定的历史价值。

梅枝田上田村口有一座石碾,经修复后,碾轮碾盘完整,碾槽直径 5.24 米,碾轮直径 1.56 米。碾轮上刻有纪年"民国己未年田纶友"及"金松筠一柱""吕补金半柱"等捐资者信息。

(七)岳井石碾

岳井石碾位于宁海县长街镇岳井村,建于清代,由西北方向的上石碾、东南方向的下石碾和中央的中石碾 3 处石碾组成。其中,上石碾和下石碾为碾粉之用,中石碾为碾谷之用。上石碾碾槽由 13 块圆弧形的石槽围成,圆弧内表面以石板砌成约 30°的斜面,整个碾槽直径约 4.04 米,碾轴是一个直径 0.4 米、高 0.6 米的圆柱形石柱。中石碾碾槽由 14 块中间凹陷的圆弧形石槽围砌而成,轨道直径 5.25 米,碾槽中间以石板铺地。碾轮重三四百千克,直径 1.6 米,最厚处 0.25 米,最薄处 0.08 米,是一中间略微凸起的圆盘。下石碾的外形与尺寸基本和上石碾相同。

岳井石碾保存完整，是农业社会重要的生产工具，具有一定的历史价值。三处石碾同在一地，且保存如此完整，这在宁海罕见。2009年，岳井石碾被公布为宁海县级文物保护点。2012年3月，岳井石碾被公布为宁海县第六批县级文物保护单位。

（八）马鞍岗古石宕遗址

马鞍岗古石宕遗址位于海曙区鄞江镇它山堰村马鞍岗山的半山腰，距全国重点文物保护单位它山堰直线距离约500米，是唐朝人工开采石料所遗留的采石遗址。东口高2—3米，西口高约5米，洞内深30余米，东西相连，呈凹形。西面宕口石块已出现风化。20世纪70年代，本地村民整山平地时，发现有一条宽约3米的碎石路通向山脚，又根据它山堰石料质地与此相同，推测这条碎石路曾是古代工匠搬运石料的古道，也是它山堰用石材料的见证。抗日战争时期，本地百姓为躲避日军的烧杀抢掠，曾于此避难。

马鞍岗古石宕遗址对于研究它山堰历史、鄞州石刻史等极具价值，它也见证了日军的侵略行径，具有一定的历史价值。2010年，马鞍岗古石遗址被公布为鄞州区第九批区级文物保护单位。2016年宁波市行政区划调整时，马鞍岗古石宕遗址归至海曙区。

（九）上化山古石宕遗址

上化山古石宕遗址，又称光溪塘，位于海曙区鄞江镇鄞江村北面山顶，与光溪村的毛家宕、天塌宕相连。

上化山东西连绵数里，成为明清时期光溪塘石块的宁波主要产地。宕口南北相通，高达近10米，纵深超过300米，纵横交叉，迂回曲折，可容千人。南口东侧内积水成潭，方圆百米，深可行舟。根据石质石色及残存于洞内的条石分析，洪水湾塘、官池塘的条石出于此塘。

上化山古石宕开采时间早，大小不等的宕口是鄞江人民勤劳和智慧的结晶，具有一定的历史价值。2010年9月。上化山古石宕遗址被公布为鄞州区第九批区级文物保护单位。2016年宁波市行政区划调整时，上化山古石宕遗址归至海曙区。

（十）华兴岙遗址

华兴岙遗址位于海曙区鄞江镇梅园村华兴岙自然村南侧。整个石岙呈扇形，直径约 56 米，现已经废弃，被水淹没。

梅园石岙开采历史悠久。据现存的北宋徽宗御笔碑及东钱湖石刻情况推断，其历史至少可上溯至宋代。由于古代开采能力限制，只能采取由上至下的开采方式，多为露天开采，所留下的遗迹多为圆形或扇形的水池。华兴岙遗址的发现为研究海曙区梅园石开采历史以及宁波市交通道路发展情况都提供了第一手的实物例证，具有一定的历史价值，2010 年 9 月，华兴岙遗址被公布为鄞州区第九批区级文物保护单位。2016 年宁波市行政区划调整时，华兴岙遗址归至海曙区。

（十一）天塌岙古遗址

天塌岙古遗址位于海曙区鄞江镇光溪村毛家自然村，在上化山东侧。上化山是宁波知名的历代采石场地之一，留有数十个古代石岙。天塌岙是其中较为典型的一个石岙。其位于毛家岙西约 500 米处。现有大小岙口几十个，如有宽 13.8 米、深 15.2 米、高 7 米的岙口，大型的有巨石高耸，难以丈量。该遗址的石料为宁波知名的小溪石之一，用于建造房屋、桥梁、坟墓等，对于研究宁波建筑发展史具有不可替代的价值。遗址发现的被埋水车为研究开岙排水提供了重要的实物依据。2010 年，天塌岙遗址被公布为鄞州区第九批区级文物保护单位。2016 年宁波市行政区划调整时，天塌岙遗址归至海曙区。

（十二）草帽业小学旧址

草帽业小学旧址位于慈溪市长河镇宁丰村章家路，由于其丰富的草编文化内涵，2003 年被公布为第二批慈溪市级文物保护点，2016 年 1 月被公布为慈溪市第七批市级文物保护单位。

长河草帽业始于乾隆五十年（1785）。凭借独特的制作工艺，金丝草帽产品在当时就行销宁绍地区。20 世纪 20 年代，长河一带"十里长街无闲女，家家尽是草帽人"，经营草帽的庄、行达 130 余家，形成了以长河为中心的金丝草帽商业网,产品远销欧美和东南亚各国。30 年代,长河草编界乡贤张春尧、张贞明、张通海等人为振兴地方教育,发起了在每顶草帽收购款中代扣六厘(后改为一分)为"兴学资费"的义举,创立了一所颇具规模的私立小学,并将该校命名为草帽业小学。建成后的草帽业小学一时名师云集,县城内学子纷纷前来求学,最盛时师生达 600 余人,教育质量及设施为全县(时属余姚县)之冠。抗战时期,全校师生积极开展抗日宣传,先后有不少学生加入了抗日队伍,涌现了舍生取义的杨小康、杨小群、张钟烈等英烈。

中华人民共和国成立后,草帽业小学由人民政府接管,经过多次改制,办过小学,也办过职业技术学校。半个多世纪以来,草帽业小学为社会培养了大批有用之才,是素有"草帽之乡"美誉的长河镇百年草帽文化的重要载体。

第三章　宁波市工程类农业文化遗产

工程类农业文化遗产指为提高农业生产力和改善农村生活环境而修建的各种古代设施,具体包括运河闸坝、海塘堤坝、塘浦圩田、陂塘、农田灌溉系统等各类工程。宁波市工程类农业文化遗产资源丰富。其中,大运河(宁波段)沿线文化遗产内容丰富、数量众多,它山堰入选世界灌溉工程遗产名单,东岗碶、澄水大闸、燕山碶、义成碶等20处水利工程被列入浙江省重要水利工程遗产资源名录。根据宁波市工程类农业文化遗产的分布情况,本章分别对大运河(宁波段)主要文化遗产、农田灌溉系统、海塘堤坝遗址等进行介绍。

第一节　大运河(宁波段)主要文化遗产

一、世界大运河(宁波段)概况

大运河是中国东部平原上的伟大工程,是中国古代劳动人民创造的一项伟大的水利建筑,为世界上最长的运河,也是世界上开凿最早、规模最大的运河。大运河始建于公元前486年,包括隋唐大运河、京杭大运河和浙东大运河三部分,全长2700千米,跨越10多个纬度,地跨北京、天津、河北、山东、河南、安徽、江苏、浙江8个省、直辖市,纵贯在中国华北大平原上,沟通了海河、黄河、淮河、长江、钱塘江五大水系,是中国古代南北交通的大动脉,至今大运河历史延续已2500余年。

2014 年 6 月 22 日,大运河在第 38 届世界遗产大会上获准列入世界遗产名录,成为中国第 46 个世界遗产项目。最终列入申遗范围的大运河遗产分布在中国 2 个直辖市、6 个省、25 个地级市。申报的系列遗产分别选取了各河段的典型河道段落和重要遗产点,包括河道遗产 27 段,总长度 1011 千米,相关遗产共计 58 处。

大运河(宁波段)即中国大运河浙江宁波段,位于中国大运河最南端,西自余姚入境,向东经斗门、余姚城区、丈亭、慈城、宁波城区至镇海甬江口入海,是中国大运河与海上丝绸之路的交汇点。大运河(宁波段)与自然江河、人工塘河并行接合、复线运行,正河长 152 千米,支线长 179 千米,合计 331 千米。沿线文化遗产内容丰富,数量众多,其中 3 处被纳入世界文化遗产点(段),河段长度 34.4 千米;另有国家级文保单位 17 项、省级文保单位 49 项,详见表 3.1。其中,大运河(宁波段)由浙东运河上虞—余姚段(余姚部分)、浙东运河宁波段、宁波三江口(含庆安会馆)、姚江水利航运设施(含压赛堰遗址、小西坝旧址、大西坝旧址)、水则碑组成。

表 3.1　大运河(宁波段)沿线文化遗产概况

项目	说明
世界文化遗产点段	共 3 处:浙东运河上虞—余姚段(余姚部分)、浙东运河宁波段、宁波三江口(含庆安会馆)
世界文化遗产河道长度	长 34.4 千米,占全省遗产河道的 10.5%
全国重点文物保护单位	共 6 项:浙东运河上虞—余姚段(余姚部分)、浙东运河宁波段、宁波三江口(含庆安会馆)、水则碑、姚江水利航运设施(含压赛堰遗址、大西坝旧址、小西坝旧址)、通济桥
省级文物保护单位	共 7 项:浙东运河河道、马渚横河水利航运设施(西横河闸和升船机、斗门新闸和升船机、斗门爱国增产水闸)、姚江水利航运设施及相关遗产群(陆埠大浦口闸、丈亭运口及老街、姚江大闸)、宁波航运水利碑刻(镇海澥浦老街奉宪勒石、清代甬东天后宫碑记、庆元绍兴海运达鲁花赤千户所记碑、元代移建海道都漕运万户府记碑)、舜江楼、小浃江碶闸群(东岗碶、燕山碶、义成碶、浃水大闸)、姚江运河渡口群(半浦渡口、青林渡口、李碶渡口、都神殿)

二、大运河(宁波段)的主要河段

(一)浙东运河上虞—余姚段(虞余运河)

浙东运河上虞—余姚段是联系曹娥江和姚江的重要河段,始建于宋代,也称虞余运河。它是利用当地的湖泊沼泽,经人工整理后形成的运河。西起上虞赵家村(曹娥江),经五夫长坝进入余姚。现为六级航道,平均宽22米,水深1.5米。

余姚境内的虞余运河由湖塘江、马渚中河构成,全长11.4千米,河宽40—60米,水深2—3米,六级航道。西起长坝(五夫),向东至西横河闸转东南,过斗门曹墅桥汇入姚江,为姚江最大的支流。沿途有牟山江、青山港、奖嘉隆江、贺墅江等汇入,北侧为姚西最大的湖泊牟山湖。余姚段上有斗门老闸、斗门新闸、西横河闸等水利航运设施,是运河的重要节点;运河也造就了马渚集镇的兴旺。

虞余运河水利航运设施位于绍兴市上虞区驿亭镇,主要包括五夫长坝及升船机、驿亭坝。

五夫长坝始建于明嘉靖,现存明清及1972年重建的水闸和管理用房。坝分为两部分,南面为水闸,北面为五夫长坝及升船机。五夫长坝是民国以前运河上重要的交通枢纽,是运河上虞段和余姚段的分界点,是绍宁货物运输的中转站。1953年,人力拖坝改为人力绞盘车拔。1977年,在原坝址上建30吨级升船机,两侧还有管理用房。现坝的功能已基本废弃。

驿亭坝位于绍兴市上虞区驿亭镇新驿亭村新力自然村运河上,唐长庆年间为调节夏盖湖与白马湖湖水而建,现存为清咸丰年间重建,采用木桩基础,土石结构垒砌溢流坝,主要用于蓄水,兼作人力拖船坝。坝基本保持原有的主体结构,两侧旧有的草亭、文昌阁、关帝庙等建筑,现均已毁。驿亭坝是虞余运河上保留至今的一个重要水利设施,是研究堰坝桥闸演变的重要历史实物。丈亭三江口丈亭古镇旧时属慈溪,现属余姚。丈亭江是姚江流经丈亭的一段,与姚江、人工河道慈江相交汇,史称三江口。姚江至丈亭分流,一股直接流向宁波,一股接通人工开挖的慈江,也可至宁波。在1959年姚江大闸建成前,姚江直通甬江出海口,姚江咸潮可一路上溯至上虞通明坝。姚江又是浙东运河取道的天然河道,海潮起落,江水随之涨退。行经的商贾、旅客聚集在丈亭候潮,潮涨则西往,潮落则东行,蔚然而成一日两潮的千年等待。

(二)浙东运河宁波段

浙东运河西起杭州滨江区西兴街道,东至宁波甬江入海口,全长200余千米。浙东运河最初开凿的部分为绍兴境内的山阴故水道,始建于春秋时期。西晋时开挖西兴运河,直至两宋与曹娥江以东运河相连,浙东运河终于全线开通。浙东运河沟通钱塘江、曹娥江、姚江、甬江,横穿富庶的宁绍平原,又连接京杭运河,西入江淮腹地,东出东海大洋。

宁波境内的浙东运河,以自然河道为主,人工河道为辅,主要由虞余运河(余姚段)、慈江、刹子港(刹子浦)、西塘河、大西坝河、姚江、甬江等构成。

慈江,又名小江、后江,发源于镇海的桃花岭,汇汶溪之水,向南流至化子闸,沿途有北山诸水汇入慈江,往西至丈亭汇入姚江。古代船舶往来都由此经过。

刹子港(刹子浦),又名官山河,是沟通慈江和姚江的直河。宋丞相制使吴潜于宝祐五年(1257)修筑疏浚刹子浦,并在其南端建小西坝,隔江与鄞县的大西坝对接。此段河道西起余姚丈亭经慈城,向南抵小西坝,总长约23千米。

西塘河自高桥入宁波市区西门口(望京门),全长12千米,平均宽度32米,平均水深3.12米。西塘河原是广德湖北岸,宋政和七年(1117),明州知州楼异开垦广德湖为田,为尽可能地弥补由此造成的对水利系统的破坏,在原广德湖西边修西塘河,并连接废湖之前的两段塘河,形成了现在完整的西塘河。1990年,通航能力为30吨。

西塘河连接宁波城和姚江,作为避开姚江咸潮,进入宁波古城的一条重要航道。西塘河是人工运河进入宁波城的最后一段里程,也是经由水路离开宁波城前往杭州、北京等地的起始点,是浙东运河乃至中国大运河的重要组成部分,承担着通江达海大通道的"重任"。西塘河上有许多历史文化遗产,其两岸现遗存有西塘河古桥群(望春桥、新桥、上升永济桥、高桥)及望春老街、高桥老街保存状况较好的部分建筑,向人们展现了当时运河岸边的文化和商贸之繁荣。

姚江,全称余姚江,曾用名有舜江、蕙江、余姚小江、丈亭江、慈溪江、前江、大江等,源出余姚市大岚镇内的四明山夏家岭,流经绍兴上虞与宁波余姚、江北、海曙等地,至宁波三江口,与奉化江汇合成甬江,东流入海。浙东运河河道(宁波段)姚江,主要是指余姚市马渚镇四联村下坝自然村至宁波新江桥的江流。

甬江,曾用名大浃江,汇聚宁波两大江流——姚江与奉化江之水,东流入海。浙东运河河道(宁波段)甬江,主要是指宁波甬江大桥至镇海招宝山的江流。从民国《鄞县通志》等史料记载来看,历史上的姚江曾被视为甬江上游或支流。

姚江与甬江横贯宁波,东流入海,连通海上丝绸之路,是浙东运河形成并贯通海路的关键,在浙东内河航运史和对外交通史上皆占据重要地位。据史料记载,北宋时,海商舶船已因畏避沙滩而不再从钱塘江入杭州,改由从镇海口泛大浃江(甬江)至三江口,再由浙东运河前往越地、杭州。在这条水路上,姚江与甬江是必经之路,尤其是余姚丈亭三江口至曹墅桥段,几无支渠别港可替代。姚江与甬江水道宽且深,虽通航时段受潮汐、水量等的影响,但总体通航环境优良,通航能力强大,"浪桨风帆,千艘万舻"是为常态。直至近现代,船只往来依旧频繁,终日不绝。

(三)宁波三江口

宁波三江口是中国大运河连接海上丝绸之路的连接点,是宁波"二段一点"中的"一点"。三江口上的庆安会馆则是漕粮及南北贸易河海联运的主要管理和服务设施。

宁波三江口位于宁波市区中心繁华地段,是姚江、奉化江汇合成甬江流入东海的交叉口。三江口就是以前浙东运河的出海口,它既是大运河的末端,又是海上丝绸之路的起点。

自古以来,明州港始终是一个优良的对外开放港口,特别是在唐朝时期,"海外杂国、贾船交至",宁波与扬州、广州并列为中国对外开埠的三大港口。宋代,宁波又与广州、泉州并列为我国三大主要贸易港。清末,宁波港被定为"五口通商"口岸之一。

宋代,浙东运河全线贯通后,到达宁波的内河航船一般从三江口换乘海船经甬江出海。同样,东来的海船,在宁波三江口驻泊后,改乘内河船,经浙东运河至杭州,与大运河对接。

从元朝开始,宁波成为漕粮运输的主要承担者。清朝嘉庆年间,中央直属机构、直接管理和组织漕粮运输的万户府从苏州搬至宁波,设在庆安会馆,南方的粮食从宁波出发,通过运河运到北方和统治中心京城,而北方的货物运到这里,再运输到全国各地。

宁波三江口使中国大运河与世界联系在一起,对中国大运河申遗具有重大意义。

三、大运河(宁波段)主要遗址

(一)慈江大闸

浙东运河慈江段自余姚丈亭三江口,经慈江大闸、太平桥至夹田桥,全长约 18 千米。往东连接镇海的中大河入甬江,可顺势出海。随着 20 世纪 70 年代航运功能的退化,往来该河段的船舶逐渐减少。1974 年慈江大闸建成,标志着慈江中上游河网灌溉体系正式形成。闸为 9 孔,中间三孔较大,可通行 3 吨以下船只。同时,慈江大闸也是余姚与江北的分界点,慈江大闸以西属于余姚,慈江大闸以东属于江北。为提升姚江流域防洪排涝能力、缓解江北镇海平原内涝、改善区域水生态环境的骨干工程,宁波市在慈江大闸下游约 90 米处建造了姚江二通道(慈江)工程——慈江闸站。工程于 2017 年 4 月 28 日开工,2019 年 11 月 22 日通过完工验收。

（二）水则碑

水则碑位于海曙区镇明路西侧平桥街口（原是平桥河），始立于南宋开庆元年（1259），由沿海制置使吴潜督造，明清两代几经湮没和重修。1999年经考古发掘，出土了明清重修的"平"字碑和南宋护碑亭亭基及部分建筑构件。现存"平"字水则碑有两块，分别为明嘉靖十二年（1533）和清道光二十六年（1846）重立的碑石；后原址修建护碑水则亭一座，保存了南宋时期亭基和明清时期碑石，占地面积21.2平方米。

"平"字水则碑立于宁波市区三江六塘河汇水中心，城外诸碶闸视水则碑上的"平"字出没为启闭，水没"平"字当泄，出"平"字当蓄，启闭适宜，民无旱涝之忧。水则碑创意独特，选址考究，乃"四明水利之命脉"所系，"四明碶闸之精神"所在，是古代宁波府各乡调剂水源水位的标尺。

（三）姚江水利航运设施——压赛堰遗址

姚江水利航运设施位于江北区、海曙区，包括江北区的压赛堰遗址、小西坝旧址，海曙区的大西坝旧址。

压赛堰位于江北区孔浦街道西管小区以南的倪家堰和姚江交汇口，主要作用为拒咸蓄淡保丰收。清中后期至中华人民共和国成立后，因其地位重要，曾多次重修加固，现存堰坝自北向南由五眼碶、船闸、郭公碶三个单体组成，建筑总占地面积约650平方米。

小西坝位于江北区慈城镇前洋村，官山河与姚江连接处，古坝由南宋吴潜所建，隔江与鄞县的大西坝对接，是古时船只往来慈江、姚江的必经之处，现古坝已无存。现存老闸建于1964年5月，也已废弃不用，为解决排藻问题，于1993年建4孔新闸。

大西坝位于海曙区高桥镇高桥村大西坝自然村东侧，大西坝河（通西塘河）与姚江交汇处，南北向横跨于大西坝河上。大西坝为古之西渡堰所在地，古坝已毁。现存大西坝（闸）始建于1962年，由碶闸、桥及管理办公室三个部分组成，是姚江大闸建成后，控制姚江与大西坝河水位的重要水利设施之一，是内河船舶进出姚江的必经之路。

（四）宁波水利航运遗址碑

宁波水利航运遗址碑计 4 块,分别为:位于全国重点文物保护单位庆安会馆内的清代甬东天后宫碑铭;位于全国重点文物保护单位天一阁东园游廊壁的元代庆元绍兴海运达鲁花赤千户所记碑、元代移建海道都漕运万户府记碑;位于镇海区澥浦镇郑氏十七房景区郑氏十七房的奉宪勒石。这四方碑刻是对宁波现存旧志的补正,是研究相关历史时期大运河(宁波段)有关功能、地位与价值最为直观有力的史料记载。2011 年 1 月,宁波水利航运遗址碑被浙江省人民政府公布为第六批省级文物保护单位。

清代甬东天后宫碑铭保存完整,碑高 2.05 米(其中底座 0.4 米)、宽 0.8 米,残存 1071 个。该碑文记载了天后宫的历史沿革及宁波河海联运的相关情况,从侧面证实了晚清时期大运河(宁波段)是宁波港城与腹地之间货物集疏以及商旅往来的重要水运交通网络,是通往江南经济腹地并与京杭运河接轨的内河航运主线。

庆元绍兴海运达鲁花赤千户所记碑于民国十八年(1929)四月在长春门出土,为原碑上部左侧部分,上下拼接后高 1.55 米、宽 0.52 米。碑文楷行兼书,残存 143 字。书法工整秀丽,笔致有力。该碑文记载了庆绍海运千户所相关历史沿革,记述了古代宁波在漕粮海运中的地位与作用。

移建海道都漕运万户府记碑于民国十八年(1929)四月在长春门出土,碑石存五段,缺左上角。接合后的石碑高 2.14 米、宽 1.07 米,额缺"移""都""户""碑""记"5 字,"建""漕""万""府"4 字不全。碑身通体刻有擘窠。碑文正书,残存 660 字,书体工整雄健,用笔流利自然。该碑文记载了海道都漕运府的相关历史沿革,反映了宁波运河在元代漕粮海运中所具有的特殊功用与重要地位。

清代澥浦水运管理碑——奉宪勒石高 2.5 米、宽 1.1 米、厚 0.15 米,碑体完整,局部字体风化,残存 888 字。该碑文详细记载了清光绪年间镇海内河航道货船的通行路线、关卡设置、免捐区域、巡查惩处等内河航运管理章程,印证了宁波运河与京杭大运河在地理与功能上的相通相连关系。碑文中关于"内河""外江"的相关界定和"检验卡"的设定方式与地点的记载,则是深入研究宁波运河航线构成的最为直接有力的实物资料。

(五)马渚横河水利航运设施

马渚横河即虞余运河的余姚段,经宋代大规模的整修改造而成,西起牟山长坝,经湖塘江、马渚中河,过曹墅桥注入姚江。马渚横河水利航运设施包括西横河闸和升船机、斗机新闸和升船机、斗门爱国增产水闸。

西横河闸和升船机位于余姚市马渚镇西横河村马渚中河西端、南北向截马渚中河,西与湖塘江及奖嘉隆江相接,主体分为升船机和水闸两个部分,附有管理用房及配桥设施,整体占河域面积约 1 万平方米。升船机改建于 1983 年 6 月,总长 120 米,水道宽 6.5 米。水闸完工于 1987 年 6 月,为钢筋混凝土开敞式直升门式。升船机与水闸之间筑有狭长分水墩,东西长约 200 米。正中建有交通航运管理用房,建筑面积 89.7 平方米,现皆废弃。最西端建有过河机耕桥,南北向,混凝土结构梁桥,全长 60 米。分南北两段。南段过船入升船机,北段过水入水闸。

斗门新闸和升船机位于余姚市马渚镇斗门村马渚中河南,东西向截马渚中河,主体分为升船机和水闸两个部分,附有管理用房及配桥设施,整体占河域面积约 1.6 万平方米。升船机建成于 1983 年 3 月。升船机采用高低轮斜面平运电子自控,惯性过顶,最大通过能力 40 吨级。水闸完工于 1987 年 10 月,为钢筋混凝土开敞式直升门式。升船机与水闸之间筑有狭长分水墩,南北长约 250 米,石块干砌,上覆盖植被。最北端建有戴家大桥,东北西南走向,混凝土结构梁桥,全长 70 米。分东西两段。东段过船入斗门升船机,西段过水入斗门水闸。

斗门老闸自古有之。明嘉靖年间修建斗门堰,后废,清同治二年(1863)重修。1952 年在原闸位置改建爱国增产水闸,水闸南侧建人力拖船坝,1969 年在水闸北侧建厢式船闸,水闸与厢式船闸之间原设有管理用房。水闸位于余姚市马渚镇斗门村马渚中河,整体南北走向,西侧河道转弯收束,东侧水面开阔成池。水闸为钢筋混凝土结构,长约 10 米。闸设两墩,两端作分水尖。闸东设闸桥,两侧桥栏分置桥额"爱国增产水闸"

"公元一九五二年七月十五日竣工"。

2011年1月,马渚横河水利航运设施被公布为第六批省级文物保护系统。

第二节　农田灌溉系统遗产

一、浙江省重要水利工程遗产资源

(一)东岗碶

东岗碶位于北仑区小港街道东岗碶村东岗碶自然村北侧。西北、东南向跨小浃江,占地82平方米。全长28米,13孔,每孔孔距2.1米,宽2.8米。以三石柱并列为墩,西南侧呈分水形,条石为梁,每孔安闸,双重石门,上游砌左右翼墙。据民国《镇海县志》记载,明嘉靖三十五年(1556)建东岗老碶,5孔,灌溉农田约870公顷。万历年间,在东岗老碶西百步处,筑8孔东岗新碶。万历三十一年(1603),增筑新碶为13孔。现存东岗碶系清康熙二年(1663)重建。清嘉庆十三年(1808)三月,下游燕山碶建成后,东岗碶成为交通桥,现仍保留有碶桥的特点。东岗碶建造年代确凿、构造牢固、保存较好,于1993年被公布为区级文物保护点,2011年1月被公布为第六批省级文物保护单位,2023年9月被列入浙江省重要水利工程遗产资源名录。

(二)浃水大闸

浃水大闸位于北仑区戚家山街道蔚斗社区北侧小浃江口,1966年11月筹建开工,1968年8月竣工。出水口60米处即为甬江口主航道。该大闸利用笠山东北坡有利地形开凿闸基,使闸身屹立于基岩上。东北、西南向横跨小浃江,占地2100平方米,设闸门10孔,每孔净宽2.5米。以块石水泥浆砌为墩,闸墩顶部为半圆形、钢砼结构拱圈。闸门上部是10

台螺旋杆机械启闭工作机房,南北两侧均建有工作桥。闸底高程0.29米,排洪流量143立方米/秒。澳水大闸格局规整,总体保存完好,是北仑区典型的20世纪60年代碶闸。2011年1月被公布为第六批省级文物保护单位,2023年9月被列入浙江省重要水利工程遗产资源名录。

(三)燕山碶

燕山碶又称堰山碶,位于北仑区小港街道长山村前头洋自然村。西北、东南向横跨小浃江,占地面积67平方米。全长26米,宽2.6米,13孔,每孔孔距2米。据民国《镇海县志》记载,清嘉庆十二年(1807)七月始建,次年三月竣工。嘉庆二十二年(1817),下游义成碶建成后,燕山碶成为交通桥。2004年桥面新增一层钢筋混凝土,用钢砼结构修复西北侧缺损的一块条石栏板,并在东北侧增建钢筋混凝土结构桥栏。燕山碶建造年代确凿、构造牢固、保存较好,于1993年被公布为区级文物保护点,2011年1月被公布为第六批省级文物保护单位,2023年9月被列入浙江省重要水利工程遗产资源名录。

(四)义成碶

义成碶位于北仑区戚家山街道蔚斗社区龙头山东麓。西北、东南向横跨小浃江,占地面积180平方米。全长32米,宽5.3米,15孔,孔距1.4 1.9米。以岩为基,以石柱并列为墩,上游两岸石砌引堤。碶桥柱上镌联云"三邑通其水,五乡碶、东冈碶、蟹山碶,至此独障狂澜;万灶乐为农,灵岩乡、泰邱乡、清泉乡,惜不共沾美利"。据民国《镇海县志》记载,清嘉庆二十年(1815)始建,嘉庆二十二年(1817)建成。自发起至竣工,皆出于"义"字,故名。1937年、1962年先后加宽。1968年浃水大闸建成后,仍保留作为第二道防线。1979年改为交通桥。义成碶是小浃江历史上发挥作用最大、使用时间较长的古水利建筑,于1993年被公布为区级文物保护点,2011年1月被公布为第六批省级文物保护单位,2023年9月被列入浙江省重要水利工程遗产资源名录。

(五)白洋湖

白洋湖,古称旧阳湖,位于慈溪市观海卫镇鸣鹤西南部。据史书记载,白洋湖系古代潟湖,唐景龙中,唐中宗李显夜梦姚北浅滩白龙被困,令余姚县令张辟疆修建白洋湖,并与杜湖沟通。清嘉庆年间,邑人叶天麟出资,将旧湖尽易以石。清末和中华人民共和国成立后又多次加固修建。后依山临湖重修古刹"金仙禅寺""烈士陵园""锦堂墓地",使明清时的"西信梅烟""浮碧泛灯"等十景形成现在的"湖中七塔""泽乡碑亭"等新十景。2024年1月,在慈溪观海卫镇鸣鹤白洋湖水域发现一对特殊的天鹅客人,经宁波市野生动物保护协会专家鉴定,一致确定为野生疣鼻天鹅。2023年9月,白洋湖被列入浙江省重要水利工程遗产资源名录。

（六）浙东运河宁波段

本章第一节已有介绍,此不赘述。

（七）大西坝遗址

本章第一节已有介绍,此不赘述。

（八）西塘河

本章第一节已有介绍,此不赘述。

（九）泥峙堰

泥峙堰位于海曙区横街镇溪下村赵家庄自然村剑峰山下,为四明山鄞西地区第二大水利屏障,是一座障庄家溪之水,发挥阻洪蓄淡分流作用的滚水坝。据谢国旗发表于《鄞州文史》第9辑的《鄞西古水利工程泥峙堰考》一文,泥峙堰始建于齐梁间,为泥堰坝,至民国完全成为全石结构。现存大坝呈梯形,南北向横跨于武陵溪与桃源溪段,长约45米,宽2.68米,东侧呈阶梯状,起加固、支撑作用,坝北侧设明暗渠并配闸门。泥峙堰历史悠久,是海曙区最早的大型水利设施之一,对研究海曙区乃至宁波的水利事业的发展具有较高的研究价值。2010年9月,泥峙堰被公布为鄞州区第九批区级文物保护单位。2016年,宁波市行政区划调整时,泥峙堰归至海曙区。2023年9月,泥峙堰被列入浙江省重要水利工程遗产资源名录。

（十）月湖

月湖位于宁波市城区的西南，又称西湖。月湖在古代占地南北约1160米，东西约130米，周围2430多米。在它的汀洲岛屿及周边土地上，沉淀着深厚的文化积层，构成了璀璨的传统文化。

月湖开凿于唐贞观年间，在宋元祐年间建成月湖十洲。南宋绍兴年间，广筑亭台楼阁，遍植四时花树，形成月湖上十洲胜景。这"十洲"分别是：湖东的竹屿、月岛和菊花洲，湖中的花屿、竹洲、柳汀和芳草洲，湖西的烟屿、雪汀和芙蓉洲。此外还有"三堤七桥"交相辉映。宋元以来，月湖是浙东学术中心，是文人墨客憩息之地。唐代大诗人贺知章、北宋名臣王安石、南宋宰相史浩、宋代著名学者杨简、明末清初大史学家万斯同，或隐居，或讲学，或为官，或著书，都在月湖留下不可磨灭的印痕。月湖现有服装博物馆、高丽使馆、佛教居士林、银台第官宅博物馆、银台第官宅、贺秘监祠等文物古迹。2023年9月，月湖被列入浙江省重要水利工程遗产资源名录。

（十一）姚江大闸

姚江大闸建成于1959年7月，共36孔，是姚江流域最主要的阻咸蓄淡、抗旱排涝骨干水利工程。大闸的建成，使姚江上游告别浑浊的咸潮，蓄水量达6850万立方米，既保障了两岸农田的灌溉，又成为舟山大陆引水、宁波大工业供水的水源，为宁波经济高质量发展和推进甬舟一体化发挥了重要作用。同时，姚江大闸承受了上百次强风暴潮的严峻考验，年均排水量11.6亿立方米，为宁波城市防洪做出了重大贡献。2023年9月，姚江大闸被列入浙江省重要水利工程遗产资源名录。

（十二）半浦渡

半浦渡口古称"鹳浦古渡"，位于江北区半浦村最南端，连接着慈城半浦村与海曙高桥镇。半浦渡口占据水上交通要冲，东达上海，北接慈城，通江接海，舟车往来。来自古镇慈城（1954年前为慈溪县城）与姚江上下游的客商在此上岸经营，中转货物，集市兴隆。夜航引渡的灯柱至今犹在,高 3.2 米,石柱上置飞檐石龛,典雅古朴。但随着交通业的日益发达,江水上已不见往日来来往往的帆船远影。如今,岸边的古渡人家还在,古渡之上水波依旧,天低江阔,岸上还残留着昔时的灯塔。

半浦郑氏家族曾捐田建造义渡,打造 3 艘木船,昼夜轮流免费接送行人,大隐、高桥等地的渡客肩挑山货来此赶集,每日接近千人。

原渡船"浙宁波渡 0009 轮"建造于 1997 年,迄今有 20 多年船龄,属于老旧船舶,已无法满足当地老百姓出行需求。宁波交通港航部门急百姓之所急,加快推进民生实事项目早日完成,联合江北区慈城镇政府耗资28.2 万元建造 1 艘 12 客位标准化渡船,对旧渡船进行换代更新。2023年 9 月,半浦渡被列入浙江省重要水利工程遗产资源名录。

(十三)李碶渡

李碶渡位于江北区庄桥河江与姚江的交界处。李碶渡曾经既有拒咸、泄洪、蓄水的功能,也是姚江两岸交通的摆渡码头。李碶渡现存凉亭和埠头。凉亭为三开间,有八根柱子,每根柱子都有楹联。姚江大闸建成后,此处改筑船闸,以"船闸"形式过船。为调节水位,船闸设有内外两闸。外闸就坐落在古堰古碶之上,而纳淡潮的功能则由新建的翻水站替代。李碶渡是水利演变历史的遗存,是浙东大运河历史文化的宝贵实物。2023 年 9 月,李碶渡被列入浙江省重要水利工程遗产资源名录。

(十四)青林渡

青林渡位于江北区庄桥街道颜家村西南端,清代前已作为姚江两岸重要的水上通道。渡头石级全部用长 2.5 米、宽 0.5 米、厚约 0.2 米的条石砌成,从岸上逐级下伸至江心,总长 30 米。渡亭中现还尚存清乾隆年间石碑和民国年间石碑各一块,碑文记载了历代渡口喧嚣繁华的景象,是不可多得的城市交通史料。青林渡历史悠久,是宁波通往慈溪三北地区的咽喉要冲,在姚江古渡口中具有代表性。2023 年 9 月,青林渡被列入浙江省重要水利工程遗产资源名录。

(十五)八卦水系

八卦水系,即以宁海前童古镇童氏宗祠为中心,将村中所有房屋和农田划为 8 个部分,分别对应乾、坤、震、巽、坎、离、艮、兑,卦与卦之间用水渠贯穿。水渠里的水依地势顺路沿屋流淌,家家门前有活水,最后出村灌田。前童古镇因水而兴,人们依水而居,水环境是这里长盛不衰的根基。但前童古镇的八卦水系并非自然形成。前童古镇后有山靠,前有水绕,又属丘陵溪谷地带,泥土沙性多,土质疏松,聚水快,泄水也快,且地势呈村高溪低。白溪虽在村的西南方,但遇到干旱年份,也会造成粮食歉收甚至绝收。明正德四年(1509),童姓祖先对村庄建筑加以通盘考虑,要求建筑物与周边的自然环境融为一体,主张整个村庄在形式和功能上有机结合,不仅要造好房子、造好路,而且要掘好渠、挖好井。他们根据太极八卦原理,把白溪水引进村庄各家屋前屋后,八卦中的每一爻正可以用来代表村中的建筑群,八卦的底即一条条街巷和与之紧贴街巷的水渠相连,卵石路与清水渠蜿蜒成网。2023 年 9 月,八卦水系被列入浙江省重要水利工程遗产资源名录。

(十六)文山塘坝

文山塘坝位于象山县茅洋乡文山村南面,沿蟹钳渡北岸呈曲线形分布,蜿蜒曲折。据历史文献记载,文山塘坝建于清代。塘坝长 1700 多米,高 1.4—2.8 米,用乱石砌筑。文山塘坝附属设施有碶门、埠头、古桥(黄家桥)。碶门位于塘坝中部,呈长方形,南北向,用乱石砌筑,闸门用石条做成。埠头位于塘坝中西部,剖面呈梯形,用乱石、石条构建而成,为旧时出海或通往泗洲头、宁海长街等地的主要津口之一。古桥位于塘坝西端,为"一墩两孔"石梁桥。该塘坝为象山县保存较完整的古塘坝之一。塘坝、埠头、石碶门、古桥构成了有机的农业生产、养殖、防海潮、泄洪的水利体系,是海洋文化的典型代表之一,具有重要价值。2010 年 12 月,文山塘坝被象山县公布为县级文物保护点。2023 年 9 月,文山塘坝被列入浙江省重要水利工程遗产资源名录。

(十七)象山古井群

1. 淳熙井

淳熙井旧称"县署井",位于象山县县政府大院内。据县志和井柱铭文,可确定其建于南宋淳熙三年(1176)。井体用乱石砌筑,深约 7 米。井口平面为圆形,并且砌有圆石井栏。栏高约 0.4 米,厚约 0.2 米。井栏圈顶面刻有"淳熙三年重阳日建"八字,字迹较清晰。淳熙井水质清澈甘润,久旱不涸,历来为人们称道。清道光年间,宁波府学教授冯登府曾赋诗曰:"秋风冷到旧银床,山县萧条未改唐。六百年来陶令醉,黄花酒说古重阳。"2017 年 2 月,淳熙井被列入第七批省级文物保护单位。

2.丹山井

丹山井位于象山县丹西街道方井头村丹井巷 4 号南侧,相传为秦朝方士徐福所凿。梁代陶弘景炼丹于此,并投丹于井,故名"丹井",俗称"丹山井"。又因井水清澈甘美,以瓮瓶贮之即有水珠透瓶而出,故有"透瓶泉"之别称。井体为石砌,圆形。据史志记载,原石井井栏围于宋大中祥符年间,为濮阳吴处士琢置。但现存之井栏已非原物,为一六角形青石井栏。井栏六面均有字,东面"丹井"二字清晰可认,余则多模糊不清。其中"嘉靖元年壬午岁正月十五吉日"依稀可认,可知此石井栏当为明代遗物。1984 年 6 月,丹山井被公布为象山县第二批县级文物保护单位。

3.石浦古井群

象山石浦老城区内有较多古井,如牌坊井、黄家井、黄鳝井、佛子井、咸水井、校场井及叶公池等。这些井皆开凿于明清时期。井体大部分用乱石砌筑,少量用条石构筑;井身平面呈圆形或方形;井口皆置井栏。方形井栏用四块石条构筑而成,部分水井井栏上置有过梁石;圆形井栏系用整块岩石凿成圈状。石浦缺乏淡水资源,这些水井对于满足当时居民的生活和繁荣商贸具有重要意义,也是石浦城镇发展的重要见证物。2011 年 4 月 1 日,石浦古井群被公布为象山县第七批县级文物保护单位。2023 年 9 月,石浦古井群被列入浙江省重要水利工程遗产资源名录。

(十八)它山堰

它山堰位于海曙区的它山、樟溪的出口处,是在甬江支流鄞江上修建的御咸蓄淡、引水灌溉枢纽工程。唐代大和七年(833)县令王元暐创建。

它山堰是中国水利史上首次出现的块石砌筑的重力型拦河滚水坝，全长113.7米，堰面顶级宽3.2米，第二级宽4.8米，总高5米。其砌筑所用石块是长2—3米、宽0.5—1.4米、厚0.2—0.35米的条石，堰顶可以溢流。它山堰选址合理，设计科学，具有阻咸、灌溉、泄洪等功能。出现洪涝灾害时，70%的水量流入鄞江，30%的水量流入樟溪。发生干旱灾害时，70%出现水量流入樟溪，30%的水量流入鄞江。1988年1月13日，它山堰被国务院公布为第三批全国重点文物保护单位。2015年10月14日，在法国蒙彼利埃召开的国际灌排委员会第66届国际执行理事会上，它山堰入选世界灌溉工程遗产名单。2023年9月，它山堰被列入浙江省重要水利工程遗产资源名录。

它山堰枢纽有回沙闸、官池塘、洪水湾塘、光溪桥、积渎碶、乌金碶、行春碶、狗颈塘等配套工程遗迹和它山庙、片石留香碑亭等纪念建筑。它山堰的建造为鄞西地区带来了稳定的水源和灌溉便利，使这片土地成为鱼米之乡。至今，它山堰仍然发挥着重要的灌溉作用，为当地农业生产提供了重要的保障。除了灌溉功能，它山堰还具有防洪、排水、挡潮等作用。在洪水季节，它可以调节水量，防止下游地区遭受水灾；在旱季，它可以将上游河道的地下水引入渠道，为下游提供灌溉水源；在台风和潮汐等恶劣天气条件下，它还能够有效地阻挡潮水和洪水的冲击。如今，它山堰已经成为一个著名的旅游胜地。

（十九）东钱湖

东钱湖是鄞州区境内的湖泊和风景名胜区，距宁波城东15千米，其东南背依青山，西北紧依平原。东钱湖是闽浙地质的一部分，是远古时期地质运动形成的天然潟湖。郭沫若先生评价其有"西湖风光，太湖气魄"。东钱湖由谷子湖、梅湖和外湖三部分组成，南北长8.5千米，东西宽6.5千米，环湖周长45千米，面积22平方千米，是浙江省最大的天然淡水湖，面积为杭州西湖的3倍，平均水深2.2米，总蓄水量3390万立方米。

东钱湖开凿已有1200多年历史，经历代开浚更具风采。东钱湖一带地域，在整个古生代的漫长时期中，除缓慢升降运动和局部性海侵外，没有太大的变化。在第四纪末,地势有明显的下沉,沉积了大批厚层冲积物,而外围发展成为沙洲。由于沿海岸流和潮汐的作用,沙洲之外便逐渐形成了淤积地,东钱湖就成了众多的海迹湖泊中的一个。

东钱湖是宁波重要的水利工程。有"七堰九塘"分布四周。"七堰"是钱堰、梅湖堰(废)、粟木堰(废)、莫枝堰、平水堰、大堰、高秋堰。"九塘"为梅湖塘、梅湖堰塘、粟木塘、莫枝堰塘、大堰塘、平水塘、钱堰塘、方家塘、高湫塘。湖水能调节气温,既宜于农业精耕细作,旱涝保收,也利于航运和消暑避寒。东钱湖湖水灌溉鄞州、奉化、镇海等8个乡镇50余万顷农田,使环湖农田岁岁丰登。而且,宁波市区大部分饮用水也依赖东钱湖供给。

东钱湖堰、碶、坝群包括莫枝堰、碶、坝,平水堰、坝,大堰堰、坝,前堰堰、碶,以及高湫堰等。

莫枝堰、碶、坝位于鄞州区东钱湖镇东西街尽头,是东钱湖和鄞东中塘河的交界。据史料记载,莫枝堰始建于宋,为宋时形成的东钱湖七堰之最。堰头上有许多水利设施,从东到西分别是闸门、古堰坝、配电房和电动坝。闸门由碶改建,原址仍留有一碶额,上刻"莫枝堰碶清道光五年"等字样,为清道光年间修缮时所立。古堰坝堰面砌成人字屋脊形,宽 10.4米,上游长约 8 米,下游长约 16 米。电动坝原为泥坝,后改建为人工控制的电动车坝,于 1966 年 1 月正式使用。

平水堰、坝位于鄞州区东钱湖镇湖塘村平水桥东侧。堰东面连接东钱湖,西面通向内河。据史料记载,平水堰为宋代形成的东钱湖七堰之一,堰面砌成人字屋脊形,既可拦水又方便通船。堰顶为车堰,长 13 米,宽 0.4 米。堰身较阔,上下游斜坡平缓,上游长约 6.6 米,下游长约 13米。堰旁有坝,以一平台相隔,平台上置盘座,坝顶长 4 米。堰、坝顶部设有辘轳,旧时由人工运转拽船过坝。坝旁立有一碶石。平水堰为研究东钱湖古代水利工程提供了实物资料。

大堰堰、坝位于鄞州区东钱湖镇大堰村。堰东面连接东钱湖,西面通向内河。据史料记载,大堰为宋代形成的东钱湖七堰之一。堰面砌成人字屋脊形,既可拦水又方便通船。堰顶为磨堰,长 10 米,宽 0.45 米。堰身较阔,上下游斜坡平缓。上游堰身长约 5 米,下游长约 14 米。旧时小船过堰,用人力在船头船尾,反复交错移动磨盘而上。堰南 29 米处有操纵湖水的碶门,新建闸门与机房。大堰堰、坝为研究我国古代水利工程提供了实物资料。

前堰堰、碶位于鄞州区东钱湖镇前堰头村。堰南面连接东钱湖,北面通向内河,旧时经东钱湖去往五乡、东吴、梅墟等地需过此堰。据史料记载,前堰为宋代形成的东钱湖七堰之一。堰面砌成人字屋脊形,既可以拦水又方便通船。堰顶为磨堰,长 9.2 米,宽 0.6 米。堰身较阔,上下游斜坡平缓,上游长 8 米,下游长约 16 米。旧时小船过堰,用人力在船头船尾,反复交错移动磨盘而上。堰旁 7 米处有操纵湖水的闸门,碶石长 4.5 米,宽 1.5 米。后有放水口,长 2.9 米,宽 2.35 米。前堰堰、碶为研究我国古代水利工程提供了实物资料。

高湫堰位于鄞州区东钱湖镇郭家峙村迎旭寺旁,东面连接东钱湖,西面通向内河。据史料记载,高湫堰为宋代形成的东钱湖七堰之一。堰面砌成人字屋脊形,既可以拦水又方便通船。堰顶为车堰,长 9.2 米,宽 5.4 米。堰顶装置船坝,两旁设有辘轳,旧时由人工运转拽船过坝。堰身上游长约 5 米,下游长约 10 米,下游较上游阔,最宽处 14 米。高湫堰为研究我国古代水利工程提供了实物资料。2023 年 9 月,高湫堰被列入浙江省重要水利工程遗产资源名录。

二、其他水利灌溉遗产

(一)广德湖

广德湖是海曙区历史上的湖泊,北宋末年(1118)废湖为田。宁波鄞西从横街、集士港到高桥镇,有一条南北走向的狭长水带,它就是今天的广德湖。千年以前,广德湖"广袤数万顷",面积比东钱湖要大三倍。北宋曾巩《广德湖记》说,"盖湖之大五十里"。但它就像一条河流,周边良田连绵。广德湖原为海的潟湖,汉晋前就已存在,因湖面形如葫芦状的酒器罂脰,所以称为"罂脰湖",又称"莺脰湖",南朝时已成大湖。主要遗址包括广德湖堤、望春桥、清垫夹塘、十三洞桥等。

广德湖堤旧址位于海曙区望春街道春城社区。广德湖是唐宋时期鄞西平原的重要蓄水工程,旧迹的发现对考证原广德湖的兴废有重要作用。

望春桥位于海曙区望春街道。望春桥始建于北宋元符年间。南宋建炎三年(1129)宋金高桥之战祸及望春桥。绍兴初年重建。南宋宝庆年间,望春桥曾更名为"宝庆桥"。此后又屡次修缮,其中桥额上记载的,有乾隆年间初修,光绪年间重修。全长28米,桥堍宽5米,桥顶宽4米,南北各有32级石阶。桥身和桥拱选用规整的梅园石。桥柱和桥栏雕荷叶和仰莲,桥堍有精致的祥云抱鼓石。

清垫夹塘位于海曙区集士港镇万众村清垫,为古代广德湖水利配套设施之一,主要用于分割内湖与外河。清垫夹塘由泥土夯筑而成,与现在东钱湖的平水堰、塘相同。现存夹塘平均宽2—3米,由集士港镇一直延伸到古林镇,是广德湖仅剩的水利设施之一。清垫夹塘为研究广德湖的历史提供了第一手的实物例证,具有较高的历史价值。2010年9月,清垫夹塘被公布为鄞州区第九批区级文物保护单位。2016年宁波行政区划调整时,清垫夹塘归至海曙区。

十三洞桥位于海曙区集士港镇湖山村,因桥孔多达13孔而名。桥下湖泊河,是广德湖被废湖为田后仅剩的一条狭长的水带,湖泊变河流,故名湖泊河。湖泊河呈南北走向,从横街镇桃源村往南,经集士港镇湖山村、岳童村,在高桥镇内与西塘河相通。

(二)牟山湖

牟山湖位于余姚市牟山镇西部,是余姚市最大的湖泊,为古代灌溉水库。牟山湖因地处余姚城西,又名西湖,古称新湖。当地民间传说,数千年前,一头金牛沉入湖底,"哞"声不断,两只牛角化作山,称为牟山,金牛沉入的湖,称为"牟山湖"。牟山湖是宁波市第二大淡水湖,湖内风光秀美,水质清澈,每年春夏都有成群的鹭鸟驻足栖息,自然环境得天独厚,被誉为"姚西明珠"。牟山湖水草茂盛,常年水位保持在2米左右,适合养殖水产品。

（三）陶公梅泉

陶公梅泉位于鄞州区东钱湖镇陶公村梅树下，据口碑调查，最早开凿于清代。井口为长方形倒小角，长 1.55 米，宽 0.85 米，井圈高 0.3 米，井水距离井口约 1.8 米，井水水质因 20 世纪 60 年代山上建宁波师范学院校舍而变浑浊。井旁立碑，高约 2 米，宽 1.6 米，厚 0.4 米。井分上、中、下三段，下段为基座，中段刻"梅泉"两个大字，上款为"乙亥仲夏"，落款为"魏友棐题"。魏友棐先生（1909—1953）为著名书法篆刻家，"梅泉"为 1935 年题。上段右侧横刻"天然井"三个大字，右侧小字述梅泉渊源，因风化严重，难以完全辨认。该井井口造型美观，井与碑用料厚实，且有文字记载及名人题刻，具有较高的文物价值。2013 年 3 月，陶公梅泉被公布为宁波市第五批市级文物保护点（陶公山古建筑群组成部分）。2023 年 9 月，陶公梅泉被公布为宁波市第四批市级文物保护单位。

（四）四二房古井

四二房古井位于鄞州区五乡镇明伦村张氏四二房民居四房山前，由水槽及水井两部分构成。井面覆有一块红石板，1 米见方，厚 0.2 米，中开井口，直径 0.32 米。井口由一圈阳纹和另一圈阴文环绕而成，其间形成一个凹坑，用于排水。井壁为直筒圆形，用乱石砌筑，内径 0.9 米，总深 3.35 米，其中水深 216 米。水槽置于古井的西南角，由一整块石料雕凿而成，长 1.38 米，宽 1.22 米，总高 0.22 米，凹槽深 0.1 米，其中一头有小孔可出水，是井边洗涤用具。四二房古井所处明伦村张家为宋代从北方迁移而来，宗族历史悠久。该井作为该村重要的生活设施，是该村宗族发展的重要历史资料，具有较高的研究价值。2010 年 9 月，四二房古井被公布为鄞州区第九批区级文物保护单位。

（五）澥浦月洞门

澥浦月洞门位于镇海区澥浦镇汇源社区行门口 1 号旁，始建于明代，原为澥浦息云山、庙后山之间闸洞。澥浦在清康熙后渐淤，闸遂废。占地面积 211 平方米，洞门长 11.7 米，高 4 米，宽 5.3 米，两侧有矮翼墙。拱门为纵联并列砌筑,门上刻有匾额、楹联。该建筑制作工艺高超,匾额、楹联书法水平较高,具有较高的历史、艺术、科学价值。2000 年 12 月,瀹浦月湖门被公布为镇海区第三批区级文物保护单位。

(六)石塘碶亭

石塘碶亭位于海曙区高桥镇石塘村,是清代遗物。石塘碶古时为歧阳河与姚江之间排涝阻咸、蓄淡的重要碶闸,而由于歧阳河道加宽,兼加姚江边另建新闸等,现已无实用价值。石塘碶亭为石砌 4 孔桥式建筑。全长 9.65 米,宽 3.5 米,闸门中孔 3.35 米,两旁各为 2.65 米,既是桥又是闸,上建亭子廊屋 3 间。桥面两边设栏板,南栏上刻“大碶闸”三个正楷大字,左上款“鄞西隅七乡士民重建”,右下款“道光丁未岁季春日”,北栏下即为开启闸门,可惜近年被村委会因改道路而毁河道。桥屋内有石碑3 通。《重修石塘大碶碑记》碑高 2.14 米,宽 0.99 米;《前明修复石塘大小碶闸记略》碑高 2.08 米,宽 0.96 米,由宁波知府撰文,里人张恕篆额,陈掌文书丹,详尽记述了碶闸效益、建造纠葛及宁波府调处意见等。2010年 9 月,石塘碶亭被公布为鄞州区级文物保护点。2016 年宁波市行政区划调整时,石塘碶亭归至海曙区。

(七)山岩岭井

山岩岭井位于鄞州区咸祥镇里蔡村山岩岭自然村中部,是山岩岭村先祖生活所用之井。该井的确切建造时间不详,据口碑调查及现存实物分析,约建于清初期。该井主体呈圆形,井壁由乱石叠砌而成,石质粗大。井壁直径 0.8 米,深 1.7 米。井口采用整块石板并刻凿成井圈,石板长1.2 米、宽 1.05 米,井圈直径 0.72 米、厚 0.1 米。井内水质清澈。山岩岭村地处东南沿海,四周无大河环绕,村民用水困难,生活用水基本依靠此井。井内水源经久不衰,民国二十九年(1940)及 1966 年两次大旱,村民均依靠该井渡过难关。山岩岭井历史悠久,至今结构稳固,保存较好,且井内水质清澈,迄今仍在发挥其作用,具有较高的村史研究价值。2010年 9 月,山岩岭井被公布为鄞州区级文物保护点。

（八）铁佛寺古井

铁佛寺古井位于鄞州区五乡镇宝同村铁佛寺内。原寺院已毁,目前建筑都在原址新扩并重建,但古井一直保留至今。井在寺东厢的前后两排之间,为寺院内饮用水,至今仍用。铁佛寺为王应麟功德寺,始于元早期。王应麟之后代子孙为其做功德,专由此渐成规模。所以井为元末之建筑。井口为一块1.6米见方的大石板,中间突起并凿圆孔为井口。根据其形判断应有井盖,今不存。井口孔径0.34米,井深3.57米,井壁为乱石围砌,青苔四周可见。井壁中间大两头小,最大直径约1.4米。该井已得到寺方的保护,四面新筑石板护栏,所以保存较好,除井盖外其他无损毁。2010年9月,铁佛寺古井被公布为鄞州区级文物保护点。

（九）井跟古井

井跟古井位于鄞州区五乡镇明岙堂村三七房张家地房东侧,民居与古井间为南北向村级公路。井口直径0.36米,井深5.5米,其中水位线目前在0.6米以下。井圈及井面石于1956年时用水泥浇灌。水泥井圈高0.14米、厚0.1米,上有阴文"讲究卫生为荣,不讲究卫生为耻",落款"一九六五、十一、一二日"。据张氏后裔张善康回忆,为"原部队一连连长所书"。该村南部岙内有驻军,近年外迁,营房荒废。井口四面较大,有敞开式台面,三面并搁置洗衣石板台,反映了当时井水的受欢迎程度。今虽用上了自来水,但仍有人前来洗涤等用水,只是不再像过去那样用于饮用。井平台北面有一棵大樟树,直径达2.8米,树冠遮天蔽日。张善康今仍存清道光二十七年(1847)的"分书",即分家之书。书中记载了"天、地、人"三房,其为地房族裔。据此推测,井在清朝的道光二十七年就已存在了。因为人丁已经相当兴旺。井有井圈,已被水泥所封。井壁都为乱石砌筑。2010年9月,井跟古井被公布为鄞州区级文物保护点。

（十）庄基井

庄基井位于鄞州区横溪镇道成岙村南村自然村东部,据村史调查和建筑考证,为明代建筑。井壁由自然大型卵石砌筑而成,上窄下宽。井圈由石块雕琢而成,高出地面约 0.3 米,外方内圆,边长约 0.62 米,内径 0.47 米。井内水质清澈。南村地处大山腹地,掘井取水是当地居民日常生活的必备条件。旱季时井水更是主要水源。该井是当地悠久历史的写照,从侧面见证了村落的发展及宗族繁衍。2010 年 9 月,庄基井被公布为鄞州区级文物保护点。

(十一)张家古井

张家古井位于鄞州区横溪镇梅岭村芝山自然村。根据村民陈余康老人回忆,该井为其先祖明末迁至该村时所建。古井呈长方形,长 0.9 米,宽 0.6 米,水深 0.5 米,井壁由乱石砌筑而成。井前有卵石甬道,由南而入长 8.70 米,宽 1 米,仍保护原始格局。芝山自然村地处大山深处,取水不便,凿井取水是其主要用水渠道,该井历史悠久,是村内最早的水井之一,对研究当地村落及宗族发展具有较高的参考价值。2010 年 9 月,张家古井被公布为鄞州区级文物保护点。

(十二)铜盆浦渡口

铜盆浦渡口原是以渡口为主的候船亭,地处奉化江(东西走向)鄞州段,属钟公庙街道铜盆浦村之北端。渡口有亭,坐西朝东,渡与石碶街道隔江相望。渡口北濒奉化江,东临铜盆浦内河。渡口昔为附近村民通往石碶、栎社的要津。随着交通发展,现渡口因失去实用意义而被废弃。现存渡亭四周已新建法云寺,并将渡亭作为边门使用。渡亭坐西朝东,为单檐硬山顶,面宽 3 间,明间屋架高于次间,梁架为五架梁抬梁式结构,两次间穿斗式。南次间已有分隔墙,北次间有土地神。北墙外延东墙上从东起有咸丰七年(1857)的“铜盆浦拆渡船碑”、咸丰元年(1851)的“路碑”、光绪十八年(1892)立的“天灯碑记”三块。渡亭主体结构保存基本完整,正面(东面)石柱刻楹联“惠泽汪洋均利涉,仁风和畅且栖迟”,上款“道光甲午岁次钟月”,下款“吕门沈氏敬立”。据此考证,该亭为吕氏妻子沈氏于道光十四年(1834)敬立。现渡虽废,但亭、碣仍存,具有一定的历史文化研究价值。2010 年 9 月,铜盆浦渡口被公布为鄞州区级文物保护点。

（十三）童家嫁妆井

童家嫁妆井位于海曙区鄞江镇大桥村西端，为童国祥祖母嫁到童家的嫁妆，距今已有百年历史。据童本人所述：其祖母嫁到童家时，太祖母雇人挖此井，作为其嫁妆。井口外方内圆，外部边长 0.48 米，内径 0.36 米，深 6 米余。四周用长方块石砌筑，井底向南延伸 2 米，作蓄水之用，可谓砌筑考究，设计完美。据童自述，井内的井底向南延筑 2 米，寓意后代仕途长远，伸向东海方向。其祖母嫁来时，嫁妆品甚多，应有尽有，有人问：水有否？其太祖父遂在此挖井。该井整体保存状况较好，对研究社会婚嫁风俗、封建社会的意识形态有一定的价值。2010 年 9 月，童家嫁妆井被公布为鄞州区级文物保护点。2016 年宁波市行政区划调整时，童家嫁妆井归至海曙区。

（十四）箕山第一泉

箕山第一泉位于海曙区章水镇许岩村许家自然村，坐落在箕山脚下，坐南朝北，为一座清代的古井，民国二十一年（1932）重修。箕山泉的泉水是由山水汇聚而成，一年四季不涸，取之不尽，它为当地老百姓提供了主要的生活与生产水源。古井的正南立着三块碑，中间一块竖式碑上刻"箕山第一泉"，右边横碑上则记载了该泉的历史及用途，写道：古时该泉广八尺，深五尺，主要用于居民的饮水及防火。左边则是民国二十一年维修时的捐助碑。箕山第一泉为古时百姓提供了主要的生活与防火水源，发挥了巨大的作用，文物价值较高。2010 年 9 月，箕山第一泉被公布为鄞州区级文物保护点。2016 年宁波市行政区划调整时，箕山第一泉归至海曙区。

（十五）陆瑞鸿泉

陆瑞鸿泉位于鄞州区五乡镇永乐村永乐自然村宝幢中街小庙弄16—28 号。根据村民回忆，该井建于 1921 年，是原大户人家的私井，并有井名"陆端鸿泉"，可见是陆端鸿的私人井泉。该井呈方形，四周有栏，栏杆以长条石砌筑，四角为元宝榫相扣，呈东西横向形，北壁刻"陆端鸿泉",落款为"西屋 1921 年造"。井壁以规整乱石砌筑,井深 4.1 米,其中水深 3 米,清澈见底,井外三面地坪浇水泥,东南向有出水槽。陆瑞鸿泉是鄞州区少有的具有明确井名的私井,对研究旧时村落发展情况具有一定的参考价值。2010 年 9 月,陆瑞鸿泉被公布为鄞州区级文物保护点。

(十六)五洞闸

五洞闸位于海曙区高桥镇民乐村姜岱自然村北部,鄞州与余姚交界处,建于 1954 年 9 月,东西向横跨于大隐河之上,为一座 5 孔 4 墩石混闸。该闸由碶闸本体及两座闸桥组成。本体长约 11.52 米,宽 0.6 米。两侧闸桥与本体同长,桥面分别为 2.72 米和 1.36 米;桥面两侧均设有实体桥栏,施望柱 6 根。五洞闸两侧入口均呈八字形,两侧堤岸由长条石砌筑而成,底部设有防冲护坦。四座桥墩均为船形墩,北侧较尖锐。闸门由五道水泥预制板构成,每孔长约 2.86 米,闸屋位于闸门上部,为 20 世纪 70 年代所建,内置启闭装置。五洞闸建造年代明确,为姚江南岸重要水利设施之一,是鄞州、余姚两地的天然界桥,长期承担着调节内河与外江水位的任务,具有较高的历史价值。2010 年 9 月,五洞闸被公布为鄞州区级文物保护点。2016 年宁波市行政区划调整时,五洞闸归至海曙区。

(十七)铜盆浦碶

铜盆浦碶位于鄞州区钟公庙街道铜盆浦江与内河交界处,东西向横跨于铜盆浦江之两岸。碶为钢筋混凝土结构,民国建筑。整个建筑分碶、亭两部分。碶为二墩三孔,全长 11.11 米,中孔略宽且微高,两旁孔略小且低。整个碶呈微拱形,以增加碶的牢固性和美观性。墩头呈尖角菱形,起到剖水作用,以加快水流流通,利于船只通行。碶桥券面板上有水浇制的"□□古迹"四字,现已模糊不清,是遭人为破坏。亭为水泥结构,八柱长方形,亭顶中间高,两侧低,呈拱形。正面挡风板上横镌"义渡局口船亭"六字,由于遭到人为破坏,已模糊难辨。两旁水泥柱上镌刻楹联一对。可惜文字同样遭人为破坏,现漫漶不清。据当地老人介绍,该亭为渡口船只存放处,忙时船只从亭内驶出,闲时船只驶入亭内,故亭子亦东西向横跨于铜盆浦江之两岸。现该亭虽失去实用功能,但它对于研究水利设施颇具价值。2010 年 9 月,铜盆浦碶被公布为鄞州区级文物保护点。

(十八)一鉴池

一鉴池位于镇海区招宝山街道城东社区城河东路与中山路交叉口。据民国《镇海县志》载,明崇祯年间占地面积 255 平方米。池略呈三角形。边长分别为 15.8 米、26.9 米、30.0 米。一鉴池由条石筑砌,边设石质望柱和栏板。西面设一汲水池,北面正中栏板间嵌一碑,上书"一鉴池"。该池原名"东泉池"。东泉分有两条支流,东面支流为咸水,西面支流为甜水,久旱不涸。宋嘉祐三年(1058)由郑沫修筑,为当时居民用水,后淤塞。明崇祯年间由张琦负责疏浚和重建,长、广均不及旧池。嘉靖五年(1526)刻有一鉴池石刻,后风化严重。原石刻由区文管会收藏,现碑为后来复制。该建筑具有一定的历史、艺术、科学价值。1996 年 11 月,一鉴池被公布为镇海区级文物保护点。

(十九)杜良岙古井

杜良岙古井位于镇海区九龙湖镇汶溪村杜良岙自然村村口中部古沙朴树下,挖掘于清代,占地面积 48 平方米。井为圆形,由鹅卵石堆砌而成,井圈为方形,用条石铺筑,井内设有吊水踏板,边长 1.5 米,井深 4 米。井圈周围设有石陛阶梯,地坪高出井面约 0.70 米。井水常年不涸,清澈如镜,甘醇清凉,村民常用此水制酿糯米酒。此古井至今仍在发挥它的作用,在全区比较少见,具有一定的历史研究价值。2011 年 2 月,杜良岙古井被公布为镇海区级文物保护点。

(二十)七眼桥

七眼桥位于镇海区蛟川街道陈家村五丰自然村。始建年代不详,重建于民国二十六年(1937)。系七孔石平桥,桥全长 19.7 米,宽 1.65 米,通体用长石板筑成。桥板两侧刻有"七眼桥"三字,并署"民国二十六年里人重修"字样。七眼桥对研究运河文化具有重要作用。2011 年 2 月,七眼桥被公布为镇海区级文物保护点。

(二十一)中河水利禁示碑、六役碑

中河水利禁示碑、六役碑皆立于北仑区陈华村中河南岸报恩桥东侧,

立碑年代均为清嘉庆十四年(1809),圭首,长方体。中河水利禁示碑长1.78米、宽1.11米,六役碑长1.75米、宽1.14米,因为皆嵌入墙壁,厚度无法测量。中河水利禁示碑记述了中河疏浚水利工程的主持人、资助人、发起缘由和中河上、中、下游分界,禁止当地居民堵塞河道、越界取水的禁示,以及立碑时间。六役碑主要记述了沿河居民对中河水利畅通负有的六种义务及不履行义务的处罚。中河水利禁示碑、六役碑记述了当时疏浚中河这一水利史上的大事和在水利工程方面沿河居民应履行的各种义务,有一定的史料价值。二者皆保存较好。1993年8月,中河水利禁示碑、六役碑被公布为北仑区级文物保护点。

(二十二)沿山十八井

沿山十八井位于慈溪市观海卫镇鸣鹤古镇西部、双湖村盐仓山西、南侧山脚一带,是当地百姓对沿山分布的十八口老井的总称。现存有岑家门头井、履敬堂井、烂水门堂井、俞家祠堂井、天府龙媒井、天府龙媒南井、洪家门头井、洪家门头后井、盐仓井、双井根双眼井(当地算作两口井)等11口,除双井根双眼井由两口半圆井组成外,其余均为圆形井口。外观形制基本均为方形石板,石材以小溪鄞江石为主,居中开圆口做井台,乱石垒砌圆形井壁。部分井台上有后期复置的石井圈。据当地居民介绍,现存十八井建造年代不晚于太平天国时期。沿山十八井对研究当地的地方志有一定的科学价值。2011年1月,沿山十八井被公布为慈溪市第三批市级文物保护点。

(二十三)双眼井

双眼井位于慈溪市龙山镇河头村。从村民介绍推断,双眼井约为清末或民国初期建造。井呈方形,井口宽1.6米,长1.8米。井壁由石块垒砌而成。井口中间有一石板将井平均分成两半,故称双眼井。井圈由砖块砌成,井台为水泥井台,两侧有石板台阶,东侧有一与路隔开的建造于20世纪80年代的水泥围栏。水质清澈,现仍供居民使用。该井造型独特且保存较好,对研究河头村的建筑发展史具有一定的文物价值。2011年1月,双眼井被公布为慈溪市第三批市级文物保护点。

(二十四)钟山渡槽

钟山渡槽位于余姚市陆埠镇,1967年1月至1977年5月建,是陆埠水库的总渠。钟山渡槽接东干渠,直通车厩,与跨越姚江江面的车厩渡槽桥相接,把陆埠水库之水引向姚江以北的江中、罗江等地,用以灌溉农田。渡槽长354米,宽2.4米,高8米,共有21个大孔,为双曲拱钢筋混凝土结构。渡槽中心顶部竖立着"愚公移山,改造中国"8个巨型大字,概括了当时陆埠人民改造和战胜自然的雄心壮志。2010年11月,钟山渡槽被公布为余姚市级文物保护点。

(二十五)上方碇步桥

上方碇步桥位于余姚市陆埠镇袁马村上方自然村,建于清代。桥南北横跨翁岙大溪,由12块大石块构成,排列规整有序。每个石块约长0.8米,宽0.5米,高0.3米。石块间距约0.4米。桥南侧与岸边置五级台阶。桥北侧沿护沿设S形分流渠,长约10米,宽1米,剖面呈倒梯形。分流渠与大溪之间设隔堰,在水量较大时用以分流溪水,使碇步不至于被淹。该桥在设计建造理念上可谓匠心独具。2010年11月,上方碇步桥被公布为余姚市级文物保护点。

(二十六)宫商井

宫商井位于奉化区莼湖镇费家村中大路(原星月街)旁,周皆民宅。宫、商二井,相距数十米,井口皆有六角石栏。北井石栏高0.55米,井口直径0.87米,每边长0.3米,厚0.13米。檐口内凹,可加盖(系20世纪60年代新凿),井身比井口略大,直径约1.2米。井壁全用条石砌就,形制规整。水质清澈,秋时可望见井底。南井石栏高0.46米,井口直径0.8米,每边宽0.28米,原厚0.12米。井身较大,直径约1.4米,井壁之砌石不规整。两井石栏剥蚀均较甚,始建年代不详。明嘉靖《奉化县志》载,宫商井,县南五十里鲒埼星月街之北,泉甚甘洌,投之以石,声似宫商,因名。井之建,可能与星月街同时,甚至更早。2005年11月,宫商井被公布为奉化市第二批市级文物保护点。

(二十七)白石头井

白石头井位于宁海县跃龙街道塔山社区南蔡家巷与白石头路交会处。井圈为圆形,井壁为卵石盘筑,井旁立有一块猪形的白石,故名之曰"白石头井"。井圈直径1.13米,高0.7米,井水清澈,沿用至今。石碑刻字清晰,上有精美刻纹图案。近年,白石村在此立碑保护。井以其为名,村也以其为名,起到了地标式的作用。数百年来,白石头井滋养着一方百姓,具有一定的历史价值。2009年8月,白石头井被公布为宁海县第五批县级文物保护点。

(二十八)人民胜利碶

人民胜利碶位于象山县定塘镇长塘河入海口(大塘港),建于1953年。碶门呈西北至东南走向,平面呈长方形,总长约18米,宽约9.5米,用块石砌筑,水泥浆嵌缝,五墩六孔,南北两侧均用条石筑成八字形护堤,北面筑5个分水尖,南面6孔做成券拱状,每一孔正上方均设有螺杆开闸器。碶门西侧另建一个闸门,连接圆弧形渠道,用以引水灌溉农田。此碶门规模较大,发挥了灌溉、排水等水利作用,还发挥了桥梁的作用。2010年12月,人民胜利碶被公布为象山县级文物保护点。

(二十九)备碶

备碶位于北仑区新碶街道备碶村备碶跟路南侧岩河上。清乾隆三十九年(1774)邑令周樽始建,故又称"周公碶"。民国十二年(1923),灵岩自治委员董祖羲遴选里人贺性春重修。1970年岩新碶建成后废碶为桥。备碶长8米,3孔,宽2米。条石干砌墩台,北侧每孔碶门两端各设有两道碶槽。桥面用石板梁铺就,南侧设有条石栏板;北侧设有用于葫芦起吊钢筋混凝土结构框架。备碶较好地反映了北仑沿海清代至当代碶闸类水利建筑的演变过程,是我国古水利设施科学技术进步的重要实物见证。2017年12月,备碶被北仑区文物保护委员会核定公布为区级文物保护点。

(三十)励家坪方口井

象山县晓塘乡励家坪村的康熙方井始建于清康熙四十九年(1710)。

井栏圈为长方形,用石板围筑,南首井护栏中部立有石碑,楷书"康熙四十九年道光二十二年黄集之公扦"。该井是我县现存为数不多有明确纪年的古井。2018年1月,励家坪方口井被公布为象山县第三批文物保护点。

(三十一)钟山渡槽

钟山渡槽位于余姚市陆埠镇撞钟山西麓,建于1967年1月至1977年5月。钟山渡槽是陆埠水库的配套运水渠,东起撞钟山,横跨蓝溪,西至陆上线。渡槽为双曲拱钢筋混凝土结构,共21跨,全长354米,宽24米,高8米。钟山渡槽可以说是老陆埠的一个标志性建筑,虽然历史并不久远,但满足了当时人们的用水需求。2010年11月,钟山渡槽被公布为余姚市文物保护点。

第三节　海塘堤坝遗址

一、宁波筑塘围涂的历史演变

宁波市境北、东、南三面临海,由于长江、钱塘江、曹娥江下泄泥沙沉积,海涂资源丰富,历史上早有"秦海、汉涂"之说。东晋、南朝期间,由于杭州湾河流改向,出现了南淤北坍的海岸变化。今余姚、慈溪、镇海三县(市)北部的滨海地区(称"三北地区"),随着泥沙淤涨,开始筑塘围涂。唐时,象山县有围垦南庄上洋涂的记载。宋、元时期,三北地区及象山、宁海东南部海涂围垦规模扩大。明、清继续围垦,垦区扩展至象山港沿岸。[1]

海塘即指抗御风暴潮灾害的海岸防御工程,以及河口内最高水位主要由潮水位控制的河段的堤防工程。海塘是防御台风等自然灾害的第一道防线。在跨越千年的历史长河中,浙东海塘宁波段悄然发生变迁。海

---

① 宁波市土地志编纂委员会.宁波市土地志[M].上海:上海辞书出版社,1999:224-225.

塘修筑兴起于汉唐。到了宋代,庆历七年(1047),余姚县令谢景初征集工役万余人,率民筑海堤,自上林至云柯全长约9333米。这就是姚北著名的大古塘之始,也是第一条有确切修筑年代的官修海塘。王安石在治鄞时曾写下《余姚县海塘记》,记述了谢公修筑大古塘的史实。宋迁都杭州之后,杭州湾两岸平原日益成为经济重心,筑塘工程得到了较为充足的人力、物力支持,杭州湾的地理结构在人力的干预下也日趋稳定。北宋末年,海堤在强潮中被毁坏,县令汪思温重新加以修复。庆元二年(1196),余姚县令施宿征夫役六千,费缗钱一万五千,修筑从上林至兰风的大古塘1.4万米,改土堤为石堤,并置田千亩,作为修堤资产。几次修筑后,海塘百年未遇大害。至正元年(1341),余姚州判叶恒将谢景初所筑的东部塘全部变为石塘,并把各散塘连成一体。至明清,筑塘达到较大规模。尤其是清代康、雍、乾三朝,修筑海塘动员人数在万人以上,筑塘千丈以上。每筑一塘,前塘就变为水陆通道。纵横河浦割成的地块,又为众多沟渠所切割,形成棋盘状形态。这些河道因闸的存在,南北可以互通有无,使海塘两侧的农业都能得到灌溉,海水侵没之地变成膏腴平原,平时又作为浙东运河的支脉,沟通商贸。此后几百年间,宁波掀起官修海塘高潮。在王公塘的基础上,人们又续筑了金公塘、石高塘、莘公塘、千丈塘等。

20世纪50年代,余姚、慈溪筑八塘,围垦七塘外海涂;宁海围筑车岙港塘;象山围垦中央塘、门前涂;镇海围垦梅山岛(今属北仑区)海涂。至1960年,围垦海洋约6870公顷。是年,宁波专员公署成立围垦海涂指挥部,组织沿海属县查勘滩涂,告定规划。60年代中期至70年代末,围垦事业大发展,由围垦高涂逐渐转向围垦中涂低涂,同时进行人工促淤。此段时期共围垦海涂约2.4万公顷,占中华人民共和国成立后总围垦面积的65%左右。80年代后,以续建、扫尾、配套为主,注重开垦利用与经营管理。1949—1995年,共围垦海涂380余处,计围地约3.6万公顷。围涂造地的成功,相对缓解了人口不断增长、工业迅速发展与土地不足的矛盾。[①]

---

①　宁波市土地志编纂委员会.宁波市土地志[M].上海:上海辞书出版社,1999:224-225.

市境海涂按地域可划分为三北地区、甬江口两侧、象山宁海东南部沿海和象山港内域四片。

(一)三北地区海涂围垦

三北地区位于宁波市境内杭州湾南岸西段,西起余姚市黄家埠镇,东迄慈溪市龙山镇。在 10 世纪以前,民间随海涂地形不同,各自垒土筑塘,以捍潮汐,谓之"散塘",今皆湮没无考。宋庆历七年(1047),余姚县令谢景初自云柯(今余姚低塘镇)至上林(今慈溪桥头镇)筑土塘 9333.3 米,称"东部塘"。云柯以西筑有谢家塘、王家塘、和尚塘等土塘,称"西部塘"。绍熙五年(1194)毁于秋涛。庆元二年(1196),余姚县令施宿,自上林至兰凤(今余姚临山镇一带)筑塘 1.4 万米(其中石塘 4 处、1900 米)。元大德年间,杭州湾潮流南摆,南岸冲刷加剧,塘堤内坍 8 千米。元至元四年(1338)四月筑成的土塘,六月又被冲毁。绍兴路总官府即令余姚州判叶恒督治海塘,于至正元年(1341)筑成石塘 7070.3 米。其后,绍兴郡守宋文瓒、泰不华又先后续成石塘 1034.7 米,合计 8105 米。初名"莲花塘",俗称"后海塘"。明洪武二十年(1387)至弘治年间,又东延至龙头场。西接上虞后海塘,经临山、泗门、周巷、历山、浒山、观城,东达龙山,全长 60 余千米,后称"大古塘"。它巩固了杭州湾南岸海岸线。嗣后,钱塘江主槽北移,滩涂淤涨迅速。明永乐初,在大古塘外始筑新塘,以后又陆续筑成潮塘、周塘、界塘、二新潮塘(二塘)等局部性海塘。清时,修筑榆柳塘(三塘)、利济塘(四塘)、晏海塘(五塘)、永清塘(六塘)、澄清塘(七塘)。其中,利济塘为大古塘外又一条西起上虞边界、东达慈溪伏龙山西麓、全长 65 千米、连成一线的完整大塘。清末至民国三十五年(1946),又筑成西起临海、东至新浦的七塘,并向东与慈北八塘(洋浦至淞浦)、龙山包底塘(淞浦至伏龙山西麓)连成一线。该线海塘成为中华人民共和国成立前夕三北地区的第一线海塘。至此,三北地区形成以大古塘为基线、以浒山为中心点,作扇面形扩展的围垦区。扇面外缘弧线顶点达庵东,与浒山直线距离约 11 千米,围垦出面积 600 余平方千米的"三北平原"。

中华人民共和国成立后,由于海涂自然淤涨和人工促淤,又有大片可围海涂。1952年,余姚发动横塘等8个乡群众联合围筑上虞县界至朗海刘丁丘八塘,庵东盐区围筑西三乡至新浦乡长38千米的八塘。至1958年,庵东建成面积5150公顷的围垦区,为中华人民共和国成立后今宁波市境最早、最大、一次性围成的大片海涂。同时,开始围垦七塘外涂滩。1954年,调整慈溪、余姚、镇海3县县境,将余姚、镇海北部的大部分区域与慈溪北部合并,建新的慈溪县,县治移至浒山镇。至此,历史上的三北地区,大部分划入今慈溪市境。60—70年代,慈溪、余姚先后围筑九塘、十塘。1978—1986年,余姚相继建西起上虞县界、东至夹塘乡的十一塘。80年代慈溪围垦由丁坝促淤而成的观境涂。至1995年,三北沿海围涂造地13560公顷,其中人工促淤围成2173公顷。单片面积333公顷以上的围垦区有余姚六五丘、临兰横十塘、临兰十一塘、慈溪庵东围区、龙山农垦场、庵东长河九围区、海王山促淤围区、半掘浦围区等8处。[①]

(二)甬江口两侧海涂围垦

甬江口两侧海岸,西起澥浦,东至穿山,岸线全长43千米。该段海岸受金塘大道影响,岸滩陡,淤涨缓慢,外移不多。现第一线海塘全长39千米,甬江口西侧1千米属镇海区,东侧23千米属北仑区。

甬江口西侧海塘始筑于何时无考。冯仟《重修镇海后海塘记》记云:"城(镇海县城)负塘而筑,塘不固,城亦不立。""城之筑,盖当唐昭宗乾宁四年(897),塘虽不详所始,要其治之前于城也晰矣。"则唐代已有海塘之筑无疑。宋淳熙十年(1183),邑令唐叔翰、水军统制王彦举,在县城西侧筑堤未成。淳熙十六年(1189)改建石塘,东起巾子山麓,北抵东管二都(今沙头庵附近),长约2008米,称"后海塘"。嘉定十五年(1222),邑令施延臣、水军统制陈文,又向西增筑石塘约1733米,石塘尽处续筑土塘1200米(延至今后施附近)。后几经坍塌、修筑。元明间,海涂曾外涨5—10千米。清雍正二年(1724)海啸,滩涂复坍。乾隆十二年(1747)飓风大潮,城塘并溃。乾隆十三年(1748)至十六年(1751),知县王梦弼主持兴修

旧塘约 3667 米,将其中的 1922 米改建为夹层堵缝镶榫石塘;修理次冲塘
1300 米;新建塘 170 米;修北面滨海坍城表里 2700 米。道光年间
(1821—1850)又因飓风、秋涛毁塘多处,官民分段修理、改建夹层石塘
4000 米。民国十一年(1922)至十二年(1923),修筑石塘 4000 米、土塘
1.13 万米。后海石塘延伸至俞范路下止。宋、元、明所筑海塘走向,旧志
所记不一,矛盾甚多。今之万弓塘筑于清康熙十五年(1676),系总镇牟大
寅为防海寇登犯而筑,长 1.13 万米。中华人民共和国成立初期至 60 年
代,利用围垦海涂兴办俞范棉场,并相继筑临陆、棉丰、棉海、向阳等海塘,
围垦海涂约 333 公顷。1970 年,镇海江北地区 10 个公社建立围塘工程
指挥部,联合围塘,西起澥浦大闸,东至招宝山麓,至 1977 年围区面积已
超过 1333 公顷,后为镇海炼油化工公司等大工业单位使用。

甬江口东侧,今大碶、柴桥平原,唐时为东海围垦之始。堤西自孔墅
岭下河头焦起,东南向经大碶、石湫折东过陈华、霞浦至穿山,长约 1.5 万
米,后人称为"王公塘"。明嘉靖间筑金公塘、石高塘、千丈塘,与宋塘平
行,南距宋塘 3000 余米。清雍正年间筑永丰塘,南距明代古塘近 2000
米。至清中叶,围垦出 100 余平方千米的大碶、柴桥平原。郭巨地区和诸
岛海塘,大都建于清代中晚期。梅山岛古代仅出露 6 座孤山。清顺治年
间才有人傍山居住。乾隆、嘉庆年间先后建海塘,造地 53.3 公顷。后陆
续筑塘围地,民国初期,岛域面积扩至 17.9 平方千米。至 1985 年,梅山
岛面积已达 32.7 平方千米(1992 年宁波市海岛土地利用现状调查为
2690.2 公顷)。中华人民共和国成立后至 1958 年,先后在新碶、大榭、三
山、梅山等地围垦滩涂 533.3 公顷。60 年代,三山、小港等社队又围垦
985 公顷。70 年代,江南地区社队联合围垦 943.3 公顷。梅山港港湾滩
涂的昆亭、三山两公社建盐场 686.7 公顷。梅山岛围垦 317.3 公顷,大榭
岛围垦 157 公顷。

甬江口两侧 1949—1985 年(镇海县撤县)总计围建海塘 134.4 千米,
围垦海涂 5808.4 公顷。1988 年后,镇海发电厂、北仑发电厂又在涂地围
建灰库海塘,共得地超过 666.7 公顷。至此,中华人民共和国成立后至

1995 年,累计围涂造地 6651.5 公顷。

(三)象山、宁海东南部海涂围垦

该片海涂处大目洋及三门湾北岸。唐时,象山围垦南庄上洋涂。宋时,象山围垦南庄下洋涂,宁海境域筑万年塘。明时,象山围垦岳头涂,修筑菱湖塘(一说绞绾塘);宁海围垦白峤涂,筑岳井、大湖、门前等 10 余处海塘。清时,象山先后围筑南保黄塘、新峧塘等 40 余处;宁海围筑松峃、茅(毛)屿等塘。清光绪元年(1875),象山设南田垦务局,筹集富户资金围筑龙泉大塘、鹤浦大塘及大南田、小南田等塘,围垦海涂 50 余处,形成南田、高塘、花峃、坦塘、对面山等多处岛屿平原,得田 4667 公顷以上。民国时期,宁海县境域围区面积在 333 公顷以上的有长街飞机塘,67 公顷以上的有官岭小湾塘、七市乡大陈塘等 6 处。象山县筑嘉湖、大湾等塘。至中华人民共和国成立前夕,历代围垦成象山县的南庄、昌国、定山、鹤浦、南塘等几块滨海平原;宁海县有长街、古渡、前横等几处滨海平原。

中华人民共和国成立后,象山县人民政府发出"围垦海涂,与海争地""充分利用海涂,增加耕地面积"的号召,宁海县人民政府制定"宜围则围,宜养则养"方针,以充分发挥山海资源优势。两县发动群众大力围垦海涂。至 90 年代,两县在大目洋沿岸及三门湾北岸一带共围涂 200 余处,其中围区面积在 67 公顷以上,象山县 21 处,宁海县 18 处。单片面积 333公顷以上垦区,象山县有大塘港、大目涂、白岩山、昌国 4 处;宁海县有车峃港、群英塘、青珠农场塘、胡陈港 4 处。至 1995 年,大目洋、湾北部已围涂造地约 1.2 公顷。

(四)象山港内域滩涂围垦

象山港沿岸含鄞县、奉化两县东南部和宁海、象山两县北部。

五代时,奉化在今裘村翔鹤潭江筑塘,得田 133.3 公顷。宋至元,奉化又在松峃、杨村修筑省元塘、萧家塘、新塘。明时,奉化松峃筑北缺塘、金富湾塘,宁海筑永年塘、白沙塘、西成塘,象山围垦陈兆涂得田超过133.3 公顷。据清乾隆《象山县志》记载,其前已筑有陈宛、黄避峃、西泽、珠溪、贤庠等 14 处海塘。至道光年间,象山兴筑大新、夏源、湖头大塘等海塘。宁海在明清间筑方门、九顷等海塘 10 处。清至民国,象山筑牌头、下沈、莲花等 10 余处塘,奉化围筑黄家滩大塘和山林、嘉禾等 7 处海塘,鄞县筑新石、横山等 5 处海塘,围涂 560 公顷以上。至中华人民共和国成立前夕,历代围垦成大嵩、莼湖、西店、桥头胡、贤庠、西周等沿港平原,总计 200 平方千米。

中华人民共和国成立后,象山筑东港、小东、跃进、西泽等海塘,堵淡港、西周、下沈、小青诸港,围垦 6.7 公顷以上海涂 14 处,其中 200 公顷以上有西周、西泽 2 处。宁海县筑高湖、团结等海塘,围垦海涂 9 处,其中峡山镇的团结塘,围区总面积 466.7 万顷。奉化围筑湖头渡、杨村外山嘴等海塘,围垦海涂 34 处,总面积 593.3 公顷。鄞县建竹头、桃花、红卫、横码、联胜等 15 处海塘,围涂 729.1 公顷,其中 200 公顷以上有红卫、联胜 2 处。至 1995 年,象山港沿岸合计围涂 4000 余公顷。[①]

二、宁波市主要海塘文化遗址

(一)杭州湾南岸海塘遗址

海塘即指抗御风暴潮灾害的海岸防御工程,以及河口内最高水位主要由潮水位控制的河段的堤防工程。杭州湾南岸海塘通称为浙东海塘,自萧山至镇海,总长 257 千米。其中,大古塘、七塘、镇海后海塘等海塘,构成了浙东海塘的宁波段。

早在沿山平原成陆之初,人们就开始围筑海塘,历史上称为散塘。北宋庆历年间开始修筑的大古塘,则是慈溪历史上大规模修筑海塘的开始。古代修海塘任务艰巨,因为杭州湾是著名的强潮河口,潮位高、潮差大、潮流急。当天文大潮与热带风暴相遇时,更会出现特高潮位、潮差和特强的潮流,具有巨大的破坏力。要抵御这样大的潮患,对海塘的要求就很高,建了又毁、毁了又建是常事。

杭州湾南岸海塘遗址是中国古海塘遗址中的瑰宝,其内容形态丰富,

① 宁波市土地志编纂委员会. 宁波市土地志[M]. 上海:上海辞书出版社,1999:230.

规模庞大而壮观,累计遗存有 20 余处。我国已故的著名地理学家、浙江大学终身教授陈桥驿在对慈溪的围垦进行深入考察后,赞誉杭州湾南岸海塘遗址为"露天海塘博物馆"。

(二)杭州湾大古塘遗址

大古塘从始建到全线完成,经历了 340 年。宋庆历七年(1047)冬,余姚县令谢景初率民开始修筑,一年后建起了从今洋浦至历山段。后受潮水啃啮而颓圮摧毁。南宋庆元二年(1196),余姚县令施宿再次率民维修增筑,西边延长到了临山,还将部分土堤改成了石堤。到了元大德年间,三北沿海遭遇大规模滩涂灾难,海塘几乎全部被毁。元至正元年(1341),余姚州判叶恒再次率领民众修筑大古塘,并全部建为石堤,才打下了较为牢固的基础。到明洪武二十年(1387),大古塘观城段和龙山段建成,才形成东起龙头场,西至上虞沥海乡,全长 80 余千米的大堤,工程浩大。数百年中,大古塘一直发挥着抗御海患的巨大作用。这全长 80 余千米的原始大古塘,如今在慈溪境内已难寻踪迹,大部分塘路就是现在的 329 国道公路。在观海卫区域,还有一段 600 多年前的大古塘遗迹。

(三)镇海后海塘遗址

镇海后海塘位于宁波市镇海区招宝山街道、蛟川街道范围内,占地面积 117147 平方米。据民国《镇海县志》载,始建为土塘,唐乾宁四年(897)负塘筑城,南宋淳熙十六年(1189)筑石塘,清乾隆十三年(1748)县令王梦弼改筑堵缝镶榫夹层石塘。现自东南巾子山麓向西北方向延伸至俞范嘉燮亭,全长 4800 米,宽 3 米,高 9.9—10.5 米,为单侧砌石海塘,采取了双层幔板骑缝垒法。巾子山至西城角 1300 米采用"城塘合一"筑法。城塘高 8 米、宽 14 米不等,即城在上、塘在下。城上原设望海楼一座,警铺(即岗亭)12 所、古炮 25 门,车马道 3 条。"城塘合一"的双面夹层石塘,既能防洪,又能御敌,坚如铜墙铁壁。至今塘上留存的各年代的碑刻等,文物价值较高,如建于明万历元年(1573)的建城碑亭,亭中立碑,刻有《定海县增筑内城碑记》,由当时的兵部尚书张时彻撰写,记述建城始末。该塘历史悠久,规模较大,建筑手法高超,充分体现了我国劳动人民的聪明才智,以及敢与大自然拼搏的精神,具有较高的历史、艺术、科学价值。1989年12月,镇海后海塘被公布为第三批省级文物保护单位。2023年9月,镇海后海塘遗址被列入浙江省重要水利工程遗产资源名录。

(四)象山石浦海塘遗址

明代,东部沿海饱受倭寇侵扰,为增强抵御力量,石浦地方官找来能工巧匠,在原有村落外围修筑城垣和海塘,开辟水门。在风景宜人的梅山湾,有一座占地面积约1800平方米的深灰色建筑——梅山盐场纪念馆,这里曾经是梅山盐场的筹备处旧址,现为浙江省文物保护单位。梅山盐场始建于20世纪50年代,据建设者回忆,在当时的艰苦环境中,成千上万的热血青年参与盐场建设,仅用72天就筑成了雄伟的十里海塘。从此,传统盐业成了梅山半个多世纪的支柱产业。

(五)奉化红胜海塘遗址

红胜海塘全长4.8千米,整个海塘沿线共设置了2个观景位置极佳的观海平台,供游客亲近与融入海岸,感受当地海岸的生态和风貌。同时进行背水坡景观提升,打造观海绿道,推动生态保护、生活休闲建设一体化,为群众沿塘健身、骑行、跑步等休闲娱乐提供了一道亮丽的风景线。目前,该区块已成为重要的经济功能区,更是不少人眼中的热门旅游景点。

此外,宁波地区还保存有宁海县汶溪周塘遗址、鄞州区大嵩海塘遗址等海塘遗址。

第四章　宁波市技术类农业文化遗产

技术类农业文化遗产是人类历史上创造并传承至今、与农业生产直接相关的以活态形式存在的技术及附属活动，其内容涉及遗留的农业制度与技术、系统产出结构、民俗等文化活动。技术类农业文化遗产除了具有复合性、活态性和战略性特点，还具有残存性、历史性、区域性、生态性和社会性等特点，主要包括生态优化技术、土地利用技术、土壤耕作技术、栽培管理技术、防虫减灾技术、畜牧养殖兽医渔业技术等。本章根据宁波市技术类农业文化遗产的实际情况，对复合性生态优化技术类农业文化遗产和其他技术类农业文化遗产两大类型进行介绍。

第一节　复合性生态优化技术

宁波市拥有丰富的复合性生态优化技术类农业文化遗产，其中黄古林蔺草-水稻轮作系统被列入中国第五批重要农业文化遗产，象山浙东白鹅养殖系统、宁海长街蛏子养殖系统、奉化芋艿头种植系统被列入浙江省第一批重要农业文化遗产资源名单。此外，宁波有 19 个项目入选浙江重要农业文化遗产资源库名录。

一、入选中国重要农业文化遗产名单的复合性生态优化技术

浙江宁波黄古林蔺草-水稻轮作系统遗产地位于海曙区古林镇。古

林,旧称黄古林。当地有俗语"水稻是米缸,蔺草是钱庄",显示了蔺草和稻米对古林人生活的影响。古林还有农谚"一年蔺草,二年大稻",反映出蔺草-水稻轮作模式的历久传承。古林镇三星村芦家桥史前文化遗址出土的水稻遗存和炭化草席碎片表明,5000年前古林先人就已种植水稻,并利用野生草料编制草鞋、草帘、蓑衣和草席等。作为中国蔺草的发源地和主产地,早在春秋时期,古林人就掌握了蔺草种植和编制技术。唐开元年间,宁波席草已经销往朝鲜半岛。南宋《宝庆四明志》记载,古林一带有广德湖,多生蔺草,可编席;其地逢阴历初三、初七、初十的集市,同时也是草市和席市。

蔺草-水稻轮作模式,简言之就是"一季蔺草,一季晚稻"。每年6月底至7月初,人们在收割后的蔺草田里播种晚稻;10月下旬至11月上旬,晚稻成熟收割后,开始又一季的蔺草种植,如此循环往复。这种循环的结果是,种植蔺草后的土壤得到改善,与水稻种植所需的营养形成互补。一般来说,蔺草茬晚稻比常规连作晚稻亩产高出100千克以上,比种植常规单季稻风险小。

如今,亘古不衰的古林蔺草-水稻轮作的传统农耕方式已演变为古林独特的草稻文化。在20世纪70年代机器编织盛行之前,古林的农家孩子一般七八岁开始就跟随父母织席,黄古林手工草编技艺代代传承。1954年,黄古林"白麻筋"草席还作为国礼,被周恩来总理带到在日内瓦举行的联合国大会上。

除了蔺草手工编制技艺与文化,古林的米食文化也远近闻名。千百年来,古林人运用磨制、捶打、蒸煮等各种方法,将稻米"变身"为宁波汤团、龙凤金团、年糕、米馒头等花色繁多的美食点心。

蔺草与水稻的轮作是民间智慧的结晶,不但蕴含着自然农法思想和生态价值理念,更体现了古代古林人的聪明才智与创造能力。2020年1月,浙江宁波黄古林蔺草-水稻轮作系统入选第五批中国重要农业文化遗产资源名单。

二、入选浙江省重要农业文化遗产名录的复合性生态优化技术

2024 年 1 月，浙江省农业农村厅公布了首批全省重要农业文化遗产资源库名录，宁波市共有 19 个项目入库，分别是：宁波黄古林蔺草-水稻轮作系统、宁海长街蛏子养殖系统、宁海双峰香榧文化系统、宁海西店牡蛎养殖系统、宁海越溪稻药轮作系统、象山海盐生产系统、象山海洋渔文化系统、象山浙东白鹅养殖系统、余姚茶文化系统、余姚河姆渡茭白种植系统、余姚杨梅种植系统、余姚河姆渡稻作系统、慈溪咸草种植与利用系统、慈溪杨梅生态栽培系统、鄞州白肤冬瓜种植系统、鄞州雪菜文化系统、奉化曲毫茶文化系统、奉化水蜜桃种植系统、奉化芋艿头种植系统。以下分别介绍。

（一）宁波黄古林蔺草-水稻轮作系统

上文已有介绍，此不赘述。

（二）宁海长街蛏子养殖系统

宁海县长街镇靠近三门湾，滩涂优良，是著名的蛏子之乡。宁海县蛏子的养殖历史悠久，并以长街的下洋涂出产的蛏子最为有名。蛏子为海产贝类，软体动物，介壳两扇，形状狭而长，外面蛋黄色，里面白色，生活在近岸的海水里，也可人工养殖，肉味鲜美，有缢蛏、竹蛏等种类。长街蛏子体大壳薄，壳为黄色，肉质肥壮而结实，肉色洁白，营养丰富，味道鲜美，有"西施舌"之美称。清光绪《宁海县志》记载："蛏、蚌属，以田种之谓蛏田，形狭而长如中指，一名西施舌，言其美也。"20 世纪 90 年代以来，随着科技兴渔工作的不断推进，宁海县的缢蛏养殖模式趋于多样化，有传统的平涂养殖，有新开发的滩涂蓄水养殖、滩涂低坝高网混养、海水池塘与对虾或青蟹或梭子蟹或海水鱼类混养，缢蛏已成为宁海县著名的特色产品和海水养殖的主导品种。2006 年，长街镇举办首届长街蛏子节。2022 年，宁波长街蛏子养殖系统入选浙江省第一批重要农业文化遗产资源名单。

（三）宁海双峰香榧文化系统

宁海县黄坛镇双峰片区有 52 万余株香榧树,其中有千年的香榧树,还有几百年的香榧林,是宁波榧树发源地之一,也是宁波香榧的主产区。如今,双峰片 11 个行政村都种植香榧树。黄坛镇把香榧产业作为农业主导产业和引领农民致富的朝阳产业,擦亮"双峰香榧"金字招牌。经过多年的培育发展,香榧产业已经成为黄坛镇的农业支柱产业。在政府、协会、企业的协力推动下,香榧产业有了较大突破。2019 年成功注册"双峰香榧"地理标志公用商标,制定了"双峰香榧"地理标志商标的团体标准,让当地榧农享受到了"双峰香榧"商标带来的红利;连续举办十余届香榧文化节,助农增收上亿元。香榧成了当地百姓真正的"致富果"。2022年,宁海双峰香榧文化系统入选浙江省第一批重要农业文化遗产资源名单。

（四）宁海西店牡蛎养殖系统

宁海县西店镇是浙江省最大的牡蛎基地,养殖牡蛎已有 700 余年历史。据光绪《宁海县志》载:"铁江之中有两屿,曰石孔双山,县北三十八里,两岛矗立,状如印,内一岛平夷,古神庙在焉。宋进士冯唐英避乱隐此,见岩边牡蛎盛生,教居民聚石养之。"自此,牡蛎成为这一带著名海产品。西店牡蛎之所以鲜美,与这里得天独厚的水质有关。此地的海水咸度在 20‰以下,是适宜牡蛎生长的最佳水质。西店牡蛎养殖区域处于咸淡水交接处,水生生物丰富,饵料生物充足,非常适合牡蛎的生长,加之沿海多礁石,为牡蛎苗提供了良好的栖身之所。优质的生活环境,造就了西店牡蛎独特的内在品质。西店牡蛎素有"海牛奶"之称,富含蛋白质、维生素、核黄素等营养成分。根据中国绿色食品发展中心的测定结果,每 100克西店牡蛎肉中含蛋白质约 7 克,脂肪含量则低于 1.8 克,其属于高蛋白低脂肪食物。2001 年,西店被浙江省海洋与渔业局授予"牡蛎之乡"称号。2022 年 7 月,"西店牡蛎"获得了国家知识产权局发布的地理标志注册证明商标。

（五）宁海越溪稻药轮作系统

近年来，宁海县越溪乡因地制宜，积极探索"一地两用"药稻轮作新模式，在越溪乡七市村贝母水稻轮作示范基地种植了近 14 公顷的浙贝母，通过单季稻与贝母、延胡索循环种植的模式，推动以药促稻、一田三收、药稻共赢，实现了绿色种养、循环发展，亩均产值也实现了"一亩田万元钱"的目标。浙贝母作为浙江本土地道中药材"浙八味"之一，具有较高的经济价值。浙贝母是每年 10 月底开始种植，次年 5 月开始采收，填补了单季稻种植的空窗期，提高了土地利用率。为打响越溪贝母、无公害水稻等全乡各村特色优质农产品品牌，当地政府于 2021 年创立了"鲜在越溪"品牌，并根据下属 15 个行政村的种植或养殖业生产情况，精选出"一村一品"充实到"鲜在越溪"品牌中，以政府的力量推动本土农产品向外推广。

（六）象山海盐生产系统

象山晒盐业历史悠久，唐代已用土法煎盐，宋时已有刮泥淋卤和泼灰制卤法，并煎熬结晶。清嘉庆开始，从舟山引进板晒法结晶，清末又引进缸坦晒法结晶，成为盐业生产工艺上的一大变革。20 世纪 60 年代后，平滩晒法试验成功，开始采用新技术，并用机器逐渐代替手工操作，传统晒盐技艺逐渐退出历史舞台。1949 年后，盐区（场）几经调整废兴，至 20 世纪 70 年代末，形成昌国、花岙、白岩山、新桥、旦门五大骨干盐场，总面积近 2000 公顷，比原盐地增加近 10 倍。作为国家级非物质文化遗产传承基地，花岙岛古法盐场是目前浙江省仅存的手工晒盐场。象山晒盐以海水作为基本原料，并利用海边滩涂及其咸泥，结合日光和风力蒸发，通过淋、泼等手工劳作制成盐卤，再通过火煎或日晒等自然结晶成原盐。整个工序有 10 余道，纯手工操作，看似简单却又体现出智慧。晒盐加工工艺既与气候、季节等因素相关，又与悬沙、潮汐相关，蕴含着丰富的天文、海洋、自然科技知识和历史价值。传统的晒盐技艺是一份极其宝贵的历史文化遗产。

（七）象山海洋渔文化系统

象山县地处浙江中部沿海，三面环海，两港相拥，是全国少有的兼具山、海、港、滩、涂、岛资源的地区。在长期耕海牧渔的生产和生活实践中，象山人民创造了历史悠久、内涵丰富的海洋渔文化，其成为象山最具特色的地域文化和象山人民代代相传的文化基因。象山海洋渔文化历史悠久、内容丰富、形态完整、表现形式独特，是中国海洋渔文化的"标本"。象山因此被誉为"中国渔文化之乡"。象山海洋渔文化是世代象山人在其6000多年生存的海洋自然环境之中于生产与生活两大领域内的一切社会实践活动的成果。它包括生产文化、社会文化、观念文化、组织文化和其他文化。2010年6月，象山县建立海洋渔文化（象山）生态保护实验区，成为全国唯一的以海洋渔文化为保护内容的国家级生态保护实验区。2018年至今，中国（象山）开渔节已连续六届被纳入中国农民丰收节系列活动，成为一项全国性地方特色节庆活动。2019年，海洋渔文化（象山）生态保护区成功入选首批国家级文化生态保护区，系全省唯一入选区域。2022年1月，象山海洋渔文化入选浙江省首批100项"浙江文化标识"培育项目。

（八）象山浙东白鹅养殖系统

象山县白鹅养殖历史悠久，根据史料记载最早可追溯至西晋。中华人民共和国成立后，白鹅产业跟随经济发展步伐获得长足发展，至20世纪70年代便已成为宁波冻鹅的主产区，产品远销中国香港和东南亚。近几十年来，白鹅产业以节粮、高效、优质、安全、环保等优势，成为象山县农业"双增"的主导产业。特别是2014年以后，象山的白鹅产业在畜禽养殖污染整治下通过养殖模式革新等获得转型发展，养殖量不减反增，形成了集种鹅繁育、种苗生产、肉鹅饲养、鹅产品深加工于一体的特色产业体系。2023年，全县象山白鹅养殖量达到128万羽，种鹅存栏50万羽，年产苗鹅1000万羽，全产业链产值达到5.6亿元。近年来，象山县委、县政府立足象山白鹅产业优势，对内夯实产业核心环节，对外输出品牌价值，并着力推进象山白鹅产业扶贫，走出了一条象山白鹅产业助力共同富裕的创新之路。2022年，象山浙东白鹅养殖系统入选浙江省第一批重要农业文化遗产资源名单。

(九)余姚茶文化系统

余姚产茶历史悠久,茶史遗存丰富,在中国茶文化发展史上占据重要的一席。从距今 6000 年的田螺山遗址人工栽培山茶属植物的发现,到汉晋时期瀑布仙茗的诞生,再到今天超亿元主导产业的形成,余姚茶业的演绎文化史也是中国茶叶发展史的浓缩。余姚茶历史遗存丰富。余姚境内有众多的茶事遗迹、典故,如道士山、丹山赤水、升仙桥、升仙山、第九洞天等。道士山瀑布岭是我国第一古名茶——瀑布仙茗的发源地,现存有古茶树、瀑布等自然遗迹,在国内外享有较高声誉。丹山赤水是道教用茶炼丹之地,由宋徽宗皇帝品尝名茶后亲笔题写。截至 2023 年,全市拥有茶园面积 4246.7 公顷,其中有机、无公害茶叶基地 2000 公顷。2022 年,全市茶叶总产量 4215 吨,总产值 3.63 亿元,其中,名优茶 783 吨,产值 2.5 亿元,本地资源制作的出口茶类(包括珠茶和蒸青茶等)达 3432 吨,产值达 1.13 亿元,其他产地出口茶约 1.65 万吨,出口值超 4.5 亿元。这彰显了余姚茶产业的实力和宁波"海上茶路"启航地的活力。

(十)余姚河姆渡茭白种植系统

在河姆渡遗址考古发掘中,发现 7000 年前就有茭白存在。嘉靖、康熙、乾隆三朝的《余姚县志》均将茭白列为余姚 40 余种蔬菜品种之一。自 20 世纪 80 年代起,河姆渡镇就开始大面积种植茭白,茭白已成为当地的特色产业。早在十多年前,河姆渡镇的茭白因个头大、肉质嫩、品质优,被农业部命名为"中国茭白之乡"。目前,全镇茭白复种面积达 1666.7 公顷,种植户占全镇总户数的 70%,茭白成为河姆渡镇的主导产业,产值占全镇农业总产值的一半左右。作为全省首批优质高效农业示范基地,河姆渡茭白基地于 2013 年便取得无公害农产品认证书。在茭白种植过程中,河姆渡镇成功探索茭白田套养甲鱼、茭鸭共育等生态种养模式,用甲鱼、鸭子吃掉福寿螺等害虫,在种养过程中禁止喷施农药,而甲鱼、鸭子排出的粪便成为田间的有机肥,由此形成农业生态产业链。近年来,河姆渡镇政府还推出了"河姆渡"商标,统一标识、统一包装等,建立来源可查、去向可追、责任可究的"河姆渡"牌茭白田甲鱼质量全程追溯体系,进一步提升了河姆渡茭白田甲鱼品质,助力乡村振兴。

(十一)余姚杨梅种植系统

杨梅是余姚不可多得的一张金名片,凝聚着深厚的历史文化底蕴,是最能体现"东南名邑"的杰出代表。早在 7000 年前的河姆渡遗址中就有杨梅原种存在,为历代余姚的风物特产。如今,余姚杨梅已通过国家农产品地理标志登记保护,并列入国家农产品地理标志保护工程,是"中国杨梅之乡"。近年来,余姚市大力推广杨梅促成保温大棚栽培技术,引导梅农建设避雨棚、促成保温大棚,拉长杨梅采摘季,破解杨梅"易熟难采"之难题。余姚在全国率先试点杨梅气象指数保险,投保梅农可获得宁波、余姚两级财政 50% 的保费补贴和当地乡镇(街道)的配套补贴,从而有效减少了梅农因不利天气造成的损失,增强了杨梅种植户抵御采摘期间降雨风险的能力。余姚近年来立足杨梅产业发展,按照"兴一只梅果,富一方百姓;兴一片梅林,绿一片国土;兴一个梅业,带一串产业"的发展思路,围绕质量兴果、绿色兴果与功能拓展,把杨梅产业打造为乡村振兴的主导产业,建成"十里梅乡"风景线、"梅乡竹海"农业精品线、多个省市主导产业示范区和特色精品园。全市现有杨梅栽培面积 6533.3 公顷,品种以荸荠种、夏至红、水晶种为主。2022 年,杨梅产量达到 3.1 万吨,鲜果销售额达 2.4 亿元。

(十二)余姚河姆渡稻作系统

河姆渡遗址中发现的稻米残物和上百件骨耜,纠正了中国栽培水稻的粳稻从印度传入、籼稻从日本传入的传统说法,把中国稻作文化历史推进到 7000 年前。河姆渡遗址以充分的考古发现,首次实证了稻作农业"中国起源说"。水稻是余姚的主产作物,栽培历史悠久,在全境范围内均有种植,水稻种植面积多年来位居宁波全市前列。在 1973 年和 1977 年两次大规模的科学发掘中,河姆渡遗址中发现了大量的稻谷、谷壳、稻叶、茎秆及木屑、苇编等堆积物,表明余姚的水稻种植历史可以追溯到上古时期。目前,随着生产条件、农资条件的改善,科学技术的进步,高产良种的更替,传统的人工插秧方式发生变革,水稻的质量和产量都得到了大幅提升。当前,余姚市以源远流长的 7000 年河姆渡文化为背景,以传统的种源农业(米业)为基础,开发符合高端需求,具有实用性、影响力、高展示度的养生营养优质米、植物源动物蛋白替代物、功能性生物基质等系列米基产品,提升传统农产品的价值,凸显现代农业的概念,构建以稻米为核心的产业群,形成了与经济、文化、教育、旅游有机融为一体的稻作文化产业。

(十三)慈溪咸草种植与利用系统

草编是我国传统的优秀民间工艺,具有悠久的历史。史书记载,慈溪草编的历史在 200 年以上。清乾隆年间,编织草帽的工艺由外地传入今慈溪长河一带。从此,草编成为当地妇女的主要家庭副业。在金丝草帽的基础上,慈溪草编现已进一步发展到包括各种帽类、提篮、地毯、门帘、鞋子、玩具、礼品、包、垫等在内的数十个品种、1000 多个式样。草编工艺品以其精致的工艺,新颖的图案而受到广泛好评。特别值得一提的是,慈溪草编妇女用慈溪沿海特产的咸草编织而成的咸草凉帽已成为继金丝草帽后最受人欢迎的草帽制品,在广交会上备受外商赞扬。咸草学名茫芏,又称席草,是莎草科莎草属的植物。它的特点是柔韧、轻便且细嫩,通常生长在湿润的环境中,如水边或湿地。由于咸草耐受一定程度的盐分,因此在人们种植咸草用以改良盐碱地。除了上述用途,咸草还可以用于编织草席、草帽、草扇子和草袋等多种物品。

(十四)慈溪杨梅生态栽培系统

慈溪杨梅历史悠久,野生杨梅的历史可以追溯到 7000 年之前,杨梅人工栽培的历史至少有 2000 年。慈溪是久负盛名的"中国杨梅之乡"。慈溪杨梅有 17 个品种,其中以荸荠种最多,占全市杨梅种植面积、产量的 90%。荸荠种果大、核小、色佳、肉质细嫩、汁多味浓、香甜可口,鲜食、加工均可,有"果中玛瑙"之美誉。为保持慈溪杨梅荸荠种原产地品种优势,慈溪杨梅一直采取"古法"生态栽培技术,制定了杨梅标准化生产模式图,组织开展杨梅生态种植培训会、现场操作演示会。同时,引导推广有机绿色、矮化修剪、疏花疏果、测土配方施肥等技术,使杨梅品质得到保证。慈溪横河镇是宁波市乃至浙江省的杨梅主产镇。长期以来,横河镇推行杨梅生态化栽培,严禁使用农药、化肥和其他有毒有害添加剂,从源头保证了杨梅产品的质量与安全,减轻了农业面源污染。近年来,慈溪围绕"小杨梅大产业"目标,稳基地、强主体、拓链条、打品牌,做大做强杨梅全产业链,鼓励企业扩大技术改造力度,研发新产品、新工艺。目前,杨梅产业化和规模化水平持续提升,已形成相对集中连片的慈溪种植主产区,建成单体规模 3.3 公顷以上杨梅基地 50 家,拥有杨梅精深加工国家级农业龙头企业 1 家、宁波市级以上农业龙头企业 2 家、加工企业超 10 家,博士后工作站 1 家。2000 年 3 月,慈溪市被国家林业局命名为"中国杨梅之乡"。2004 年,慈溪杨梅被列入国家原产地域产品保护名录。2012 年,慈溪杨梅获农业部农产品地理标志登记证书。2019 年 11 月 15 日,慈溪杨梅入选中国农业品牌目录。

(十五)鄞州白肤冬瓜种植系统

白肤冬瓜是东钱湖地区特色地方种质资源保护品种。据考证,种植历史已有百年。白肤冬瓜种植过程中不使用农药,可以增强土壤生态保护、提升绿色植物覆盖率、促进周边自然环境提升。白肤冬瓜,又名鄞州韩岭冬瓜,属被子植物门、双子叶植物纲、葫芦目、葫芦科、冬瓜属,一年生草本植物。白肤冬瓜表皮呈白色,外形扁圆,肉质乳白、鲜嫩,营养丰富,并具有利尿、清热、化痰、解渴的功效。外来青皮冬瓜的大量种植,与本地白肤冬瓜混杂,使正宗韩岭白肤冬瓜瓜形变圆、色泽变绿、口味变差,种质资源出现退化,濒临消亡。2010 年起,宁波市、鄞州区等种子管理部门把韩岭白肤冬瓜列为市级地方特色农产品种质资源保护对象。

(十六)鄞州雪菜文化系统

雪菜是宁波著名特产,鄞州是闻名遐迩的"中国雪菜之乡",自古以来就有"纵然金菜琅蔬好,不及吾乡雪里蕻"的说法。鄞州雪菜栽培、腌制已有 1000 多年的历史,最早的文字记载见于明末鄞县文人屠本畯所著的《野菜笺》中。鄞州出产雪菜制品历史悠久。雪菜对土壤 pH 值要求不严,适应性广。鄞州区常年雪菜种植面积的 83％被认定为无公害农产品基地。雪菜加工产品已达十多种,产品远销国内外多地。腌制后的雪菜色泽黄亮,有香、嫩、鲜、微酸等特点,能让人生津开胃,特别是在炎夏酷暑,喝点咸菜汤,不仅清口利气,还能解毒消食。每年一次的雪菜文化节,更是农民丰收喜悦的庆典。2003年以来,鄞州区更加注重雪菜产品的质量,产品除销往国内市场外,还出口东南亚以及澳大利亚、新西兰、日本、美国等国家。2010年11月,农业部批准对"鄞州雪菜"实施农产品地理标志登记保护。2020年9月,鄞州雪菜被纳入2020年第二批全国名特优新农产品名录。

(十七)奉化曲毫茶文化系统

奉化曲毫茶具有悠久历史,是历史名茶。奉化曲毫茶外形肥壮盘曲、绿润、花香持久、滋味鲜醇、汤色绿明、叶底成朵、嫩绿明亮。奉化地处浙东沿海,处于天台山脉和四明山脉交接地带,是个"六山一水三分田"的半山区市。气候类型为亚热带季风性气候,气候温和,雨量充沛,年平均气温16.4℃,无霜期232天,年降水量1465毫米,是茶叶生产最适宜区。奉化曲毫茶园基地主要分布在奉化尚田镇、大堰镇、溪口镇、莼湖镇、西坞街道、松岙镇和裘村镇等乡镇。基地土壤pH值在4.5—6.5。基地气候温和,森林茂密,植被丰富,云雾缭绕,山塘水库广布,形成了独特的山地小气候。此外,奉化曲毫茶按有机茶标准进行栽培、加工和贮藏。优良的自然环境和高标准的生产方式造就了其独特而优异的自然品质。2018年,国家商标总局审核通过并正式公告"奉化曲毫"为国家地理标志证明商标。2021年,奉化曲毫茶荣获农业农村部"农产品地理标志产品"称号。

(十八)奉化水蜜桃种植系统

奉化种桃的历史可以上溯到宋代。南宋《宝庆四明志》所列四明特产中有"汀河之桃果",其产地即现在的奉化锦屏街道长汀村。随着栽培技术的不断创新,桃子的质量、产量以及上市时间也在不断更新。奉化水蜜桃之所以闻名遐迩,是因为创出了果形美观、肉质细软、汁多味甜、香气浓郁、入口易溶、脍炙人口的玉露水蜜桃,人称"琼浆玉露""瑶池珍品"。这种水蜜桃之所以有这样突出的品性,是因为奉化桃农在长期实践中总结出了一整套特殊的栽培技术。

玉露水蜜桃的栽培起于清光绪年间,溪口镇三十六湾园艺农民张银崇在上海西门黄泥墙种桃世家落户,学得种植龙华水蜜桃栽培技术后,将品种引入家乡,与当地土桃进行嫁接繁育,遂成第一代玉露水蜜桃。到1925年前后,此品种遍及溪口、大桥(锦屏、岳林)、萧王庙、江口、西坞、莼湖、裘村等乡镇。奉化水蜜桃畅销上海,味压群果,有"一担蜜桃阔佬笑,引得玉女下瑶台"的美誉。1996年6月,国务院发展研究中心命名奉化为"中国水蜜桃之乡"。玉露水蜜桃对气候、土质的要求很高,同样的品种,在不同土壤上种植,结出的桃子质量就不一样。其主要栽培技术包括土壤改良、适时种植、嫁接技术、肥水管理、整枝理冠、疏花疏果、病虫防治、采摘包装等。

(十九)奉化芋艿头种植系统

奉化是全国芋艿头主产区之一。据乾隆《奉化县志》记载,宋代时奉化地区已广植芋艿,当时它还有一个雅名,叫"岷紫"。明代中叶,从闽北、浙南一带传入魁芋类大芋艿,经过奉化农民不断改良,逐渐形成"奉化芋艿头"这个特有的名优品种。沪杭甬一带有民谚"走过三关六码头,吃过奉化芋艿头"。奉化种植芋艿不但历史悠久,而且品种较多、规模较大。品种有红芋艿、乌脚基、黄粉基、香粳芋等。奉化芋艿头是红芋艿头的一种,主要分布于萧王庙、溪口、大桥、西坞等乡镇,目前种植范围已扩展到全市。奉化芋艿头是奉化也是宁波的传统名特优无公害农产品,是中国国家地理标志产品。其形如球,外表棕黄,顶端粉红色,单个重1千克以上,个大皮薄、肉粉无筋、糯滑可口,既是蔬菜,又可做粮食。1996年,奉化萧王庙被国务院研究发展中心、中国农学会、《中国特产报》联合命名为"中国芋艿头之乡"。2004年9月,国家质检总局批准对"奉化芋艿头"实施原产地域产品保护。

第二节　其他技术

一、水稻种植技术

(一)耕、耙、耖、耘、耥水田耕作技术体系

精耕细作是对中国传统农业最主要特征的高度概括。两汉时期,在铁制农具与牛耕大规模应用的背景下,时人逐步抛弃商周时期的轮荒耕作而改为土地连种、轮作复种制,并在此基础上大力提倡"深耕""疾耰""易耨"等。唐宋之际,国家经济中心南移,"耕—耙—耖—耘—耥"南方水田技术体系日臻成熟,为稻麦两熟制的推广扫清了技术障碍。

耕、耙、耖、耘、耥水田耕作技术是我国南方水田的杰出代表。该技术体系以水稻为中心并最终完成于宋元时期,后来又得到进一步完善。南方长江流域的水稻生产经过东晋、南朝以来劳动人民的不断经营,已有一定的基础。至隋唐五代时,随着大运河的修凿和延伸以及南北经济交流的加强,南方稻米生产有了进一步的增长。与此同时,为了提高粮食产量,宋元时期,长江流域太湖地区的人民还着力于耕作栽培技术的改革,最终形成了耕、耙、耖、耘、耥相结合的一整套耕作技术,并奠定了南方水稻田精耕细作的技术基础。这一耕作技术体系沿用至今。

水田翻耕以后的土壤,泥面高低不平,土块大小不一,不能马上栽种,所以翻耕以后接着要进行耙地。唐代在水田耕耙之后,又添增了一道礰礋或碌碡破碎水田土块的工序,针对南方水田土壤较黏重和阻力大的特点,礰礋和碌碡均用木制,以达到平整田面和提高效率的要求。宋代在耕作技术上的发展,突出表现在耖的发明和应用上。耘田技术出现于北魏,其成为田间管理中的一种专门措施则是在宋代。耥田,是元代太湖地区创造的一种技术,《王祯农书》称其为"江浙之间新制也"。

（二）稻麦二熟制

"稻麦二熟"是指在同一块田中,水稻收获之后种麦子,麦子收获之后种水稻。它的实现,提高了土地利用率,增加了农民的收入,是技术和经济的一大进步。稻麦二熟制广泛应用于浙江广大农耕地区。

稻麦二熟制是一种农作物轮作种植模式,其中一种作物在收获后立即种植另一种作物,以实现一年内两次收获。在中国,稻麦二熟制的推广始于唐朝的南诏地区,但直到北宋末年,尤其是南宋时期,这种耕作制度才得到了较大发展,并在南方地区广泛采用。南宋时期,由于人口增长和土地稀缺的矛盾,稻麦二熟制的推广有助于实现土地的持续利用。政府和地方官员积极推广稻麦二熟制,如通过颁布劝农种麦的诏令来鼓励农民种植小麦。

宋代,除了稻与麦的相间种植,还有稻与油菜、蚕豆、蔬菜等的轮作栽培。《陈旉农书》中描述了这一时期的农作物轮作情况,如早稻收获后立即耕种豆类、麦类以及蔬菜等。

稻麦二熟制不仅缓解了人口增长与土地稀缺的矛盾,还促进了农作物品种的多样化和种植技术的进步。

（三）水稻育秧移栽

育秧移栽是一种水稻种植技术,是在经过特殊施肥和整理的土地上先将稻种栽培至发秧(称为苗床阶段),再移往大田间种植,直到收获。水稻育秧移栽技术盛行于浙江全境,并且沿用至今。

早期水稻栽培采用直播方式,容易产生出苗不齐、早期生育不良、杂草丛生的问题。《齐民要术》记载:"既非岁易,草稗俱生,荃亦不死。故须栽而游之。"这是育秧移栽技术产生的直接原因。

育秧移栽技术至迟在汉代已经出现。东汉崔寔《四民月令·五月》载:"是月也,可别稻及蓝,尽至后二十日止。"所谓"别稻"就是秧苗移栽。有资料证实,东汉已在水稻生产中采用育秧移栽技术。隋唐时期,水稻育秧移栽在南方已很普遍。宋元以后,随着经济重心的南移和北方人口的大量南迁,粮食需求急剧增加,南方水稻种植面积迅速扩大。同时,得益于栽培经验的不断积累,水稻单产不断提高。正是在这样的条件下,育秧移栽技术逐渐成熟,并代替直播技术而占据主导地位。其进步之处在于重视壮秧的培育,并掌握了培育壮秧的技术。

育秧移栽法的优势是可以种活许多高抗病、抗虫害的品种,劣势则是消耗人力和心力,对于劳动人口较少的农家来说难以负担,或是要另花钱请农工帮忙。

(四)晒田

晒田又称烤田、搁田、落干,即通过排水和暴晒田块,增加土壤的含氧量,提高土壤氧化还原电位,抑制无效分蘖和基部节间伸长,促使茎秆粗壮、根系发达,从而调整稻苗长势长相,达到增强抗倒伏能力以及提高结实率和粒重的目的。

早在南北朝时期,江南主要水稻产区就已采用晒田,它是沿用至今的稻田水分管理中的一项重要增产措施。17世纪的《沈氏农书》中已有"惟此一干,则根脉深远"的论述。近代研究表明,晒田的主要作用在于通过排水改善土壤的通透性,使耕作层中氧的含量增加,还原性有害物质如甲烷、硫化氢、硫化亚铁等的含量因被氧化而减少,从而促进根系向下伸展。同时,由于土壤中的氨态氮被氧化为硝态氮,水稻吸收氮素的强度暂时降低,蛋白质的合成因而减弱,而碳水化合物的积累增加,也有利于控制茎叶长势,使茎秆粗壮,株型挺直。另外,晒田还有利于增强土壤中有益微生物的活动,促进有机物的矿化,增加土壤有效养分。经过晒田的水稻复水后,稻苗能够吸收较多的养分,利于形成壮秆大穗,增加产量。

(五)稻田养鸭治虫技术

江南地区稻田养鸭防治蝗虫历史悠久,早在先秦时期人们就认识到生物间的相生相克原理。《南方草木状》首先记录了岭南地区人们利用黄蚁防治柑橘虫害的情形。明清时期,人地关系日趋紧张,人们不断开垦耕地,破坏了生态环境,各种自然灾害增加。蝗虫之害便为其一。在各种除蝗良方中,就有蓄鸭治蝗的方法,效果甚佳。明代陈经纶在《治蝗笔记》中详细地描述了用鸭子灭蝗的方法。

生物防治功能是明清时期稻田养鸭技术最主要的特征。经过漫长的经验积累和实践摸索，稻田养鸭技术取得了一定的成果。在放鸭规模上，由一家一户的分散放鸭发展到有组织且大规模的"鸭埠之制"，效益和效率都大大提高。同时，放鸭的规模不能超出稻田所能承受的范围，禁止过度放鸭下田。在放鸭时间上，有水稻成熟期间禁止鸭子下田以及大规模的放鸭下田主要集中在秋收之后的乡规民约。

（六）火粪技术

火粪技术是一种在田间火烧植物等形成肥料的制肥方法。又称薰土技术。通常的做法是：将田间杂草、秸秆等可燃植物整堆，点火使其燃烧，再盖一层土混合植物闷烧，直至烧透。

火粪技术很早就被中国先民掌握和利用，在中国南北方普遍使用并沿用至今，尤以南方为甚。宋代，以陈旉为代表的农学家提出"地力常新壮"说，他们认为：任何种类的土壤都可改良，而且各有其适当的方法，只要措施正确都能成功；对待不同性质的土壤要施适合它的肥料并加以观察，就像治病一样，要对症下药。宋时广辟肥源，肥料的种类大为增加，有人粪尿、畜禽粪、饼肥、火粪、焦土肥、混肥、沤肥、石灰等近十种。宋人朱熹在《劝农文》中也提到"火粪法"："其造粪壤，亦须秋冬无事之时，预先铲取土面草根，晒曝烧灰，旋用大粪拌和入种子在内，然后撒种。"

传统农业全部使用农家肥，当家肥料是人畜粪便，其主要成分是氮和磷，钾元素很少。保持土壤肥力要素齐全平衡，必须大量补充钾元素。火粪的主要成分是钾以及大量植物生长所必需的稀有元素。火粪是改良酸性土壤的首选，其还可以消灭田间的病菌和虫卵，有效防治农作物病虫害。

（七）绿肥

在制肥施肥中，绿肥效果最好。常见的绿肥作物有紫云英等，其广泛应用于浙江大部分地区。

中国利用绿肥历史悠久。《诗经·周颂》记载"其镈斯赵，以薅荼蓼，荼蓼朽止，黍稷茂止"，表明黍为绿肥作物，稷生长茂盛与锄下的杂草腐烂后肥田有关。汉初是绿肥作物开始栽培的时期。西晋已种植苕子作稻田冬绿肥。《齐民要术》记载,"凡美田之法,绿豆为上,小豆、胡麻次之"。唐代至元代,绿肥的使用技术广泛传播,绿肥作物的种类增加,芜菁、蚕豆、麦类、紫花苜蓿和紫云英等,都作为绿肥作物栽培。明、清时期金花菜、油菜、香豆子、肥田萝卜、饭豆和满江红等也成为绿肥作物,种植区域遍及全省各地。

绿肥作物的作用主要表现在以下 4 个方面:一是给土壤提供氮、磷、钾、锌、锰、硼、铜等多种养分,提高磷酸盐和某些微量元素的效用,加强土壤中难溶物质的溶化作用;二是增加土壤的孔隙度和结构性,提高土壤有机质含量,更新土壤腐殖质,改善土壤的结构及理化性状,加速盐碱地的脱盐;三是增加主要作物产量,促进畜牧业发展;四是保护土壤,净化、美化环境。

(八)追肥养地技术

追肥养地技术广泛运用于浙北、浙中和浙西大部分地区,并且这种改良土地的方法沿用至今。

如果用现代科学原理来解释,按照化学元素构成,我国古代用于农业生产的肥料大体可以分为有机肥料和无机肥料两种。有机肥料大多与劳动人民的生产生活、自然环境密切相关,是将生产生活中废余的人畜粪尿、作物秸秆、饼、草木灰、河塘污泥等有机肥源经过生物处理而制成的肥料。无机肥料由单一元素构成,大多来源于矿产或无机物的自然沉淀。施加少量的无机肥可以改良土壤性质。常见的无机肥料有石灰、石膏、食盐、钟乳粉和硫黄等。

用地和养地相结合是我国农业的优良传统。春秋时期人们就知道割取青草、树叶等烧灰作肥,后又广泛利用草皮泥、河泥、塘泥等水生萍藻等作为肥料,更多的则是将农业生产和生活中的废弃物(诸如人畜粪溺、垃圾脏水、老坑土、旧墙土、农作物的秸秆、糠秕、老叶、残茬,动物的皮毛骨羽等)作为肥料。宋代的《陈旉农书》总结了江南劳动人民在长期生产劳作中积累的大量智慧经验和实践技能,阐述了不断开辟肥源、合理施肥、注重追肥和改造施肥农具等措施的重要性。该书至今仍值得参考和借鉴。

（九）踏粪法

《沈氏农书》记载：羊圈垫以柴草，"养胡羊十一只……垫柴四千斤"；"养山羊四只……垫草一千斤"；猪圈垫以秸秆，"养猪六口……垫窝草一千八百斤"。袁黄在《劝农书·粪壤篇》中主张广辟肥源，多途径制肥，并介绍了施粪的要领，列举了踏粪法、煨粪法、蒸粪法、酿粪法、煨粪法、煮粪法等多种南方常用的先进粪肥积制法。

踏粪法是指以碎草和土为垫圈材料，经牛踩踏后与粪尿充分混合，制成厩肥。其积制方式，可分圈内堆积和圈外堆积，还有将两者相结合的方法，即在圈内堆积一段时间后，出圈再堆一段时间。具体的积肥方法因地而异。

圈内堆积是在圈内挖深浅不同的粪坑积肥。在浙江，一般坑深0.3—1米，圈内经常保持潮湿状态，垫料在积肥坑中经常被牲畜用脚踩踏，经过1—2个月的分解后起出堆积，腐熟后即成圈肥或厩肥。有时坑内地面又用石板或水泥筑成，也有很多地方是用紧实的土底。每日垫圈，隔数日或数十日清除一次，使厩肥在圈内堆沤一段时间，再移到圈外堆沤。

圈外堆积法是将厩肥运出畜舍外，逐层堆成宽约2米、高约2米的肥堆。不要压紧，应使厩肥在疏松通气的条件下发酵，几天后温度可升高到60—70摄氏度。如果第一次的肥料不多，堆高还不够，可在肥堆上继续堆第二层、第三层。一般要堆积2—3个月才达到半腐熟状态，5—6个月达到腐熟状态，时间较长。在浙江农村，踏粪法至今仍是农户积肥的重要方法。

（十）稻鱼共生技术

稻鱼共生技术主要应用于浙江山区稻作地区，沿用至今。实施稻鱼共生技术，不仅可以减少使用化肥农药，改良稻田土壤，保护农业生态环境，让农民获得稻谷和鱼、虾、蟹多重丰收，还可以增加土壤肥力，改善水质，自然控制鱼类病害，为鱼类提供良好的生活环境。

中国是世界上最早进行淡水养鱼的国家。河南安阳殷墟遗址出土的甲骨卜辞有"贞其雨,在圃渔""在圃渔,十一月"的记载;《诗经·大雅·灵台》中有"王在灵沼,于牣鱼跃"的记载反映了周文王凿池养鱼的事实。根据考古发掘和历史文献,至迟在东汉时期,我国已经开始采用稻田养鱼。当时饲养鱼的品种有鲤鱼、鲫鱼、草鱼、鲢鱼、鳙鱼、泥鳅等。唐代刘恂《岭表录异》记载了广东西部山区农民利用草鱼食草习性开展熟田除草的情形,认为养鱼治田一举两得,开创了我国生物防治杂草的先河。宋元时期,稻田养鱼模式继续发展。至明代,一些地区已开展大面积的稻鱼轮作。20世纪70年代以来,在我国政府的大力倡导下,稻田养鱼模式逐渐从山区向平原推广。

二、养蚕技术

(一)蚕种催青

古代称蚕种催青为"暖种"。广为应用的方法是将蚕种藏于人体胸背,用体温暖种。萧山和绍兴地区从民国二十一年(1932)秋开始建立蚕桑模范区,组织室内共同催青,用火加温,其余各县仍采用体温暖种。

从1949年秋开始,浙江省以蚕桑县或重点蚕桑区为单位修建催青室,实行蚕种集中催青。1950年4月,浙江省蚕业改进所派出25名蚕种场技术人员,帮助全省25个蚕种催青室做好蚕种催青发种工作。1951年3月,该所印发《家蚕实用胚子发育图解》,并把蚕种催青列为《浙江省蚕桑技术指导纲要》的重要内容,统一规定蚕卵胚胎发育阶段的催青温、湿度标准及技术操作规范。蚕种共同催青由专业技术人员掌握,采用现代科学方法,促使蚕卵胚子正常发育,在蚕卵转青期后发给农民收蚁和饲养。这与农户各自暖种相比,收蚁齐一,孵化率高。针对部分地方催青室被移作他用的情况,浙江省人民委员会于1956年12月批转省农业厅《关于蚕种催青室保护和使用意见的通知》,要求各地重视蚕种催青和发种工作,规定催青室一律不准移用,如已移用的应积极设法收回。20世纪80年代,随着蚕种催青数量的增加和先进技术的采用,各级农业部门把改善催青设备作为一项重要的基础工作,改建和新建了催青室,添置了空调等设施。1989年,桐乡县投资100多万元,新建一次能催青蚕种30万张种的大型催青室。1990年开始,海宁等地区筹集资金新建设施先进的催青室,为催青规范化、设施现代化做出了表率,使全省蚕种催青技术有新的提高。

(二)饲育技术

宋代对养蚕加温已十分重视。《陈旉农书》记载:"蚕,火类也,宜用火以养之。用火之法,须别作一炉,令可抬舁出入。火须在外烧熟,以谷灰盖之,即不暴烈生焰。"元代,人们对蚕的饲育技术已总结出寒、热、饥、饱、稀、密、眠、起、紧、慢"十体"经验,这是对温度、给桑、蚕座和眠起处理的技术要求的概括。明清时期,饲育技术更为讲究。

古代养蚕加温大都采用"顶头火"。雍正《浙江通志》记载:在养蚕数量较多的嘉湖地区,"炽炭于筐之下并其四周……编经曰蚕荐,用以围火";在养蚕零星分散的地区,于蚕筐之下,再用稍大之筐一个,放入一小火炉加温。这种"顶头火"的养蚕法,是浙江农村传统养蚕的主要方法。20世纪50年代以来,各地逐步改进桑蚕的饲养方法,特别是稚蚕的饲育技术。随着塑料薄膜的出现,浙江省从1961年开始试验以薄膜替代防干纸覆盖育蚕,改善饲养管理。1964年,浙江从中国农业科学院蚕业研究所引进"稚蚕炕床(炕房)育"技术,很快在全省推广开来。从1988年开始,全省由点到面推广"稚蚕平面一日二回育省力化养蚕"。

(三)蚕病防治

战国时期,人们已认识蚕白僵病。晋代,人们已认识蚕微粒子病和软化病。宋代,人们对蚕的发病原因已有朴素认识。《陈旉农书》记载:"(蚕)最怕湿热及冷风,伤湿即黄肥,伤风即节高,沙蒸即脚肿,伤冷即亮头而白蜇,伤火即焦尾。又伤风变黄肥,伤冷风即黑、白、红僵,能避此数患,乃善。"元代,各种蚕病频频发生,但人们对病因的认识,只看到不良环境能诱发致病,还没有认识到病原致病的实质。对蚕病有传染性的认识始于明代。20世纪二三十年代,蚕室蚕具开始用硫黄、漂白粉和福尔马林等消毒,但仍不普及。进入20世纪50年代以来,各地通过提高蚕种质量、改进饲养技术、贯彻预防为主、开展消毒防病,使大面积流行的蚕病逐步得到控制,改变了长期存在的"头蚕白肚、二僵"的局面,使蚕作安全性增强,蚕茧产量提高。现代蚕病防治的主要经验有:为有效防治真菌类病害,应加强蚕体、蚕座消毒;为防治僵病,要用多聚甲醛粉消毒,自制防僵粉消毒预防;为防治细菌类病害,喂食红霉素或氯霉素或盐酸环丙沙星等药品。

(四)上蔟蔟具

宋代以来,浙江蚕用蔟具的形制历经多次改进,从初始的茅草、竹梢到折帚(伞形蔟)、墩帚(湖州把)、蜈蚣蔟、改良伞形蔟和当今的纸板方格蔟。明代,用稻草为原料扎制成墩帚(湖州把)、折帚(伞形)蔟。这两种蔟具沿用至清代以后。到20世纪30年代,蜈蚣蔟开始在蚕种场使用,并逐渐在农村推广。20世纪50年代,浙江在普及推广蜈蚣蔟和改良伞形蔟的基础上,于1973年从日本引进回转蔟。

1983年2月,浙江省人民政府决定在湖州市区、嘉兴郊区和海宁、桐乡县全面推广方格蔟,实行缫丝计价,筹建4个茧质检定所,依法检定茧质,以茧丝数量和质量确定价格。目前,养蚕的蔟具的种类有花蔟、方格蔟和塑料折蔟等。

三、制茶工艺

(一)眉茶制作工艺

眉茶属绿茶类珍品之一,外形条索紧结、匀整,灰绿起霜、油润、香高味浓,因其条索纤细如士女之秀眉而得名。中国各产茶省均有眉茶生产,其中以浙江、安徽、江西三省为主。

浙江眉茶分为杭炒青、遂炒青、温炒青三种类型,精制后成为杭绿、遂绿和温绿茶号。

1. 眉茶初制工艺

眉茶初制有杀青、揉捻、炒干三道主要工序。鲜叶标准为一芽二、三叶及同等嫩度的对夹叶。杀青机有锅式、滚筒式、槽式等。使用各种杀青机具都要掌握杀青的投叶量、时间和温度。配合适当,才能达到杀青充分和均匀。高温杀青,先高后低。高温能尽快破坏酶的活性,使多酚类失去酶性氧化的条件,保持叶色翠绿而且不泛黄变红,提高杀青质量。揉捻采用中小型揉捻机,嫩叶轻揉,老叶重揉。加压掌握"轻、重、轻"等原则。炒干是炒青绿茶的成型工序,包括二青、三青和炒干三个阶段。先炒后滚做到边干燥、边整型、边成型,使茶叶条索紧结完整,有"锋苗",香味鲜爽,碎末茶少。

2.眉茶精制工艺要点

(1)毛茶"复火"滚条。"复火"用自动烘干机(或锅式炒茶机),待茶叶受温后,排出多余的水分。

(2)精茶"补火"车色。各级制品都要经过这道工艺。

(3)撩筛。

(4)抖筛。可分别选用长形抖筛机(适用于联装)、双层抖筛机(适用于单机)和振动抖筛机。

(5)风扇。通过风扇把轻重不同的茶叶分成各种等级。

(6)切茶。经分筛、撩筛、抖筛等作业,筛出通不过规定筛孔的"毛茶头""撩头""抖头"以及不合格的筋梗茶、"拣头"等。

(7)机拣。通过阶梯式拣梗机机拣,将茶梗与茶叶分开,提高净度。

(8)电拣。采用静电茶叶拣梗机(或塑料茶叶拣梗机),吸出茶梗、"黄朴"、"背筋黄"、"尖头黄"等次质茶及非茶类夹杂物。

(9)手拣。通过机拣、电拣拣不尽的粗梗、老梗、白梗、青梗、黄条、茶籽和各种非茶类夹杂物,用手工拣剔。

(10)匀堆装箱。多数茶厂用匀堆、过磅、装箱联合机,成品匀堆拼配,做到拼堆均匀,检样正确,装紧装实,重量一致,产品清洁卫生。眉茶成品茶分为特珍、雨茶、贡熙、特针、秀眉、茶片等花色,每个花色又分若干等级。

（二）花茶制作工艺

花茶是选用香花与茶叶窨制而成的。茶坯、鲜花、相应的窨制能力，是花茶生产的三要素。花茶生产重点是茉莉花茶，其次是白兰花茶以及玫瑰花茶、珠兰花茶等。

1.烘青毛茶初制工艺

烘青毛茶有杀青、揉捻、烘干三道主要工序。

（1）杀青。杀青机的操作方法与眉茶同。

（2）揉捻。烘青的条索是在揉捻过程中形成的，应掌握的原则和操作要点是：嫩叶冷揉、老叶热揉、中档叶温揉，兼顾外形与内质，提高烘青质量。

（3）烘干。初制茶厂大都采用烘干机烘干，零星产区仍用烘笼烘干。不论是机械烘干还是烘笼烘干，都分毛火、足火两道工序。要掌握烘干温度和茶叶的干燥要求，防止焦茶或火功偏高。经过足火的茶叶稍摊凉，趁微热装袋。妥善保管，严防受潮或异味污染。

2.烘青茶坯精制工艺

烘青毛茶经过精制，其成品供窨制花茶之用。烘青茶坯精制的目的和要求与精制眉茶、珠茶基本相同，精制工艺大同小异。干燥作业以烘代炒。烘青的成品分为茶坯、圆茶、碎茶、茶花三角片。茶坯又分一级至六级茶。

3.花茶窨制工艺

浙江窨制的花茶，主要有茉莉毛峰、茉莉炒青、茉莉大方、珠兰花茶、白兰花茶、桂花茶、玫瑰花茶等，以茉莉花茶为主。茉莉花按采期分为霉花、伏花、秋花三期，以伏花最好。

其工艺要点如下：

（1）茶坯处理。一要足火，二要冷却。

（2）鲜花处理。茉莉花中的芳香物质是苷类形态存在，一定要在花蕾成熟开放时进行酶的催化。如此方能吐香。

（3）白兰打底。

（4）窨花拌和打囤。

（5）通花散热。

（6）收堆续窨。

（7）出花、窨花。

（8）复火干燥。

（9）冷却。

（10）提花。

（11）出花与匀堆装箱。出花后，经过匀堆，使成品含水量符合出厂标准。检验合格后装箱。

（三）红茶制作工艺

浙江生产的红茶有功夫红茶和分级红茶（即红碎茶）两类。对红茶的要求是：外形条索或颗粒紧结、重实、色泽乌润，内质香高、味浓、鲜醇或鲜爽，汤色红艳明亮。

1. 功夫红茶工艺

初制工艺有萎凋、揉捻、发酵、干燥等四道工序。

（1）萎凋。有日光萎凋、室内自然萎凋、萎凋槽萎凋和萎凋机萎凋四种方法。浙江制作功夫红茶主要采用萎凋槽和日光萎凋两种方法。萎凋槽萎凋，解决了阴雨天和采摘高峰期的萎凋问题，是浙江红茶生产的一项重要技术革新。

（2）揉捻。红茶初制使用的揉捻机主要有 90 型、58 型、65 型、55 型和 245 型。揉捻时，做到嫩叶揉时短，加压轻；老叶揉时长，加压重；气温高揉时短，气温低揉时适当加长；轻萎凋适当轻压，老萎凋适当重压。总之，要揉捻适度，使条索紧结。

（3）发酵。发酵是形成红茶内质的关键，也是绿叶变红的主要工序。发酵的目的是增强酶的活性，促进内含物（主要是茶多酚）的充分氧化，形成红茶特有的色、香、味。发酵的要求是空气新鲜、供氧充足、温度和湿度适宜。

（4）干燥。干燥是最后一道工序，分为毛火和足火两道工序。采用烘干机烘干。毛火温度高，高温能抑制发酵，蒸发水分，散发青草气，挥发红茶香气。

2. 分级红茶初制工艺

分级红茶的初制工艺和功夫红茶基本相同，只增加了一个切碎工序。

（1）萎凋。采用萎凋槽萎凋，萎凋程度比功夫红茶稍轻。

（2）揉切。目的是改变叶子的物理状态，达到红碎茶的外形要求。

（3）发酵。要求茶味浓厚、鲜爽、强烈、收敛性强，富有刺激性。发酵的程度要偏轻。

（4）干燥。由于分级红茶揉切破损组织的程度较高，因此，要利用高温迅速破坏酶的活性，制止酶促氧化和加速蒸发水分。提倡一次干燥，以提高红碎茶的品质。

四、植棉技术

（一）播种

古代棉花播种采用撒播和穴播两种方式。直到 20 世纪 50 年代，仍以撒播为主，少数点播，个别条播。此后，随着改良棉（陆地棉）取代中棉，间套制不断变化，条播面积迅速扩大，至 60 年代已经普及，条播面积达90％以上。条播的棉田顺畦沟走向都采用直条播，嘉兴、金衢等棉区也有采用横条播的，但面积不大。

从民国时期至 20 世纪 50 年代，由于耕作制度的调整、播种方式的改革和新品种的推广等，棉花的播种期推迟到立夏前后，棉区有"立夏种棉花，不要问人家"的谚语，有的迟至小满播种，称为"小满花"。后来科研部门和农业部门经过调查和多点试验，适时早播比迟播棉增产 11.84％，总结出"清明早、立夏迟、谷雨播种正适时"的经验。为此，60 年代开始一直提倡"谷雨前三后四播种棉花，力争 4 月苗"。具体做法是在 4 月中旬开始播种，到谷雨前后旺播。

(二)育苗

古代对棉田的间苗和留苗密度非常重视。明代《农政全书》谈育苗:第一、二次间苗、留苗要密,第三次留苗要疏;定苗宜疏不宜密,大约每花苗一棵,相距八九寸远,断不可两棵连并;木棉一步留两苗,三尺一株,此为古法。徐光启强调只有在土质瘠薄的地里种棉花才稀不如密,至于肥地更应密植。江浙一带棉农却有密植的传统习惯。20世纪20年代,浙江余姚撒播棉花密度高,定苗后,株距只有0.1米左右,每亩密度在万株以上。20世纪50年代初,各地留苗的密度因品种、栽培、前作、土壤、管理等而不同,在种植中棉品种的浙东棉区,每亩定苗在株以上。主产棉区慈溪,中棉每亩留苗密度7000—9000株。1900年始,全省棉区推广宽、窄行种植法,密度稳定在6000株左右。70年代嘉善一度推广(矮秆)、密(密植)、早(早打顶)植棉法。该县东部棉区,条播的每亩留苗密度为6000—7000株,其宽窄行配置,宽行0.7米,窄行0.3米,株距0.2米;西部棉区每亩留苗密度为5000—6000株,其宽窄行配置,宽行0.8米,窄行0.4米,株距0.2米。稻棉轮作区每亩留苗4000—5000株,其宽窄行配置,宽行0.8米,窄行0.4米,株距0.25米。金衢内陆棉区密度较稀,一般为每亩3000—3500株。一些棉田采用等行距的种植方法。

(三)施肥

施肥古时称"下壅"。徐光启《农政全书》载,姚江施肥全用草壅。又称:"凡棉田,于清明前先下壅,或粪,或灰,或豆饼,或生泥,多寡量田肥田瘠。"所谓"生泥",包括河塘泥、堆肥、厩肥等。关于施肥方法和数量,施用饼肥是先把豆饼捣碎,在棉田耕翻筑畦后,匀撒在畦上,耙入土内,豆饼每亩不超过十片,大粪不超过十担。稀植棉田,比密植棉田多施一倍也无妨。王象晋《群芳谱》介绍说:"大约粪多则先粪而后耕,粪少则随种而用粪","拾花毕,即划去秸,遍地上粪,随深耕之"。粪肥在冬耕或春耕时深翻入土。《群芳谱》还提到点播时施用种肥:每穴先浇水一二碗,下种四五粒,再施熟粪一碗。《张五典种法》介绍了在苗期和蕾期之间施一次追肥的经验:"或花苗到锄三遍,高耸,每根苗边,用熟粪半升培植。"

民国时期,各地棉农都以苜蓿、人粪尿为主,东南滨海一带兼用化肥。1949 年以后,全省施肥数量有较大幅度的提高。如 1949 年慈溪县平均每亩施标准肥 600 千克,20 世纪 80 年代每亩提高到 2500 千克。在施肥技术上,强调氮、磷、钾三要素合理配比,根据每亩棉田不同产量指标计算施肥量,同时注意微量元素的施用。1984 年,慈溪县要求适当增加棉花的施肥量,合理搭配三要素,施足基肥,早施轻施苗肥,蕾期控施氮肥,重施花铃肥,普施长铃肥,多采用根外追肥。

（四）中耕培土

古代用于中耕、除草、培土的工具都是锄,统称锄棉。元代王祯《农桑辑要》载,锄治常须洁净。《张五典种法》载,锄非六七遍尽去草茸不可。《农政全书》载,须及夏至前多锄为佳。清代农书指出:棉田贵勤锄;锄愈勤,机愈畅。明代有"锄花要趁黄梅信,锄头落地长三寸"的农谚。20 世纪 50 年代初,浙江棉区有"锄头赶得勤,棉花白如银""七耙油麻八耙粟,十耙棉花嫌不足""早中耕,地发暖,勤中耕,地不板"之说。20 世纪 50—70 年代,棉田中耕除草,深耕培土面积不断扩大,条播棉田基本上做到中耕培土,一般削地除草 3—4 次,培土 2—3 次,逐步培高,最后培高 10—13 厘米。特别是沿海棉区,都在台风季节以前把棉花培好,以利抗御风雨灾害。棉农对消灭草荒十分重视,有"夏至根边草,赛比毒蛇咬"之说。削地除草一般削地 4—5 次,拔草 1—2 次。20 世纪 70 年代以后,逐步推广使用除草剂,消灭杂草。1972 年引入敌草隆、除草醚等除草剂进行棉田除草试验。1980 年开始全面推广,1984—1987 年每年施用除草剂面积在1.1 万—1.7 万公顷,基本上解决了棉田草害。

（五）整枝打顶

《农桑辑要》记载:"苗长高二尺之上,打去冲天心,旁条长尺半,亦打去心,叶叶不空,开花结实。"打顶打边心的时机,则以节气为依据。《张五典种法》记载:"苗之去叶心,在伏中晴日。三伏各一次。"《农政全书》记载:"摘（心）时视苗迟早,早者大暑前后摘,迟者立秋摘,秋后势定勿摘矣。"

143

20 世纪初,浙江多种植中棉(亚洲棉)。除疯长的棉株外,其余概不摘心,认为摘心易怒发青梢,不结棉桃。20 年代以后,在陆地棉扩大种植的情况下,始有去营养枝(又称木枝)、抹赘芽、打老叶、剪空档等项整材应用。

(六)开沟做畦

《农桑辑要》记载:"于正月地气透时,深耕三遍,摆盖调熟,然后作畦畛,每畦长八步,阔一步。"《农政全书》介绍了余姚的畦作情况:畦宽约一丈,畦与畦之间有沟,沟的宽度和深度都在 0.7—1 米。50 年代,棉田畦沟进行初步改革,把过去的宽畦浅沟改为窄畦深沟,在加深直沟的同时,适当增加腰沟、围沟、干沟等,形成一套完整的排灌系统,使之棉田平整,畦平沟直,沟厢(畦)规格整齐划一,达到排灌两利。慈溪棉田畦沟改革后,西部地区采用窄畦,畦宽 1—1.25 米,畦沟宽 0.27 米,深 0.27 米;东部地区采用宽畦,畦宽 6.7—10 米,两边有大水沟,宽深各 2 米,既利排水,又能蓄水抗旱。20 世纪 50 年代后,浙江全省开展以深沟高畦为重点、以排涝防渍为目标的棉田基础建设。20 世纪 60 年代开始,强调以能灌、能排、能降、旱涝保丰收为内容的"三深一改",实施"四沟"配套(畦沟、直沟、横沟、腰沟)的综合治理,实现地下水位降到 1 米以下,百日无雨不受旱、日降雨量 100 毫米不受涝。70 年代开始,慈溪县通过分片整治,达到旱涝保收,该县长河区最大的"万亩畈"棉田综合治理工程,自 1977 年开始启动,1978 年春基本竣工,治理后的棉地畦向一致,大小规格一致,工程标准一致,河、渠、路配套。

(七)保护地栽培

20 世纪 70 年代,随着农用塑料产品在农业上的应用,形成了以塑膜营养钵育苗移栽和地膜覆盖栽培为重点的棉花高产栽培新体系。进行支架搭棚覆盖,人为控制温湿条件,在春季气温较低的情况下,可以提早保温育苗。常温下 4 月直播的棉花,可以提早在 3 月育苗,使棉花的有效生长期和棉株的有效开花结铃期延长 20 多天,出现"三月育苗谷雨栽,小满现蕾夏至开。未入三伏桃裹腿,未到处暑看双花"的景象。1973 年开始又逐步推广塑膜覆盖搭棚方格育苗和营养钵保温育苗移栽,1978年慈溪县棉科所0.14公顷攻关田,采用塑膜育苗移栽,取得亩产皮棉153.75千克的高额丰产。随后塑膜营养钵育苗移栽面积扩大到2753.3公顷,占棉田10%左右。1983年全省塑膜营养钵育苗移栽面积达17800公顷,占棉田16.8%,1992年达1.4万公顷,占棉田20%左右。平湖、海盐等满畦春花(油菜)的棉田,塑膜营养钵育苗移栽面积一直稳定在90%以上,椒江、黄岩和金衢棉区也已基本普及。各地塑膜营养钵育苗移栽的经验是:及时播种(3月下旬);控制苗床温湿度,出苗前保温,齐苗后控温(防止高温伤苗),炼苗时避免低温;等等。

第五章　宁波市工具类农业文化遗产

　　工具类农业文化遗产指在古代及近代农业时期,由劳动人民所创造的、在现代农业中缓慢改进和发展或已停止改进和发展的农业工具及其文化。目前,关于工具类农业文化遗产类型如何划分学界并未达成共识,但就广义上的工具类农业文化遗产而言,一般将农、林、牧、副、渔等工具都纳入大农业工具的范畴。

　　有学者系统整理了中国农业博物馆所藏的 1100 多件中国传统农具,将之分为 11 类:耕整地工具、施肥工具、播种工具、中耕工具、排灌工具、收获工具、运输工具、加工工具、饲养工具、劳动保护工具、渔猎工具。[①]另有学者按照中国传统农具的功能和使用范围,将工具类农业文化遗产分为播种、整地、中耕、积肥施肥、收获、加工储藏、灌溉、运输、养蚕、养蜂、渔具、修剪整枝、木器加工、棉花加工、畜禽喂养、生产保护、其他等17 类。[②]

　　本章参考以上分类方法,根据宁波市工具类农业文化遗产的实际情况,分别对种植业工具(含耕整地工具、排灌工具、施肥工具、收获与加工工具等)、渔业用具、其他农具(含养蚕养蜂工具、劳动保护工具等)进行介绍。

---

　　① 雷于新,肖克之.中国农业博物馆馆藏中国传统农具[M].北京:中国农业出版社,2002.
　　② 丁晓蕾,王思明,庄桂平.工具类农业文化遗产的价值及其保护利用研究[J].中国农业大学学报(社会科学版),2014(3):137-146.

第一节　种植业工具

在古代农器具的演进中,耕作农具的进步是一个重要标志。余姚河姆渡遗址出土有大量稻谷遗存和木耜、木匕、木铲、木矛与骨耜、骨匕、骨镞、骨锥、骨针等,表明农业处于耜耕阶段。骨耜结构完善,刃部锋利,适宜翻耕南方的水田。在浙江古代遗址中既有垦田破土器、石犁、开沟石铲,收割用的石镰、石刀等石制工具,还有打猎捕鱼的矛头、箭镞、独木舟、船桨以及竹制谷箩、簸箕、篓筐等工具。商代至西周时期,浙江已开始使用青铜器生产工具。到春秋战国时期,农具从铜制迈入铁制阶段。汉代,牛耕与铁犁日渐普及。唐代,犁、耙、耖、耥等农具出现,形成相应的耕作体系,尤其是直辕犁转换为曲辕犁,其结构已达到近代水平。宋代农具种类更多、分工更细。

宁波地区的传统农具,主要有耕地农具、灌溉农具等类别,以下分别进行介绍。

一、耕地农具

(一)犁

犁是一种耕地农具,由在一根横梁端部的厚重的刃构成,是人和牛合作使用的农具之一,专用于翻耕土地。其中,犁冲木似"C"形,长约1.5米。其后端是驭手的扶木,起到方向盘的作用,底木前端装有蛇头形生铁铸成的犁头。犁冲的最前端固定一块横担木,可系绳子,连接套在牛颈部的犁轭。主要有铧式犁、圆盘犁、旋转犁等类型。

原始社会时期,出现了由一种双刃三角形石器发展起来的"石犁"。夏、商、西周时期,出现了青铜农具。春秋战国时期铁犁的出现,反映了我国农具发展史上的重大变革。汉代产生了直辕犁。魏晋南北朝时期,农业生产已经全面进入牛拉犁耕的阶段,以"耕—耙—耱"为体系的精耕细作技术越来越成熟,直辕犁结构已经相当完善,应用更加广泛。隋唐是中国古代精耕细作农业的扩展时期,曲辕犁的应用和推广,大大提高了劳动生产率和耕地的质量。宋元时期,在唐代曲辕犁的基础上加以改进和完善,犁身结构更加轻巧,使用更加灵活,耕作效率也更高。明清时期,耕犁没有太大的变化。中华人民共和国成立后,犁依然广泛使用于包括浙江省在内的全国各地区。

(二)耙(铁搭、铁耙)

耙为用于表层土壤耕作的农具,在中国已有 1500 年以上的历史。耕作深度一般不超过 15 厘米。耙由木把、钯头组成,钯头装有铁齿,农村中的铁匠、木匠都能制作,多用于平地碎土、耙土、耙堆肥、耙草、平整菜园等。翻地时,农民手握木把的一端,把耙举过头先往后拉,再往前甩,待铁齿插入泥土后,向后拉耙,把土翻松。

随着耕犁、拖拉机等的推广应用,大田生产中铁耙逐渐淡出使用,但包括浙江省在内的全国各地区的农民在自留地种菜时仍普遍使用铁耙。

(三)耖

耖为木制,圆柱脊,平排九个直列尖齿,两端一、二齿间,插木条系畜力挽用牛轭,二、三齿间安横柄扶手,一般在耕、耙地之后使用。

耖创制于南北朝时期,成型于宋代。木或木铁结构,长 2—3 米,由杆、档、刺和挺等部分组成,整体从正面看似呈"凸"字形,刺有木制和铁制两种。《王祯农书·农器图谱》载:"高可三尺许,广可四尺。上有横柄,下有列齿,其齿比耙齿倍长且密。人以两手按之,前用畜力挽行。……耕耙而后用此,泥壤始熟矣。"

一般情况下,耖只能在水田里操作,所以叫水耖。田灌水用牛犁了后,就用耖打。打两次,第一次叫毛耖,用耖齿把土块耕碎,使田好栽。有的田土块板结,打两三次毛耖,最后一次叫关耖。多数地区已用带耖功能的拖拉机取代耖,但包括浙江省在内的全国各地区的农民依然在使用耖。

(四)耘荡

耘荡是一种有齿类的中耕农具,具有深层除草能力,不仅可提高劳动效率,还有中耕松土、促进稻根生长的作用。

宋元时期,经济重心南移,稻作勃兴,水田中耕农具的发展进入了完善时期,江浙地区的农民发明了一种新的除草农具——耘荡。明代徐光启《农政全书》记载:"耘荡,江浙之间新制也,形如木屐,而实长尺余,阔约三寸,底列短钉二十余枚,簨其上,以贯竹柄,柄长五余尺。耘田之际,农人执之,推荡禾垄间草泥,使之溷溺,则田可精熟,既胜耙锄,又代手足。况所耘田数,日复兼倍。"

直到 20 世纪 60 年代末 70 年代初,江南农村还在采用人工耘荡。随着现代农业的不断发展,耕地规模的不断扩大,稻田化学除草和集约化使用机械除草越来越普及,耘荡这种传统农具也逐步退出历史舞台。

二、灌溉农具

(一)水车

水车又称龙骨车,是宋代以来浙江农村的主要灌溉农具,至今在一些地方还在使用。其结构由车骨、车辐板、车厢、木转轮等组成。车厢是一个约 5 米的长槽,槽的断面尺寸约为 13 厘米×23 厘米;车骨是一节一节的连接件,车骨与车骨是活络地连在一起的。使用时,连续驱动木转轮,带动车骨与车辐板沿车厢槽底移动,不断地将水刮入车厢内,提升到岸上流入田内。

木转轮的驱动有手摇、脚踏和牛力、风力等方式。手摇水车在木转轮两端各装一个对称的曲拐摇手柄,通过双手推拉转动水车。脚踏水车则是将木转轮的中心轴长度增加到适合 2 人或 3 人、5 人劳作的距离,轴上装有每人一副各呈 90 度的踏脚柱;中心轴两端被套上支座,支座架固定在地里。此外,在中心轴的前上方有一个扶手架,以便人在踩踏脚柱时,上半身可轻轻依附在扶手架上进行作业。利用牛力或风力的水车,其结构由更为坚实的龙骨车和牛车盘组成。牛车盘由明初萧山人单俊良发明,经长期改进而完善。其构造主要是在水车中心轴一端套上一只木质小齿轮,在小齿轮上面安装一个特大的木质大齿轮,大齿轮处于水平位置,并与小齿轮呈90度方向相互啮合。在大齿轮上有一个锥形支架,其中心为一根立轴,由支座支承;在大齿轮直径方向上有一根延长的木杆,木杆端有一个牛挽具,可套在牛肩上。车水时,牛的双眼被两个半爿的毛竹节蒙住,牛会沿大齿轮(即车盘)外围绕圈行走,牛肩上的挽具通过木杆的杠杆作用,使大齿轮在水平面做慢速旋转运动,带动小齿轮和中心轴快速转动,龙骨车的车辐板移动速度也较快。由于牛力大,龙骨车车身长,水提得较高,出水量也较大。一些富裕农家多数使用牛车盘车水。在风力大的地区或溪水落差大的地方,利用风力和水力带动龙骨车提水。

（二）连筒

连筒,又称筧,是一种灌溉与饮水工具。白居易在《钱塘湖石记》中写道:"钱塘湖一名上湖,北有石函,南有筧,凡放水溉田,每减一寸,可溉十五余顷。"山区多毛竹,可以就地取材,将竹节打通,再把一根根竹子连接起来,这就是"筧"。筧的一端接高山上的溪水,再将水引到梯田里,就达到了灌溉目的,比踏车省时省力得多。明代徐光启《农政全书》称筧为"连筒",并解释:"以竹通水也。凡所居相离水泉颇远,不便汲用,乃取大竹,内通其节,令本末相续,连延不断,阁之平地,或架越涧谷,引水而至。"

现在偏远的山村地区仍然能看到这种取水工具,筧纵横交错,把高山上的水引到低处,也可以用于生活取水。

（三）筒车

筒车亦称水转筒车,是一种以水流作动力取水灌田的工具。据史料记载,筒车发明于隋而盛于唐,距今已有1000多年的历史。

筒车的主要原理为:竹筒起叶轮的作用,其承受水的冲力,获得的能量使筒车旋转起来,并克服筒车的摩擦阻力以及被提升的水对筒车的反力矩。当转过一定角度时,原先浸在水里的竹筒将离开水面被提升。此时,由于竹筒的筒口比筒底的位置高,当竹筒越过筒车顶部之后,筒口的位置相对于筒底开始降低,竹筒里的水就会倒进水槽里。

《王祯农书》描绘的高转筒车属于提水机械,以人力或畜力为动力。其外形如龙骨车,其运水部件如井车,上、下都有木架,各装一个木轮,轮径约 1.3 米。轮缘旁边高、中间低，当中做出凹槽，更显凹凸不平，以加大轮缘与竹筒的摩擦力。下面轮子半浸水中，两轮上用竹索相连，竹索长约 0.3 米，竹筒间距离约 0.17 米，在上下两轮之间、在上面竹索与竹筒之下，用木架及木板托住，以承受竹筒盛满水后的重量。高转筒车也用人力或畜力转动上轮。

（四）戽斗

戽斗是一种取水灌田用的旧式汉族农具。明朝罗欣在《物原》中说，公刘作戽斗。公刘是文王的先辈，按照这种说法，戽斗有 4000 年的历史了。徐光启《农政全书》记载："戽斗，挹水器也。……凡水岸稍下，不容置车，当旱之际，乃用戽斗。控以双绠，两人掣之，抒水上岸，以溉田稼。"

戽斗用竹篾、藤条等编成。略似斗，两边有绳，使用时两人对站，拉绳汲水。亦有中间装把供一人使用。戽斗曾广泛使用于浙江各地，现在已经很少见到。

三、收获农具

（一）镰刀

镰刀是农村收割庄稼和割草的农具，由刀片和木把构成，有的刀片上带有小锯齿，一般用来收割稻谷，至今在江南的一些农村还有广泛的使用。人们常把锄、镰、锨、镢称为传统农具的"四大件"，可见镰的重要性。镰是最古老的器具之一，早在旧石器时代就已经存在，被称为石镰。镰的形制至今基本未变，形似一弯新月，一柄一头式，柄与头垂直安装，便于收割。《王祯农书》中有关于镰的一首诗："利器从来不独工，镰为农具古今同。芟余禾稼连云远，除去荒芜卷地空。低控一钩长似月，轻挥尺刃捷如风。因时杀物皆天道，不尔何收岁杪功？"

（二）连枷

连枷是一种脱粒工具，由一个长柄和一组平排的竹条或木条构成，用来拍打谷物、小麦、豆子、芝麻等，使籽粒掉下来，也作"梿枷""连架"。

东汉刘熙《释名》曰:"枷,加也,加杖于柄头,以挺穗而出其谷也。或曰'罗枷',三杖而用之也。或曰'了了'。杖转于头,故以名之也。"元人周密《癸辛杂识》也提及连枷:"今农家打稻之连架,古之所谓拂也。"江南地区使用连枷曾经极为普遍,至今在某些偏远地区仍有使用。

（三）稻桶

稻桶是传统的脱料工具,一些地区俗称"扮桶"。稻桶掼谷一般在稻田里进行,把稻子收割下来,随即进行脱粒。稻桶一般呈四方形,木制,上口大,底板小,底板四边露出5厘米,底下有两根大小一致的拖泥木条,用来在泥田里拖迁稻桶。与其配套的是稻桶篷和稻桶床,稻桶篷用竹篾编制而成,它将稻桶上口的三面遮揽住,在打稻时不让谷粒外跳。稻桶床形如中国乐器"扬琴",上大下小,"扬琴"上一根一根是琴弦,而稻桶床上是一条一条的毛竹条,把稻穗打在竹条上,就能达到脱粒的效果。

随着机械化的普遍使用,近年来农民收割稻谷时大部分使用上了收割机。但是对于田块面积较小、分散的稻田,收割机难以进入,一些农户还是习惯用稻桶这种传统的收割工具进行脱粒。

（四）稻床

稻床是一种用于掼稻掼麦(脱粒)的农具。稻床为木制,以竹子作面,稻床有正方形和长方形几种。将稻子(或麦子)举起在竹棱上用力掼打,使谷粒脱落,农户称之为"掼稻""掼麦"。稻床在江南及浙江各地稻作区广泛使用,在部分山区农村现在仍能见到。

明朝《便民图纂》已提到用稻床脱粒,《海盐县图经》中有"打稻有床,以竹为棂,取其易落"的记载,可以看出稻床为竹木结构。陈玉琪《农具记》对其结构和使用方法有详细介绍:"有若稻床,制如鞍而大,足前昂后低,以竹为界而中空之,以掼稻落子粒也。"

（五）风车

清选谷物大都使用风车。风车主要由木制的风扇、风道、进料斗、出料斗等组成。手摇风扇,利用风力吹送比重不同的谷物、秕谷和谷壳,谷物从出料斗流出,秕谷飞落在出风口近处,谷壳则飞落在出风口远处。

（六）篾垫、竹匾等

干燥谷物大多采取日光暴晒、风干等方法。晾摊用具有篾垫、竹匾等（现以水泥晒场为多），翻晒用具有木耙、推谷板和竹扫帚等。

四、加工器具

（一）木砻

木砻即木制的砻,是一种谷物脱壳工具,状如石磨,由镶有木齿的上下臼、摇臂及支座等组成,今已不常见。下臼固定,上臼旋转,借臼齿搓擦使稻壳裂脱。磨谷去壳之器具,以坚木凿齿为之,形状略似磨。明代宋应星《天工开物》记载:"凡砻有二种。一用木为之,截木尺许,研合成大磨形,两扇皆凿纵斜齿,下合植笋穿贯上合,空中受谷。木砻攻米二千余石,其身乃尽。"

（二）石臼

石臼又称杵臼,由臼与杵组成。臼是用硬质石头凿成,凹面呈空心半球状,以容纳被加工的糙米或稻谷;杵是舂捣谷物的工具,是在木棍较粗的一端镶上石舂头或铁舂头,杵的中段略细,便于手握操作,手持杵棍向臼内上下用力舂米。也有用碓的,碓有手动和脚踏之分。手动的碓似榔头,握住手柄则可挥捶舂米;用脚踏的是碓头上装着粗长的木柱,置于有支点的木架子上,通过杠杆来脚踏舂米。若杵头是木质的,还可用来打年糕。

（三）石磨

石磨是把谷物磨成粉的工具。磨盘为石制,分上下两扇,两扇磨盘的啮合面均凿有相对的斜槽。下扇磨盘固定,中心镶有铁轴。上扇磨盘套在铁轴上,并有一根长柄和一个偏离磨盘中心的进料口。上扇磨盘在人推或畜拉的作用下绕中心轴转动。此时,不断地向进料口加入的谷物,通过磨盘斜槽相对运动,研磨成粉状并排出盘外。另外,有一种小型石磨,下盘体与四周围接料凹槽及出料口连成一体。可一人操作,将浸渍的豆类或大米带水进行磨研,加工成浆状食物。

(四)石碾

石碾用于把谷物碾成粉状或破壳去皮。它是一个石制的圆柱体碾砣,横放在磨盘上,能绕盘心回转运动。

第二节　渔业用具

一、渔船

(一)独木舟

独木舟又称划艇,是一种用单根树干挖成的小舟,需要借助桨驱动。独木舟的优点在于由一根树干制成,制作简单,不易有漏水、散架的风险。它可以说是人类最古老的水域交通工具之一。

原始的独木舟几乎在全世界都有出土。中国新石器时代遗址浙江湖州钱山漾、浙江余姚河姆渡、福建连江、广东化州都出土过独木舟或船桨的残骸,这些文物已有5000—9000年的历史。埃及、印度等地都发现过考古证据。非洲及美洲印第安人的一些部落还在按照古法制作独木舟。2021年4月,宁波余姚施岙古稻田遗址发现一艘宁波地区最早的独木舟,这也是继萧山跨湖桥、余杭茅山遗址独木舟之后浙江发现的第三艘史前独木舟。

(二)"绿眉毛"

早在2000年前,河姆渡先民的后代面对变幻莫测的大海,出于对鸟文化的崇拜,把"双鸟升日"文化信俗融入造船,期盼自己驾驶的舟船能像飞鸟一样,自由搏击大海。由此,作为浙江海上运输、海洋渔业捕捞主要船舶的"绿眉毛"古木帆船船型在宋代显现,并在明清时期得到广泛应用。

"绿眉毛"距今已有近千年的历史,是中国古船文化和航海文化的重要组成部分。

(三)六桅船

六桅船亦称"七扇头",为淡水捕捞最大的渔船之一。由于船体太重,不能靠岸,只能停在湖中,船上有小舢板,以供捕捞作业时上下网、下水捞鱼及外出和摆渡时用。捕鱼时,通常是联四船为"一帮",前面的两船并列牵大绳前导,另外的两船牵网随后,四船相互协作,常常于太湖西北水深处进行捕捞作业。六桅船船体宽敞,功能俱全,设备齐备,生活舒适。

(四)鸬鹚船

鸬鹚船是畜养鸬鹚用以捕鱼的渔船。太湖地区俗称"放鸟船"。鸬鹚船的船型小,行动快捷,每只船上都有数十只鸬鹚,将鸬鹚颈上结一条绳圈,绳圈的松紧度以小鱼能咽下而大鱼无法下咽为宜。船载人,一人驾船,一人站立船头,手执一竹竿,驱赶鸬鹚入水捕鱼,脚下放一块木板,不断踩踏敲打发出声响,使鱼类受惊,利于颈上结着绳圈的鸬鹚进行追捕。

(五)撒网船

撒网船为中小体积渔船,其所用的网为锥圆形的网,网用丝结成,有沉子而无浮子。一人立于船头用力将网撒开,自上投下水面,掩盖住鱼类而捕之。

(六)尖网船

在捕捞作业时,置尖网于船上,夜里捕鱼,渔人击鸣榔,照夜火,吸引鱼类跳跃至网内而捕之。

(七)竹排

竹排可称为原始之渔船,由十多支周径36厘米以上之毛竹,削去竹青,尾部穿孔以木棍横贯,中部及首部用多道绳索绞固,首部用火熏弯略向上翘,入水可浮行,靠一根竹竿撑驶,能载重500千克左右。此种竹排分布于蟹钳渡、西沪港、象山港,只数时多时少,多时达三四百只,至今仍有。

（八）丈八河条

丈八河条出现于唐中期，船长 4.5—5.5 米，后船身一侧加装玉肋称单搁河，两侧皆装则称双搁河。但船体狭小无舱盖，宋时增大至 8—10 米，载重 3—4 吨。船头两侧未装饰眼睛，故又称"黑眼龙头"。

（九）网梭船

民国《象山县志》引《明史·兵记》记载，象山有网梭船，形如梭，竹桅布帆，仅容二三人，行驶轻便，航速较快。

（十）舢板船

舢板船使用历史较长，沿海渔民多用之。两船合并可作对网生产，称小对生产船，但无定型规格。一般船长 5 米—6.5 米，宽 1.1 米—1.5 米，深 0.5 米—0.7 米，载重 1.5 吨—2 吨。渔船出海时，常将舢板船载于船上，俗称背子，作辅助捕捞或两船交往之用。

（十一）独捞船

独捞船以单船围网而名，即单船作业。船型较大，上置甲板及桅部，硬篷。橹可倒装，使船后退。为爵溪独有，故名爵溪独捞。其特点是稳妥快捷，操作自如，回转灵活，可望风向左右下网，适于近洋作业。独捞船船速为其他船所不及，故有"海上赤兔马"之美誉。船长 15.3 米，深 1.5 米，载重 10—15 吨，为 1949 年前较大的渔船。1953 年，由浙江省劳动模范谢世法首倡，把船上的长鳘壳改为短鳘壳，背 2 只背子，冬汛捕带鱼，春汛捕小黄鱼，从单一围网只限于大目洋作业，改为常年作业生产。由于大目洋资源衰竭，加上船型不适合于多种作业，独捞船在 60 年代停止建造，1972 年之后就开始减少，至 1987 年已完全消失。

（十一）大捕船

大捕船于清康熙后期至雍正年间从福建传入浙江。其可长年作业，象山县以东门岛使用大捕船为多。冬汛，每船带 2 只舢板船作背子。春汛，两船配合作业，称大对船。常在岱衢洋花乌北渔场等海域单船作业。大捕船有偎船与网船之别，结构也略有差异。偎船为指挥船，鳘壳长 3.2

米。网船操作渔网,甲板较宽,鳖壳较短长 2.16 米,载重约 10 吨。船体长 14.5—15.5 米,宽 3—3.4 米,深 1.15 米,载重 13.5 吨,仅次于爵溪独捞。50 年代后期,因机帆船迅速发展,大捕船都改装为机帆船。

(十二)流网船

流网船小巧灵便,适于近海作业,流捕鲳鱼、鰳鱼、黄鱼及蟹等杂鱼。船长 9.7 米,宽 2.5 米,深 0.92 米,载重 2—7 吨。流网船在 70 年代改装成小机流船。

(十三)张网船

张网船船型较小,结构简便,适于沿岸张网作业,捕捞杂鱼。船长约 10 米,宽 1.5 米,深约 0.6 米,载重 4—6 吨。50 年代船身加长至 11.4 米,宽 2.4 米,深约 1 米。80 年代,船身加长至 17 米—20 米、宽 1.5 米、深约 0.7 米,载重 8—15 吨。张网船在 70 年代演变成小机流船。

(十四)机帆船

机帆船大多由大捕船于 20 世纪 50 年代中期改装而成,少数由独捞船改装而成。60 年代中期以后,船体逐渐增大,并引进绞网机。70 年代,改剃头刀舵为轮舵。设驾驶台,拆除风帆,改 V 字头为尖头型,除去船尾一字梁。80 年代中期,建造钢木混合结构或钢质结构的大型机帆船,后期出现 100 吨、133 千瓦功率的渔轮式机帆船。作业范围从近海折向禁渔线外的深水海域。最早的机帆船是在 1989 年 1 月投产,由半边山黄根宝打造,184 千瓦、80 吨级。此船长 30 米,宽 5.8 米。

二、渔网

渔网是改善渔民捕捞技术不可或缺的工具,广泛使用于全国各地,现在仍然在使用。中国是世界上发明渔网比较早的国家之一,对周边国家还曾产生过积极的影响。传统的渔网主要有罾网、流刺网、对网等类型。

(一)罾网

罾网在战国时期已经广泛使用。清末沈同芳在《中国渔业历史》中对罾网有详细记载:"用长竹四根,接合成十字。竹杪四出,如长爪。罾网每寸三眼,以麻为之。槵皮猪血染色,见方三丈。四隅系于爪端,悬如仰盂。"

（二）流刺网

流刺网俗称浪网。明代《渔书》描述了流刺网作业为象山县昌国、旦门一带历史上的传统作业,20世纪50年代后期,因低产作业而被淘汰,所剩无几。1978年后,始大量恢复与发展,且实现动力化。网具原为苎麻网,现改为单股尼龙丝网。流刺网网目依据所捕对象不同而有大小之分;网片高低长短亦不相同,种类繁多,主要可分为单片漂流刺网、单片定置网等。

（三）对网

对网又称裤脚网,分小对网、大对网、机帆船对网3种。网衣由翼网、身囊网、三角网、缘网组成。翼网有左右两个,称网脚;身囊网又称袋筒;三角网俗称肚裆;缘网称片二。身囊实为身网和囊网的合称,用来兜住渔获。这四种网的形状、网眼长度、编织材料各异。

（四）拖网

拖网分机帆船底拖网、拖虾网、拖乌贼网、渔轮拖网等。机帆船底拖网用较粗的塑料线编织,翼网较短,俗称大拖网,上纲长40—50米,下纲长60—70米,网口周长170—200米,网衣长70—100米,袋筒长60—80米,网脚较短。拖虾网呈长方形,桁杆长22米,下纲长26米,袋筒3只,网口周长120米,网衣长21米,网眼大26—43毫米。拖乌贼网与拖虾网略同,只是上有浮子撑竹,下系锡缒并转木盘一根拖绳,作业时两人摇橹一人搭索,称索线搭脉。渔轮拖网形同机帆船底拖网,上纲长50米,下纲长62米,网口周长210米,网衣深纵向拉直长115米,袋筒90米,网眼大60—600毫米,聚乙烯纤维编织。

（五）围网

围网呈梯形,上纲长350—400米,下纲长450—500米,两侧网长各为 16—18 米,网衣中央最高 110—130 米,网眼大 25—40 毫米,乙纶、绵纶线编织。

（六）流网

流网分黄鱼流网、鲳鱼流网、鲨鱼流网、梭子蟹流网四种,前三种实际均可兼用。这三种流网呈长方形,每片网衣、网绳的长度均为 70 米,高及两侧的长度均为 8 米,网眼大 100 毫米。梭子蟹流网俗称蟹网,亦呈长方形,每片网衣纲绳长 20 米,高及两侧的长度均为 3.5 米,网眼大 160 毫米。

（七）单船无囊围网（篾箕网）

单船无囊围网为独捞船专用。网衣 4 爿为 1 托,7 托缝制成 1 顶。网肚、网裤长约 180 米,肚网宽（高）24 米,两端 18 米为大小腿,网目 45 毫米,网长 180 米,浮子 200 只,沉子（砱子）280 余只。各依船只大小略有增减,因无套形似篾箕而称篾箕网。

（八）张网

张网别称定置网、小网、大捕网。分大捕船张网、打桩张网两种。大捕船张网又分双碇、单碇两种,网口椭圆形,周长 156 米,网衣圆锥形,纵深 78 米,网眼大 27—147 毫米。打桩张网别称近洋张网,分反捕网、三杠网两种。反捕网网口呈方形,周长 22 米,网身圆锥形,纵深 14 米,网眼大 10—50 毫米。三杠网形同反捕网,网口周长 18 米,网身深 12 米,网眼大 10—70 毫米。

（九）手网

手网为圆锥形伞状,上小下大,高 1.5 米左右,上顶封闭,连接绳索一根,下底圆口直径 3 米左右,周围有反内向袋囊,深 0.2—0.23 米,周围固定锡制沉子,能沉底着泥,人在竹排或小船上,将手网抛入海中罩捕。40 年代使用较多,50 年代渐少,现在内陆江河较多见。

（十）抄网

抄网俗称撩篷、掏蔀。聚乙烯纤维编织。圆形网袋,结缚于铁圈,置一竹柄作渔捞工具。

(十一)板罾

板罾为竹制框架,结缚方形渔网,置岸边或船上。一二人作业,沉于水中不时起网。

(十二)青蟹定刺网

青蟹定刺网为近岸内湾小型刺网渔具,常与其他小型流刺网轮作。分布于象山港沿岸,以象山、宁海居多,约有作业单位 200 多个。捕捞对象以青蟹为主,梭子蟹次之,其他还有鲨等。

(十三)海蜇网

海蜇网形如对网,上天井短,下天井网甚长,形如畚箕,其网目特细,故又名畚箕网。海蜇网为象山县内渔山岛渔民传统捕海蜇专用网具,是利用海蜇的趋光性进行诱捕。海蜇即鳀鱼,体型细小,生活于透明度、盐分较高之外侧海域,游泳能力弱,故必待其随缓流游至岛屿附近方能捕捞。20 世纪 60 年代以前,以三只舢板船配合捕捞海蜇,每只三人为一组,其中一只用灯光诱捕,将鱼诱至山岙中。诱鱼之光源先为用铁丝篓装燃油松块燃烧发光,后改用煤油大光灯,20 世纪 60 年代改用白炽灯。

三、笼类渔具

(一)地笼

地笼也称地笼网、地笼王等。手工地笼网适合江河、湖泊、池塘、水库、小溪、浅海水域等使用,主要捕捞小鱼、龙虾、黄鳝、泥鳅、螃蟹等鱼类。地笼两侧交叉有很多入口,内部构造比较复杂,鱼虾类进去后就很难出来,出口常设于笼的中尾部,两侧分别一个,也有直接设在两头的。小笼只有一头有出口。放笼有两种方法。其一,大的一头固定好,另一头放船上慢慢向外移,放笼不能放得太紧,如果放太紧,一个鱼虾也捕不到。其二,在小的头部扎上结实的绳子,站在水边直接将地笼抛入水中,再把绳子绑在岸边的固定物上,又称甩笼。地笼多适用于养殖场、个人鱼塘、水库浅水区以及小溪流、湖泊等水流较缓的水域。由于地笼网目过小，不利于渔业资源的保护。在《中华人民共和国渔业法》以及多地的渔业管理条例中，地笼已被列为禁用渔具。

（二）蟹笼

蟹笼是一种用于捕蟹的网状工具，由铁质框架和编织网构成。上框架和下框架之间设有连接柱，支架两端设有连接孔。支架经连接孔、连接柱与上框架和下框架相连接。立体框架各侧面的网分别形成引诱口，立体框架内设有吊饵绳、饵袋，底面或顶面的网上有出蟹口。

（三）虾笼

虾笼多为竹制，是专门用来捕虾的渔具。虾笼通常是圆筒、倒须、盖头、套篓分开编制，使用过程中再将两个圆筒垂直缝合，相互通连，两端分别装上套篓和盖头。

四、钓具

钓具是渔具中的重要分类，主要包括鱼竿、渔线轮、钓鱼钩、抄网、渔线，以及其他杂品、配件等。钓具通常由钓钩、钓饵、钓线等组成，有些还装上浮子、沉子、钓竿或其他附件。钓钩是结缚在钓线上起钩刺作用的部分，分倒齿结构和无倒齿结构两类。钓饵的选择是渔获丰歉的关键，可分为真饵和假饵两种。

（一）鱼竿

鱼竿是一种捕鱼工具，外形为细长多节竿状物，通常有一个把手，由把手到后端逐渐变细变尖。要用一根钓线连接带有饵料的鱼钩来使用。鱼竿最初是人类用于捕鱼维生的工具，现通常用于户外运动中的钓鱼休闲，同时也会用于一些钓鱼竞技类型的体育比赛或户外比赛。按照材质，鱼竿分为竹木鱼竿、玻璃钢（玻璃纤维材料）鱼竿、碳素鱼竿、钛合金鱼竿等系列。其中，碳素钓竿根据含碳量的不同，分为低碳钓竿、高碳钓竿和超高碳钓竿等。按照用途，鱼竿分为海竿（又叫甩竿、投竿）、手竿两大种类。海竿既可以用于海洋垂钓,可广泛用于淡水垂钓,手竿主要用于塘钓和溪流钓,水库钓、湖泊钓也适用。

(二)渔轮

渔轮也叫渔线轮、放线器、卷线器,古称钓车,是抛(海)竿钓鱼必备钓具之一。通常由摇把、摇臂、逆止钮、主体、轮脚、导线轮、线轮、抛线螺帽、勾线夹、线壳、泄力装置等部件组成一个收线传动装置,固定在抛竿手柄的前方。渔轮是构成抛竿钓组的主要钓具之一。一般来说,渔轮分成两大类别,即"排线方向与进出线方向平行"的鼓式轮和"排线方向与进出线方向垂直"的纺车轮。

(三)渔线

渔线又称钓线,是将钓具配件连接起来的丝线,主要是用来连接鱼竿和鱼钩。古代的渔线多是由棉、麻、蚕丝等天然纤维制成,强度不高,透明度不好,柔软度和耐磨性不够。现代渔线主要是由尼龙、聚乙烯纤维、碳素线、钢丝线等制成,在强度、透明度和耐磨度等方面有较大提高。渔线按用途可以分为手竿线、海竿线、海钓线(矶钓线)、路亚线、防咬线等。

(四)浮漂

浮漂又叫浮子、鱼漂、鱼浮、浮标等,主要作用包括传递鱼吞食钓饵的信息、表明钓饵的位置、调整浮漂与坠子间的配重关系、显示水的深浅、显示咬钩鱼的种类等。按照形态分,浮漂的种类多种多样,但归纳起来,主要有立式浮漂、卧式浮漂、球形浮漂、线浮漂等四大类。

(五)渔坠

渔坠的作用是增加鱼饵的潜水力、锚定力以及扔的远度。渔坠可以有各种形状。环境是选用渔坠材料的主要影响因素。为了减少水的阻力和降低入水时的响声,渔坠一般设计为两头尖、中间大。渔坠的主要类别有海竿坠、手竿坠和抛砣法重坠等。渔坠通常是用铅制成,再装一个钩,通常用软的材料覆盖来吸引鱼。近年来,钨合金渔坠由于具备高密度、体积小、环保等优势,已逐步替代铅坠。

（六）钓钩

钓钩即钓鱼用的钩。钩的种类按长短和形状可分为长柄钩、短柄钩、串钩、爆炸钩、朝天钩、三角锚钩、假饵钩等。

第三节　其他农具

一、养蚕工具

蚕具广泛使用于浙北、浙东、浙西南及苏南等种桑养蚕的地区。秦汉时，各种饲蚕用具均已配套，以后千余年无大变化，多是在制作材料和规格上，因就地取材而有所不同。养蚕工具主要包括蚕箔、蚕槌、蚕蔟、蚕盘、蚕网等。

（一）蚕箔

蚕箔指盛蚕的工具。不同地方的称呼有一些差别，有"蚕曲""蚕薄"等称谓。一般用苇或竹篾编成，长方形，分层放在木架上。唐代陆龟蒙《崦里》诗云："处处倚蚕箔，家家下鱼筌。"这说明当时我国江南地区已经广泛使用蚕箔工具养蚕。宋代梅尧臣有《和孙端叟蚕具·蚕薄》诗。明代唐寅《长拍·春情》云："蚕箔吐新丝，一似我柔肠万千愁思。"

（二）蚕槌

蚕槌是用来一层层地搁放蚕箔的木架，一槌可安放十数个蚕箔。

（三）蚕蔟

蚕蔟俗称蚕山，是蚕作茧的工具。蚕在蚕蔟中营茧。北方蚕蔟名团簇，以蒿稍、竹、丛柴等物为材料制成；南方上蔟，多用短柴秆。《晋书·后妃传上·左贵嫔》载："修成蚕蔟，分茧理丝。"宋陆游《初夏闲居》诗之二云："蚕簇尚寒忧茧薄，稻陂初满喜秧青。"

（四）蚕盘

蚕盘是盛蚕上蔟的工具。由于同一蚕箔中蚕的发育有快慢,老熟也就有所不同,因此蚕妇在蚕箔里将蚕根据老熟程度分批逐步拾放在蚕盘里,分批上蔟。

（五）蚕网

蚕网是抬蚕的工具,在提取将入眠的蚕、刚蜕皮的蚕以及清除蚕沙时要用到它。

二、养蜂工具

（一）蜂箱

蜂箱是蜜蜂养殖的最基本工具,主要作用是为蜜蜂提供繁殖和生存场所。按设计构想有传统蜂箱和活框蜂箱两种;按适宜蜂种有中蜂蜂箱和意蜂蜂箱等几种。

（二）摇蜜机

摇蜜机是养蜂的专用工具,主要作用是将蜂蜜从巢脾分离。大型养蜂场为了提高效率使用摇蜜机,小型养蜂场可以人工榨取巢脾或自制简单的摇蜜机。

（三）蜂扫

蜂扫是养蜂的专用工具,主要作用是管理蜂群时驱赶巢内的蜜蜂。蜂扫的材质有马鬃毛、猪鬃毛、纤维丝等。不论选择哪一种,都必须以清除蜂群时不伤害蜜蜂为基本原则。

（四）养蜂帽

养蜂帽是养蜂的专用工具,主要作用是在管理蜂群时保护面部不被蜜蜂刺伤。就款式而言,养蜂帽有各种各样式,但无论采用哪种设计,都要以轻便耐用、视野清晰为原则。

（五）起刮刀

起刮刀是养蜂的专用工具,主要作用是用蜂胶固定巢框,可用于撬动蜂箱副盖、继承箱和刮除赘肉、箱底污垢等。起刮刀也可用作锤子和切蜂刀等工具。

（六）囚犯笼

囚犯笼是养蜂的专用工具，主要作用是"幽禁"蜂王。多用小竹条或塑料片制作，其间隙只能由工蜂通行，蜂王则不能出入。囚犯笼经常用于控制蜂王产卵或给没有蜂王的蜂群介王。

（七）隔王板

隔王板是养蜂的专用工具，主要作用是阻隔蜂王。其原理是利用蜂王和工蜂胸部的厚度对隔板进行设计，使其介于蜂王和工蜂，工蜂可以通行，而蜂王的通行受到限制。

（八）防逃片

防逃片是养蜂的专用工具，主要作用是防止蜂王逃离蜂箱，在分蜂时常用。防逃片多用竹片和塑料片制作，间隙只允许工蜂进出，蜂王则不能从蜂箱里出来。

（九）喷烟器

喷烟器是养蜂的专用工具，主要作用是在蜂群中喷烟驯服蜂群。其由鼓风装置和燃烧炉两部分构成，使用时在燃烧炉内点燃燃料，然后用鼓风装置向蜂群喷雾。

三、运输工具

扁担、箩筐、畚箕、背篓等是农民用以肩挑背负的运输工具。陆路以独轮车为主，也有用人力或畜力的双轮小拉车。平原水网地区水路运输则以木船为主，配以橹、篙、桨等，有些地方也有人拉背纤拖运农船的；在山区或半山区的水急溪浅难以行船的地方，运输货物量大时，多用木排和竹排。

四、生产保护辅助工具

(一)斗笠

斗笠,又名笠帽、箬笠,是用于遮阳光和挡雨的帽子,有很宽的边沿,用竹篾夹油纸或竹叶棕丝等编织而成。在江南农村一带,几乎每家每户都有斗笠。斗笠起始于何时已不可考,但《诗经》有"何蓑何笠"的句子,说明它很早就为人所用。

斗笠有尖顶和圆顶两种形制。讲究一点的斗笠是以竹青细篾加藤片扎顶绲边,竹叶夹一层油纸或者荷叶,笠面再涂上桐油。有些地方的斗笠,由上下两层竹编菱形网眼组成,中间夹以竹叶、油纸。

(二)蓑衣

蓑衣广泛使用于浙北、浙东、浙西南地区,并且在浙江西南部山区至今还有使用。

蓑衣,是劳动者用一种不容易腐烂的草(民间叫蓑草)编织成的一种用以遮雨的雨具,厚厚的像衣服一样,能穿在身上。后来人们发现棕榈后,也用棕榈皮制作蓑衣。蓑衣一般是用棕片缝成,棕片既不透水也不透风,可当衣穿。在旧社会里,极贫人家也只能用蓑衣来蔽体和遮风挡雨。有衣穿的人就用它做雨具。蓑衣便是旧社会人们普遍用的雨衣,干活、行路都离不开它。狩猎时它便是最好的"护身服"。

蓑衣一般制成上衣与下裙两块,下裙形状像"横轴","横轴"两边连着两块片裙,作为胸襟,从胸前垂下,把下腿肚围起来。穿在身上与头上的斗笠配合使用,用以遮雨。中国江南、日本、韩国、越南等地广泛使用。20世纪70年代,由于化纤产品的出现,蓑衣的历史使命基本结束。

(三)秧马

秧马是种植水稻时用于插秧和拔秧的辅助工具,能减轻劳动强度、提高劳动效率,至今仍有使用。

据考察,秧马在北宋开始大量使用。其外形似小船,头尾翘起,背面像瓦,供一人骑坐。其腹以枣木或榆木制成,背部用楸木或桐木。操作者坐于船背。如插秧,则用右手将船头上放置的秧苗插入田中,然后以双脚使秧马向后逐渐挪动;如拔秧,则用双手将秧苗拔起,捆缚成匝,置于船后仓中。元代以后,出现各种式样的秧船,皆从秧马演化而来。

宋代苏轼有《秧马歌序》云:"予昔游武昌,见农夫皆骑秧马。以榆枣为腹欲其滑,以楸桐为背欲其轻,腹如小舟,昂其首尾,背如覆瓦,以便两髀,雀跃于泥中,系束藁其首以缚秧。日行千畦,较之伛偻而作者,劳佚相绝矣。"宋楼璹《耕织图诗·插秧》云:"抛掷不停手,左右无乱行。被将教秧马,代劳民莫忘。"

第六章　宁波市物种类农业文化遗产

物种类农业文化遗产指人类在长期的农业生产实践中驯化和培育的动物和植物(作物)种类。其主要以地方品种的形式存在,可分为动物类物种和作物类物种。

第一节　优异农业种质资源

一、宁波优异农业种质资源概况

为贯彻落实《全国农作物种质资源保护与利用中长期发展规划(2015—2030)》,2015 年,农业部启动了第三次全国农作物种质资源普查与收集行动,以查清我国农作物种质资源本底,并开展种质资源的抢救性收集工作。浙江省目前已收集保存农作物种质资源 12 万余份、畜禽遗传资源 14 万余份,普查发现水产养殖品种(含新品种、新品系)300 余种。其中,拥有水稻资源 8 万份,数量居全国第一;茶树资源遗传多样性世界第一;拥有国家畜禽遗传资源保护名录 13 个,数量居全国第三。近年来,浙江省农业农村厅组织开展了优异农业种质资源推选活动,经公开推荐和专家推选,确定了 2022 年浙江省十大优异农作物种质资源、2022 年浙江省十大优异畜禽种质资源、2022 年浙江省十大优异水产种质资源。宁波共有 4 个农业种质资源上榜,分别是:奉化平顶玉露桃(优异农作物种质资源)、岔路黑猪(优异畜禽种质资源)、象山白鹅(优异畜禽种质资源),岱衢族大黄鱼(优异水产种质资源)。

多年来,宁波立足现有优势,加大种业核心技术攻关,着力在种子上求突破,高水平推进立足浙江、辐射全国、面向全球的现代种业强市建设,努力打造现代种业发展高地。在水稻育种方面,全国 133 个超级稻品种中该市占据 7 个,位居全省首位;在瓜菜育种方面,全市已有农业农村部授权保护瓜菜新品种 35 个;在渔业育种方面,自主培育了渔业新品系(种)20 余个;在林特产业方面,获得国家林业植物新品种授权 15 个,通过省林木良种审(认)定新品种 5 个,推动林木花卉产业化发展走在全国前列。目前,宁波市已累计通过国家新品种审定 12 个、获国家新品种权85 个,现代种业年产值超过 35 亿元,多项指标位居全省前列。

二、优质农作物种质资源

(一)奉化平顶玉露桃

奉化栽桃已有 2000 多年历史,水蜜桃已经成为奉化区的传统名果,也是中国四大传统名优桃之一。其中平顶雨露是奉化老牌水蜜桃品种,口感、甜度、品相等方面都相当出色。2022 年,奉化平顶玉露桃入选浙江省十大优异农作物种质资源名录。

(二)"甬优"系列水稻品种

宁波种业公司培育的"甬优"系列水稻品种,走出浙江,进入全国多个省份并在当地屡创高产纪录。该系列水稻品种把籼稻和粳稻的技术优势结合在一起,充分发挥了杂交技术优势。目前,"甬优"系列水稻品种已有78 个组合 134 项次通过各级审定,其中,2021 年各省新审定的品种有 15个,在长江流域、华南、江淮、黄淮等稻区建立 57 个百亩示范方。2022年,"甬优"系列水稻品种入选浙江省十大优异农作物种质资源名录。

三、优质畜禽种质资源

(一)奉化水鸭

2021年12月1日,农业农村部发布公告,奉化水鸭被国家畜禽遗传资源委员会鉴定为国家畜禽遗传资源,并被录入名录加以保护。奉化水鸭品种培育历时13年,是宁波市首个"国字号"家禽遗传资源,这为奉化水鸭的保种、育种、推广和产业化开发奠定了扎实基础。2022年,奉化水鸭入选浙江省十大优异畜禽种质资源名录。

(二)岔路黑猪

岔路黑猪肉质细嫩、味道鲜美,同时黑猪肉油而不腻,肌肉脂肪含量丰富,猪皮富含胶原蛋白,因此受到了消费者的青睐。岔中黑猪为浙江省优质无公害农产品、宁波市绿色农产品。岔路黑猪体质结实,结构匀称,耳大下垂,背腰平直,多为单背,胸较深,腹稍下垂,四肢壮实,前肢肘节、后肢飞节处有1—2个皱褶,被毛全黑。成年公猪体重为113千克,母猪体重96千克。经产母猪平均窝产仔数为12—16头。岔路黑猪是浙江省地方种猪之一,也是宁波市唯一的地方种猪,宁海、象山、鄞州和奉化等地已有300多年的饲养历史。2022年,岔路黑猪入选浙江省十大优异畜禽种质资源名录。

(三)象山白鹅

象山白鹅属优良地方鹅品种,肉质细嫩、营养价值高,鹅肉脂肪含量低,且分布均匀,氨基酸种类齐全,特别是赖氨酸的含量高于猪肉、鸡肉的一倍。象山白鹅属草食水禽,容易饲养,化料少,本轻利重,经济收益高,逐渐成为当地农村的一项重要副业。以食绿色青草为主的象山白鹅,其肉中农药、抗生素、重金属等有害物质的残留量极低,是一种不可多得的绿色食品。2010年9月,国家质量监督检验检疫总局批准对"象山白鹅"实施地理标志产品保护。2022年,象山白鹅入选浙江省十大优异畜禽种质资源名录。

四、优质水产种质资源

(一)大黄鱼

大黄鱼是鲈形目石首鱼科黄鱼属鱼类,别名黄花鱼、黄鱼、大鲜、黄瓜。其身体延长而侧扁;耳石略呈盾形;头和身体前部披圆鳞,身体后部披栉鳞;侧线完全;鳔大,两侧不突出形成侧囊;背鳍连续,鳍棘部与鳍条部之间有1个深凹刻;尾柄细,尾鳍楔形。身体背部灰黄色;体侧下部各鳞片常有1个金黄色腺体而呈金黄色;背鳍及尾鳍灰黄色,其余鳍黄色。

大黄鱼是名贵的可食用经济鱼类,为中国传统四大海产渔业种类之一,在中国沿海均有分布,在浙江、山东、福建、广东、台湾等地有人工养殖及增殖放流。其栖息于水深60米以内的软泥或泥沙底质海域,喜集群;食性广,主要以虾、蟹等甲壳动物和小鱼为食;春季繁殖,通常在河口、内湾、岛屿附近产卵。

(二)黑鲷

黑鲷是鲈形目鲷科棘鲷属的一种硬骨鱼,俗称海鲋、青鳞加吉、青郎、乌颊、牛屎鱲、乌翅、黑加吉、黑立、海鲫和铜盆鱼等。体呈长椭圆形,侧扁,头中大,吻钝尖。口小,上、下颌等长;体背有中等大的弱栉鳞,体侧通常有5—7条黑色条纹。背鳍棘坚硬,臀鳍第二鳍棘尤甚;体背部为灰黑色,侧线起点处有黑斑点;体侧常有数条不明显的暗褐色横带;腹部银白色。黑鲷为杂食性鱼类,在自然海区,以软体动物的蛤类、小鱼虾类为主食,有时也吃海藻。人工养殖可采用低值鱼虾贝类或配合饵料投喂。黑鲷具有很强的繁殖力,雌雄同体,雄性先熟,怀卵量达200万—300万粒。

黑鲷是名贵海产鱼之一,全体药食兼用。黑鲷分布于中国、日本和韩国等地的沿岸、港湾及河口,属内湾性鱼类,喜栖于沙、泥底或多岩礁的清水中,为广温、广盐性鱼类,环境适应能力较强。

(三)梭子蟹

梭子蟹是十足目梭子蟹科梭子蟹属节肢动物。雄蟹背面呈茶绿色,雌蟹紫色。头胸甲呈梭形,稍隆起,表面有3个显著的疣状隆起,额部两侧有一对能转动的带柄复眼;螯足发达,第四对步足指节扁平如桨;腹部扁平,雄蟹腹部呈三角形,雌蟹呈圆形,腹面均为灰白色。

梭子蟹是中国沿海产量最大的一种经济蟹类,具有很高的经济价值,同时也有一定的医药价值。梭子蟹主要分布于朝鲜、日本等沿海海域,在中国广西、广东、福建、江苏、浙江、辽东半岛、山东半岛等沿海海域亦有分布。常见于浅海,擅长游泳又可掘沙。通常栖息于泥沙底质和碎壳底质海底。

(四)对虾

对虾是十足目对虾科对虾属节肢动物,又称中国对虾、斑节虾、竹节虾、五色虾等。对虾体躯肥硕,长而侧扁,略呈梭状,一般体长13—24厘米。头胸部较短,腹部强壮有力,头体紧密相连。有长须1对,即触角。一般雌虾为青白色,雄虾为蛋黄色。通常雄虾体型大于雌虾。因其在中国北方习惯成对出售,故有对虾之称。

对虾主要分布在中国黄海和渤海湾中,东海北部也有少量分布。对虾平时生活在浅海底泥沙上,食性广,主要捕食底栖动物。白天潜伏海底,夜晚活动频繁。对虾是一年生大型经济虾类,生长迅速。每年4—6月繁殖,幼虾经过多次蜕皮变态,到9—10月即生长成熟。

(五)泥蚶

泥蚶是蚶目蚶科泥蚶属软体动物,又称血蚶、银蚶、花蚶、蚶子等。壳质坚厚,极膨胀,两壳相等,近卵圆形;壳顶尖而突出,位于背部中央之前;壳的前端圆,后端斜截形,腹缘弓形,背缘直;放射肋粗壮,16—20条,肋上有稀疏而大的结节,在后背区的肋上结节低矮,肋间沟同肋等宽;壳内缘具缺刻;铰合部直,铰合齿密集;两壳顶相距较远,韧带面较宽,菱形。壳表白色,披以棕色壳皮。

泥蚶是中国四大养殖贝类之一,广泛分布于印度洋—西太平洋海域,在中国沿岸各地均有分布。喜栖息在有淡水注入的内湾及河口附近的软泥滩涂上。

（六）蛏

蛏是竹蛏科的一种贝类。它壳质脆薄，呈长方形，背腹缘近于平行，前、后端圆或截形，壳面披一层黄绿色或黄褐色的壳皮，似两枚破竹片。它的肉为黄白色，常伸出壳外。

蛏广泛分布于中国沿海地区，栖息于河口或有少量淡水流入的内湾潮间带及低潮区的泥沙里，以足部掘穴居住，以水管进行呼吸和摄食。蛏的主食为单细胞藻类；有些蛏可利用足部肌肉的急剧收缩作短距离游泳。雌雄异体，性腺成熟时雌性稍带黄色，雄性乳白色。

蛏味甘，性温，无毒。肉味鲜美的蛏，除供鲜食，还可加工成蛏干、蛏油等。蛏既是人们喜爱的食用贝类，又可作为药用，经济价值较高，因而很早便是人们重点养殖的贝类之一。

（七）东海银鲳

银鲳是鲈形目鲳科鲳属暖水性中上层鱼类。体长85—260毫米，体短而高，极侧扁，略呈菱形；口小微斜，无腹鳍，尾鳍分叉颇深，下叶较上叶长，似燕尾；体银白色，上部微呈黄灰色；圆鳞甚小，多数鳞片上有细微的黑色小点。因颜色银白而称"银鲳"。

银鲳分布于中国渤海、黄海、东海、台湾海峡及南海北部地区，印度洋、太平洋也有分布。栖息水深可达100米，早晨和黄昏在水域的中上层。性情温和，体格强健，爱成群结队游泳，喜微酸性软水。为杂食性鱼类，爱吃水草，也食动物性饲料。黄海和东海的银鲳以夏季为主产卵期，少数在秋季产卵。

银鲳是中国名贵的经济鱼种，其肉质细腻、营养丰富，而且骨刺较软。银鲳也是一种观赏鱼。

（八）小黄鱼

小黄鱼是鲈形目石首鱼科黄鱼属鱼类，又称小黄瓜、小鲜、黄花鱼。体延长，侧扁；头大，具有发达黏液腔和矢耳石；口大而倾斜，前位；上下颌略相等，下颌无须，颏部有6个不明显小孔；上下颌具细牙，上颌外侧及下颌内侧牙较大,但无犬牙;腭骨及犁骨无牙;背鳍连续;鳍棘部与鳍条部之间具一缺刻,臀鳍第二棘小于眼径;尾鳍尖长;头及体前部具圆鳞,后部具栉鳞;奇鳍鳍条部亦具细鳞;侧线伸达尾鳍末端。背侧黄褐色,腹侧金黄色,鳍灰黄色,唇橘红色。

小黄鱼在中国广泛分布于东海、渤海、黄海、台湾海峡以北近海。栖息于沿岸及近海沙泥底质水深在 20—100 米的中底层水域。为广食性鱼类,主要摄食浮游动物、鱼虾等,其中浮游动物以桡足类为主。小黄鱼食用价值高,肉质鲜嫩,营养丰富,还具有相当高的药用价值。

(九)乌贼

乌贼是乌贼目乌贼科软体动物。乌贼身体像个橡皮袋子,将内部器官包裹在袋内,身体的两侧边缘有肉鳍;头较短,两侧有发达的眼;头顶长口,口腔内有角质颚,能撕咬食物;头顶的足内侧密生吸盘,称作腕;另有两只较长的、活动自如的足,称为触腕;体表通常为黄色或浅褐色,并长有黑色条纹,体形与鱿鱼相近但更为椭圆;遇到强敌时会喷墨逃生。

乌贼在世界各大洋中都有分布,主要栖息在热带和温带海洋深水水域。小乌贼以鱼虾幼体为食,大乌贼食性较杂,通常以螃蟹、虾、贝类动物为食。乌贼肉质鲜嫩,具有极高的经济价值和药用价值,是中国和东南亚等国海味市场的重要品种之一。

(十)文蛤

文蛤又称蛤蜊,属于软体动物门,瓣鳃纲,异齿亚纲,帘蛤目帘蛤科。地方名有花蛤、黄蛤、海蛤等。其贝壳背缘略呈三角形,腹缘圆形,两壳相等,两侧不等,壳长略大于壳高,壳质坚厚;壳顶突出稍偏前方,小月面狭长,外韧带黑褐色凸出壳面;壳表膨起、光滑,披有一层黄褐色壳皮,生长纹清晰,有环形褐色带、锯齿状或波纹状褐色花纹。

文蛤属埋栖型贝类,多分布在较平坦的河口附近沿岸内湾的潮间带,以及浅海区域的细沙和泥沙滩中。栖息深度随水温和个体大小而异。文蛤雌雄异体,一般两年性成熟。成熟时雌性呈奶黄色,雄性呈乳白色,一年繁殖一次。文蛤是耐旱性较强的贝类。

文蛤是中国、朝鲜、日本常见的经济贝类。我国沿海自南至北都有文蛤的足迹,其中尤以辽宁省的蛤蜊岗和江苏省沿海分布较多。有些海区形成了最优势的种群,资源量很大。

(十一)带鱼

带鱼是鲈形目带鱼科带鱼属的鱼类,俗称刀鱼、白带鱼、牙带鱼、裙带、肥带、油带等。体延长呈带状,甚侧扁,体前部背腹缘几乎呈平行状,向尾部渐细;头狭长;眼中等大,位高;口大;下颌长于上颌;鳃耙细短,大小不规则;体光滑无鳞,侧线完全;背鳍长,胸鳍短尖,无腹鳍;尾长,向后渐细,末端呈鞭状。体银白色,背鳍及胸鳍浅灰色,带细小黑点;尾呈黑色。

带鱼分布比较广,以西太平洋和印度洋最多,中国沿海各省均有分布。喜栖息于外海之中下水层,有洄游习性。游泳能力差,有昼夜垂直移动和结群排队的习性。食性杂,捕食毛虾、乌贼及其他鱼类。

(十二)鳖

鳖是龟鳖目鳖科鳖属的爬行动物,俗称甲鱼、团鱼、水鱼、王八。鳖的外形呈椭圆,比龟更扁平;头前端瘦削;眼小,瞳孔圆形;鼻孔位于吻突前端;吻长,形成肉质吻突;四肢较扁,通体披柔软的革质皮肤,无角质盾片;颈基两侧和背甲前缘均无明显的瘰粒或大疣;腹部有7块胼胝体;体色为橄榄绿色;雌鳖尾比雄性短。据李时珍《本草纲目》记载:"鳖行蹩躄,故谓之鳖。"

鳖在中国各地均有分布。夏天栖息在江河、湖泊、池塘、水库和山间溪流中,冬季在池底冬眠。喜阳怕风,喜静怕惊,喜洁怕脏,喜挖穴与攀爬。食性广而杂,以动物性食物为主,也食腐败的植物及较嫩的水草等植物性食物,具有很强的耐饥饿能力。属变温动物,摄食量和生长情况随水温的变化而变动。

五、特色优势中药材资源

浙江的地道药材很多,其中以"浙八味"最为有名。"浙八味"是指浙贝母、白术、元胡(延胡索)、玄参、白芍、杭白菊、浙麦冬、温郁金这八味中药材。这些特色优势中药材在宁波地区大都有种植。

（一）浙贝母

浙贝母为百合科植物浙贝母的干燥鳞茎。初夏植株枯萎时采挖,洗净。大小分开,大者除去芯芽,习称"大贝";小者不去芯芽,习称"珠贝"。分别撞擦,除去外皮,拌以煅过的贝壳粉,吸去擦出的浆汁,干燥;或取鳞茎,大小分开,洗净,除去芯芽,趁鲜切成厚片,洗净,干燥,习称"浙贝片"。海曙区是目前全国唯一的"浙贝之乡"和"原产地标记"注册保护地。浙贝母作为海曙区西部山区农民栽种的主要经济作物之一,被列入著名的"浙八味"中药材之首。

清康熙年间,浙贝母由象山农民从野生转为家种,故浙贝母又有"象贝"之称。浙贝母的主产区为海曙区章溪河两岸的章水镇、鄞江镇和龙观乡。近年来,随着区外种植面积的扩大,海曙区浙贝母种植面积逐年递减。海曙浙贝母产区区位优势明显。地处北纬30度植物生长黄金地带,主产区章水镇、鄞江镇和龙观乡一带多为低山缓坡,沙性土壤,有机质丰富,有利于浙贝母生长,出产的"元宝贝""珠贝"成为药材中的上等佳品。

（二）白术

白术为菊科多年生草本植物,也叫冬术。本品为菊科植物白术的干燥根茎。冬季下部叶枯黄、上部叶变脆时采挖,除去泥沙,烘干或晒干,再除去须根本品为不规则的肥厚团块,长 3—13 厘米,直径 1.5—7 厘米。表面灰黄色或灰棕色,有瘤状突起及断续的纵皱和沟纹,并有须根痕,顶端有残留茎基和芽痕。质坚硬不易折断,断面不平坦,黄白色至淡棕色,有棕黄色的点状油室散在;烘干者断面角质样,色较深或有裂隙。气清香,味甘、微辛,嚼之略带黏性。浙江产的白术个大,外观黄亮,结实沉重,清香诱人,药效显著,是一味常用中药,与人参齐名。主要分布在四明山、天目山、天台山、括苍山等山脉的 30 余个县(市、区)。

（三）元胡(延胡索)

元胡本品为罂粟科植物延胡索的干燥块茎。夏初茎叶枯萎时采挖,除去须根,洗净,置沸水中煮或蒸至恰无白心时,取出,晒干。本品呈不规则的扁球形,直径 0.5—1.5 厘米。表面黄色或黄褐色,有不规则网状皱纹。顶端有略凹陷的茎痕,底部常有疙瘩状突起。质硬而脆,断面黄色,角质样,有蜡样光泽。味辛、苦,性温,有活血散瘀、行气止痛的功效,是一味常用的镇痛中药。

(四)玄参

玄参为玄参科植物玄参的干燥根。冬季茎叶枯萎时采挖,除去根茎、幼芽、须根及泥沙,晒或烘至半干,堆放 3—6 天,反复数次至干燥。本品呈类圆柱形,中间略粗或上粗下细,有的微弯曲,长 6—20 厘米,直径 1—3 厘米。表面灰黄色或灰褐色,有不规则的纵沟、横长皮孔样突起和稀疏的横裂纹和须根痕。质坚实,不易折断,断面黑色,微有光泽。气特异,似焦糖,味甘、微苦。玄参为玄参科多年生草本植物,也叫浙玄参、元参、乌玄参。浙江玄参,质坚性糯,皮细肉黑、枝条肥壮,有清热凉血、滋阴降火、解毒散结的功效。

(五)白芍

白芍为毛茛科植物芍药的干燥根。夏、秋二季采挖,洗净,除去头尾和细根,置沸水中煮后除去外皮或去皮后再煮,晒干。

本品呈圆柱形,平直或稍弯曲,两端平截,长 5—18 厘米,直径 1—2.5 厘米。质坚实,不易折断,断面较平坦,类白色或微带棕红色。气微,味微苦、酸。

白芍常冠以产地名称,由于古代杭州产的白芍颇有声誉,所以浙江产的白芍统称杭白芍。杭白芍粗直而长,两端等大整齐、体重、坚实、粉性足。

(六)杭白菊

杭白菊是菊花的一种,为菊科植物。杭白菊有疏风清热、平肝明目、解毒消肿的功效。除入药外,还可用以酿酒泡茶、制作饮料。清朝时杭白菊曾作为御用上品药材,称为"贡菊"。本品为菊科植物菊的干燥头状花序。9—11月菊花盛开时分批采收,阴干或焙干,或熏、蒸后晒干。呈碟形或扁球形,直径2.5—4厘米,常由数个相连成片。舌状花类白色或黄色,平展或微折叠,彼此粘连,通常无腺点;管状花多数,外露。杭白菊有疏散风热、平肝明目、清热解毒等功效。

(七)浙麦冬

本品为百合科植物麦冬的干燥块根。夏季采挖,洗净,反复暴晒、堆置,至七八成干,除去须根,干燥。浙麦冬为百合科多年生常绿草本植物,别名麦门冬、寸麦冬。浙江麦冬素以"寸冬"闻名。叶甘、微苦,性微寒。主要分布在余姚、杭州、慈溪、萧山、三门等地。

(八)温郁金

温郁金为姜科姜黄属多年生草本植物,也叫玉金、姜黄子、黄姜。味辛、苦,性寒。本品为姜科植物温郁金,冬季茎叶枯萎后采挖,除去泥沙和细根,蒸或煮至透心,干燥。呈长圆形或卵圆形,稍扁,有的微弯曲,两端渐尖,长3.5—7厘米,直径1.2—2.5厘米。表面灰褐色或灰棕色,具不规则的纵皱纹,纵纹隆起处色较浅。质坚实,断面灰棕色,角质样;内皮层环明显。温郁金有行气化瘀、清心解郁、利胆退黄等功效。

第二节　重点保护野生动植物

宁波市植物种类繁多,现有野生植物2183种,列入国家重点保护野生植物共51种。其中,国家一级保护野生植物有中华水韭、南方红豆杉、银缕梅、象鼻兰等4种;国家二级保护野生植物有金钱松等47种。宁波市野生动物资源较为丰富,共有陆生脊椎动物546种,全市列入国家重点保护动物79种。其中,国家一级保护动物有云豹、黑麂、黑鹳、白颈长尾雉、黑脸琵鹭、镇海棘螈、中华凤头燕鸥等16种;国家二级保护动物有穿山甲、河麂、鸳鸯、勺鸡等 63 种。① 宁波市已建立各级各类自然保护地，划定并严管生态环境空间，给多样生物留足生存空间。

一、国家一级重点保护野生动物

现将宁波部分国家一级重点保护野生动物选介如下。②

（一）白颈长尾雉

白颈长尾雉俗称横纹背鸡、地鸡，中国特有物种，主要分布于我国东南部。雄鸟头灰褐色，颈白色，脸鲜红色，其上后缘有一显著白纹，上背、胸和两翅栗色。上背和翅上均具一条宽阔的白色带，极为醒目；下背和腰黑色而具白斑；腹白色，尾灰色而具宽阔栗斑。雌鸟体羽大都呈棕褐色，上体满杂以黑色斑，背具白色矢状斑；喉和前颈黑色，腹棕白色，外侧尾羽大都呈栗色。白颈长尾雉是国家一级重点保护野生动物，《世界自然保护联盟濒危物种红色名录》将其评为"近危"等级。

（二）黑麂

黑麂别称乌金麂、蓬头麂、红头麂等，隶属鹿科、麂属，是麂类中体型较大的种类，栖息于海拔为 1000 米左右的山地常绿阔叶林及常绿、落叶阔叶混交林和灌木丛。体长 100—110 厘米，肩高约 60 厘米，体重 21—26 千克。冬毛上体暗褐色；夏毛棕色成分增加。尾较长，一般超过 20 厘米，背面黑色，尾腹及尾侧毛色纯白，白尾十分醒目。眼后的额顶部有簇状鲜棕、浅褐或淡黄色的长毛，有时能把两只短角遮得看不出来。"蓬头麂"之名就是由此而来的。黑麂是中国特有的亚热带山地森林动物，也是目前最珍稀的鹿科动物之一，是国家一级保护野生动物。其数量稀少，仅分布在皖南、浙江山区。

---

① 冯瑄,陈晓众.宁波发布生物多样性保护"自然笔记"[N].宁波日报,2021-10-11(2).

② 本部分内容参考自:冯瑄.这些家门口的国家一级重点保护动植物,你认识多少?[EB/OL].（2021-10-11）[2024-05-01]. http://news. cnnb. com. cn/system/2021/10/11/030295663. shtml.

（三）镇海棘螈

镇海棘螈是两栖纲有尾目蝾螈科棘螈属两栖动物，是浙江特有物种，国家一级重点保护野生动物。为典型孑遗类群，被誉为"活化石"，现仅分布于浙江宁波的几处狭窄区域，是中国蝾螈科中唯一被列为国家一级保护的物种。成螈营陆栖生活，白昼多栖息在植被茂密、腐殖质多的土穴内、石块下或石缝间；夜间行动迟缓，觅食螺类、马陆、步行虫、蜈蚣、蚯蚓等。成螈受惊后常将四肢上翻、头尾上翘做出警戒行为。据估算，目前镇海棘螈野外种群数量在 600 尾左右。

（四）中华凤头燕鸥

中华凤头燕鸥是国家一级重点保护野生动物，《世界自然保护联盟濒危物种红色名录》将其列为"极危"等级。宁波象山和舟山定海的个别岛屿是中华凤头燕鸥在全世界范围内为数不多的几处繁殖地，两地成鸟已占全球种群数量的 90% 以上，80% 以上的幼鸟都是在人工招引繁殖地出生抚育的。浙江省自 2013 年开始实施中华凤头燕鸥招引与种群恢复工作，到 2020 年繁殖季结束，成鸟已从 2010 年的不足 50 只增长到超过 100 只。

（五）卷羽鹈鹕

卷羽鹈鹕是国家一级保护野生动物，世界珍稀鸟类，一种大型白色水鸟，生活在沼泽及浅水湖，主要为内陆淡水湿地鸟类，但也出现在海岸潟湖及河口，在小岛的大片芦苇或空旷处营巢繁殖。分布于欧洲东南部、非洲北部和亚洲东部一带。近年来，在杭州湾湿地公园曾发现多只卷羽鹈鹕。

（六）云豹

云豹是食肉目猫科云豹属哺乳动物。背部和体侧有独特的云朵状花斑；皮毛基色是均一的浅蓝色到灰色，并在体侧有大的云状斑块；两条间断的黑色条纹从脊柱延伸到尾基部；颈上有 6 条纵纹，始于耳后；四肢和腹侧有大的黑色椭圆形斑块；头冠有斑块，鼻吻部白色，从眼和嘴角延伸到头侧面有深色条纹。分布于尼泊尔、不丹、印度、中南半岛、马来半岛、印度尼西亚、苏门答腊岛和加里曼丹岛。在中国分布于亚热带和热带林区，北限在陕西秦岭、河南洛阳及甘肃南部，西至西藏察隅等地，南止于海南，东至浙江及台湾。栖息于原始常绿热带雨林。云豹是国家一级重点保护野生动物，《世界自然保护联盟濒危物种红色名录》将云豹列为"易危"等级，《濒危野生动植物国际贸易公约》将云豹列入"附录Ⅰ"。

（七）黑鹳

黑鹳是鹳形目鹳科鹳属鸟类，俗称乌鹳、锅鹳、老鹳。黑鹳头、颈和脊均呈黑褐色，故名黑鹳。黑鹳在中国见于除西藏外的各省区，阿尔金山海拔800—4300米的地带都有分布；主要栖息于大型湖泊、沼泽和河流附近，繁殖于崖壁或者高树上。越冬时多活动于开阔的平原，冬季可能成家族群活动。在国外广泛分布于南美以外的世界各国，为国家一级保护野生动物。

（八）黑脸琵鹭

黑脸琵鹭又名黑琵鹭或黑面鹭，是鹈形目鹮科琵鹭属动物。黑脸琵鹭成鸟体羽白色，嘴长直而扁平，先端膨大呈琵琶状，表面带横向斑纹；头部的嘴基到额、脸、眼睑、眼周以及喉部为连成一体的黑色裸露区域。黑脸琵鹭因其扁平而长的嘴与中国古典乐器中的琵琶相似而得名。繁殖于朝鲜半岛北部，越冬南迁，在中国一般为冬候鸟。黑脸琵鹭栖息于湖泊、水塘、沼泽、河口至沿海滩涂的芦苇沼泽地，常单独或成小群活动，寿命在20—25年。20世纪30年代，黑脸琵鹭曾是中国东部沿海地区常见物种，由于人口激增和经济发展迅速，其适宜栖息地越来越少，很多个体冬季被围困在少量适宜栖息地中，这些地点成为其最后的生存家园。黑脸琵鹭是中国国家一级保护动物，《世界自然保护联盟濒危物种红色名录》将其列为"濒危"等级。

二、国家重点保护野生植物

(一)象鼻兰

象鼻兰是多年生附生草本。茎极短,具多数气根。叶常1—3枚排成2列;叶片扁平,倒卵形或倒卵状长圆形。总状花序单生于茎基部,长5—8厘米,具花8—19朵;花淡蓝紫色,花萼与花瓣均具白与蓝紫色相间的横向条纹;唇瓣呈象鼻状弯曲,3裂。蒴果椭圆形。象鼻兰产于鄞州天童,要求温凉湿润的气候和空气湿度较大的环境;喜阴,不耐强光,较耐旱、耐寒,通常附生于老树干上。

象鼻兰野生种群与个体数量稀少,濒临灭绝。植株悬垂,花色秀雅,可作岩面、树干美化或盆栽观赏,且与蝴蝶兰亲缘关系相近,又具耐寒特性,是改良蝴蝶兰品种的优良种质资源。

(二)中华水韭

中华水韭分布于北仑、鄞州、奉化,生于低海拔的山边浅水湿地或小水沟中。喜温暖湿润气候;要求水质洁净、不流动的浅水生境,底土为肥沃的淤泥;不耐干旱;忌水体化学污染。孢子能自繁。孢子期5月下旬至10月底。起源古老,分类位置孤立,具有很高的科学研究价值。因水体环境污染,资源已近枯竭。

(三)银缕梅

银缕梅为落叶乔木或灌木状,高达8米,胸径可达40厘米。树干常扭曲,凹凸不平,树皮呈不规则薄片状剥落;常有大型坚硬虫瘿;裸芽,被褐色绒毛。单叶互生;叶片纸质,阔倒卵形,先端钝,基部圆形、截形或微心形,边缘中部以上有钝锯齿,两面及叶柄均有星状毛。头状花序腋生或顶生;花小,两性,先叶开放;无花瓣;雄蕊5—15枚,具细长下垂花丝,花药黄绿色或紫红色;子房半下位,2室。蒴果木质,卵球形,密披星状毛。种子呈纺锤形,深褐色,有光泽。

银缕梅分布仅见于余姚、奉化,生长于海拔200米以上的山顶、山脊线附近林中或沟谷岩缝中、村边溪旁。喜凉爽湿润的气候和深厚肥沃、排水良好的酸性土壤；喜光，耐旱；萌蘖性强。

（四）南方红豆杉

南方红豆杉是常绿大乔木，高达 30 米。叶螺旋状互生，在小枝上排成 2 列；叶片条形，微弯，柔软，正面中脉隆起，背面气孔带黄绿色。种子倒卵形或宽卵形，长 6—8 毫米，生于鲜红色肉质杯状假种皮中。

南方红豆杉分布于余姚、鄞州、奉化、宁海，散生于海拔 600 米以下的沟谷、山坡林中或村边。

第三节　特色花木

一、特色花卉

宁波花卉品种繁多。早在宋代，象山就有木樨、异香等。清道光年间，奉化三十六湾村张银崇掘野生梅花、茶花、紫藤、桃花等作盆景蟠扎造型，后来经营园艺场培育桃苗。镇海杜鹃花为宁波传统花木产品，慈溪月季、三十六湾五针松更是远近闻名。19 世纪初，宁波各地陆续开设私人园艺场。据 1995 年出版的《宁波市志》，五针松、雪松、茶梅、茶花、西洋杜鹃、龙柏、地柏、翠柏、花、广玉兰、棕竹、苏铁、南洋杉、君子兰等成为宁波市的重要花卉品种。[①]

（一）宁波市花——山茶花

山茶花是宁波市花。1984 年，宁波市绿化办、科协等单位组织全市开展市花评选。在山茶花、杜鹃和月季等花卉中，山茶花夺魁，得票率达42.2％。经市长办公会议讨论并报请市人大常委会通过，山茶花成为宁波市的市花。

---

① 俞福海. 宁波市志［M］. 北京：中华书局，1995：1325.

山茶花是中国传统名花,是世界名花之一。山茶花别名山茶、耐冬,古名海石榴。明代时,宁波当地又把山茶花称为"丈红花"。属常绿灌木或乔木。因其植株形态优美,叶浓绿而光泽,花形艳丽缤纷,受到世界园艺界的珍视。

山茶花的栽培早在隋唐时代就已进入宫廷和百姓庭院。到宋代,栽培山茶花之风日盛。南宋诗人范成大曾以"门巷欢呼十里寺,腊前风物已知春"的诗句来描写当时成都海六寺山茶花的盛况。明代李时珍的《本草纲目》、王象晋的《群芳谱》,清代朴静子的《茶花谱》等,都对山茶花有详细的记述。7世纪时,山茶花首传日本;18世纪起,山茶花多次传往欧美。山茶花在园林应用方面极其广泛。山茶树冠多姿,叶色翠绿,花大艳丽,花期长,值冬末春初开花。

(二)三大名花

宁波有三大名花,即奉化五针松、四明红枫、北仑杜鹃。

1.奉化五针松

五针松是松科松属常绿乔木,因五叶丛生而得名。五针松树冠圆锥形;树皮灰黑色,不规则鳞片状剥裂;小枝密生淡黄色柔毛;叶蓝绿色,较短细,有白色气孔线,叶鞘早落;球果卵圆形或卵状椭圆形。花期5月中旬,果熟期翌年10月。五针松耐寒,怕酷暑,繁殖方式为播种、扦插或嫁接繁殖。五针松树姿优美,枝叶密集,针叶细短而呈蓝绿色,为珍贵园林树种,具有观赏价值。五针松的经济价值也很高,其材质优良、耐腐,可供建筑、枕木及木纤维工业原料等用。

五针松原产于日本暖温带地区,分布在海拔1500米的山地。中国的长江流域各城市及青岛、北京等地引种栽培。奉化种植五针松始于20世纪20年代,是全国最早繁殖五针松的地区之一。

2.四明红枫

红枫是槭树科槭属落叶小乔木,枝条多细长光滑,偏紫红色;叶掌状,裂片卵状披针形,先端尾状尖,缘有重锯齿;花顶生伞房花序,紫色;翅果,两翅间成钝角;花期4—5月,果熟期10月。枫树得名于风,枫与风字读音相同,枫树就是风树,红色枫叶的枫树故名"红枫"。红枫性喜阳光,适合温暖湿润气候,怕烈日暴晒,较耐寒,稍耐旱,不耐涝,适生于肥沃疏松、排水良好的土壤。其主要繁殖方式是播种、嫁接和扦插。

四明红枫是鸡爪槭的变种,又名鸡爪枫,树冠呈伞形,树皮平滑,姿态雅丽,叶形美观。春天的枫树叶呈鲜红色或紫红色,夏季略转青,秋季又转回紫红色,色艳如花,灿烂如霞,是重要的园林红叶观赏树种。四明红枫主产于余姚市四明山镇。20世纪70年代末,四明山镇利用自身独特的高山小气候和优质的香灰土等有利条件,开始栽培红枫苗木。目前全镇已形成667公顷的红枫生产基地,成为全国最大的红枫树生产基地。2001年5月,农业部命名余姚市四明山镇为"中国红枫之乡"。

3. 北仑杜鹃

杜鹃是杜鹃花科杜鹃花属的落叶灌木,高2—5米,分枝多而纤细。叶为革质,常聚集生在枝端,呈卵形、椭圆状卵形或倒卵形,前端短逐渐变尖,叶子边缘微微反卷并带有细齿,上面深绿色,下面淡白色;花冠呈阔漏斗形、倒卵形,一般2—6簇生于枝顶,有玫瑰色、鲜红色或暗红色,花期4—5月,果期6—8月。杜鹃花广泛分布于欧洲、亚洲、北美洲,主要产地为东亚和东南亚,在中国集中产于西南、华南地区。杜鹃花喜酸性肥沃土壤,耐阴凉、喜温暖。常绿杜鹃花在山地空气湿润凉爽处才能生长良好。

杜鹃花是中国三大自然野生名花之一,也是世界四大高山花卉之一,是重要的森林植被组成种类,有较高的药用价值和观赏价值。

宁波市北仑区柴桥镇是华东地区最大的杜鹃花基地,获得"中国杜鹃花之乡""中国杜鹃花良种繁育基地"等称号,产品销往国内外。

二、古树名木

截至2024年,宁波共有古树6000多株,最高树龄达1559年,其中树龄500年以上的有500多株。从种类上看,樟树最多,此外还有枫香、马尾松、青冈栎、枫杨、银杏、朴树、苦槠、榧树、栲树、桂花、金钱松等。

古时宁波山区森林茂密,唐中叶已经有人工种植的茶园出现。到明洪武年间,遍栽桑树和枣、柿、栗、胡桃等果树。宁波共有常绿阔叶林、落叶阔叶林、常绿落叶阔叶混交林、针阔叶混交林、针叶林、竹林、灌丛、草地八大类森林植被。其中,主要分布于中低海拔地区的常绿阔叶林是整个植被系统的主体。樟树则是宁波地区普遍种植的树种之一。

樟树属常绿大乔木,又名本樟、香樟、乌樟、栳樟、樟仔。樟树具有常绿、适应性强、抗污能力强、病虫害较小、树种资源丰富等优点。树冠圆满,枝叶浓密青翠,是宁波市的市树。在宁波街道两旁、小区、公园等处,普遍种有樟树,甚至一些地区和街道也以樟树命名,如樟树镇、樟树路、樟树街等。

(一)宁波十大古树名木①

1. 五叉樟

这棵古樟生长在宁海县竹林村东头,巨枝五叉分开,如五条虬龙盘旋而上,人称"五叉樟"。据专家考证,此树年龄在1200—1500年。树高18米,胸围15米,为国家一级保护古树,有"浙江第一古樟"的美誉。

2. 将军楠

在天下禅宗十刹之一的奉化溪口雪窦寺大殿后有两株楠木,树高18米,胸围1.52米。据考证,西安事变后,爱国将领张学良将军被囚禁于雪窦山原中旅社期间,常到寺内走动,并在此植楠木4株,人称"将军楠"。其中两株于1956年8月在台风中被毁。今存其二,枝繁叶茂,郁郁葱葱。

3. 金钱松

海曙章水镇茅镬村金钱松,树龄近千年。树高51米,胸围3.1米,平均冠幅9米。据说400多年前,严姓家族迁居茅镬村,当时该村已有20多棵上百年的古树。乾隆十五年(1750),村里有一位叫严子良的族人,由于家境贫寒,想将村旁的大树砍掉卖钱度日。村里其他族人出钱买下古

---

① 本部分内容参考自:历史名城之魅力古树[EB/OL].(2019-03-08)[2024-05-01].http://zgj.ningbo.gov.cn/art/2019/3/8/art_1229045687_45514240.html.

树的所有权,古树于是平安地存活了 99 年。道光二十九年(1849),又有人想砍树换钱,又有两位好心的族人又出钱买下古树。买树人为严加保护风水古树,在村旁立了禁砍碑,迄今保存完好。

4. 夫妻银杏

奉化溪口雪窦寺弥勒宝殿前有两棵银杏树,左侧是雄树,右侧是雌树,人称"夫妻银杏"。雪窦寺曾屡遭劫难,唯有两棵银杏留世迄今,树龄均在 1000 年以上。树高 25 米,胸围 5 米,平均冠幅 18 米。更有趣的是,在雄银杏树上还长着一棵小栎树,像夫妻俩的结晶。小栎树在雄银杏怀抱里,憨态可掬,一家三口其乐融融、生活恬静、和睦相处近百年的景象,今见者无不兴趣盎然。

5. 古桂树

北仑白峰门浦村六社夹山王家金桂树,树龄 500 多年,树高 15 米,胸围 3.6 米,平均冠幅 18 米。据传清康熙年间,舟山六横有一个年轻人,家里贫穷。有一天,他干完农活回家,洗脸打水时发现水缸里有一棵大树的影子。他觉得很奇怪,找遍了整个村,都没有发现村里有这样的一棵大树。自从水缸里有了大树影之后,年轻人家里的生活越来越好,全家人也平平安安、和和睦睦。几年后,这位年轻人做生意经过白峰的门浦村,看到当地的一棵桂花树与家中水缸里的那个树影很像。为了确定是不是那棵树,他脱下一只草鞋,挂在大树的一根树枝上。回家后,他跑到水缸边一看,惊奇地发现水缸里的树影枝上也挂有一只草鞋的影子。此后,门浦村人都把这棵桂花树称为"幸福树"。

6. 枫香树

慈溪市观海卫镇五磊寺前有一棵奇特的枫香树,树龄 1100 年,树高 20 米,胸围 3.7 米,平均冠幅 19 米。其树干形状奇特,枝条黝纠,犹如蛟龙盘结,枝梢直冲云天,形成巨大的树冠,成为五磊寺风景区的独特景观。

7. 天童唐柏

"唐柏"实为圆柏,位于千年古刹天童寺韦驮殿前,树龄 500 年,树高

11 米,胸围 2.2 米,平均冠幅 8 米。据《鄞县志》记载,唐至德二年(757),寺从古天童徙今址,大批古树系那时所植,并随寺院历经毁建而所存无几,唯此圆柏历经坎坷,仍枝繁叶茂。圆柏植于唐朝,人称"唐柏"。该树形状如狮,故又名"太白狮子柏"。

8. 宰相银杏

鄞州东吴镇中心小学校园内的银杏树,树龄 900 年,树高 20 米,胸围 6.4 米,平均冠幅 20 米。据传南宋丞相史浩的母亲居住东吴,信奉菩萨,喜欢烧香拜佛。史浩是位孝子,为使母亲烧香拜佛方便,就在东吴凤颈山下建庙,并在庙旁亲自栽下银杏树,故名宰相银杏。如今,庙址已改建学校,古银杏也被列入县级文物保护单位。

9. 茶花树王

红山茶生长在鄞州云龙乡多谷村一村民家的庭院内,系该村民祖上的太婆婆入门时,用玉兰、海棠、茶花、桂花 4 棵树作为嫁妆,寄寓"玉堂富贵"之美意。现仅存桂花与茶花并肩而立,这棵山茶花树龄 250 年,树高 5 米,胸围 0.9 米,平均冠幅 3 米。每年 11 月开花,花期可持续到次年的 3 月底,且天气越冷,雪下得越大,花开得越艳。

10. 状元古樟

奉化溪口镇状元岙村旁古樟,树龄 1200 年,树高 19 米,胸围 10.4 米,平均冠幅 33.5 米。据传古樟树栽于唐朝。树干分三叉,冠如蘑菇,覆地 1000 多平方米。一年夏天,树遭风暴雷击,树枝开裂,下端久受雨日侵蚀,致使树体内腐。久之竟成方形大洞,洞高 4.3 米,直径 2.2 米,肚皮奇特,人称"忽开大树"。

(二)宁波市古树之最

1. 银杏王

奉化尚田镇塔竹村银杏树,树龄 1500 年,树高 28 米,胸围 8.1 米,平均冠幅 28 米。树龄为宁波市古树之最。

2. 糙叶树王

宁海茶院乡民户田村大门外糙叶树,树龄 600 年,树高 28 米,胸围 8.4 米。树龄为浙江同属树种之首。

3. 枫杨树王

奉化溪口直岙村枫杨树,树龄 500 年,树高 16 米,胸围 7.2 米,平均冠幅 10.5 米。过去野藤缠身,现救治得盛。为宁波市最古老的枫杨树之一。

4. 朴树王

宁海城关街道上枫槎村后门山朴树,树龄 700 年,树高 25 米,胸围 6 米,平均冠幅 20 米。曾为宁波市朴树王,今已死。

5. 枫香树王

奉化锦屏街道上宋村旁枫香树,树龄 550 年,树高 23 米,胸围 5.55 米,平均冠幅 19.5 米。根深叶茂,生机盎然。树龄为宁波市枫香树之最。

6. 苦槠王

宁海桑州镇山后翁村花池塘旁苦槠,树龄 1000 年,树高 18 米,胸围 6.5 米,平均冠幅 6 米。生长旺盛,千年不衰。树龄为宁波市苦槠树之最。

7. 圆柏王

宁海岔路镇柴家村圆柏树,树龄 1000 年,树高 17 米,胸围 5.8 米。传说以前因医疗技术落后,初生婴儿死亡率高,这古柏空心处成了附近村民丢弃死婴的地方,每年都会"吞下"20 个左右的死婴,天长日久,这棵空心柏成了远近闻名的"万婴柏"。系宁波市圆柏之王。

8. 柳杉王

宁海双峰乡大陈村柳杉,树龄 800 年,树高 28 米,胸围 5.2 米。为宁波市柳杉王。

9. 南方红豆杉王

宁海双峰乡逐步村南方红豆杉,树龄 900 年,树高 19 米,胸围 4.9

米。为宁波市南方红豆杉王。

10. 黄连木王

奉化溪口镇董一村黄连木,树龄 600 年,树高 12 米,胸围 5 米,平均冠幅 15.7 米。树龄为宁波市黄连木之最。

11. 罗汉松王

宁海力洋镇岭峧村罗汉松,树龄 1000 年,树高 15 米,胸围 3 米,平均冠幅 8 米。为宁波市千年罗汉松王。

12. 榧树王

宁海双峰乡榧坑村横山榧树,树龄 1000 年,树高 18 米,胸围 4.05 米,平均冠幅 22 米。为宁波市千年榧王。

第七章　宁波市特产类农业文化遗产

特产类农业文化遗产即传统农业特产,指某地历史上形成的,特有的或特别著名的,有独特文化内涵的植物、动物、微生物产品及其加工品,具体包括农业产品类特产、林业产品类特产、畜禽产品类特产、渔业产品类特产、农副产品加工品类特产等。本章将从农业与林业特产、渔业与畜禽特产、特色餐饮与名点等方面介绍宁波市的特产类农业文化遗产。

第一节　农业与林业特产

一、获得国家农产品地理标志登记证书的农林特产

按照世界贸易组织规定,地理标志是指识别某商品来源于某成员国地域内,或来源于该地域中的某地区或某地方的标志,该商品的特定质量、信誉或其他特征,主要与该地理来源相关联。通俗地讲,地理标志产品就是一个地方的"土特产精品"。《中华人民共和国民法典》将地理标志规定为知识产权的客体之一。《中华人民共和国商标法》规定,地理标志可以作为证明商标或集体商标申请注册。这就是我们日常所说的地理标志证明商标或地理标志集体商标,两者统称为地理标志商标。

宁波市拥有丰富的地理标志资源,千百年来,宁波人民凭借东海之滨的优越地理位置和天然生态环境,在与大自然的互动实践中,通过勤劳与智慧,培育创造了众多享誉四海的名优特产,涌现出慈溪杨梅、余姚榨菜、

奉化水蜜桃、长街蛏子、慈城年糕、樟村浙贝、鄞州雪菜、象山梭子蟹等代表宁波地域特色的农特产品金名片。截至 2022 年，宁波市拥有地理标志 40 件，其中 20 个农产品获得国家农产品地理标志登记证书（见表 7.1），总量持续位居全省第一、全国副省级城市第二。这些地域产品形成的特色产业已成为促进宁波市区域特色经济发展的重要资源，成为保护和传承宁波传统人文的重要载体，成为推进乡村振兴、促进共同富裕的有力支撑。[①]

表 7.1　宁波市获得国家农产品地理标志登记证书的产品情况

序号	产品名称	产地	产品编号	证书持有者	登记年份
1	奉化水蜜桃	浙江省宁波市	AGI00236	奉化市水蜜桃研究所	2010
2	鄞州雪菜	浙江省宁波市	AGI00372	宁波市鄞州区雪菜协会	2010
3	慈溪葡萄	浙江省宁波市	AGI00434	慈溪市葡萄协会	2010
4	余姚瀑布仙茗	浙江省宁波市	AGI00469	余姚市余姚瀑布仙茗协会	2010
5	象山红柑桔	浙江省宁波市	AGI00749	象山县象山红柑桔专业合作社	2011
6	慈溪杨梅	浙江省宁波市	AGI00844	慈溪市林特技术推广中心	2012
7	宁波岱衢族大黄鱼	浙江省宁波市	AGI01095	宁波市海洋与渔业研究院	2013
8	长街蛏子	浙江省宁波市	AGI01002	宁海县水产技术推广站	2012
9	余姚甲鱼	浙江省宁波市	AGI01289	余姚市水产技术推广中心	2013
10	溪口雷笋	浙江省宁波市	AGI02189	宁波市奉化区竹笋专业技术协会	2017
11	慈溪蜜梨	浙江省宁波市	AGI02278	慈溪市梨业协会	2018
12	宁海白枇杷	浙江省宁波市	AGI02546	宁海县水果产业协会	2019
13	余姚榨菜	浙江省宁波市	AGI02547	余姚市榨菜协会	2019
14	慈溪麦冬	浙江省宁波市	AGI02606	慈溪市农业技术推广中心	2019
15	余姚杨梅	浙江省宁波市	AGI02607	余姚市林业特产技术推广总站	2019

---

① 高华兴.用好地标"金名片"　铸造共富"金钥匙"：浙江宁波市力推地理标志产业集约化规模化品牌化发展助力乡村振兴[N].中国质量报,2022-04-22.

续表

序号	产品名称	产　地	产品编号	证书持有者	登记年份
16	古林蔺草	浙江省宁波市	AGI02868	宁波市海曙区蔺草协会	2020
17	慈溪泥螺	浙江省宁波市	AGI03149	慈溪市水产技术推广中心	2020
18	象山白鹅	浙江省宁波市	AGI03150	象山县畜牧兽医总站	2020
19	奉化曲毫	浙江省宁波市	AGI03338	宁波市奉化区农业技术服务总站	2021
20	余姚樱桃	浙江省宁波市	AGI03339	余姚市农业技术推广服务总站	2021

资料来源：全国农产品地理标志查询系统（http://www. anluyun. com/Home/Search）。

宁波市获得国家农产品地理标志的特产介绍如下[①]。

（一）奉化水蜜桃

奉化水蜜桃是浙江宁波奉化区的传统名果、全国农产品地理标志，我国四大传统名优桃品种之一。因其品质优异，故取琼浆玉露之义，名曰"玉露水蜜桃"。

奉化水蜜桃单果重 150 克以上，新鲜、清洁，无不正常外来水分；果形具有本品种的基本特征；具有本品种成熟时固有的色泽，着色程度达到本品种应有着色面积的 25% 以上；具有本品种特有的风味，无异常气味；果面机械伤总面积不大于 2 平方厘米；无腐烂；无褐变；同一级别包装内果重差异不超过果重平均值的 10%；早熟品种可溶性固形物含量 10% 以上，中熟品种可溶性固形物含量 12% 以上，晚熟品种可溶性固形物含量 13% 以上。

2010 年，奉化水蜜桃获得国家农产品地理标志登记证书。

（二）鄞州雪菜

鄞州雪菜（雪里蕻）为宁波市鄞州区特产，全国农产品地理标志。雪

---

① 本部分内容主要参考自全国农产品地理标志查询系统（http://www. anluyun. com/Home/Search）。

里蕻菜是十字花科芸薹属芥菜种草本植物,为芥菜类的一个变种。鄞州区种植、腌制雪菜已有 1000 多年历史,根据史料记载,年代还可追溯到更远。清人汪灏《广群芳谱》记载,四川有菜,名雪里蕻,雪深诸菜冻损,此菜独青。

鄞州雪菜色泽黄亮、清香可口、清脆无硬梗,无论是炒、煮、炖、蒸、拌还是作配料、汤料皆鲜美上口,故有"邱隘咸鸡"之美称。尤其是做鱼类、油腻类菜肴时,咸菜是不可缺少的配料。

(三)慈溪葡萄

慈溪是浙江省重要的葡萄产区,栽培历史悠久。据慈溪县志记载,早在明嘉靖年间慈溪就已栽培葡萄。另据记载,1993 年慈溪葡萄种植面积列浙江省第一。至今面积、产量均居浙江省首位。

慈溪葡萄果穗中等偏大,重 500—700 克,圆锥形;果粒着生紧密,单果重 11—14 克,椭圆形或圆形,果皮色泽紫红色至紫黑色,具果粉;果肉软硬适中,汁多味甜,有香气,风味较浓,可溶性固形物含量 15% 以上。

(四)余姚瀑布仙茗

余姚瀑布仙茗产自最佳绿茶产区四明山,四明山有"第二庐山"之称,地处浙东沿海,海拔在 500 米左右,境内满山遍坡的茶树犹如翠龙蜿蜒,出产仙茗品质上乘。陆羽《茶经》记载,浙东茶叶以越州为上,余姚瀑布仙茗尤佳。20 世纪 90 年代,余姚瀑布仙茗解决了全程机械制作难题,把名优茶定为针状形,使生产出来的茶叶外形细紧挺直,稍扁似松针,香高味醇,耐冲泡、耐储存,品质独特。

余姚瀑布仙茗以品种、加工工艺为基础,推出"三色四字"系列产品。其中,黄之绿茶对应"金韵"系列,其外形卷曲如螺、匀净、金色悦目,香高郁持久,滋味醇鲜回甘,汤色黄亮,叶底玉黄、细嫩,成朵明亮。白之绿茶对应"雪韵"系列,其外形卷曲如钩、匀净、绿翠镶金,香高鲜持久,汤色翠绿明亮,滋味鲜醇,叶底显白、嫩匀明亮。绿之绿茶对应"针形""龙珠"两个系列,产品外形条紧略扁、匀净、色泽绿翠,香气嫩香持久,滋味鲜醇爽口,汤色嫩绿、清澈、明亮,叶底芽叶成朵、匀齐。"龙珠"系列设一级、二级,产品外形盘曲、紧结、匀净,色泽砂绿油润,香高持久,滋味鲜醇爽口,汤色绿亮,叶底芽叶成朵、匀整明亮。

(五)象山红柑橘(桔)

象山红柑橘是象山县传统名果,具有外形美丽、果皮光滑、着色漂亮、果形端正、品质优良、坐果性能好及耐贮藏等特点。民国《象山县志》中记录有柑橘品种 10 余个。民国初期,象山红柑橘开始规模化栽培。2000年 12 月,经浙江省农作物品种审定委员会组织现场考察评审,象山红柑橘通过了新品种认定。

象山红柑橘平均单果重 200 克,最大单果重可达 350 克;果呈扁圆形,果形指数(纵径/横径)0.8;皮薄光滑,完全成熟时浓橙红色,外观艳丽诱人。象山红柑橘果肉为橙红色,肉质细嫩。一级品可溶性固形物含量在 11.5% 以上,含糖量 10g/100ml 以上,果实出汁率约 75%,可食率 80%以上;果实营养丰富,含维生素 A、C、D、B1、B2 和钙、磷、铁等多种营养成分。

(六)慈溪杨梅

慈溪杨梅为宁波慈溪特产,是全国农产品地理标志产品。慈溪杨梅历史悠久,是我国著名的杨梅之乡。据 1986 年考古发现,在河姆渡遗址中就有野生杨梅核的存在,表明慈溪一带野生杨梅的历史可以追溯到7000 年之前。杨梅人工栽培的历史至少有 2000 余年,最早关于杨梅的文字记载,出自汉司马相如的《上林赋》。清代雍正年间出版的《浙江通志》记述,慈溪产之荸荠种,味极甜美,为我国赤色之优良品种。慈溪也是荸荠种杨梅的原产地,主栽品种荸荠种杨梅果实圆润、肉质细嫩、汁多味浓、甜中沁酸,色紫黑、富光泽、具香气、核极小,味极甜美,有"果中玛瑙"之美誉。慈溪杨梅文化源远流长,自 1989 年 6 月第一届慈溪杨梅节举办至今每年举办,成为慈溪人民的重要节日。

主栽品种荸荠种杨梅具有"色紫黑、富光泽、糖度高、风味浓、核特小、肉离核、质细软、具香气"的特征。果实中等大小,单果重 10 克以上;果实近圆形,果顶稍凹,果底平,缝合线较明显,果蒂小,核小,可食率不低于

94％,果肉离核性好;肉质细软,汁多味浓,酸甜适口,可溶性固形物含量在10.5％以上,品质极佳。

(七)宁波岱衢族大黄鱼

宁波岱衢族大黄鱼为宁波市特产,全国农产品地理标志。我国捕捞大黄鱼至今已有2500多年的历史。大黄鱼有独特的营养和药用价值李时珍在《本草纲目》中亦云:大黄鱼,开胃益气,治暴下痢。大黄鱼是东海渔场的优良鱼种,不仅"其色如金,体态优美",而且"肉厚骨少,味松而嫩"。《吴郡志》中评价大黄鱼"味绝珍"。东海大黄鱼已渗透到海岛人的生产、生活、礼仪、节庆、游艺、信俗等各个层面,如在婚俗礼仪中,海岛人定亲,均要送一对大黄鱼作为吉祥食品。

宁波岱衢族大黄鱼具有体型细长、头型浑圆、吻短而细巧、体色金黄、线条优美等特征;体被圆鳞,体背面及上侧面黄褐色,侧面及下侧面金黄色,背鳍及尾鳍均灰黄色,胸鳍和腹鳍黄色;利用高效液相色谱质谱联用法、气相色谱质谱联用法对宁波岱衢族大黄鱼和普通大黄鱼的脂肪酸营养组分进行分析,结果表明两者在脂肪酸组成、极性脂比例等多个方面存在差别,印证了宁波岱衢族大黄鱼在营养成分、食用口感上与普通大黄鱼不同,更接近于野生大黄鱼的口感和味道。

(八)长街蛏子

长街蛏子为宁波宁海县特产,全国农产品地理标志。宁海县蛏子的养殖历史悠久,并以长街的下洋涂出产的蛏子最为有名。清光绪《宁海县志》记载:"蛏、蚌属,以田种之谓蛏田,形狭而长如指,一名西施舌,言其美也。"缢蛏已成为宁海县著名的特色产品和海水养殖的主导品种,为加强品牌建设,县海洋渔业局与长街镇政府连续多年举办"长街蛏子节"。长街蛏子多次获各类农博会金奖,2010年更是被评为"浙江省水产品双十大品牌"。2011年5月,中国渔业协会授予宁海"中国蛏子之乡"称号。

长街蛏子个体大小均匀,无畸形,贝壳完整,表面清洁,壳色呈浅黄色,壳表有黄绿色壳皮,条纹清晰,壳内壁有光泽;对外界刺激反应敏捷,用手触摸,双壳闭合迅速,进排水管及足部收缩快速。肉色洁白鲜嫩,活体剥开后其肌肉富有弹性;足部乳白色呈半透明状;口尝肉质鲜嫩、微甜,具有缢蛏特有的清香味。

(九)余姚甲鱼

余姚甲鱼为宁波余姚市特产,全国农产品地理标志。甲鱼在我国历史上源远流长,考古学家对浙江余姚河姆渡遗址出土的鳖甲、鳖头和余姚田螺山出土的烧锅及锅边的鳖甲做了考古学推算,把我国人类食鳖的历史提前到 7000 多年前。余姚市有独特的甲鱼饮食文化和众多以甲鱼为原料的美味食谱。如"红烧冰糖甲鱼"是正宗宁帮菜馆"状元楼"的看家菜。

余姚甲鱼的主要特征是体型较薄,背甲色泽光亮,青色或青黄色居多,背部光滑,无明显的竖纹和凹凸,背疣不明显,腹部无明显的伤痕,腿部折褶较多,皮肤粗糙,裙边较宽且富有弹性,自然伸展且光滑,指爪色微黄、完整、长而锋利。余姚甲鱼解剖后血液鲜红,体内脂肪较少,呈自然黄,肝脏呈鲜红色。经常规营养检测分析,余姚甲鱼的每 100 克肌肉蛋白质含量为 15.4—18.6 克,脂肪 0.369—0.5 克,氨基酸总量为 16.8—18.9 克。

(十)溪口雷笋

溪口雷笋为宁波市奉化区特产,全国农产品地理标志。溪口雷笋以基部淡紫红色、上部褐黄色、壳内壁淡紫红为特征,具有笋形通直圆满、壳薄光滑、色泽鲜亮、笋肉鲜嫩松脆带甜、富含蛋白质和可溶性糖等特点。

溪口雷笋营养价值丰富,粗纤维含量低,粗蛋白含量丰富,可溶性总糖含量高,尤其含有较多的人体所需氨基酸,氨基酸总量可达 25% 以上。溪口雷笋一般单株鲜笋重在 0.1—0.4 千克,采收长度在 20—40 厘米,基径在 4—5 厘米,出肉率可达 65%—72%。

(十一)慈溪蜜梨

慈溪蜜梨是慈溪重要的传统水果,全国农产品地理标志。慈溪蜜梨在慈溪已有悠久的种植历史,550 多年前已有相关种植的记载。慈溪蜜梨果实外观端正,单果重 250 克以上。成熟时具有该品种的固有色泽和特性,肉质细嫩,汁多,脆甜可口,风味佳。

慈溪蜜梨果实外观端正,单果重 250 克以上,成熟时具有该品种的固有色泽和特性。肉质细或中,汁多,脆甜可口,风味佳。果实含有蛋白质、碳水化合物、维生素 C 等多种营养物质,可溶性固形物含量在 10% 以上。

(十二)宁海白枇杷

宁海白枇杷是宁波市宁海县特产,全国农产品地理标志。宁海枇杷种植历史悠久,明崇祯《宁海县志》上已有相关记载。1994 年,农技人员在一市村枇杷园内发现一株白沙枇杷树,品质特别好。此后几年,在农技人员和种植户的共同努力下,宁海白枇杷产业不断壮大。宁海成立了枇杷产业协会,每年举办枇杷节,不断扩大宁海白枇杷的品牌影响力。

宁海白枇杷果实圆形至长圆形,平均单果重 35 克;果面淡黄色、锈斑少,皮薄易剥;果肉乳白色,肉质细嫩、入口易化,汁多味鲜、清甜爽口,风味佳美。宁海白枇杷可溶性固形物含量≥12%,可滴定酸≤0.4%,抗坏血酸≥3.0mg/100g。

(十三)余姚榨菜

余姚榨菜是宁波市余姚市特产,全国农产品地理标志。20 世纪 60 年代初,一位余姚农民从外地带回 2 两榨菜种子在自留地里试种。20 世纪 80 年代中期,榨菜真空小包装开始替代以往的坛装,这是余姚榨菜迈向安全卫生和精加工的第一步;稍后,"低盐"理念进入榨菜生产领域,并出现了丝、片等各种形态的榨菜。余姚榨菜生产基地通过国家无公害农产品基地认定,生产企业通过了 ISO 9000 质量管理体系和 HACCP 食品安全管理体系认证,有的企业还通过了美国食品药品管理局(简称 FDA)认证。1995 年,余姚被农业部命名为"中国榨菜之乡"。

新鲜菜头瘤状茎表皮浅绿色、肉乳白,呈扁圆球形至高圆球形,具 3 层瘤状凸起,瘤状凸起圆浑,瘤沟较浅;质地脆嫩,略带苦涩味。腌制榨菜色暗黄,皮微皱,质爽脆,味香浓、微甘鲜。

(十四)慈溪麦冬

慈溪麦冬是宁波市慈溪市特产,全国农产品地理标志。据史料记载,早在明朝成化年间,慈溪已有人种植麦冬。明朝的医生李时珍在《本草纲目》中对浙麦冬已有评价,称"浙中来者甚良"。慈溪麦冬的药材外观性状,呈纺锤形,两端略尖,表面灰黄色,纵纹明显,质柔韧,断面黄白色,半透明,中柱明显呈木质化,质坚韧。气香而特异,味甘、微苦,嚼之有黏性。1950—1990年,有27年慈溪麦冬产量占浙麦冬总产量的80%以上。20世纪80年代,慈溪麦冬种植达到鼎盛,最高年份总产量超过1000吨,尤其是在新浦、胜山等地,麦冬成为该地的主要经济作物之一。21世纪以后,慈溪麦冬的种植面积也有过一些起伏,但最近几年有慢慢恢复的迹象。自2015年开始,种植面积已经超过400公顷。

(十五)余姚杨梅

余姚杨梅是宁波余姚市特产,全国农产品地理标志。浙江省博物馆于20世纪80年代中期在余姚市河姆渡镇新石器时代遗址,对出土文物进行考证,发现当时已有野生杨梅存在。以此推算,余姚杨梅生长历史可追溯到7000年以前。吴越杨梅有7000年的历史,2000年的人工栽培,到了现代杨梅已经细分为很多种。以闻名遐迩的"荸荠种"和"早大种"杨梅为主,占栽培总面积的95%以上。在余姚、慈溪两地,杨梅主要集中在丈亭镇和横河镇。余姚杨梅经过数千年的自然演化和人工筛选,已形成乌种、红种、粉红种、白种四大品种群系。据全国杨梅科研协作组对杨梅品质资源的普查成果,在余姚境内尚存荸荠种、粉红种、水晶种、荔枝种、早大种、迟种等20余个品种,品种数量位居中国前列。

(十六)古林蔺草

古林蔺草是宁波市海曙区特产,全国农产品地理标志。古林蔺草圆滑细长、粗细均匀、壁薄心疏、软硬适度、富有弹性。主栽品种鲜草色泽鲜绿,有效草茎均长约115厘米,草茎均粗约2毫米;烘干后草泽浅绿,清香浓郁,硬度适中,弹性好,韧性强。目前,全国蔺草90%以上集中在宁波,而宁波蔺草90%以上集中在海曙区,海曙区也因此被评为"中国蔺草之乡"。

古林蔺草的生长与土地气候有着密切的关系,现划定区域范围内的古林蔺草圆滑细长、粗细均匀、壁薄心疏、软硬适度、富有弹性。蔺草是一种含有丰富食物纤维的植物,蔺草茎中心髓部由无数白色多孔疏松的星状细胞所组成,草茎坚韧且富有弹性、吸湿功能强,通气性能好,具有调节干湿的功能,使用蔺草编制的各类产品具有通气、吸湿、清凉及净化空气等作用,古林蔺草又因具有保温、断热、触感佳的特质,夏天隔热、冬天保暖,使用时有淡淡的草香散发。

(十七)慈溪泥螺

慈溪泥螺是宁波慈溪市特产,全国农产品地理标志。慈溪泥螺个体大小均匀,贝壳完整,肉质饱满,体表黏液丰富,无缩足畸形,表面干净,体色呈灰黄色或淡粉色,略透明。壳面有细密的环纹和纵纹,生长线明显;对外界刺激反应敏捷,用手触摸,腹足能缓慢收缩。肉色洁白鲜嫩,活体剥开后其肌肉富有弹性;足部乳白色呈半透明状。口感脆嫩,无异味,无泥筋,具有慈溪泥螺特有鲜味。

(十八)象山白鹅

象山白鹅是宁波象山县特产,全国农产品地理标志。象山白鹅体形中等,体态匀称,全身羽毛白色,头部肉瘤高突,呈橘黄色,颈细长,虹彩呈灰蓝色,胫、蹼呈橘黄色,爪呈玉白色。

(十九)奉化曲毫

奉化曲毫是宁波市奉化区特产,全国农产品地理标志。奉化曲毫干茶具有外形盘曲肥壮、绿润显毫,清香持久,滋味鲜醇回甘,汤色绿明,叶底成朵、嫩绿明亮的特征。奉化曲毫茶的游离氨基酸、茶多酚、咖啡因含量较高,酚氨比较小。

(二十)余姚樱桃

余姚樱桃是宁波市余姚市特产,全国农产品地理标志。余姚樱桃色泽鲜艳、肉质细腻、汁液丰富、可食率高,品质上佳。余姚樱桃代表品种3种。短柄:果实扁圆形,果面全红。梁弄红:果实长圆形,果顶略呈乳突,果面红紫色。黑珍珠:果实圆形,果面紫红色或紫黑色。

二、其他宁波农业与林业特产

(一)余姚茭白

余姚茭白历经多年选育,具有出苗早、孕茭早、个体大、肉质嫩、品质优、产量高的特点。余姚种植茭白历史悠久,据河姆渡遗址考证,早在7000年前,余姚已有野生茭白生长。在姚东低洼地区,历来有种植茭白的习惯。2001年7月,河姆渡镇被农业部命名为"中国茭白之乡"。地处浙东沿海的余姚,气候温暖湿润,阳光充足,雨量充沛,这一切都为茭白的生长带来了有利条件,而余姚茭白亦不负盛名,个大、肉嫩、口味较糯带甜,即使清炒都风味十足。它有个更重要的品性就是气味清新,质地绵软,可以和多数荤料来配,不夺味。茭白切滚刀块,与肉或鸡同炒,其味鲜美;茭白切丝和红椒丝、青椒丝、肉丝混炒,谓之"茭白三丝",色味俱全;或者仿着"油焖笋"来做"油焖茭白"。经过日晒、雨淋、露润、水浸的茭白,能品出雨露的味道、泥土的鲜香,还有属于水乡的婉约和质朴。经国家工商总局商标局认定,"余姚茭白"荣获中国国家地理标志证明商标。

(二)宁波金柑

金柑为芸香科柑橘族金柑属的植物,具有很高的食用价值和药用价值。宁波金柑栽培历史较长,元代有"金柑出慈溪,饱霜者甘"的记载。北仑区位于浙江省宁波市东部,甬江口南岸,地处太平洋西岸,中国大陆海岸线的中部,东濒东海,三面环海,北临杭州湾,南临象山港,西接鄞州区。北仑区属亚热带季风气候区,面临东海,气候温和湿润,四季分明,无霜期长,雨量充沛。金柑属亚热带多年生常绿果树,性喜温暖湿润、畏寒,要求土壤疏松,土层深厚、肥沃、pH值适宜,土壤通气性好、排水良好,阳光充足的立地环境,北仑区良好的地理气候条件,为宁波金柑提供了适宜的生产发展条件。宁波金柑形美色鲜、皮薄核少、汁多味浓、甜酸可口,具有很高的营养价值。宁波金柑是少数以吃皮为主的水果,除鲜食外,还可以加工成白糖金柑饼、甘草金柑、果汁以及糖水罐头等,有止渴解酒、化痰镇咳、除臭润肺等疗效,在日本又称保健水果。2006 年 10 月 25 日,国家质检总局批准对"宁波金柑"实施地理标志产品保护。

(三)大白蚕豆

大白蚕豆,豆科,一年生或两年生草本,与大小麦、油菜等俗称春花。大白蚕豆俗称大豆、罗汉豆、慈溪人多称其为"倭豆"。

慈溪大白蚕豆是浙江省五大名豆之一,也是全国著名的蚕豆良种。其粒大质优,闻名中外,是慈溪特产外贸出口的主要豆类。慈溪大白蚕豆皮色青绿,粒大肉厚,光滑结实,品质优良。大白蚕豆富含蛋白质、淀粉、脂肪和大量维生素。鲜豆滋味鲜嫩,营养丰富。干豆可制成盐炒豆、兰花豆、茴香豆、五香豆等,还可制作粉丝、孵成芽豆等作菜肴。蚕豆为根瘤植物,适宜套作轮作。如今,慈溪大白蚕豆远销日本、东南亚和西欧,近年来还制成不同口味多品种的速冻豆出口。

(四)茶叶

宁波是我国最早的原始茶产地之一。西汉时,四明山中有大茗,时以鲜叶晒干成茶,即有"绿色珍珠"之雅称。晋代四明山曾有茶事活动,余姚人虞洪在瀑布岭采树高叶大的瀑布茶。唐代茶圣陆羽曾亲临浙东一带,品尝余姚的瀑布茶,认为品质优异,便命名为"瀑布仙茗",并写入《茶经》一书。

宁波历史上多产名茶,"四明十二雷"系元明两朝贡茶,色香俱佳,为茶中绝品。此外,还有"瀑布仙茗""茶山茶""珠山茶"等,近代先后湮没。1978 年始,恢复余姚"瀑布仙茗""四明十二雷"、宁波"赤峰茶"(茶山茶)、象山"珠山毛峰"(珠山茶)等名茶。宁海"望海茶""第一尖""望府银毫",鄞县"东海龙舌",奉化"武岭茶""蟠龙",象山"蓬莱仙茗",北仑"太白龙井"等地方名茶推陈出新。[①] 2007 年,宁波市有关部门公布了首届"宁波八大名茶"评比结果,宁海"望海茶""印雪白茶"、奉化"曲毫"、北仑"三山玉叶"、余姚"瀑布仙茗"、宁海"望府茶"、余姚"四明龙尖"、象山"天池

---

① 俞福海.宁波市志[M].北京:中华书局,1995:1312.

翠"榜上有名。

1. 四明十二雷

四明十二雷属于白茶的一种,产于余姚陆埠区三女山虹岭、上芝林一带,早期的四明十二雷茶以三女山资国寺旁所出为绝品。元朝时,四明十二雷被列为贡茶,名冠明州。明万历后,四明十二雷茶渐趋衰落。清时又开始竞相仿效,后湮没。1986 年,余姚车厩乡虹岭茶场恢复制作。四明十二雷外形圆紧挺直,纤秀似松针,色绿披松毫。冲泡后,茶叶舒展似兰苞初放,香高持久有兰韵,味甘醇,叶底嫩匀成朵。1987 年获省首届斗茶会上等名茶奖。

2. 望府银毫

望府银毫产于宁海城南海拔 500 米的望府楼。采用福鼎白毫优良茶树品种,外形肥壮、紧直,披毫,色绿翠光润,香高鲜纯,滋味鲜爽回甘,汤色清澈,叶底芽叶肥嫩明亮。1989 年于西安全国名茶评比中获部级金杯奖。

3. 望海茶

望海茶为省级名茶,原产国家级森林公园宁海马岙乡望海岗。望海峰山高千仞,山上终年云雾缭绕,晴好之日,登高远望,观东海樯桅点点,海天一色。望海岗由此得名,所出之茶,亦名为望海茶。望海茶外形条索细紧、挺直,色绿翠显毫,香高持久,鲜醇爽口,汤色、叶底嫩绿明亮。采制工艺独特,特一级茶鲜叶采摘标准为一芽一叶初展,于谷雨前后选晴天或露水干后摘紫色芽。1984 年获省名茶证书,2004 年获"中绿杯"名茶评比金奖。

4. 东海龙舌

东海龙舌为地方名茶,产于南临象山港、北濒东钱湖的鄞州福泉山。当地称茶叶树为龙舌树,故名"东海龙舌"。外形扁平狭长,似舌,色黄绿显毫,汤色嫩绿明亮,香气浓醇、味鲜浓,叶底嫩绿匀齐、完整。1986 年后连续三年获市扁茶类第一名,2001 年被评为宁波市名牌产品。

5. 太白龙井

太白龙井为地方名茶，产于北仑区太白山。外形扁平，光滑、挺直，色泽有毫，香气清高，味鲜爽、醇和，汤色清明，叶底嫩匀黄亮。

6. 宁海第一尖

宁海第一尖为地方名茶，产于宁海马岙乡马岙村。1987年创制。外形似兰花，略扁，色泽翠绿显毫，香高，滋味鲜醇爽口、回甘，汤色嫩绿且清澈明亮，叶底芽叶肥嫩成朵。

7. 蟠龙

蟠龙为地方名茶，产于奉化裘村海拔500米的银山岗小蟠龙，采用福鼎白毫优良茶树品种。外形卷曲、绿润、显毫，汤色嫩绿明究，底嫩绿明亮。

8. 四明剑毫

四明剑毫为地方名茶，产于余姚四明山区海拔500米的大岙山。外形似宝剑，苗秀挺直，嫩绿披毫，香高鲜郁，味爽醇厚，全芽肥嫩，明亮匀齐。1989年，在省第二届斗茶会上被评为最佳名茶，获特等奖。其后至1990年，连获市名茶冠军，得市名茶证书。①

9. 宁波白茶

宁波白茶为宁波白茶系采用珍稀茶树品种——芽叶白化异变茶树幼嫩茶叶加工而成。由于遗传特性，白色芽叶只能采自气温22℃以下时萌发的春梢，栽培上必须选择高山低温地带和有机化模式，因此宁波白茶是纯天然、无污染的健康珍品。宁波白茶色有"三变"（鲜叶呈雪白色，干茶镶金黄色，叶底现乳白色），茶品有"三极"（汤极翠、叶极鲜、香极高）。2005年、2006年，它山堰白茶连续两次在宁波国际茶文化节中荣获"中绿杯"金奖，产品供不应求。目前，宁波白茶的市场零售价在宁波地产茶叶中为最高。

---

① 金君俐，刘建国.甬上物华[M].宁波：宁波出版社，2005：89.

10. 金鹅仙草

金鹅仙草为宁波市著名绿茶之一,产于鄞州区横溪镇的大梅山峰顶。大梅山海拔 578 米,气候温润,雨量充沛,常年云雾缭绕,空气清新,年平均气温为 14℃左右,昼夜温差大。这种独特的地理和气候条件使得金鹅仙草茶色泽翠绿,香气清高,回味甘甜,形似兰花初放,为茶叶中的稀世珍品。

第二节　渔业与畜禽特产

一、渔业特产

(一)特色海产品

宁波地处东海之滨,海岛、渔港众多,渔业资源丰富,民国《鄞县通志》收录宁波地区海鱼与淡水鱼各 22 种,甲壳类、软体类以及腹足类水产品 22 种,共计 66 种,充分证明宁波地区渔业资源的丰富。渔业是宁波的传统产业,也是宁波市大农业中活力较强、发展较快、效益较好的优势产业。2021 年宁波市农林牧渔总产值 556 亿元,其中渔业总产值 212 亿元,占 38%。水产品总产量 107 万吨,91% 来自海洋,其中海洋捕捞 50 万吨,海水养殖 37 万吨,远洋渔业 11 万吨,淡水养殖与捕捞 9 万吨。宁波市有渔业总人口 11 万,生计渔民 5 万,拥有海洋渔船 4534 艘(含远洋渔船 27 艘),渔港 57 座,滩涂养殖面积 14666.7 公顷。[①] 宁波的主要特色海产品介绍如下。

1. 黄鱼

黄鱼,又名黄花鱼、黄瓜鱼、江鱼,属硬鳍类石首鱼科。黄鱼栖于黄

---

① 宁波市农业农村局关于市政协十六届一次会议第 5 号提案的答复[EB/OL].(2022-07-26)[2024-05-01]. http://nyncj.ningbo.gov.cn/art/2022/7/26/art_1229058290_58983064.html.

海、南海和东海,产于象山港口、舟山嵊泗列岛洋面。体侧扁,为纺锤形;鳞黄色,腹部淡白带金光,头盖骨内有白色莹洁之骨二枚,坚如石粒,故名石首鱼,黄鱼为江海鱼中之冠。范成大《晚春田园诗》有"海雨江风浪作堆,时新鱼菜逐春回。荻芽抽笋河鲀上,楝子开花石首来"的描述。每年春季,黄鱼向沿海洄游产卵,可绵亘数里,声如响雷;秋冬季又向深海区游移,潜伏于外海深水区。黄鱼属于中国主要经济鱼类,也是宁波著名的特产之一。

市面上所见的黄鱼有两种,体形壮阔、鳞粗、形小者,俗称小鲜,或名小黄鱼;体形修长、鳞细、形大者,俗名大黄鱼。阴历四月起捕为"头水黄鱼",五月端午前后起捕为"二水黄鱼",六月上旬起捕名曰"三水黄鱼",八月起捕则称"桂花黄鱼",十一二月起捕叫"雪亮",初春起捕则称作"报春黄鱼"。

2. 鲨鱼

鲨鱼皮上有沙,故曰鲨,其种类甚众。鲨鱼身体呈锥形而微扁,头部形状随鱼种不同而异,常见的品种有鬐鲨、老虎鲨、狗鲨、刺鲨、青鲨、乌鲨、斑鲨、燕尾鲨、白蒲鲨、犁头鲨、扁鲨、白眼鲨等 70 多个。鲨鱼产于象山港口、舟山洋面,是宁波海特产品。鲨鱼肉味鲜美肥嫩,煮食前需用热水脱去鱼身上的沙。

3. 带鱼

带鱼"修若练带",故名。带鱼又叫牙带、白带、裙带鱼、鳞刀鱼,我国北方则称刀鱼,体长三四尺,体色青黑,腹部白色,栖息于深海,主要产地在东海舟山洋面,是宁波大宗海特产品。

4. 鲳鱼

鲳鱼又名鲳鯸、白鲳、鲳板、镜鱼、平鱼、鲳扁鱼或张壁鱼。《宝庆四明志》卷第四《叙产》:"鱼身扁而锐,状若锵刀,身有两斜角,尾如燕,尾鳞细如粟,骨软肉雪白于诸鱼,甘美第一。"鲳鱼栖息于近海的中下层,多产于象山港和舟山洋面,是宁波海特产品。

鲳鱼体长可达约 40 厘米,银灰色,头小,吻圆、口小、牙细,体色苍白,每年初夏来到海湾产卵,以甲壳类等为食。

5. 鲻鱼

鲻鱼是宁波海特产品。鲻鱼,鲻科,体延长,稍侧扁,长可达 50 余厘米,银灰色,具暗色纵纹,头部扁平,下颌前端有一突起,上颌中央具一凹陷,以泥表所附的硅藻及其他生物为食,宁波沿海均有产。现宁波一些地方已采用人工饲养,产量得到较快提高。

6. 米鱼

米鱼又称免鱼、敏子、敏鱼,属硬鳍类鲈鱼科,似鲈而肉粗,体色银灰,产于东海舟山洋面。以阴历六至八月为渔汛期,而以七月为旺汛,每逢大潮汛,渔船竞相出海作业,晨出晚归,捕获甚丰,是宁波海特产品。用米鱼所制作的"鱼丝面""鱼饼"以及咸米鱼烧芋芳头都是别有风味的美食。

7. 鳓鱼

鳓鱼又名白鱼、鲞鱼、鲙鱼、曹白鱼、白鳞鱼,属鲱科,渤海、黄海、南海和东海均有产,为近海中上层鱼类,初夏时群游到沿岸产卵。宁波的象山港及舟山洋面有产,尤以岱山附近为最多。因其腹面有硬刺能勒人,故名。鳓鱼是宁波海特产品,味极鲜美,食法众多。

8. 海鳗

海鳗似蛇而色青,白齿锯利,又名即勾、狼牙鳝、门鳝、门虫先、麻鱼、勾鱼,属海鳗科,体细长,全身青色,略带淡黑,下腹灰白,性凶猛,生长在近海深水湍流中,非至时令,多活动于海底,每年秋冬两季为旺捕季节。海鳗是宁波海特产品。

9. 墨鱼

墨鱼俗名乌贼,属软体动物类,有大眼一对,口边列生触角十条,内边多有吸盘,肛门处有墨囊,内贮墨液,遇危急时,能喷出墨汁使海水变黑,便于匿而逃脱。墨鱼在宁波沿海,特别是象山产量较丰,是宁波传统的海特产品。

10. 弹涂鱼

弹涂鱼又名弹糊、跳鱼、泥猴,系鲈形目、弹涂鱼科,形如小鳅,大者如人指,长7—9厘米,体侧扁,无鳞。淡褐色头部有斑点,簇簇如星。眼上位,能突出。腹鳍愈合成一吸盘,胸鳍基部具肌肉柄。其栖息于海水中或河口附近,常跳跃出水。退潮后,弹跳腾跃在泥涂上觅食,故名。弹涂鱼在宁波沿海各地均有产,但以宁海长街一带所产较为著名。弹涂鱼是宁波传统的海特产品。

11. 海蜒

海蜒又名海艳、海咸,是鳀鱼一类幼鱼,是宁波海特产品。海蜒主要产于象山县,并以渔山列岛所产海蜒质量最佳,故称渔山海蜒。宋时东南沿海一带有所谓"海蜒户",专为官府皇室捕贡海蜒。

12. 石斑鱼

石斑鱼俗称岩石鱼,品种很多,有赤点石斑鱼、青石斑鱼、宝石石斑鱼、六带石斑鱼、云纹石斑鱼、纵带石斑鱼等,系鲈形目、鳍科,因其鱼身上有花色条纹和异色斑点,故名。石斑鱼是驰名中外的名贵鱼种,主要产地在象山渔山列岛周围海域。

石斑鱼生活习性奇特,不喜欢和其他鱼类混游在一起,喜单独生活在数十米深、水质清澈的海底暗礁丛中,难以用网捕捞,只能用钩钓。该鱼生性凶猛,喜吞食鱼类和虾类。捕捞期为4—11月,以端午至中秋这段时间为捕捞旺季。石斑鱼营养丰富,肉质细嫩洁白,类似鸡肉,有"海鸡肉"之称,是一种低脂肪、高蛋白的上等食用鱼。

13. 鲈鱼

鲈鱼又叫花鲈、花寨、鲈板、鲈子鱼等,栖息于近海,早春在咸淡水交界的河口产卵。鲈鱼体色背面淡青,腹背淡白,有不明显的黑褐色斑点,巨口细鳞,性凶猛,以鱼虾为食,产于象山港、甬江及各河流。当地渔民在鲈鱼产卵季节,在河口以中大青蛙为饵垂钓,常有所获。以前鲈鱼多为野生,现在已采用人工养殖,产量提高很快。鲈鱼是宁波的特产之一。

14. 望潮

望潮又名短蛸、坐蛸、短腿蛸、短脚章、短爪章、涂蟢，是宁波海特产品。望潮体型椭圆，是墨鱼体型的 1/4—1/3，色暗褐，触角细长，三倍于体，有吸盘两列，穴居海滩泥洞之中，潮至则出穴取食。渔民捕捉时，稍不小心，手足就被其吸住，牢不可脱，唯有放入水中，方能松开。当潮汛要来时，雄者每高举左螯，上下摇动，似在招呼潮水到来，故名"望潮"。

15. 奉化蚶子

蚶子又名泥蚶、芽蚶、血蚶。蚶为蚌属，纹似瓦屋，壳中有肉，紫色满腹，纵横其理，五味俱足。宁波沿海各地都有出产，如镇海、奉化等地均有养殖，但以产于奉化的蚶子品质最佳，体型最大，称奉蚶。奉化蚶子肉肥血多，营养丰富，味道鲜美，是宴席上不可多得的佳肴。奉化蚶子是宁波著名的海特产品。

16. 青蟹

青蟹学名锯缘青蟹，又称黄甲蟹，亦称蝤蛑，系甲壳纲、蝤蛑科，俗名蝤蛑蚂，栖息于泥涂及近岸浅海中，平时随潮水进入泥涂，喜穴居于有淡水流出的地方。宁波出产的青蟹体肥、肉鲜、壳青。

青蟹甲壳呈椭圆形，体扁平、无毛，头胸部发达，双螯强有力，后足形如前，故有"拨棹子"之称。青蟹一年四季都有产，但以每年阴历八月初三到二十三这段时间最佳，青蟹壳坚如甲盾，脚爪圆壮，只只都是双层皮，民间有"八月蝤蛑抵只鸡"之说。青蟹是宁波著名的海特产品。

17. 梭子蟹

梭子蟹又名蠘蟹，与青蟹相似，但头胸部两端突出，两螯较青蟹细长，有紫色云纹。因其形状似梭子而得名。梭子蟹在宁波沿海一带均有产，全年都可捕获，但以七八月为捕获的最盛季节。梭子蟹生命力强，离水多时尚能横行。梭子蟹是宁波著名的海特产品。

18. 蛏子

蛏子生海泥中，长如大拇指，其肉甚肥，壳不足以容之，口常不闭。清乾隆年间,在鄞县大嵩合一、芦一村,有数十户人家养蛏子。蛏子贝脆而薄,呈长扁方形,自壳顶到腹缘,有一道斜行的凹沟,故名缢蛏。宁波沿海一带多滩涂,养殖蛏子有得天独厚的优势。历史上,鄞州、奉化、宁波都是蛏子的主要养殖地。宁海长街一带,濒临三门湾,常年有大量淡水注入,海水咸淡适宜,饵料丰富,涂质以泥沙为主,因而蛏子生长快、个体大,肉嫩而肥,色白味鲜,故得名长街蛏子。蛏子是城乡居民非常喜欢的一种美食。

19. 牡蛎

牡蛎俗称蛎黄,有褶牡蛎(又称金钱蛎)和近江牡蛎(又称草鞋蛎)两种。褶牡蛎贝壳小,薄而脆,大多为三角形。养殖以褶牡蛎为主。牡蛎是一种贝类海产品,在山珍海味中属"下八珍"之一。牡蛎附岩而生,相连如房,当潮来时,诸房皆开,故又名蛎房。

20. 梅蛤

梅蛤也称"虹彩明樱蛤""扁蛤",仅产于宁波沿海一带,是宁波著名的海特产品。梅蛤贝壳呈卵形,长仅 2 厘米,壳极薄而易碎,表面灰白略带肉红色,生活于潮间带的泥滩,潜于泥中 5—6 厘米。肉肥,盛产于梅季,因名。其形状大小似瓜子,故又名"海瓜子"。

21. 泥螺

泥螺古称吐铁,闽南一带因其盛产于麦熟季节而称其为"麦螺蛤"。江浙沪地区的人们因其贝壳为黄色而称其为黄泥螺,并以产于宁波慈溪东部龙山一带的为佳,俗称"龙山黄泥螺"。尤以桃花盛开时所产质量为最佳。泥螺体表黏液及内脏均含有毒素,食用时最好以醋蘸食,这样既能杀菌又能入味。泥螺是宁波著名的海特产品。

22. 淡菜

淡菜为海产蚌类食品,别名海红、红蛤、壳菜,雅号"东海夫人"。蚌肉俗称水菜,取其肉加工晒干不加食盐,其味甘淡,故称"淡菜"。《宝庆四明志》载,淡菜亦名壳菜,形似珠母,一头尖,中衔少毛,甚益人。生南海,有东海夫人之号。宁波淡菜肉大而肥,加工晒干就叫干肉。由于它是高级营养品,自唐朝时就已作为进献皇室的贡品,所以淡菜干又叫"贡干"。

23.苔菜

苔菜又称苔荞或苔条,学名浒苔,为绿藻门、石莼科藻类植物。藻体鲜绿色至黄绿色,单生或丛生,长可达1—2米。

苔菜是宁波颇有名气的特产之一,一般生长于低潮位岩石中和高潮区滩涂,属自然生长。宁波沿海早有采集食用习惯。宁波苔菜产地主要在山港和三门湾一带,奉化、象山和宁海均有出产,其中以奉化产量最高。奉化桐照一带所生长的苔菜质量优良,鲜苔采后,经过洗涤、烘干、扎粉,加工成苔菜粉,远销日本。苔菜具有色泽翠绿、香气浓郁、滋味鲜美的特点,是风味独特的佐料,含有人体所需的多种氨基酸,也可作为添加剂制作各种苔菜味糕点。

(二)淡水水产品

1.甲鱼

甲鱼又名团鱼、元鱼、鳖,是一种十分古老的野生动物。在7000年前的河姆渡遗址中,就发现有甲鱼的遗骨,说明最迟在这个时期甲鱼已成为当时人们食用的对象。甲鱼色青灰,体扁圆,背腹皆被甲,被甲略圆,有明显的肋骨板可辨识。其边缘特别厚,俗称"肉裙",四肢能伸缩,但大者如盆,小者似掌,产河湖池沼中,宁波各地均有产。

2.凫溪香鱼

凫溪是宁海县五大溪流之一,发源于大里、马岙的山涧小溪,自西向东注入象山港。宁波著名特产——香鱼就产于此溪中,因名"凫溪香鱼"。宋代进士储国秀所作《宁海县赋》中就有香鱼的记载:"香鱼产溪中,又名细鳞鱼,无腥而香,其长随月,至七八月长七八寸,过此则生子而味不美,出凫溪者佳。"

香鱼是洄游性鱼类,在大海中生长发育,每年暑起至八月间洄游至咸淡交融的溪涧入海口繁育后代;喜栖息在水浅、温低的通海溪涧中,以食石上苔藓为生,因其背脊上生有一条满是香脂的腔道,能散发浓郁的芳香而得名。

3. 东钱湖"三宝"

作为浙江省最大的天然湖泊,宁波东钱湖自然条件优越,水产品丰富,湖鲜品种近 40 种,主要有青鱼、鲢鱼、草鱼、鲫鱼等,还有湖虾、螺蛳等,其中蛳螺、湖虾、朋鱼最为有名,有"钱湖三宝"之誉。

二、畜禽特产

(一)宁海土鸡

宁海土鸡是我国优良地方品种后裔,产于宁海县,放牧于无工业农业山区、半山区及四园(桑园、茶园、果园、竹园),采用多种生态放养模式放养。宁海土鸡外形美观,体型紧凑,大小适中,尾羽高跷,体呈元宝形,胫细,全身羽毛、胫、趾、喙为黄色。表皮呈淡黄色,丰满,切面光亮,有弹性。宁海土鸡肉质细嫩,鲜香味浓郁,味美可口,汤汁透明无浑浊,营养价值极高。

(二)岔路黑猪

岔路黑猪主要产于宁海、象山、鄞县和奉化等地。岔路黑猪体质结实,结构匀称,耳大下垂,背腰平直,多为单背,胸较深,腹稍下垂,四肢壮实,前肢肘节、后肢飞节处有 1—2 个皱褶,被毛全黑。成年公猪体重为 113 千克,母猪体重 96 千克。经产母猪平均窝产仔数为 12—16 头。肥育猪屠宰率为 68.5%,膘厚 2.4 厘米。

(三)海鸭蛋

海鸭蛋是指以海滩中的鱼、虾、蟹、贝类、藻类为主要食物的鸭群所产的蛋。象山海鸭蛋是象山县海涂养鸭所产的蛋,具有蛋黄色红、自然、味香、咸淡适中、蛋白鲜嫩可口、细腻的特点。象山海鸭蛋营养价值丰富。每 100 克海鸭蛋中含有卵磷脂 4056 毫克,比 100 克牛奶中所含卵磷脂高50 倍。

（四）番鸭

番鸭是雁形目鸭科栖鸭属鸟类，又称瘤头鸭、麝香鸭、西洋鸭。头大而长；眼至喙的周围颜面无毛，两侧长有随年龄而增长的红色肉瘤；脚矮；体型前尖后窄，呈长椭圆形。公鸭冠多深红色，肉瘤大；雌鸭冠有紫色或橘红色两种，肉瘤较小。繁殖季节，公鸭能散发出麝香气味，故名麝香鸭。番鸭原产南美洲，中国各地均有零星饲养。番鸭脂肪少，瘦肉多，是上品肉用鸭。余姚市番鸭养殖已有近百年的历史。近年来，经引进优良种鸭，进行品种选育改良，余姚番鸭品种质量更优，生产性能更高，饲养量也逐年增加。

（五）余姚皮蛋

余姚皮蛋蛋白呈半透明的褐色凝固体，表面有松枝状花纹，蛋壳易剥不粘连，结晶透明，松花点缀，美若玉雕，蛋黄紧缩，呈深绿色凝固状；切开后蛋块色彩斑斓，似菊花绽蕾，又如砂糖裹心，质地醇美，味道绵长，清凉爽口。2013年6月26日，国家质检总局批准对"余姚皮蛋"实施地理标志产品保护。

（六）余姚咸蛋

余姚素有养鸭制蛋的传统。隋唐时期，民间就有制作皮蛋及咸蛋的详细记载。余姚各乡镇均具有发展"带圈白翼梢"系的"绍兴麻鸭"养殖业的良好的自然环境。余姚咸蛋的蛋白"鲜、细、嫩"，蛋黄"红、沙、油"。将咸蛋煮熟剖开，蛋白如凝脂白玉，蛋黄似红橘流丹，赏心悦目，别具风味。2013年6月26日，国家质检总局批准对"余姚咸蛋"实施地理标志产品保护。

第三节　特色餐饮与名点

一、传统名菜

(一)十大传统名菜

宁波菜又称"甬菜",是浙菜中颇具特色的一个地方菜,有着深厚的底蕴。宁波菜在用料上具有浓郁的地方特色,在用料方式上以海鲜原料为主,以蔬河鲜原料为辅,以其他类原料为补充;在烹饪方法上以蒸、烧、烤、炖、腌、鲞等见长,注重原汁原味,以咸提鲜。因此,鲜咸合一成了甬菜的特色风味。

宁波十大传统名菜为冰糖甲鱼、锅烧河鳗、腐皮包黄鱼、苔菜小方烤、火踵全、宁式鳝丝、彩熘黄鱼、网油包鹅肝、黄鱼海参、苔菜拖黄鱼。

1. 冰糖甲鱼

甲鱼,又称团鱼,味甘咸,药用价值极高。在宁波菜肴中,以冰糖甲鱼最著名。冰糖甲鱼的另一别称为"独占鳌头",由甬江状元楼首创。冰糖甲鱼是以甲鱼为主要原料,加冰糖栗子、白果等佐料。此菜色泽黄亮,绵糯润口,甜酸香咸俱全,滋味鲜美。并且,由于烹制时用芡汁和热油裹紧甲鱼,菜品能保持较长时间的热度。

2. 锅烧河鳗

宁波多江河湖泊,所产河鳗甚多。在本地江河湖泊所产者,俗称"本塘河鳗",更是鳗中之珍品。锅烧河鳗,以剔骨锅烧鳗最为著名。此菜用本塘河鳗,烧制需有高超技术。首先,将重约半千克的河鳗去内脏,退沙,切成5—6厘米长的鳗段,一段段竖起来,用蒲草扎起,隔水蒸得烂熟,这时,富含脂肪的鳗皮已呈半透明蝉翼状。然后,将鳗骨剔出,放到锅内红烧,需注意鳗皮不能有破损。锅烧河鳗成菜色泽红亮,鳗肉酥烂,口味鲜咸并略带酸味。

3. 腐皮包黄鱼

腐皮包黄鱼的制作要求很高。先要选取新鲜的大黄鱼,大条的小黄鱼亦可,洗净,剔净鱼骨鱼刺,劈成1厘米厚的薄片,放入蛋清、精盐、葱末、五香粉、味精、绍酒后拌匀待用;选用优质豆腐皮,用湿布使其返潮,两张对叠,将鱼肉包在里面,卷成长条,用蛋黄液封边成菱形段,入油锅炸至金黄色即可装盘。此菜具有腐皮酥脆、鱼肉鲜嫩、外酥内嫩、营养丰富的特点。食用时以椒盐、番茄沙司佐食风味更佳。

4. 苔菜小方烤

苔菜小方烤选料和制作比较简单。将煮至八成熟的薄皮五花肋条猪肉切成小块放入油锅,同时加入绍酒、酱油、红腐乳汁及白糖等佐料,先以小火煮片刻,然后用旺火将卤水收汁,放置盘内待用;选取本地产苔菜若干,将苔菜扯松,切成一寸多长,放入油锅速炸至酥,立即捞起盖在肉上,再撒上少许白糖即可。五花猪条肉营养丰富,精肥相间,味道鲜香软糯;苔菜色泽翠绿,香气扑鼻,味道鲜美,令人食欲大开。此菜颜色红绿相映,酥糯相济,鲜香相配,咸甜相共,别具风味,富有宁波地方特色。

5. 火蹱全鸡

制作火蹱全鸡需选取家养老母鸡一只,宰杀后放血,去毛,取出内脏,洗净。同时,将洗净的鸡肫、鸡肝、鸡心等内脏放入鸡膛内,整鸡用沸水煮3分钟,取出放入汤碗内,配以香菇、笋片、木耳等多种佐料,连碗放入锅中,以微火焖炖约1小时至鸡肉酥烂即可。此菜酥嫩油滑,汤味鲜香,形状美观,汤汁浮白似奶。

6. 宁式鳝丝

宁式鳝丝早年以状元楼和中央楼所烧制的最为有名,是甬上最具特色的河(湖)鲜菜之一。烧制宁式鳝丝时,要先将鳝鱼丝切段,笋丝、韭黄切成段。鳝丝煸炒,加绍酒和姜汁,加锅盖稍闷后放酱油翻锅,再加入笋丝和上汤稍烧,放入韭黄、味精稍炒后勾芡,放入葱段,淋上明油、芝麻油,撒上胡椒粉出锅。宁式鳝丝呈淡红色,油润肥美,口感香嫩滑,食后口齿留香。

7. 彩熘黄鱼

制作彩熘黄鱼需选取新鲜大黄鱼一条,洗净,斩去胸、背鳍,然后在鱼身两侧切十字形细纹刀花若干,抹上精盐,撒上绍酒,将黄鱼稍渍后拍上干淀粉,入油锅炸熟,备用。将虾仁、火腿、香菇、蛋糕丁、鸡脯丁以及白糖、葱、醋等佐料烧煮后,浇于油炸黄鱼全身,撒上熟火腿丁和葱段即可上桌。此菜营养丰富,口味鲜香,色彩艳丽悦目,佐酒下饭皆宜。

8. 网油包鹅肝

网油包鹅肝是一道传统名菜,在宁波风行已有 2000 年的历史。制作网油包鹅肝需选取优质鹅肝洗净,用斜刀片成厚片,放入碗内,加葱末、味精、绍酒、五香粉、精盐搅拌均匀。把猪油网洗净摊平,裹上调过味的鹅肝,卷成 4 厘米的长圆条,外面再包一张网油,然后上笼蒸。经先后两次笼蒸、一次油炸,当鹅肝炸至金黄色时,切成 1.5 厘米宽的薄片,装盆后撒上五香粉、葱末,带花椒盐一同上桌。鹅肝营养丰富,且有补血补目功效。此菜以鹅肝为主料,油而不腻,肝香味醇,软糯适口,老幼皆宜。

9. 黄鱼海参

黄鱼海参以宁波特产黄鱼、海参为主要原料。制作时,需选取大条新鲜黄鱼,洗净上蒸,蒸熟后,剔去鱼骨,备用。选取经过发泡清洗煮成软透的梅花海参,加上各色佐料,与黄鱼同煮。此菜鱼肉嫩滑,海参绵糯,色彩淡雅,味美鲜香,老幼皆宜,佐酒下饭俱佳。

10. 苔菜拖黄鱼

制作苔菜拖黄鱼需选取新鲜黄鱼洗净,斩头、去尾、剔骨,取肉待用。将精制面粉和本地产的苔菜粉调成糊状,再将鱼肉挂糊,挤成丸子,入150℃油锅中炸成金黄色枇杷状即可上盘。黄鱼和苔菜都是宁波本地特产,风味独特。此菜形态饱满,外脆里嫩,入口不仅有黄鱼的鲜,更有苔菜的清香味,食用时蘸醋风味更佳。

（二）其他名菜

1.臭冬瓜

臭冬瓜是宁波传统风味冷菜之一。制作臭冬瓜,需选取成熟冬瓜,先将冬瓜去籽,除去皮瓤(或不去皮),切成长 10 厘米、宽 8 厘米左右的块状,焯至八成熟,沥水冷却后,四周均匀地抹上盐,分层装入甏内,加入臭卤,封口后置放于阴凉处,半月后可随需食用。食用时将腌制好的臭冬瓜拿出一大块(去皮),改刀装盘,加上味精,淋上麻油即可。

冬瓜性甘,具有清热养胃、清肠的功效,是清凉食品。臭卤大多采用豆腐发酵而成,含有丰富的氨基酸,经过与冬瓜腐熟和分解,臭中又有一种清香味。食用时放些麻油、老酒、味精,味道清口而醇香。宁波一带有"麻油老酒腌冬瓜"的民谚。臭冬瓜是宁波民间早晨下泡饭的佳品。如今,臭冬瓜已经作为宁波特色菜式出售。

2.前童三宝

所谓"前童三宝"其实都是豆腐制品,分别是老豆腐、空心豆腐和香干,各有各的风味。前童老豆腐是以本地早豆"岔路早小豆"浸泡磨制而成,肉质嫩白坚韧,香润。最家常的做法是略以油煎,由于原料出色,入口白嫩细腻。前童空心豆腐为长圆形,中空,四面鼓起,炸至金黄色后,趁热咬上一口,香酥可口,撒上椒盐更好吃。前童香干的工艺相传源于 1400 年前,最早从后梁皇宫中传出,其口感细腻,喷香柔韧,配菜、单吃均可。前童的水作豆制品之所以好吃,是因为前童地处白溪与梁皇溪交汇处,适宜种黄豆,出产的六月豆做豆腐最好。另外,制作豆制品时用水较为讲究,前童的水来自白溪、梁皇溪,经地下过滤,清澈鲜甜,用这种水做豆制品,品质绝佳。

4.剥皮大烤

剥皮大烤是宁波地方传统菜品,系采用去皮带膘猪腿肉,洗净晾干,切成 5 厘米长、4 厘米宽、0.6 厘米厚的长形大肉片,加腐乳卤汁调味,用小火网烤而成。这道菜色如玫瑰,香味浓郁,肥瘦适宜,肉香、腐乳香诱人,鲜咸微甜,肉烂且卤汁黏稠,为宁波传统名菜之一。

5. 咸米鱼炖

咸米鱼炖奉芋为宁波新十佳名菜之一,以咸米鱼段和奉化芋艿头为主料。制作时,将腌制好的咸米鱼用刀切成薄片待用。然后将奉化芋艿头去皮、切成片,蒸熟待用。再将咸米鱼片和奉化芋片按顺序排列起来,加少量味精、食盐、料酒,上蒸笼蒸熟。待蒸熟后,勾入薄芡,放入少许葱花即可。米鱼是宁波海特产品,肉鲜嫩如黄鱼,无腥味,味道鲜美。奉化芋艿头具有口感粉糯、味清香的特点。用咸米鱼炖奉芋,荤素搭配,鱼鲜芋糯,老幼皆宜。

6. 椒盐跳鱼

跳鱼是宁波海特产品。跳鱼体内仅有主心骨一条,无细骨,无腥味,肉味鲜美、醇香。椒盐跳鱼是宁波新十佳名菜之一,制作较为方便。将活跳鱼去肠洗净后,放入精盐、绍酒腌渍,拌上淀粉,在五六成热油锅中炸两次,撒上椒盐等调料即可。此菜具有口味鲜香、酥嫩相济、营养丰富的特点,是佐酒的佳肴。

7. 红焖望潮

望潮是宁波海特产中佳品。望潮味美,清人陈汝谐在其《前题二首》诗中对望潮极尽赞美:"骨软膏柔笑贱微,桂花时节最鲜肥。灵蛛不结青丝网,八足轻趓斗水飞。"红焖望潮为宁波新十佳名菜之一。此菜制作较简单,取活望潮 500 克,放入辣粉中拌捏后洗净,入炒锅翻炒后,加调料烧沸,再用小火烧熟,收浓汤汁即可。望潮肉质肥嫩鲜醇,腹内含膏,是佐酒下饭佳肴。

8. 蟹肉冬茸羹

蟹肉冬茸羹是宁波新十佳名菜之一。此菜系由活鲜花蟹肉、冬瓜、干贝、蛋清及少许葱花为原料,加上料酒,胡椒粉、淀粉以及油、味精、食盐等调料。制作方法比较讲究。首先将蟹擦洗干净,隔水蒸 8 分钟后拆肉待用。然后将冬瓜去皮切成粒后蒸熟,将干贝碾碎。在锅中放入水、冬瓜

粒、干贝、蟹肉,烧开后放入调味品勾芡,浇上蛋清,淋入食油,出锅后撒上
葱花即可。

9. 雪菜虾仁

雪菜虾仁,是宁波新十佳名菜之一。制作此菜,以河虾仁、雪菜梗、鸡
蛋为主料,虾仁经制作滑油后出锅待用,雪菜梗入锅略煸,加绍酒、葱姜
汁、味精,倒入虾仁颠翻均匀即可。此菜的特点是虾仁肉色玉润洁白,味
道鲜美嫩滑,营养丰富,雪菜梗爽脆清香,是佐酒妙品。

10. 干烤蛏子

蛏子是宁波特产,尤以宁海长街一带所产最佳,具有颗大、壳薄、肉
肥、肉质鲜嫩的特点。干烤蛏是宁波新十佳名菜之一,制作较为简便。取
颗大、肉肥蛏子 500 克,将蛏子洗净,用盐水使蛏子将腹内泥沙吐尽,用宁
波产的雪里蕻咸菜卤和若干调料腌渍,将蛏子排列在铁板上烤熟即可,因
此此菜又叫铁板蛏子。此菜具有蛏肉鲜嫩、香味浓郁、鲜咸适口的特点。

11. 墨鱼鲞烤茄子

墨鱼,俗名乌贼,全身分头及躯干两部分,口边列生触角十条,是宁波
著名的海特产品。将墨鱼加工晒干成鲞,同样是宁波著名的海特产品。
因宁波古称明州,墨鱼鲞又名明府鲞。茄子软糯,古人有"味同酥酪人争
尝"之赞。此菜的特点是鲜咸相济、醇香可口,是佐酒下饭的佳肴。

12. 蛎黄跑蛋

蛎黄跑蛋是富有宁波地方特色的名菜之一。蛎黄,即宁波特产牡蛎。
牡蛎肉含有丰富的蛋白质、脂肪、糖、维生素等多种营养成分,享有"海中
牛奶"的美誉。制作此菜,先将新鲜蛎肉洗净,沥干待用;鸡蛋打入碗内,
与精盐一起搅匀待用。将熟猪油以旺火烧至八成热时将蛋液、蛎肉、葱花
倒入锅内,不断转动炒锅,加入黄酒,即可上盘食用。蛎黄跑蛋具有鲜嫩
清香、入口松软滑润、色泽鲜艳、佐酒下饭皆宜的特点。

13. 熘黄青蟹

熘黄青蟹是富有地方特色的宁波时令名菜。青蟹是宁波海特产品,

一年四季都有产,但以每年阴历八月初三到二十三这段时间的青蟹最佳。其壳坚如盾,脚爪圆壮,肉肥膏腴,民间有"八月蝤蛑抵只鸡"之说。

制作此菜,选取肥壮青蟹2只、鸡蛋2个,将青蟹洗净去盖,按十字形切成四块,沾上面粉待用;同时将鸡蛋打入碗内并加淀粉搅匀待用。待油锅烧至五成热时投入蟹块略炸,热锅内加入葱白、姜片煸出香味,即放入蟹块,加入黄酒、味精、清汤和盐,将蟹块焖熟后,勾芡,淋上蛋液,滴上明油,稍作翻炒即可上盘。此菜蟹肉鲜嫩肥香,黄中透红,佐酒下饭皆宜。

14. 雪菜大黄鱼

雪菜大黄鱼,又称雪菜大汤黄鱼,是富有宁波地方特色的名菜。此菜的选料和制作都十分讲究。选取新鲜大黄鱼,洗净后在背部两面肉厚处用刀略划几个口子,将本地雪里蕻咸菜切成末,冬笋切成薄片,备用。然后将大黄鱼用油煎至两面稍黄,加黄酒,加盖焖片刻后,加水,加姜,放入咸菜、笋片以及食盐、味精,用猛火烧沸后,再用小火烧几分钟,待汤性乳白色时,撒些葱末,即可装碗,把汤汁倒入碗内即可。大黄鱼肉嫩味鲜少骨,自古有"琐碎金鳞软玉膏"之美誉。雪里蕻咸菜,质地脆嫩,鲜美可口,有一种特殊的鲜香味。以这两种为主料烧制的雪菜大黄鱼,具有鱼肉嫩、菜香浓、清口鲜洁、营养丰富的特点,充分体现了宁波菜"鲜香合一"的特色。

15. 苔菜煎鲳鱼

苔菜煎鲳鱼是宁波新十佳名菜之一。制作此菜,需选新鲜鲳鱼一条,鱼肉400克左右,冬苔菜50克为主料,食盐、味精、黄酒、胡椒粉以及生姜为辅料。先将鲳鱼去鳞,去内脏,洗净后,切成斜刀片,加调料腌渍待用;锅内放色拉油烧至六成热,将鲳鱼拍粉后油炸至金黄色捞起;锅内放苔菜油煎,倒入鲳鱼翻炒即可。鲳鱼骨软肉糯,苔菜清香可口。苔菜煎鲳鱼酥嫩合一,香鲜兼有,营养丰富,老幼皆宜。

16. 苔菜江白虾

苔菜江白虾是宁波新十佳名菜之一,是以当地产的江白虾为主料,佐以苔菜、盐、料酒、食盐和色油等佐料。制作苔菜江白虾时,将江白虾加盐、味精、料酒调味,然后在油锅内将江白虾炸至虾皮酥脆,盛出;将苔菜在油锅内煸至发酥发绿,再加入虾煸炒,使菜全部裹入江白虾中即可。苔菜具有特殊的清香和营养价值;江白虾味道鲜美,虾肉嫩滑。苔菜江白虾鲜咸合一,苔菜清香,营养丰富。

17. 奉化摇蚶

奉化摇蚶是浙江传统名菜之一。蚶是软体动物,壳厚而坚硬,外表淡褐色,状如瓦楞,因而也称"瓦楞子"。内壁为白色,边缘有锯齿。肉味鲜美,壳可作药用。中国沿海所产的蚶约有十种,其中以奉化摇蚶最为著名。奉化摇蚶具有个大、壳薄、肉厚的特点,是我国著名食用贝类之一。蚶的肉质极为鲜嫩,含水分较多,宜沸水速烫成熟。其成品肉嫩润滑、清鲜味美,是春季前后时令佳肴。

奉化摇蚶的制作方法是先将摇蚶洗刷至蚶壳发白,再将蚶子放入沸水中略烫,随即取出,将烫好的蚶子剥去半边壳,放入盘中,撒上葱花,淋上黄酒、麻油。再将姜末、米醋倒入一小碟,与摇蚶一起上桌即可,其味道鲜嫩无比。

18. 雪菜汁什锦螺

雪菜汁什锦螺取用宁波地产蛏子、香螺、辣螺、芝麻螺等水产品,以宁波特有雪菜汁调味烧制而成,制作简单快速。此菜清新爽口、肉质鲜嫩、汤味诱人。

19. 河蟹烧年糕

将河蟹去泥洗净放入锅中煮熟,取出改刀切好;年糕切片放入锅中煮熟待用;葱切末待用。坐锅点火加底油,油热后放入姜末煸香,放入河蟹,加料酒、鸡精、盐、白糖、甜面酱、老抽、高汤,烧两分钟,再加入年糕,收干汤汁,撒上少许葱花即可。河蟹烧年糕不仅味道鲜美,而且螃蟹的营养价值十分丰富,蛋白质的含量比猪肉、鱼肉都要高出几倍,钙、磷、铁和维生素 A 的含量也较丰富,是一道老少咸宜的美食。

20. 文蛤蛋花汤

文蛤（也叫圆蛤）蛋花汤，有的地方称之为"天下第一鲜汤"。这道菜的主料很简单，制作也十分方便，就是用宁波出产的文蛤和蛋液一起煮汤，煮成文蛤壳开，蛋花凝成絮状，撒上葱花即可。此汤黄白翠绿相间，食来鲜美异常，风味独特。文蛤不但味道鲜美，且富含营养成分。它含有丰富的蛋白质、糖类、维生素和钙、铁等营养物质，对某些疾病有食疗作用。

二、传统名点

（一）十大传统名点

所谓宁波十大名点，一般指宁波汤团、酒酿圆子、鲜肉蒸馄饨、猪油羊酥脍、鲜肉小笼包子、烧卖、水晶油包、三丝宴面。

1. 宁波汤团

宁波汤团与其他地方的汤圆、元宵名异而实同。汤团起源于何时已难以稽考。目前比较可信的是汤团起源于唐宋之说，如唐人段成式所撰《酉阳杂俎》中记有"笼上牢丸、汤中牢丸"之类的食品。宁波汤团的制作距今已有 700 余年历史，并逐渐成为宁波饮食文化中最具代表性的名点。

宁波汤团不同于其他地区汤圆的特点主要有两个：一是"吊浆"，二是猪油馅。宁波汤团系用水磨方法把糯米磨成浆制作，明显不同于干粉汤圆，故宁波汤圆又被叫作"吊浆汤团"。关于宁波汤团的做法，清人袁枚的《随园食单》有较为详细的介绍："水粉汤圆，用水粉和作汤圆，滑腻异常，中用松仁、核桃、猪油、糖作馅，或嫩肉去筋丝捶烂，加葱末、秋油作馅亦可。作水粉法，以糯米浸水中一日夜，带水磨之，用布盛接，布下加灰，以去其渣，取细粉晒干用。"今天宁波猪油汤团的制作方法基本上与袁枚的记载相同。皮薄而滑，白如羊脂，油光发亮，糯而不黏。汤团馅须选用优质肉猪板油，去筋除皮，把黑芝麻炒捣成粉，如绵白糖，三料反复揉捏均匀，搓成玻璃弹子似的小球，嵌入皮子内。这种馅子香甜油烫，油而不腻，独具特色。故而宁波汤团又称"猪油汤团"。

宁波汤团以中华老字号"缸鸭狗"所制最为出名。"缸鸭狗"的创始人原名江定发,小名阿狗。从 1926 年起,他就开始在城隍庙一带摆摊卖汤团和红枣汤,后在宁波开明街开店,就以自己小名"江阿狗"的谐音作店名,并请人在招牌上绘了一只缸、一只鸭子、一只狗作徽记。这个别出心裁的招牌吸引了人们的眼球,并在当地小有名气。同时他的汤团因制作精细、价廉物美,深得民众欢迎,生意越做越大,远近闻名。旧时宁波还有这样的顺口溜:"猪油汤团缸鸭狗,吃了一碗不肯走。嘴馋无钱心发愁,脱下衣衫当押头。"

改革开放以后,宁波汤团被制成速冻产品。1982 年,宁波汤团首次出口海外,成为浙江省第一道出口海外的名点。1997 年,宁波汤团入选为中华名点小吃,位列宁波十大名点之首。

2. 龙凤金团

龙凤金团是一种以米粉为主要原料制成的美食,因其色黄形圆团面印有龙凤花纹,故名。为宁波传统名食,和宁波汤团一样远近闻名。

宁波历代乡风,每逢长者寿辰或娶亲嫁女,都要制作龙凤金团或福禄寿三星金团待客,并用朱红竹篮盛装馈赠亲友。龙凤金团是定亲、结婚的必备之品。制作龙凤金团的原料主要是糯米、粳米粉、豆沙、白糖等。龙凤金团的制作方法颇为讲究。旧时,宁波有许多制作金团的糕团店,以赵大有制作的龙凤金团最为有名,称"赵大有金团"。其特点是皮薄馅多、口味甜糯、清香适口。

金团不仅味道好,还有团圆吉庆的寓意。按照用途不同,金团又有许多有趣的名称,如种田时节有"种田金团",割稻时节有"割稻金团",做生意有"五代金团",结婚时有"龙凤金团",新生儿满月时有"子孙金团"等。

3. 酒酿圆子

酒酿圆子最初名叫浆板圆子。圆子用优质白糯米为原料,经过水浸水磨后加工成糯米粉,将水磨糯米粉搓成小圆子待用。酒酿是以蒸熟的上等白糯米按一定比例掺进酵母,加水,置放几天后即成香味四溢、甜糯适口的酒酿(类似于北方地区的醪糟)。烧制时,先把水烧开,放入小圆子,待其浮到水面,再加入酒酿、白糖和蛋浆,搅匀勾芡,盛入碗后撒上糖桂花即成。

4. 鲜肉蒸馄饨

民国时期,宁波老城隍庙听月轩的鲜肉蒸馄饨最为著名,而宁波街头巷尾的馄饨担更是城乡居民经常光顾的对象。馄饨担用竹子做成一个架子,前面放一只缸灶,灶上有铁镬和镬盖,灶下放置柴爿、火钳和吹火筒,架子放灌油、猪油、葱、虾及碗匙,另一头木制的抽斗里放有馄饨皮等。灶旁悬挂竹铎,行走时用铁制的吹火管敲竹铎,发出"笃笃"的声音,以招徕生意。鲜肉蒸馄饨的制作比较精细,皮薄如蝉翼,肉馅饱满。制作此名点,需用新鲜猪后腿精肉,加上佐料,制成馅,用白面粉制成馄饨皮,做成馄饨,于小笼内蒸熟,出笼时在馄饨表面抹上麻油即可。

5. 豆沙八宝饭

豆沙八宝饭是由糯米、豆沙、枣泥、果脯、莲心、米仁、桂圆、白糖、猪板油等八种原料组成,不仅营养丰富,而且醇香甜蜜,别有风味。

制作豆沙八宝饭的工序十分讲究。先把豇豆洗干净后煮熟,捣烂去豆皮,加猪油白糖,炒至水分将干时取出备用。把糯米淘洗干净放在水中浸泡约2小时后捞出沥干,上笼蒸20分钟后,在米饭上浇上沸水继续蒸约5分钟。后将蒸熟的米饭倒入盆内,趁热拌入猪油、蜜饯和糖。在碗内壁抹上一层冷凝的猪油,用枣、葡萄干等多种果品平铺于碗底,然后铺上一层已拌好的糯米饭,中间挖个小孔,加入豆沙,再加一层糯米饭,上笼蒸1小时即成。最后将米饭倒扣入盘,浇上桂花浓糖汁,异香扑鼻的豆沙八宝饭便大功告成。

6. 猪油洋酥脍

制作猪油洋酥脍需选上等白糯米,用水浸泡后蒸熟,放入石臼舂得软韧,捏成扁圆形即可。亦可晾干后浸入水中储存。用猪板油、黑芝麻粉、白糖、玫瑰拌和制成馅料,食用时将脍置于碗中,放上馅料,蒸熟后趁热食之。猪油洋酥脍软糯而韧,黑白相间,香甜可口。

7. 鲜肉小笼包子

制作鲜肉小笼包子,选料十分讲究。主料为猪肉和面粉。猪肉要选薄皮前膈身猪肉,面粉需上白精粉,加上少量猪肉皮。制作时,将猪肉剁成肉末,肉皮斩碎制成肉皮冻,加入味精、酱油、食盐等调料,与肉末拌匀。把面制成皮子,裹入馅子,制成罗纹包状,置入竹笼蒸熟即可。此名点的特点是皮薄而松软,馅多而卤满,鲜香味美,油而不腻。

8. 烧卖

烧卖又称烧麦、肖盂、肖米、稍麦、稍梅、烧梅、鬼蓬头,是形容顶端蓬松束折如花的形状,是一种以烫面为皮裹馅上笼蒸熟的面食小吃。烧卖源起元大都,历史悠久。烧卖喷香可口,兼有小笼包与锅贴的优点,民间常作为宴席佳肴。

制作烧卖,需选取上等面粉揉匀,擀成皮子待用。馅料选猪的前膈身肉和少量肉皮。将前膈身肉剔净筋骨,剁成肉末;肉皮斩碎后炖成肉皮冻,与肉末拌匀,放味精、酱油、精盐等调料,裹入皮子即可。烧卖需包成高脚杯形状,顶端不封口,只起折,蒸熟上桌时,能见到馅料,形状似一棵菜。烧卖外观洁白,富有美感,皮薄馅多,味鲜可口。

9. 水晶油包

水晶油包是具有宁波地方特色的风味甜包小吃。其制法是用上等面粉发酵后为皮,以肥厚的纯猪板油,掺以白糖、适量红绿丝,搅拌均匀制成水晶馅。上笼蒸熟即可食用。水晶油包,以赵大有糕团店制作的最为著名,咬一口下去,便见馅内之板油粒晶莹剔透,满口流馅,香甜可口。

10. 三丝宴面

三丝宴面也称三丝伊面,制作此菜需选取鸡蛋和优质精粉,以鸡丝、肉丝、火腿丝或笋丝经爆炒制成盖头备用。将面粉与鸡蛋和匀,用擀压手法将面皮擀成1毫米厚的薄片,切成2.5毫米宽的长丝,放入锅中油炸,炸至色泽微黄、面儿发硬即可。然后将面条放入上汤烧熟后,浇上三丝盖头即成。三鲜宴面面滑而软韧,三丝色彩缤纷,汤料鲜洁,面质爽滑,美味可口。

(二)其他名点

1. 慈城年糕

色泽如玉的慈城年糕是用优质粳米制成的糕点,是"谢年时必供,吃年饭必食"的特色食品,是古代宁波农耕文化的典型反映,也是宁波市传统优特产品。

慈城年糕的制作时间一般在阴历十二月,早者十一月下旬即已开始。所谓"十二月忙年夜到,挨家挨户做年糕"就是如此。传统的慈城年糕做法较为独特,主要分为浸米、磨粉、榨水、刷粉、蒸粉、舂米(粉)、制作等步骤。首先,选用优质晚粳米在水中浸泡 3—7 天,为防止粳米发酵,中间须换水一次。米浸泡好后,第二步就是磨粉,将米磨成米浆,压去水分至不干不湿恰到好处,粉碎后置蒸笼中用猛火蒸透。蒸熟后,放在石臼内捣透(现在用搅和)。年糕上用年糕板压出各种吉祥的图案,如"五福""六宝""金钱""如意",象征吉祥如意、大吉大利。宁波一带民间还有"年糕年糕年年高,今年更比去年好"的民谚。不论是年糕图案还是有关年糕的民谚,都蕴含着人们的各种美好愿景。

慈城年糕洁白如玉,光滑润口,大小一致,煮而不糊,以质优而闻名。年糕的食用方法有煮、炒、炸、片炒、汤煮等,咸甜皆宜。慈城有许多名牌年糕,如"塔牌"年糕、"冯恒大"年糕、"义茂"年糕等,产品远销新加坡、加拿大、澳大利亚等国家,受到海外宁波帮的喜爱。

2. 庄市长面

长面,又名糖面,因晒干收面时以两筷为一束(称为一绞),故又称"束面"。庄市长面是宁波著名特产,是宁波一带群众特别是产妇必备的面食,驰名沪杭一带。

庄市长面制作工艺十分讲究有揉粉、闷缸、搓粗条、搓细条、盘缸、应筷、闷箱、上架、拉长、分面、晒面、收面装桶等步骤。庄市长面具有细、白、韧、滑的特点,若储藏得好,可以经久不坏。长面的煮法很有讲究。将长面折成四段后先在清水中稍煮，把长面内水分去掉，用冷水一冲，候用。食用时用白糖或黄糖（产妇常用赤砂糖）在盛面的碗中泡成糖水，将备用的长面在滚水中稍煮后捞出，盛进糖水中即可食用。

3. 溪口千层饼

千层饼是奉化溪口的土特产，外形四方，金黄透绿，与奉化芋艿头、水蜜桃合称"奉化特产三宝"。其中溪口"蒋家龙门"千层饼多次荣获浙江省农业博览会金奖。

千层饼创始于清乾隆年间，距今已有 200 多年历史。其原料以面粉为主，加以白糖、芝麻、花生米及适量苔菜粉，经过十二道制饼工序，尤以最后一道烘焙最为关键，火候适当才能制成色香味俱佳的食品。千层饼在厚约 2 厘米的小饼内有 27 层重叠的薄片，酥足味醇，松脆异常，甜咸适中，齿颊生香。在 1984 年宁波市糕点评比中，溪口千层饼名列第一。1999 年，溪口龙门千层饼声名鹊起，成为宁波市旅游局推荐商品，多次参加省农业博览、旅游交易会等大型展会，屡获金奖。溪口千层饼传承百年，已成为溪口的一种象征。

4. 苔菜油赞子

苔菜油赞子是富有宁波地方特色的传统点心。苔菜油赞子的制作技术和原料要求很高，需选用精白面粉、上等白糖，本地特产无杂质无泥沙的冬苔粉，以及优质食用油。其制作方法是，将面粉和冬苔粉搓成极细的粉条，再将两条粉条缠绕在一起，搓成 6—7 厘米的细长的条子，然后在大油锅里煎，火不宜过猛，煎至上浮后捞起即可。西门口朱协兴糕饼店朱元康制作的苔菜油赞子颇有名气。他选料一丝不苟，制作精益求精，制成的苔菜油赞子油酥充足，条形细长均匀，色泽翠绿，苔香扑鼻，咸甜适中，十分酥脆，既可作点心食用，又是佐酒的妙品。苔菜油赞子除畅销本地外，上海、杭州、江苏一带的人们也多慕名来购。

5. 松仁糕

松仁糕是宁式糕点中的名点，因馅内配有松子仁而得名。松仁糕的面料主要是片粉和白糖,馅心主要是桂花、松子仁和熟棉油。松仁糕表面光滑,色泽呈银白色,粉质细腻,皮馅均匀,口味软润,有松香味。

6. 宁式苔菜月饼

苔菜月饼是以苔菜为辅料做馅的一种月饼,饼皮松酥,馅料有浓郁的麻香味,甜中带咸,咸里透鲜,有苔菜的特殊香味。原料为特制面粉、棉油和饴糖,馅料主要是熟面粉、砂糖、麻油、糖桂花、苔菜粉。

7. 三北豆酥糖

三北豆酥糖用黄豆粉和麦芽糖制成,是宁波慈溪、余姚一带传统食品,名扬江浙地区。三北豆酥糖制作历史悠久。相传清朝光绪年间,陆家埠家(今名陆埠镇)有一家叫“乾丰”的南货茶食店,店中一位殷姓宁波师傅试制成了豆酥糖。制作豆酥糖,对选料的要求极为严格。必须选取无霉烂、无虫蛀的当年新黄豆为原料,将黄豆炒熟后去壳,研成粉,用绢筛筛过,配糖、黑芝麻和麦芽饴糖。饴糖的用料,需选用洁白晶莹的隔年陈糯米。豆酥糖营养丰富,含蛋白质、碳水化合物及钙、磷、铁、胡萝卜素等多种营养成分。

8. 三北藕丝糖

三北藕丝糖产自慈溪,与三北豆酥糖齐名,是宁波的土特食品,清代时曾作为贡品进献朝廷,充入御膳。三北藕丝糖选料讲究,制作工序严格,讲究火候。其柱状外面粘有黑芝麻或白芝麻,松脆香甜,不粘牙齿,老幼皆宜。三北藕丝糖自出产以后,声名远播,很快传到京城,成为慈禧太后的“御食”。这样一来,三北藕丝糖的名声更大了。

9. 百果羹

百果羹是宁波一带春节期间家家制作、人人爱吃的一道甜点心。这道菜相传始自唐代。百果羹是用糯米圆子、莲心、枣丁、瓜子仁、桂圆、白果、荸荠、栗子、桂白糖等各色蜜饯,用生粉混合制作而成,香甜糯滑,风味独特。

10. 迎春果

迎春果亦称作"祭灶果",是在阴历年底祭灶君菩萨用的,也是民间最受孩子们喜爱的传统糕点。祭灶果是每年应时特制的,由各类宁式糕点组成,因而形状、味道、颜色、叫法各异。每年祭灶完毕,孩子们便迫不及待地分而食之,吃得津津有味。如今,随着灶台的消失,祭灶的人越来越少。于是,祭灶果就易名为迎春果,成为人们在春节时馈赠亲友的礼品。

11. 楼茂记香干

香干是宁波人民最常吃也极爱吃的一种豆制食品,以宁波楼茂记香干最为著名。楼茂记香干已有300多年历史。相传,楼氏最先开设的是一家豆腐作坊,做的是豆腐、豆芽、素鸡、油豆腐、香干等。有一年,楼茂记的老板收留了一位病危的外埠老人,那老人在临死前,为感谢楼茂记老板的恩德,便把祖传精制香干的秘方传授给了楼老板。楼老板按照秘方,制作出了色香味俱佳的香干,从此楼茂记香干声名大振。楼茂记香干价廉物美,营养丰富,可凉拌、热炒、油炸、烤制,做成菜品后鲜香可口,受到城乡人民的喜爱。

第八章　宁波市聚落类农业文化遗产

在古代，"聚落"一词指村落；在近现代，"聚落"是人类各种形式的聚居地的总称，不仅指房屋建筑的集合体，还包括与居住直接有关的生活设施和生产设施。聚落类农业文化遗产主要类型有农耕类聚落、林业类聚落、畜牧类聚落、渔业类聚落、农业贸易类聚落等。宁波市聚落类农业文化遗产丰富，本章主要对宁波市列入国家级、省级历史文化名镇（村）以及国家级、省级传统村落的聚落类农业文化遗产进行介绍。

第一节　历史文化名镇

一、中国历史文化名镇

加强历史文化名镇名村保护具有重要和深远的意义。随着国际社会和中国政府对文化遗产保护的日益关注，历史文化名镇名村保护与利用已成为各地经济社会发展的重要组成部分，成为培育地方特色产业、推动经济发展和提高农民收入的重要源泉，成为塑造乡村特色、增强人民群众对各民族文化的认同感和自豪感，满足社会公众精神文化需求的重要途径。在推动经济发展、社会进步和保护先进文化遗产等方面，历史文化名镇名村保护与利用都发挥着积极的作用。

2008年4月2日，国务院第三次常务会议通过《历史文化名城名镇名村保护条例》。该条例规定，具备下列条件的城市、镇、村庄，可以申报历史文化名城、名镇、名村:(1)保存文物特别丰富;(2)历史建筑集中成片;(3)保留着传统格局和历史风貌;(4)历史上曾经作为政治、经济、文化、交通中心或者军事要地,或者发生过重要历史事件,或者其传统产业、历史上建设的重大工程对本地区的发展产生过重要影响,或者能够集中反映本地区建筑的文化特色、民族特色。

中国历史文化名镇评选是由住房城乡建设部、国家文物局共同组织的,通常和中国历史文化名村一起评选与公布。自 2003 年 10 月评选与公布第一批共 10 个中国历史文化名镇以来,截至 2023 年 10 月,全国共评选公布了 7 批 312 个中国历史文化名镇,其中宁波市列入国家级历史文化名镇的古镇有 4 个,分别是:象山县石浦镇(第二批,2005 年 9 月公布)、江北区慈城镇(第二批,2005 年 9 月公布)、宁海县前童镇(第三批,2007 年 5 月公布)、慈溪市观海卫镇(鸣鹤)(第七批,2019 年 1 月公布)。

宁波市 4 个国家级历史文化名镇介绍如下。

(一)象山县石浦镇

石浦渔港又名荔港,位于浙江省宁波市象山县,呈东北西南走向,为月牙状封闭型港湾,面积 27 平方千米,水深 4—33 米,可泊万艘渔船、行万吨海轮,港内风平浪静,是东南沿海著名的避风良港,兼渔港、商港之利,系全国四大渔港之一。石浦是中国海洋渔业发祥地之一,秦汉时即有先民在此渔猎生息,唐宋时已成为远近闻名的渔商埠、海防要塞、浙洋中路重镇。石浦古城沿山而筑,依山临海,人称"城在港上,山在城中"。它一头连着渔港,一头深藏在山间谷地,城墙随山势起伏而筑,城门就形而构,居高控港是"海防重镇"石浦古城雄姿的主要特征。

石浦古城保留完整的有 4 条总长 1670 米的街道,即碗行街、福建街、中街、后街,它们组成了古朴的石浦老街。古城街巷交错,屋檐错落有致,5 座饱经沧桑的月洞门式的封火墙有序排列。石浦古城保留了蔡楚生、王人美、聂耳一行 30 多人拍摄中国第一部有声电影、第一部国际得奖片《渔光曲》时下榻的金山旅馆,有 600 余年的古城墙,有抗倭时官兵留下的摩崖石刻,有趣味无穷的渔家民俗文化。

1991 年,石浦老街被列为省级历史文化街区。2007 年,国家已公布三批中国历史文化名镇,其中属渔港型古镇的,唯有石浦;在六个国家级中心渔港中,也只有石浦港畔保存有完整的古城。2005 年,石浦古城景区成为国家 4A 级景区。

(二)江北区慈城镇

慈城镇位于浙江省宁波市江北区西北部,是原慈溪县城之简称,今为中国历史文化名镇。据史书记载:汉大儒董仲舒六世孙——东汉孝子董黯,幼丧父,养其母,笃孝且敬。母疾,思饮溪水,远莫能至。孝子筑室溪旁,汲以进饮,母疾遂愈。于是以慈名溪,以溪名县。

慈城历史悠久,其文化体系丰富多样。三国吴赤乌二年(239),太子太傅、都乡侯阚泽设立书堂(地址在今之慈湖中学),开当地儒学之风气。而始建于唐天宝八年(749)的清道观,后来成为浙江的道教中心和浙东著名道观。初建于宋雍熙元年(984)的慈城孔庙,则是浙东现存最完整的一座孔庙,彼时为县学。又有慈湖书院、宝峰书院等著名书院,形成以孔庙为枢纽的官学和以书院为核心、以私塾为基础的私学相辅相成的教育名城。慈城商贾辈出,北宋年间的冯氏就以经营药业致富,当代不少"中华老字号"如北京同仁堂、天津达仁堂、广州敬修堂、宁波冯存仁堂等均系慈城人创办。在成农业、银钱业、近代工商业,慈城人也均有卓越建树,是宁波商帮的先驱与中坚人物。

在以古城为中心的慈城镇,有全国重点文物保护单位 1 个,计 6 个点;省级文保单位 2 个,计 13 个点;市级及区级文保单位 23 个。尤其是慈城古建筑,清乾隆以前的大型建筑就有 100 多处,而且规模大、门类多、分布范围广。慈城也因此成为中国古建筑的大观园和江南古建筑的博物馆。

(三)宁海县前童镇

前童镇位于宁波市宁海县城西南 14 千米处,是浙东地区保存的一座最具儒家文化古韵的小镇。前童古镇始建于南宋,至今已有 1300 多年的历史。南宋末年,官居迪功郎的始迁祖童潢,在一次游历中偶然发现这块

"山环水绕、围而不塞、藏风得水"的"风水宝地",于是举家从台州黄岩迁徙到此,因居住在慧明寺前,故名前童。

前童镇仍保存有 1300 多间各式明清古建筑。这里,"家家有雕梁,户户有活水"。前童南岙山麓有明初儒士童伯礼营建之石镜精舍,明代大儒方孝孺曾在此讲学。方孝孺所设计之童氏宗祠建筑,仍大致完好。孝女湖、庙湖、致思厅、学士桥、南宫庙等古迹至今尚存。当地童氏自南宋绍定年间在此定居后就勤耕好学。明初,童伯礼两次礼聘方孝孺讲学于石镜精舍,共同奠定了诗礼名家的基础。自此,遵循引水植树优化环境、耕读敦睦、训育后人的美德,历代人才辈出,形成了"小桥流水遍庭户,卵巷古院藏艺文"的古文化风范。保存下来的古建筑主要包括大祠堂、童氏宗祠、石镜精舍等。

2007 年 5 月,前童古镇入选中国第三批历史文化名镇,宁海平调、宁海十里红妆婚俗、前童元宵行会先后入选国家级非物质文化遗产名录。2018 年 1 月,前童古镇入选浙江省首批旅游风情小镇。2022 年 12 月,前童古镇入选第二批全国乡村旅游重点镇(乡)名单。2023 年 5 月,宁海县及宁海前童古镇等被列入"重走霞客路,活力迎亚运"精品线路主要节点和沿途旅游景区。2023 年 6 月,前童古镇入选浙江省第三批 8 大类 22 个"大花园耀眼明珠"名单。

(四)慈溪市观海卫镇(鸣鹤)

鸣鹤古镇位于浙江省宁波市慈溪市观海卫镇南部,是千年古镇,中国历史文化名镇。鸣鹤古镇依山成街,因河成镇,镇边有寺,渔耕人家枕河而居。鸣鹤素有"鹤皋风景赛姑苏"的美誉。《刘宗墓志》记云"止越国东之州,居于句章,乡名鸣鹤"。这说明 2200 年前已有鸣鹤乡,且隶属于越国句章。据史料记载,"初唐四大家"虞世南的先祖虞耸,曾在这里建造测天楼。其侄虞喜,利用这一高楼发现"岁差",为中国古代科学家对世界天文学的一大贡献。

鸣鹤古镇保存下来的主要文物古迹包括金仙寺、药材馆、24 间走马楼等。金仙寺初建于佛教鼎盛时期——南朝梁大同年间,它背靠隐山,面临白洋湖,坐落于鸣鹤古镇白洋湖畔的金仙寺,素有"以山而兼湖之胜"的美誉。药材馆现位于湖滨广场内,馆内四周悬挂有150多家国药老字号品牌,其创始人大多是慈溪鸣鹤人或在外开设的著名药铺。24间走马楼是嘉庆年间国药巨商叶心培之子叶赐凤所建,距今已有200多年的历史,该宅共7间2弄2层,有24间之多,并且楼屋四周都有走廊可通行,甚至骑马也可以在里面畅通无阻。楼内部做工细致,枋柱上刻有花卉、鸳鸯、花篮等表示吉祥如意的装饰,门窗、扶梯都用花格,墙上有砖制花窗、龙凤、蝙蝠等图案,所以有"回廊挂落花格窗"之说。鸣鹤古镇主要由三条长街组成,分别为上街、中街、下街,以中街最盛,它曾是鸣鹤的精华,长约1500米,是三北历史上的商肆繁华之地。自宋代起,鸣鹤便形成集市,后每逢初一、三、五、八为集市日,三北农副产品在这里集散。民国初年,鸣鹤古镇是慈溪重要的"三白"(棉花、白布、大米)集散地。当时停泊在街河的船只多达200只。

二、省级历史文化名镇

改革开放以来,浙江省委、省政府一直高度重视历史文化保护传承工作,基本构建了"历史文化名城—历史文化名镇名村、街区—文物保护单位和历史建筑"多层次保护传承对象体系。宁波市共有余姚市梁弄镇、海曙区鄞江镇、余姚市临山镇、奉化区溪口镇、余姚市泗门镇等5个古镇被列入省级历史文化名镇。

(一)余姚市梁弄镇

梁弄镇隶属于浙江省宁波市余姚市,地处余姚市西南部,相传古时梁、冯二姓聚居渐成村落故名,后因住地巷弄之多和谐音称为梁弄。梁弄镇境内有浙东抗日根据地旧址群、白水冲、四明湖、东明古刹、白云禅寺、东山石洞等自然景点与文物古迹。1991年10月,梁弄镇被浙江省人民政府列为浙江省第一批历史文化名镇。

(二)海曙区鄞江镇

鄞江镇隶属于浙江省宁波市海曙区,地处海曙区西南部、四明山东麓,有 500 余年县治、80 余年州治史,上通四明山,外通三江口贸易中心,素有"宁波之根""四明首镇"之称,为全国重点镇、省级历史文化名镇、省旅游风情小镇和市特色小镇培育镇。鄞江镇境内有它山堰、它山庙、南北宕、古树群、断坑岩等 34 处旅游景点,还有晋代古墓葬群、郎官第古建筑群等文物古迹。2015 年 3 月,鄞江镇被浙江省人民政府公布为第四批省级历史文化名镇。

(三)余姚市临山镇

临山镇是浙江省余姚市下辖镇,位于余姚市西北部。临山从唐代始便有明确的行政归属,1992 年由原临山镇、湖堤乡、兰海乡、临海乡合并为临山镇。临山镇保留下来的文物古迹包括古塘、古战场、摩崖石刻等。2016 年 7 月,临山镇被浙江省人民政府公布为第五批省级历史文化名镇。

(四)奉化区溪口镇

溪口镇隶属于浙江省宁波市奉化区,地处四明山麓,依山傍水,早在汉代就有"海上蓬莱"之称,拥有"千年古镇溪口镇、幽谷飞瀑雪窦山、青山秀水亭下湖"三个各具特色的景区,是蒋介石、蒋经国父子的故乡。主要文物古迹与自然景点有蒋氏故居、雪窦寺、千丈岩瀑布等。2016 年 7 月,溪口镇被浙江省人民政府公布为第五批省级历史文化名镇。

(五)余姚市泗门镇

泗门镇隶属于浙江省宁波市余姚市,地处余姚市西北部,泗门镇原汝仇湖东开四门放水,因处第四座水门得名"第四门",四水为泗,故称泗门。泗门镇境内有明清古建筑群,其中有状元楼等市级重点文物保护单位 2 处,谢氏宗祠、成之庄等市级文保点 4 处,大学士第、大方伯第等重要文物古迹 7 处,皇封桥古村落被市政府列为历史文化保护区。2020 年 4 月,泗门镇被浙江省人民政府公布为第六批省级历史文化名镇。

第二节　历史文化名村

一、中国历史文化名村

中国历史文化名村由住建部和国家文物局共同组织评选。评选对象为保存文物特别丰富且具有重大历史价值或纪念意义的,能较完整地反映一些历史时期传统风貌和地方民族特色的村。中国历史文化名村通常与中国历史文化名镇一起公布,并称为"中国历史文化名镇名村"。

截至 2023 年 10 月,全国共评选公布了 7 批 487 个中国历史文化名村,宁波市共有 6 个村入选,即:宁海县茶院乡许家山村(第五批,2010 年7 月公布)、宁海县深甽镇龙宫村(第六批,2014 年 2 月公布)、海曙区章水镇李家坑村(第七批,2019 年 1 月公布)、鄞州区姜山镇走马塘村(第七批,2019 年 1 月公布)、慈溪市龙山镇方家河头村(第七批,2019 年 1 月公布)、余姚市大岚镇柿林村(第七批,2019 年 1 月公布)。

(一)宁海县茶院乡许家山村

许家山村位于宁海县茶院乡西南山区,始建于南宋末年,是宁波市规模最大、保存最完整的石头古村。许家山现有人家 100 户,石屋 200 栋,大多为清中晚期至民国建筑,分上下两层。石材是许家村自产的岩石,这种岩石呈青铜色,建成房屋后冬暖夏凉,夏天蚊子还少。所以,不但村里所有的设施都由石头建造,连村民屋内的家具也是石头做的,石凳、石梯、石窗、石头无处不在。一家一户的石屋通过沿山势而上的石巷互相贯通。石屋的两侧中下部为石砌墙,上部为保暖防风,用自己烧制的土砖砌成,后部仍用石墙围护。几百年来,许家山不仅保存着完整的石屋古村,还延续着传统的生活方式,在这里,至今还是牛耕田,家家自制番薯粉、番薯烧酒,过年过节捣年糕,用自编的竹器;村里有宗祠、家庙,用于家族祭拜。2010 年 7 月,许家山村入选第五批中国历史文化名村。2013 年 2 月,许家山村入选首批中国传统村落名录。

（二）宁海县深圳镇龙宫村

龙宫村位于宁海县深圳镇，始建于北宋宣和年间，历史悠久。龙宫村山水清丽奇峻，人文底蕴深厚，民风淳朴。村内保存了众多的明清古建、古桥、古道。龙宫村明清建筑很多，至今还分布着青瓦白墙、飞檐翘角、苍华古朴的建筑群舍。其中最有特色的有"三串堂"，三幢房屋和三块道地连串在一起，前有福字照墙，后有天井、花坛、水井，气势非凡。祠堂内有独特的藻井顶戏台，画着双龙抢珠的图案。大堂中心悬额"星聚堂"，挂了10余块新旧匾额，其中有"进士""贡生""状元及第""翰林"等。沿村里溪边走一圈，到处是高大古朴的樟树、枫杨、银杏树，有棵银杏已有500多年历史，是浙江省一级保护古树名木。三座历史悠久的祠堂，代表了古村的文化源头。龙宫陈氏宗祠古戏台于2006年5月被列入全国重点文物保护单位。2013年2月，龙宫村被列入国家级传统文化村落。2014年2月，龙宫村被列入全国传统历史文化村落。

（三）海曙区章水镇李家坑村

李家坑村隶属于浙江省宁波市海曙区章水镇，拥有大量明清古建筑。李家坑村原名徐家畅村，始祖李龚荐自清初于永康长恬迁入定居。因见李家坑山环水绕，景色秀丽，随即披荆斩棘，垦地开荒，建舍发族。李家坑村地处四明山革命老区，村东有新建的周公宅水库，南依巍峨的四明山，西与余姚大俞交界，北邻余姚大岚镇，距丹山赤水旅游区仅1千米。在村南尚存一座李氏家庙，宗庙庄严肃穆，碑匾高悬。2004年5月，李家坑、百步阶两个自然村合并为李家坑村。2019年1月，李家坑村入选第七批中国历史文化名村。

（四）鄞州区姜山镇走马塘村

走马塘村位于浙江省宁波市鄞州姜山镇，人称其为"四明古郡，文献之邦，有江山之胜，水陆之饶"。这里出过76位进士，被誉为"中国进士第一村"。村民主姓陈，北宋初期从苏州迁入定居发族。因为陈氏家族进士多,做官多,车马进出也多。为了便于车马行驶,在河西岸筑堤塘五里,故名走马塘。村中目前保留下来的明代建筑尚有8处,清代建筑更是比比皆是,另有3幢具有西洋痕迹的民国时期建筑。走马塘水系独特,全村由四条河流环抱,有紫来桥、西沈桥、庆丰桥等跨于河上,联系各水系。走马塘先民建造的水系能泄能排,形成了完备的河网防务系统,能使村民最大限度地抵御旱涝和火魔的侵袭。2010年上海世博会期间举办的首届"发现中国·魅力小城"评选了首批18个中国魅力小城,走马塘村名列其中。2019年1月,走马塘村入选第七批中国历史文化名村。

(五)慈溪市龙山镇方家河头村

方家河头村位于浙江省宁波市慈溪市龙山镇范市南部,全村共分3个自然村。明代以前,该地已显现村落雏形。嘉靖年间,方氏始祖章云从河南迁徙于此,后子孙繁衍,方姓成了河头大族。河头古村落的古建筑中规模最大、保存最完好的要数清代宅院"刺史第"了。刺史第亦称"前三房",是河头村古建筑中的精华。建筑主体坐南朝北,为重檐歇山顶,布局呈凹形,总占地面积约1000平方米。在村边的桃花岭上,还有唐代僧人手书刻于石壁上的"南无阿弥陀佛"石刻。河头村还有方氏宗祠等古建筑。2019年1月,方家河头村入选第七批中国历史文化名村。2019年6月,方家河头村入选第五批中国传统村落名录。

(六)余姚市大岚镇柿林村

柿林村位于大岚镇东南部,距镇政府驻地5千米,离余姚城区50千米,因盛产"吊红"柿子而得名。村内有著名的国家4A级景区宁波丹山赤水风景区。柿林村为浙东峡谷地貌,土壤多为黄泥土和砂石土,光照和雨水充沛,四季分明,物产丰富。村中有10个山塘水库,有两条大溪流。村庄四面环山,满坡翠竹林木,不但山水秀丽,而且山居原貌保持完好。全村只有沈氏一姓,据族谱记载:沈氏始祖是周文王的第十子,受封于沈地,遂以封地为姓,其后裔来此隐居。村中有一古井,井水清澈纯净,冬暖夏凉,是全村人的饮用水源,因此有"一村一姓一家人,一口古井饮一村"之说。2019年1月,柿林村入选第七批中国历史文化名村。2019年12

月 31 日,柿林村入选第二批国家森林乡村名单。

二、浙江省级历史文化名村

根据《浙江省历史文化名城名镇名村保护条例》(2012 年 9 月 28 日浙江省第十一届人民代表大会常务委员会第三十五次会议通过,自 2012 年 12 月 1 日起施行),历史文化名镇、名村和国家历史文化名城的申报、批准和直接确定的条件与程序,依照国务院《历史文化名城名镇名村保护条例》的规定执行。截至 2023 年底,浙江省共公布了 7 批浙江省历史文化名镇名村街区名单。宁波市第五、六、七批列入浙江省级历史文化名村的村落见表 8.1。

表 8.1 宁波市列入浙江省历史文化名村的村落

序号	村落名称	入选批次	公布时间
1	江北区慈城镇半浦村	第五批	2016 年 7 月
2	鄞州区姜山镇走马塘村	第五批	2016 年 7 月
3	海曙区高桥镇大西坝村	第五批	2016 年 7 月
4	海曙区章水镇李家坑村	第五批	2016 年 7 月
5	海曙区横街镇凤岙村	第五批	2016 年 7 月
6	海曙区章水镇蜜岩村	第五批	2016 年 7 月
7	海曙区高桥镇新庄村	第五批	2016 年 7 月
8	余姚市大岚镇柿林村	第五批	2016 年 7 月
9	余姚市鹿亭乡中村村	第五批	2016 年 7 月
10	余姚市梨洲街道金冠村	第五批	2016 年 7 月
11	慈溪市龙山镇方家河头村	第五批	2016 年 7 月
12	慈溪市龙山镇山下村	第五批	2016 年 7 月
13	奉化区溪口镇葛竹村	第五批	2016 年 7 月
14	宁海县一市镇东岙村	第五批	2016 年 7 月
15	宁海县深甽镇龙宫村	第五批	2016 年 7 月
16	宁海县力洋镇力洋村	第五批	2016 年 7 月

续表

序号	村落名称	入选批次	公布时间
17	象山县晓塘乡黄埠村	第五批	2016 年 7 月
18	象山县墙头镇溪里方村	第五批	2016 年 7 月
19	象山县西周镇儒雅洋村	第五批	2016 年 7 月
20	象山县东陈乡东陈村	第五批	2016 年 7 月
21	镇海区澥浦镇十七房村	第六批	2020 年 4 月
22	鄞州区塘溪镇上周村	第六批	2020 年 4 月
23	鄞州区塘溪镇童夏家村（雁村）	第六批	2020 年 4 月
24	奉化区大堰镇董家村	第六批	2020 年 4 月
25	奉化区萧王庙街道青云村	第六批	2020 年 4 月
26	奉化区裘村镇马头村	第六批	2020 年 4 月
27	东钱湖旅游度假区东钱湖镇韩岭村	第六批	2020 年 4 月
28	东钱湖旅游度假区东钱湖镇陶公村、建设村、利民村	第六批	2020 年 4 月
29	慈溪市掌起镇洪魏村	第六批	2020 年 4 月
30	慈溪市龙山镇龙山所村	第六批	2020 年 4 月
31	宁海县深甽镇马岙村	第六批	2020 年 4 月
31	宁海县梅林街道河洪村	第六批	2020 年 4 月
33	宁海县桑洲镇麻岙村	第六批	2020 年 4 月
34	象山县石浦镇东门渔村	第六批	2020 年 1 月
35	象山县墙头镇墙头村	第六批	2020 年 4 月
36	余姚市河姆渡镇浪墅桥村	第七批	2023 年 12 月
37	宁海县一市镇箬岙村	第七批	2023 年 12 月

三、宁波市级历史文化名村

根据《宁波市历史文化名城名镇名村保护条例》（2015 年 2 月 8 日宁波市第十四届人民代表大会第五次会议通过，2023 年 11 月 1 日宁波市第十六届人民代表大会常务委员会第十三次会议修订），具备下列条件之一的村庄,可以申报市历史文化名村;村落形成年代久远,能较完整体现一定历史时期的传统风貌;历史建筑集中成片,建筑面积不少于 2500 平方米;基本保留传统格局和历史风貌;具有地方特色的民间传统文化。宁波市第五、六、七批列入市级历史文化名村的村落见表 8.2。

表 8.2　宁波市级历史文化名村名单

序号	村落名称	入选批次	公布时间
1	江北区慈城镇半浦村	第五批	2016 年 7 月
2	奉化区溪口镇葛竹村	第五批	2016 年 7 月
3	海曙区高桥镇大西坝村	第五批	2016 年 7 月
4	海曙区横街镇凤岙村	第五批	2016 年 7 月
5	海曙区章水镇蜜岩村	第五批	2016 年 7 月
6	海曙区高桥镇新庄村	第五批	2016 年 7 月
7	余姚市鹿亭乡中村村	第五批	2016 年 7 月
8	余姚市梨洲街道金冠村	第五批	2016 年 7 月
9	慈溪市龙山镇山下村	第五批	2016 年 7 月
10	宁海县一市镇东岙村	第五批	2016 年 7 月
11	宁海县力洋镇力洋村	第五批	2016 年 7 月
12	象山县晓塘乡黄埠村	第五批	2016 年 7 月
13	象山县墙头镇溪里方村	第五批	2016 年 7 月
14	象山县西周镇儒雅洋村	第五批	2016 年 7 月
15	象山县东陈乡东陈村	第五批	2016 年 7 月
16	镇海区澥浦镇十七房村	第六批	2020 年 4 月
17	鄞州区塘溪镇上周村	第六批	2020 年 4 月
18	鄞州区塘溪镇童夏家村(雁村)	第六批	2020 年 4 月
19	奉化区大堰镇董家村	第六批	2020 年 4 月
20	奉化区萧王庙街道青云村	第六批	2020 年 4 月
21	奉化区裘村镇马头村	第六批	2020 年 4 月
22	东钱湖旅游度假区东钱湖镇韩岭村	第六批	2020 年 4 月
23	东钱湖旅游度假区东钱湖镇陶公村、建设村、利民村	第六批	2020 年 4 月

续表

序号	村落名称	入选批次	公布时间
24	慈溪市掌起镇洪魏村	第六批	2020 年 4 月
25	慈溪市龙山镇龙山所村	第六批	2020 年 4 月
26	县深甽镇马岙村	第六批	2020 年 4 月
27	宁海县梅林街道河洪村	第六批	2020 年 4 月
28	宁海县桑洲镇麻岙村	第六批	2020 年 4 月
29	象山县石浦镇东门渔村	第六批	2020 年 4 月
30	象山县墙头镇墙头村	第六批	2020 年 4 月
31	余姚市河姆渡镇浪墅桥村	第七批	2023 年 12 月
32	宁海县一市镇箸岙村	第七批	2023 年 12 月

第三节　传统村落

一、中国传统村落

中国传统村落也称古村落,是指民国以前所建的村落。2012 年 9 月,经传统村落保护和发展专家委员会第一次会议决定,将习惯称谓"古村落"改为"传统村落"。传统村落是在长期的农耕文明传承过程中逐步形成的,凝结着历史的记忆,反映着文明的进步。

作为一个拥有悠久农耕文明史的国家,中国广袤的国土上遍布着众多形态各异、风情各具、历史悠久的传统村落。传统村落中蕴藏着丰富的历史信息和文化景观,是中国农耕文明留下的最大遗产,具有独特的民俗民风,虽经历久远年代,但至今仍为人们服务。

传统村落体现着当地的传统文化、建筑艺术和村镇空间格局,反映着村落与周边自然环境的和谐关系。可以说,每一座蕴含传统文化的村落,都是活着的文化遗产,体现了一种人与自然和谐相处的文化精髓和空间记忆。传统村落是民族的宝贵遗产，也是不可再生的、潜在的旅游资源。传统村落不仅具有历史文化传承等方面的功能，而且对于推进农业现代化、推进生态文明建设等都具有重要价值。

2012 年，住建部、财政部等部委启动传统村落保护工作，现已公布 6 批中国传统村落名录，8170 个村被纳入中国传统村落保护范畴，其中宁波市有 32 个，详见表 8.3。

表 8.3　宁波市列入中国传统村落名录的村落

序号	名　称	批次	公布时间
1	奉化区溪口镇岩头村	第一批	2012 年 12 月
2	象山县石浦镇东门渔村	第一批	2012 年 12 月
3	余姚市大岚镇柿林村	第一批	2012 年 12 月
4	余姚市梨洲街道金冠村	第一批	2012 年 12 月
5	宁海县茶院乡许民村	第一批	2012 年 12 月
6	余姚市鹿亭乡中村	第一批	2012 年 12 月
7	奉化区尚田镇苕霅村	第二批	2013 年 8 月
8	宁海县长街镇西岙村	第二批	2013 年 8 月
9	宁海县深甽镇龙宫村	第二批	2013 年 8 月
10	宁海县深甽镇清潭村	第二批	2013 年 8 月
11	奉化区萧王庙街道青云村	第三批	2014 年 12 月
12	奉化区溪口镇栖霞坑村	第三批	2014 年 12 月
13	宁海县力洋镇力洋村	第三批	2014 年 12 月
14	宁海县一市镇东岙村	第三批	2014 年 12 月
15	宁海县越溪乡梅枝田村	第三批	2014 年 12 月
16	海曙区章水镇蜜岩村	第三批	2014 年 12 月
17	海曙区章水镇李家坑村	第三批	2014 年 12 月
18	鄞州区姜山镇走马塘村	第三批	2014 年 12 月
19	奉化区裘村镇马头村	第四批	2016 年 11 月
20	奉化区西坞街道西坞村	第四批	2016 年 11 月
21	鄞州区东吴镇勤勇村	第四批	2016 年 11 月

续表

序号	名称	批次	公布时间
22	奉化区大堰镇大堰村	第五批	2019 年 6 月
23	宁海县一市镇箬岙村	第四批	2016 年 11 月
24	奉化区大堰镇董家村	第五批	2019 年 6 月
25	象山县墙头镇墙头村	第五批	2019 年 6 月
26	慈溪市龙山镇方家河头村	第五批	2019 年 6 月
27	宁海县强蛟镇峡山村	第五批	2019 年 6 月
28	鄞州区塘溪镇童夏家村	第五批	2019 年 6 月
29	象山县晓塘乡黄埠村	第六批	2022 年 10 月
30	象山县新桥镇东溪村	第六批	2022 年 10 月
31	象山县西周镇儒雅洋村	第六批	2022 年 10 月
32	镇海区澥浦镇十七房村	第六批	2022 年 10 月

宁波市 32 个列入中国传统村落名录的村落介绍如下。

(一)奉化区溪口镇岩头村

岩头村位于宁波市奉化区溪口镇以南剡溪上游 11 千米处,至今有 600 余年历史。环村皆山,山体多生肖动物形状,有岩溪穿村而过。岩头不仅风光秀美,而且人文景观殊胜。清嘉庆大书法家毛玉佩真迹、摩崖石刻、蒋介石发妻毛福梅故居、毛邦初故居等景观密集,且保存完好,维持着当初的风貌。广济桥是岩头现存风貌最好的一座古桥,也是入口区的标志景观。桥东有两棵参天古樟,"石泉"摩崖石刻距此仅十数米,字为岩头村人,清嘉庆、道光年间著名书法家毛玉佩所书。狮山和白象山,一左一右,拱卫着岩头古村,以示欢迎外来游客。

(二)奉化区尚田镇苕雪村

苕雪村位于宁波市奉化区尚田镇,苕雪村含苕雪和张家滩 2 个自然村,以村南苕溪而得名。目前据有史可查的资料是,晚唐五代时,今萧王庙街道棠岙村江氏曾在苕雪短暂居住。苕雪村地形地貌特征为山谷峡地,保留了陈宗熙旧居、龙泉庙等传统建筑 21 处,拥有国家级非物质文化遗产奉化布龙。陈宗熙旧居系由陈宗熙在 20 世纪 40 年代末出资建造。苕雪村舞龙在 800 多年前就已存在。

(三)奉化区萧王庙街道青云村

青云村位于宁波市奉化区萧王庙街道。据《泉溪孙氏宗谱》记载,孙氏居此起自唐时,始祖原甫以奉化令择居泉溪之东。明代以来,村西首的萧王庙祀典鼎盛,民间逐渐形成 16 年一轮的庙会,为奉化最大集市日。传统建筑类型有民居、祠堂、藏书楼和桥梁等。自古以来,青云村人就藏书爱书,重视教育。清代青云村人孙云村在村内建云村书屋,乾隆十一年(1746),村人孙上登在村内办了湖澜书塾。光绪二十三年(1897),进士、内阁中书孙锵在村内建了一座“七千卷藏书之楼”。民国时期,孙鹤皋捐资、筹资创办了奉北小学,对子弟入学免学费。

(四)奉化区溪口镇栖霞坑村

栖霞坑村位于奉化区溪口镇西部四明山区的河谷地带,距溪口镇中心距离约 20 千米,由 2 个自然村组成。村中大溪名为筠溪,源自奉化余姚分界山林,至董溪村汇入溪口镇亭下水库。全村森林植被较好,自然风光优美,空气清新,具有良好的生态环境基础。据《四明山志》,栖霞坑原称桃花坑,直至清末才改名为栖霞坑。村里保留了长寿桥、显应庙、长安廊桥、王氏宗祠(敬承堂)、永济桥等明清以及民国时期的古建筑。

(五)奉化区裘村镇马头村

马头村位于宁波市奉化区裘村镇东南部,象山港北岸,下辖马头村、里城村 2 个自然村。古村又名鸡鹧,是以孔子“知者乐水,仁者乐山”之说,把鸡鹧栖息的山和村名定为鸡鹧。先祖又把村南如马之首的青龙首山称为“马头山”,又给村名定为马头。马头村迄今已有 1100 多年历史。先祖是官宦后裔,历来重视教育。据不完全统计,马头村有教授、专家、博士、高级工程师 40 多位,被誉为“教授村”;有教师 100 多位,又称“教师村”。马头村仍保留着 10 余个清代堂前厢房门进院落,以及晚清民国时期的单门独院的三合院闾门。

(六)奉化区西坞街道西坞村

西坞村位于宁波市奉化区西坞街道,是 2005 年 12 月由原 9 个村撤并而成的新行政村。镇上有祠堂 36 座,堂前 72 座,大多建于明清时期,另有店铺、故居、教堂、客轮码头、大礼堂等近 10 处。这些建筑用材考究、制作精美,构成了独特的水乡古镇风貌。往日的集市分布在东西两条河的岸边。西坞的东街和西街边,早先建有被人们称为"水阁"的"枕河"居所等水乡特色建筑。

(七)奉化区大堰镇大堰村

大堰村地处奉化江上游,是奉化区大堰镇政府的所在地。村前溪流汇入横山水库,它是奉化、宁波两地居民的饮用水源地。宋朝时,一位周姓县令带领村民筑成一条大堰,保一方百姓平安。大堰村的村名就是为了纪念周县令。村内王氏人才历代辈出,是明嘉靖工部尚书王钫,清末民初浙东女教育家王慕兰,现代著名文艺理论家、作家巴人(王任叔)的故里。近年来,大堰村以美丽乡村建设为抓手,修建仿古廊桥,提升大名路、大溪路街道景观,保持"房前屋后、瓜果梨桃、鸟语花香"乡村韵味,重现"青砖、小瓦、石板路、马头墙、河埠头"古村落风貌和人文风情,探索"村庄整治+农家休闲"模式,乡村休闲旅游发展迅速。

(八)奉化区大堰镇董家村

董家村位于宁波奉化西南约 50 千米的大山里,县溪自第一尖山发源后,曲折穿过该村,村就分布于县溪两岸的峡谷之间。明永乐二十年(1422)之前,有陈家、柴家、沈家居住,称中心峆,钓鱼太公董庆云从后畈钓鱼至中心峆定居后,董氏家族逐渐兴旺,后称董家村,至今已有约 600 年的历史。董家村民居沿县溪两岸而建,形式各异,错落有致。董家村保存了较为完整的清代、民国古建筑,包括董家六房道地阊门、董家上第三份阊门、董家下第三份阊门、董家八房道地阊门、董家黄道阊门、大份道地阊门董氏宗祠等。董家村因此有"浙东古山村的标本"之称。

(九)象山县石浦镇东门渔村

东门渔村坐落在象山县石浦镇东门岛上,有"浙江渔业第一村"的美誉。全村共有 10 个村民组,80％以上的青壮年从事海洋捕捞业,拥有大马力钢质渔船 270 艘。东门渔村人文历史及渔文化积淀深厚,保留了建于明洪武年间的昌国卫古城墙遗址、门头古灯塔等文物古迹。每年的"中国开渔节"重点项目祭海仪式在渔村的门头山妈祖像前举行。出海前,举办祭海神妈祖庙会,祈求平安与丰收。

(十)象山县墙头镇墙头村

墙头村位于宁波市象山县西部,距象山县城 8 千米。北濒西沪港,东南依大雷山。村北古渡为竹木外运要埠,桅樯林立,亦称樯头。村民重教,历有传统。民谚相传"一亩田,三箩谷,三个儿子书要读"。由于重教兴学,墙头村历代人才辈出,人文荟萃。清咸丰年间,镇海著名诗人、画家姚燮避难来象山,与县人欧行机、王芬兰、王芬蕙、孔晓园在墙头创建红樨诗社,从者有鄞县郭传璞、董沛,嘉兴沈芝阁等,以及杭州、绍兴、台州各地文人 50 余人,吟咏所得诗篇,刊为《红犀馆诗课》十集,在浙东传为佳话。每年农历六月十九日至二十一日是象山县墙头镇墙头村传统庙会节日。

(十一)余姚市大岚镇柿林村

本章第二节已有介绍,此不赘述。

(十二)余姚市梨洲街道金冠村

金冠村位于余姚南部的四明山区,距余姚城区约 10 千米,现属梨洲街道。金冠村由金岙、里冠佩和外冠佩 3 个自然村合并而成。自北宋熙宁年间兵部尚书朱廷碧来余姚定居冠佩开始,金冠村至今已有近千年历史。几个自然村现存建筑多数为清代风格,保持着鹅卵石、石砌墙、木结构的风貌。金冠村建有 2 座庙。一座是邓公庙,邓公神像上有块匾额,上书"除虎为民",为光绪年间所题;另一座是兴隆庙,是悬山顶式的清代建筑,中间是一座万年台,立有光绪十七年(1891)碑记一方,戏台石柱有楹联曰"大丈夫休粉涂脸,贤弟子莫学游腔"。

(十三)余姚市鹿亭乡中村村

中村村位于余姚市鹿亭乡东南部,为宁波进入鹿亭乡的东大门,地处四明山山脉东麓,与鄞州区章水镇童皎村接壤,距余姚城区、宁波城区均约 40 千米。村内地势平坦,土地肥沃。中村村保留了白云桥、仙圣庙戏台等古建筑。白云桥初建于唐贞观年间,以后历有毁建,现存之桥重建于清光绪十六年(1890)。白云桥从造型与建筑风格来看均具特色,是余姚市级文保单位。仙圣庙戏台始建于南宋,几经毁坏与重建,现存建筑为清康熙三年至八年(1664—1669)重建,它是宁波地区现存戏台中年代最早、建筑技艺最精致的一座。白云桥下的小河叫晓鹿溪,跟鹿亭乡的得名一样,晓鹿溪的命名与南梁名士孔祐有渊源。

(十四)慈溪市龙山镇方家河头村

本章第二节已有介绍,此不赘述。

(十五)宁海县茶院乡许民村

本章第二节已有介绍,此不赘述。

(十六)宁海县长街镇西岙村

西岙村属于宁波市宁海县长街镇,离宁海长街东北方向约 6.5 千米。西岙村古称西洲,东晋时有人居息。西岙村留存了千年古刹集福禅寺。北宋至道咸平年间,陈氏先祖怀琪公自福建长溪小青峻迁至西洲,繁衍生息,氏族兴旺。历代人才辈出,名榜十二位进士和众多官吏,是南宋右丞相叶梦鼎的出生地。谱志有"父子三御史,一门四进士""三十六位在京官,三斗三升芝麻官"的记载。村中尚存东晋古寺一座,宋代古墓一座、石拱桥三座、碾子五盘,以及众多古树和居民院落遗址。村里南宋年间建造的惠德桥,为浙江省级文保单位。西岙还有正月十八"游大龙"的民俗活动。"游大龙"历史悠久,代代相传,远近闻名,被列为宁海县非物质文化遗产传承项目。

(十七)宁海县深甽镇龙宫村

本章第二节已有介绍,此不赘述。

(十八)宁海县深甽镇清潭村

清潭村行政上属于浙江省宁海县深甽镇,位于宁海县西北山区,地处浙东第一尖东北。北接奉化,西接新昌。村庄合并后,清潭村还包括上张村和上陈村。2003 年,清潭村被评选为宁波首批 10 个历史文化名村之一。村子里有三座保存完好的古戏台,即孝友堂、飞凤祠、双枝庙戏台。古戏台中,最有名的是双枝庙,建于明正德年间,万历年间扩建,由于建筑宏伟,有"缑北第一庙"之称。2006 年,双枝庙的古戏台与宁海其他 9 个古戏台,被列入全国第六批重点文物保护单位。

(十九)宁海县力洋镇力洋村

力洋村古称沥阳、沥洋,是宁波市宁海县力洋镇下辖行政村,位于宁海县东 28 千米。力洋村古有"苍山之麓,沥水之阳"之称,因古人把山之南、水之北列为阴阳之阳,古力洋正好在此一位置上,因此古地名是"沥阳"。1962 年,宁海县人民政府改为"力洋"。力洋村传统风貌保护较好,保留了圆通寺、集庆庵、力洋庙等文物古迹以及五门大宅、雕梁宅、连科宅等古民居。圆通寺是宁海十大千年古寺之一,集庆庵始建于宋嘉定后期,力洋庙建于清朝初年。

(二十)宁海县一市镇东岙村

东岙行政村由褚家、街下、渔业、东岙王、西潘 5 个自然村合并而成,位于宁海县一市镇西面,背山靠海。东岙位于宁海东南面,濒临旗门港,古称东洲。明洪武年间,以村处西溪东面山岙中,改称东岙。据当地《陈氏宗谱》记载,唐武德三年(620),陈二耆自海游镇(今属三门县)迁东洲。可见唐朝初期时此地已有人居住。村里的王氏宗祠始建于清康熙三十九年(1700),内有大厅 3 间,戏台 1 座;褚氏宗祠建成时间比王氏宗祠稍晚,建筑风格相似。东岙三面环山,村旁溪涧众多,其中东北角的新岭脚下有一双龙瀑布,高约 50 米,气势不凡。村民收入主要来源为山林种植业和海水养殖业,东岙青蟹养殖基地远近闻名。

(二十一)宁海县越溪乡梅枝田村

梅枝田村由上田、隔坑、梅枝 3 个自然村组成,位于宁海县越溪乡东南部,东接下田村,东北山峦环绕。梅枝田村留着一批自明末清初至民国时期的古建筑,如有祥下、新楼下、高堂等十几处道地,皆是当年大家族的历史遗迹。其中田氏家庙附近的祥下道地约建于清末时期,是当年黄埔军校毕业生、抗日将领田守中的家院。与大梅枝隔溪相连的隔坑自然村内的朱家道地,保存较为完好,是典型的江南四合院格局。田氏后裔以耕读传家为祖训,历代学风浓厚,人才辈出,远近闻名,走出了5名黄埔军校毕业生、116名大学生,素有"状元村"之美誉。此外,梅枝田有山有田有滩涂。面向海湾的大片滩涂,被誉为越溪沧海桑田,2016年成功申请上海吉尼斯纪录,被认证为中国最大的景观式滩涂与海水养殖基地。

(二十二)宁海县一市镇箬岙村

箬岙村位于宁海县一市镇东南方向1.8千米,始迁于明朝永乐元年(1403),迄今已有620年的历史,是一个文化底蕴深厚的耕读渔村。村庄整体格局隐于群山环绕的山坳之中,自西向东逐渐展开,核心保护区聚落环境优美,空间格局保持十分完整。箬岙村历史文化资源丰富,古宅、古居、古建筑等点缀其间,拥有文物保护单位、历史建筑等各类资源共计33处。其中,师德堂修建于清康熙年间,历史最为悠久;镇宁神祠建于清康熙十六年(1677),庙前原为海滩。宁海县现存海神庙已屈指可数,因此保存完整的镇宁神祠,对研究浙东沿海地区的妈祖信俗有着重要价值。

(二十三)宁海县强蛟镇峡山村

峡山村地处宁海县强蛟半岛东北角,是一个典型的浙东沿海渔村,是强蛟镇政府所在地,拥有海、湾、岛、滩独特资源,素有"海上千岛湖"之称。汉武帝时因峡山是海道要冲而设鲒崎亭。历史上峡山村民每与惊涛骇浪为伴,屡与海上盗匪斗争,清光绪年间建造了两座炮台,用于抵抗外敌侵犯。村落保存了15口古井、1处古火山遗址,以及尤氏宗祠、峡口庙、镇福庵等多处古建筑。渔业生产曾是峡山村主要的经济来源,20世纪70年代,峡山村被农业部列为全国重点群众渔港之一。如今,随着渔业发展注重新业态、新模式,村民纷纷"上岸"发展现代休闲渔业,特色旅游日益凸显。

(二十四)海曙区章水镇蜜岩村

蜜岩村位于鄞西山区章水盆地西端,是大皎、小皎的水系汇源之地,建村已近千年,村中 90% 的百姓都为应姓。蜜岩村旧区保存了比较完好的明清民国时期建筑的风貌,建筑以墙门为主,比较有特色的有老街、长大屋街、桂馥堂、府台春晓以及中宅墙门、双韭山房、望三益、前八房、里外堂前和见大宝墙门等。村中还建有多处太平池,既可以提供生活用水,还能在火灾时用来取水灭火,设计巧妙。村落南部尚有一座建于清咸丰二年(1852)的万安桥,造型美观,具有一定的历史文化价值。蜜岩村传统文化气息浓厚,甲午战争后,村人应文生及其子应桂馨创办了崇义学堂,免费招纳村中子弟。清末,又有村人应维青、应存甫分别创建了愈愚国民学校、蜜山国民学校。民国时期村中名人辈出。每逢阴历七月二十一日至七月二十五日,蜜岩村都要举行盛大的庙会。

(二十五)海曙区章水镇李家坑村

本章第二节已有介绍,此不赘述。

(二十六)鄞州区姜山镇走马塘村

本章第二节已有介绍,此不赘述。

(二十七)鄞州区东吴镇勤勇村

东吴镇勤勇村位于太白山麓,总面积约 6.6 平方千米,由原来勤勇、凤岭 2 个自然村合并建立,东临瞻岐,南接咸祥,西近天童,北毗三塘,距甬城 28 千米。勤勇村有着深厚的历史文化底蕴,境内有始建于唐咸通十三年(872)的弥陀禅寺,有鄞州区最年轻的文物——凤仪门,从凤仪门到凤呇门全程 415 米的村道,全部用石块铺建,30 多幢 9 开间或 12 开间的民居乃至大礼堂也都用石头砌成。勤勇村孕育了"勤劳勇敢、艰苦创业"的勤勇精神。从 20 世纪的"学大寨标兵"到如今的新农村建设"试水者",勤勇人积极开展新村建设工作,村庄的品质得到不断提升。勤勇村先后获得国家级美丽宜居示范村、中国传统村落、省级特色精品村、省级文明村、省级卫生村、宁波市休闲旅游基地、市级全面小康建设示范村等荣誉称号。

（二十八）鄞州区塘溪镇童夏家村

童夏家村隶属于宁波市鄞州区塘溪镇，位于鄞州区塘溪镇边缘。童夏家村由沿溪上下两个村组成，上为雁村，下为夏家。童夏家村山清水秀，一条宽阔的溪流穿村而过，小村依山傍水，如同世外桃源，享有"宁波的香格里拉"之美誉。古村依梅溪而建，岸边古树众多，古建筑保存完好。村内有童氏宗祠，据祠堂匾额记载，祠堂始建于清乾隆年间，后期曾多次修缮，童氏宗祠保存完整，2010 年 9 月被公布为鄞州区级文物保护点。村周边有多条古道，可到横溪、奉化裘村、松岙等地。村里多是黛红色木结构的百年老屋，鹅卵石铺筑的路面，以及碎石垒砌的墙基，别具特色。

（二十九）镇海区澥浦镇十七房村

十七房村地处宁波市北郊，由郑氏先祖在南宋时期从河南荥阳迁徙镇海而建，拥有国家级 4A 级景区"郑氏十七房景区"、省级文化保护区"郑氏十七房古民宅群"。"郑氏十七房"现存建筑面积 4 万多平方米，绝大部分为清乾隆至光绪年间建筑，今留有恒德房、恒祥房等"四水归堂"大院 10 余幢。建筑具有江南水乡风格，又兼有宫殿般的布局结构，建筑规模恢宏，工艺精湛。除了古宅保存完整，这里也曾是繁华一方的古村落，走出过郑熙等一批宁波名商，孕育了百年老字号"老凤祥"银楼、"英雄"墨水等民族品牌，诞生了当时号称中国最大的民间邮局全盛信局。近年来，十七房村以传统文化为"底牌"，创新乡村治理手段，先后获得全国文明村、全国乡村治理示范村等多个国家级荣誉。

（三十）象山县新桥镇东溪村

新桥镇东溪村以溪为名，群山环抱，旧时处于交通要道。溪上有多桥横卧，从庙前杨桥开始，经兴溪桥、九曲桥、长湾桥、华益桥、春晖桥、隔溪坑桥、老大桥（东溪桥）、小庵桥、新大桥、鱼乌桥，至西成塘横七桥止，被称为"东溪十二桥"。清代文人励元灏曾形容此地"玉带锁长桥，清流万古名"。日夜流淌的东溪孕育出尚孝崇文的厚重文化。科举年代，自宋代便迁居于此的励氏一族曾走出庠生、太学生、贡生、举人等 80 多位，有各类官职的 30 多人,勤奋好学的学风代代传扬。目前,东溪村有一座建成于清乾隆八年(1743)、保存完好的清代建筑励氏宗祠,木质结构古朴简洁,庄严幽深。

(三十一)象山县西周镇儒雅洋村

儒雅洋村原名树下洋,后雅化为儒雅洋,祈愿"耕读传家,儒生雅士辈出"。儒雅洋村地处蒙顶山脚下,是一个坐落在古驿道上的村落,村域总面积 2.78 平方千米。村庄依山傍水,环境优美,山上古木参天,山下溪水潺潺,溪岸一侧绿树成荫,草木郁郁葱葱,素有"天然氧吧"之称。村中何姓的祖先在明洪武年间从象山墙头迁居而来,清乾隆年间何氏家族达到鼎盛。该村现存有何恭房、友二房、友六房、新大份、老小份等 20 多处完整的清代至民国时期建筑。除了四合院,儒雅洋村还有独具特色的古碉楼和团练房、保存完好的千年古驿道、应家古井等,旅游资源丰富。

(三十二)象山县晓塘乡黄埠村晓塘乡

黄埠村坐落在象山县双峰山主峰南麓,坐北朝南,山上两支溪流分别从村庄的东西两头往下流淌,注入村前的黄埠溪。黄埠村的村民以潘姓为主,据《潘氏宗谱》记载,其祖潘均耀是元末驻守福州的武将,朱元璋的军队攻破福州城后,潘均耀从海路逃至象山后岭隐居,后其子孙从后岭迁此建村。自明代中叶起,潘氏子孙繁衍,在黄埠营造了规模宏大的家族聚居建筑群。该村至今保留着清初的高柴门和清中期建造的三三堂,北有上新屋、三戒堂,南有下柴门,东有潘季房、小柴门等 10 余座潘氏大院落,西有潘氏宗祠、圆峰庙。这些古宅均属清早期闽南建筑风格,在宁波的古村落中可谓独树一帜。

二、浙江省级传统村落

2012 年,浙江率先在全国实施历史文化(传统)村落保护利用项目。十几年来,浙江共实施 10 批次 432 个历史文化(传统)村落保护利用重点村、2105 个一般村建设,省财政累计投资 34 亿元,带动各级政府和社会资本投资 130 余亿元,探索形成十大古村落保护利用模式。浙江挖掘保护省级以上非物质文化遗产 1128 项,建成一大批民俗展示馆、家风家训馆、村情村史馆,有效传承弘扬浙江乡村文化。

2017 年 10 月,浙江省建设厅、省文化厅、省文物局、省财政厅公布第一批列入浙江省省级传统村落名录村落名单(不含国家级),决定将 636 个村落列入省级传统村落名录,其中宁波市占 22 个,详见表 8.4。

表 8.4　宁波市列入浙江省传统村落名录的村落

地区	村落数/个	村落名
余姚市	1	黄家埠镇五车堰村
宁海县	10	茶院乡庙岭村、深甽镇梁坑村、深甽镇岭徐村、深甽镇马岙村、桑洲镇麻岙村、岔路镇湖头村、前童镇梁皇村、西店镇岭口村、梅林街道下河村、强蛟镇峡山村
象山县	3	晓塘乡黄埠村、墙头镇溪里方村、新桥镇东溪村
奉化区	1	裘村镇吴江村
海曙区	1	横街镇凤岙村
镇海区	1	澥浦镇十七房村
奉化区	4	西坞街道白杜村、大堰镇大堰村、大堰镇董家村、裘村镇吴江村
慈溪市	1	龙山镇方家河头村
鄞州区	1	塘溪镇夏家村(雁村)

第九章 宁波市民俗类农业文化遗产

民俗类农业文化遗产指一个民族或区域在长期的农业发展中所创造、享用和传承的生产生活风尚,主要类型有农业生产民俗、农业生活民俗、民间观念与信俗等。

第一节 生产与生活类民俗

一、生产类民俗

(一)象山渔民号子

象山渔民号子由传统渔业生产上的渔民号子和海洋运输业中船工号子等组成,统称渔民号子。它是渔民、船工在长期的生产、劳动实践中自发创造的一种文化现象。它有着与众不同的独特风格和强烈的海洋生活气息,充满着渔民(船工)的乐观主义精神和雄壮、豪迈、朴实、奔放的个性,向人们提供了了解和熟悉象山渔民豪爽、粗犷、开朗的性格的载体。

象山渔民号子在唐宋时期已经初步形成,清康熙年间至民国时期达到繁荣程度。象山渔区都以木帆船为捕鱼和海上交通的主要工具。船上一切工序全靠手工操作,集体劳动异常繁重,各种工序都要喊号子以统一行动、调节情绪,为此形成了丰富的号子。象山渔民号子按工序分为起锚号子、拔篷号子、摇橹号子等20多种;按操作所需要的力度大小又可分为大号、一六号和小号,各类号子之间可灵活运用。

20世纪60年代中期,由于手工化捕鱼作业逐渐被机械化替代,繁重的劳动逐渐变得轻松,号子的生存空间不断萎缩,渔民号子渐渐消失。象山渔民号子作为具有海洋特色的民间艺术形式,已列入了抢救、保护的行列。2009年,象山渔民号子被列入浙江省非物质文化遗产名录。2011年5月,象山渔民号子被列入第三批国家级非物质文化遗产名录。

(二)渔民开洋、谢洋节

渔民开洋、谢洋节是中国沿海地区一种特殊的民俗活动,主要流传于浙江省的象山县、岱山县和山东省的荣成市、日照市、青岛即墨区等地。渔民开洋、谢洋节是象山渔民感恩大海、祈求平安、庆祝丰收的"祭海"民俗活动。开洋、谢洋节活动距今已有1000多年历史,在象山东门岛渔村尤为盛行。

"象山祭海"分为开洋、谢洋节两个部分。每年的捕大黄鱼季节开始,都要在天妃宫或娘娘庙等庙宇举行开洋节祭祀仪式。祭祀时间一般在阳历三月十五日至二十三日,必须选择在每天涨潮时分,寓意财源随潮滚滚而来。渔船出海时,船埠上人头攒动,为扬帆出海的亲人祝福送行。锣鼓声、鞭炮声震耳欲聋,在开船号声中渔船鼓棹扬帆出海。谢洋节在每年的阴历六月二十日至二十三日举行,其时黄鱼汛期结束,渔船平安归来。这些天渔村热闹非凡,演戏庆丰收,庆平安归来,称"谢洋戏"或"还愿戏"。

渔民开洋、谢洋节包括渔民祭祀活动和传统民间文艺表演等内容,主要有娱神、娱人两大板块。其以祭祀为核心,具有祭祀对象的多元性(天后娘娘、城隍老爷、王将军菩萨、鱼师大帝等)和祭祀地点的广泛性(庙宇、海岸、码头、港口、渔场等),祭祀形式与内容的多样性(包含有拜船龙、开洋节、谢洋节、祭小海、太平节、祭鱼师等祭祀活动)、祭祀目的的唯一性(出海平安、渔业丰收)等特点。

象山渔民开洋、谢洋节对研究中国沿海地区祭祀历史有着较高的学术价值,同时也对活跃渔区文化生活、繁荣渔文化创作起着巨大的推动作用。2008年6月,渔民开洋节、谢洋节被列入第二批国家级非物质文化遗产名录。

(三)余姚土布制作技艺

余姚过去是全国重要的产棉基地。明徐光启《农政全书》称"浙花出余姚",余姚旧属绍兴(会稽)越地,故余姚土布又史称"越布"。民国时期浙棉又称"姚花"。余姚土布自南宋后以此为主要原料,因历史悠久、工艺细致、花色繁多、实用美观、用途广泛而闻名全国。

改革开放前,姚北乡村"家家纺纱织布,村村机杼相闻"。余姚土布式样品种繁多,传统制作工艺复杂,分棉加工、纺纱、调纱、染色、浆纱、经布等 10 个步骤,50 余道工序,需用到 20 多种工具。改革开放后,手工土布制作逐渐被现代棉纺企业取代,传统作坊日渐衰微。目前余姚市从事传统土布生产的民间作坊已经很少,濒危状况严重。

土布制作技艺是余姚市传统纺织文化的历史见证,传统织布工艺伴随着诸多如"请布神""摸鸡蛋讨彩头"等相关民俗民习,为研究江南一带民俗文化、农耕文化和传统商业文化提供了重要参考。2011 年 5 月,余姚工布制作技艺被列入第三批国家级非物质文化遗产名录。

(四)晒盐技艺(海盐晒制技艺)

晒盐是一门古老的技艺,所生产的食盐曾经满足了数亿人的生活需要。象山地处浙江中部沿海,三面环海,海陆岸线长,浅海滩涂面积广阔,海水盐度年均 30.8‰,日照时间长,风力资源丰富,具备晒海的优良条件,是浙江省三大产盐县之一。象山的盐产品曾是国家重要的赋税收入来源,目前,仍有部分百姓从事晒盐业。

象山晒盐历史悠久。《新唐书·地理志》等正史中就有象山产盐的历史记载。元人称制盐为"熬波"。元代以后,逐渐采用刮泥淋卤和泼灰制卤法。清嘉庆开始,从舟山引进板晒法结晶。清末又引进缸坦晒法结晶,成为盐业生产工艺上的一大变革。

象山晒盐工艺是以海水作为基本原料,并利用海边滩涂及其咸泥(或人工制作掺杂的灰土),结合日光和风力蒸发,通过淋、泼等手工劳作制成盐卤,再通过火煎或日晒等自然结晶成原盐。整个工序有 10 余道,纯手工操作,蕴含着丰富的具有地区特征的科学技术知识。

2008 年 6 月,晒盐技艺(海盐晒制技艺)被列入第二批国家级非物质文化遗产名录。

(五)余姚草编

余姚草编历史悠久,早在明清时,就已在余姚农村普及,成为当地妇女的一项重要手艺。余姚草编业的发展大致分三个阶段:第一阶段为明清时期,草编原料多为就地取材的早稻草和麦秆芯;第二阶段为民国成立至中华人民共和国成立初期,是编织金丝草帽的高峰时期,余姚草帽行多达数十家,形成姚北金丝草帽商业网,出现"十里长街无闲女,家家尽是织帽人"的兴旺景象;第三阶段为改革开放后至今。随着金丝草帽生产的衰退,余姚草编已向工艺化和多样化发展,原料已从金丝草扩展到银丝草、咸草、南特草、龙须草等 10 多种草料,品种从帽、扇扩展到篮、盆、垫、画帘、拖鞋、玩具、提包等数十种,花式有各种花卉、鸟兽和图案近 2000 种,除了满足国内消费,还远销 70 多个国家和地区。2012 年 6 月,余姚草编被列入第四批浙江省非物质文化遗产名录。

(六)蔬菜腌制技艺(邱隘咸齑腌制技艺)

咸齑即咸菜,宁波人专指用雪里蕻(雪菜)腌制的咸菜。鄞州地区民间栽培、腌制雪菜历史悠久,南宋《宝庆四明志》中已有关于"雪里蕻"的记载。鄞东土地肥沃,雨水充沛,利于种植雪里蕻鲜菜。在冬春两季,选用新鲜雪里蕻菜,经过加工腌制成咸齑。咸齑是鄞州四乡的传统特产,尤以邱隘咸齑因为腌制技艺讲究而闻名世界。邱隘咸齑具有香、嫩、脆、鲜、微酸的特点,既可以生吃、熟吃,也可以作为佐料,制作多种菜肴,其中咸齑大黄鱼、咸菜肉丝汤最为出色。

2008 年,邱隘咸齑腌制工艺相继列入鄞州区、宁波市级非物质文化遗产名录。2016 年 12 月,蔬菜腌制技艺(邱隘咸齑腌制技艺)被列入第五批浙江省非物质文化遗产代表性项目名录。

(七)鄞州竹编

鄞州竹编是用山上毛竹剖劈成篾片或篾丝并编织成各种用具、工艺品的一种手工艺,竹编艺人俗称"篾匠"或称"篾作"。旧时由于竹编工艺应用广泛,一到农忙前夕总要打箩补篓,平时挨家挨户还要编修竹制等生活用品,碰到造房子的还要编屋顶的竹箦。工艺竹编品种主要有风筝、扇子、灯笼、灯罩、蛋套、松鹤、孔雀、猫头鹰、大公鸡及各种形状的鹰等。日用竹编品种繁多,农用类主要有大小箩筐、晒谷箦、筛谷寨、晒谷耙、晒花箕等,建筑用品有屋皮、脚手架竹垫等,日常用品有竹椅、竹篮、淘米箩、金线篮、元宝篮、幢篮、摇篮、食罩、米筛等。20 世纪 80 年代,外贸竹编兴旺,塘溪、横溪、鄞西等乡镇的工艺竹编厂遍地开花,几乎是家家户户做竹编。20 世纪以后,日用竹编逐渐被工业制品代替。2016 年 12 月,鄞州竹编被列入第五批浙江省非物质文化遗产代表性项目名录。

(八)船饰习俗

象山自古至今都是我国著名的渔业大县。象山渔民都将自己的主要生产工具——渔船尊称为"船龙",并在船的一些主要部位进行一些诸如彩绘、插旗帜等的装饰,千百年来,相袭成俗,从而形成了一种船饰文化。经过制作的渔船本身是一件精美的工艺品,渔民对渔船各部位的上漆及其色彩搭配就十分讲究。如每造就新船时,就要在船头两侧为它画上外围白色、中涂乌黑眼珠的"船眼"进行"定彩",并选择吉日,用五彩线连船眼一起钉上,然后用红布套住"封眼",待下水时在热闹的锣鼓鞭炮声中为它"启眼"。船旗是渔船的重要装饰物,它往往被插在船桅或船尾上,旧时以三角齿边彩旗居多,有红底黄字的,有黑字镶白边或绿边的,也有黑底黄字或白字镶黄边、红边的,多种多样,色彩鲜丽醒目,能帮助渔民测定风向。在船体比较引人注目的如驾驶舱前板、船舷、船尾的"后挡水"等处,渔民会彩绘观音菩萨、哪吒太子、八仙和历史人物关羽、武松,以及龙、马、鱼、虾、蟹、莲花、荷花等动植物图案,以此祈求吉利、平安、丰收和幸福等。随着时代进步和渔船的更新换代,船饰也与时俱进地体现出时代风采,"科学捕鱼""劳动致富""建设海上乐园"等图案也纷纷出现在渔船上。随着现代海洋捕捞业的发展,旧的船饰文化逐步退出历史舞台,保护、继承和发展船饰文化已迫在眉睫。

2009 年 12 月,船饰习俗被列入第三批浙江省非物质文化遗产名录。

(九)越窑青瓷烧制技艺

越窑是中国瓷窑中久负盛名的瓷窑,它以青瓷产品之精美独特,在中国前期瓷史上占据了一定的地位。其制瓷技艺水平、装饰工艺和造型水平,均极其成熟,成为其他瓷窑模仿借鉴和引进之对象,加上它有一个从创立、发展、繁荣、鼎盛到衰落的完整历史进程,使它成为中国古代青瓷窑系的代表之一。越窑的影响是极为广泛、深邃而久远的。

越窑青瓷始烧于东汉,延续烧制千年,于北宋末、南宋初衰落。越窑青瓷在沉睡了千年后,2001 年,在宁波市各级政府和有关部门的大力支持下,在慈溪这块充满生机活力的上林湖得到新生。继承了传统制瓷工艺的龙泉制瓷工匠又重新回到了青瓷的发源地——慈溪上林湖,并在这里恢复了越窑青瓷的生产,使越窑青瓷再现辉煌。现有慈溪越窑青瓷有限公司,集科研生产、销售越窑青瓷于一体,为社会提供精美的仿古瓷、工艺瓷、礼品瓷等艺术作品,该公司已被列为越窑青瓷传承基地。在宁波从事越窑青瓷创作和生产的还有慈溪上越陶艺研究所和明州越窑青瓷公司等企业。

越窑青瓷烧制技艺于 2005 年被浙江省政府公布为浙江省第一批非物质文化遗产代表作名录,2011 年 5 月被列入第三批国家级非物质文化遗产名录。

(十)越窑秘色瓷烧制技艺

秘色瓷是中国传统制瓷工艺越窑青瓷中的特制瓷器,中国古代越州名窑(今浙江一带)中心窑场位于浙江上林湖后司岙。"秘色"一词最早出自晚唐诗人陆龟蒙诗篇《秘色越器》。秘色瓷是越窑青瓷精品之一。秘色瓷是进贡朝廷的一种特制的瓷器精品,因其制作工艺秘而不宣而得名。所谓"秘色瓷",实为唐、五代之际越窑青瓷中的上乘之作。秘色瓷特殊的釉料配方能产生瓷器外表"如冰""似玉"的美学效果,釉层特别薄,釉层与胎体结合特别牢固。所以,这种配方是保密的,专用于皇家瓷器的烧造。此后,凡是釉料配方保密的瓷器,都叫"秘色瓷"。例如,历史上有过"高丽秘色瓷"等。

秘色瓷烧造取决于瓷土、釉色和温度。秘色瓷釉中相当一部分的氧化铁被还原,釉色就呈现为较纯净的青色;反之,还原气氛弱,釉中相当一部分的铁仍保持氧化状态,釉色就表现为青中泛黄的色调。秘色瓷是越窑中的最优质的瓷器,其烧造工艺分为原料精选、釉料配制、将秘色瓷胎装入瓷质匣钵、调控温度及气氛等步骤。

2023年1月,越窑秘色瓷烧制技艺被列入第六批浙江省非物质文化遗产代表性项目名录。

(十一)大隐石雕

大隐地处四明山南麓的余姚市境内,自古以来就以盛产青石、汉白玉和虎皮红(玉石)等优质石料而闻名遐迩。有民谣云"大隐石板石石硬,修桥筑路遍城乡"。其起始至少可追溯到春秋时期,越王勾践时设句章县城就在这一带。大隐也是我国古代九大港口之一,它为石料的对外营销和运输提供了便利。南宋定都临安(今杭州)后,石业发展更快,形成了庙后山、九层楼等共11个宕口,鼎盛时工匠逾千人。所产主要为城山青石,其光滑坚韧,是制作石桥、石库门、牌轩等建筑物的上好材料。境内之学士桥,宋元祐年间建造,长70.3米、宽1.96米,全是石质材料,至今仍在发挥作用,故大隐又以"石板之乡"名播浙东。

随着时代的发展,大隐从仅产石料转向发展石雕艺术,既雕刻古式的石塔、石亭、石牌坊、石凳、石椅、石香炉等,也雕刻传统的龙、凤、象、狮、麒麟、八仙、寿星、文臣、武将、荷花等,还开发出了其他各种大小石制品和十二生肖等家庭小摆件。其工艺程序为定画稿、选材料、做毛坯、平面、定位、粗雕、细雕、磨光、检验等9道。制作工具主要是大小榔头、大小石锤、尖斩斧、平斩斧、大阔锤、小扎锤、铅笔或石墨笔等。工匠们还采用外地产的梅园石、花岗石和白原石为原料,丰富自己的产品,并形成了独有的地域特色和艺术风格。石雕作品多次参加大型展示并获得成功,深受国内外人士的喜爱和欢迎。大隐石雕得到了当地有关部门的重视,现暂无传承之忧。

2012年6月,大隐石雕被列入第四批浙江省非物质文化遗产名录。

二、生活类民俗

(一)宁海十里红妆婚俗

宁海十里红妆婚俗是宁海及浙东东部地区民间特有的结婚礼俗,主要包括婚嫁仪式中的婚姻礼仪,定情、做媒、相亲、备嫁妆、迎嫁妆、花轿迎娶、拜天地、闹洞房、回门等结婚礼俗和红妆器物特有的制作工艺。婚礼当日,迎嫁妆和接新娘队伍到达新娘家,午后迎嫁妆队伍同接新娘伴姑一道,返回新郎家。嫁妆队伍由马桶小兄开道,花轿居中,抬的抬、挑的挑、流光溢彩,喜气洋洋。大户人家的红妆队伍,延绵数里,嫁妆中从针头线脑到雕龙刻凤和描龙画凤的箱、柜、桌、椅、桶、盆以及铜锡器具,样样齐全,箱箱满、桶桶满。红妆队伍,鼓乐齐鸣,爆竹震天。民间夸张地称之为"十里红妆"。十里红妆最后演变成婚嫁的代名词、明媒正娶的符号,更是四乡八村文化交流的民间活动。千工床、万工轿、十里红嫁妆是浙东家喻户晓的婚嫁现象,独特的红色表达了喜庆、吉祥、热烈的美好愿望,嫁妆又是江南手工技艺的集中体现,是江南地区民俗传承的组成部分。

2008年6月,宁海十里红妆婚俗被列入第二批国家级非物质文化遗产名录。

(二)前童元宵行会

前童元宵行会是一种古老的民间游艺活动。据《塔山童氏族谱》记载,前童元宵行会始于明中叶,盛于明末清初,主要以鸣群锣、抬鼓亭、放铳花等方式来表现,纪念童氏祖先开渠凿碶、灌溉农田的功德,聚民心修水利,祈愿年景丰收。前童元宵行会内容丰富,规模浩大。2006年,前童被授予中国历史文化古镇的称号。借助这一契机,前童人挖掘元宵行会的文化内涵,使这一古老的游艺活动"老树开新花",成为旅游招牌。

2014年,前童元宵行会被列入第四批非物质文化遗产代表性项目名录项目。

(三)红帮裁缝技艺

红帮裁缝技艺是立足宁波本帮裁缝技艺传统,又吸收西方立体剪裁技术,从而实现"中西合璧""中体西用"创造性转化的制衣工艺。它发祥于奉化江两岸,流布范围包括奉化区江口街道(新桥下、王溆浦、张家浦、蒋葭浦、前江等村)、西坞街道(顾家畈、泰桥、东陈等村),鄞州区茅山镇、姜山镇等。随着红帮裁缝艺人的流动,红帮裁缝技艺的流布范围拓展到国内外30余个城市。

红帮裁缝技艺在本地又称"奉帮裁缝技艺",源于当地以做长袍、马褂等为业的本帮裁缝。明末清初,本帮裁缝即随宁波商帮外出谋生。19世纪中叶,部分本帮裁缝到日本谋求发展,转而从事"洋服业",后回国从业。鸦片战争后随着西方列强入华,洋服需求增大,敏锐的本帮裁缝抓住机遇开始了转型,并创制出中山装、改良旗袍等中西融合的款式。咸丰五年(1855),来自宁波六邑缝制洋服的"洋帮裁缝"建立了类似封建行会的组织。光绪二十二年(1896),奉化人江良通在上海巨鹿路405号创办了国内最早的红帮服装店——和昌号。20世纪40年代以来,红帮裁缝的影响力和知名度逐渐扩大,成为中国服饰改革的主力军。50年代,红帮老艺人和红帮传人在北京成立红都服装公司,为国家主要领导人量身制衣。

在百年的实践中,红帮裁缝探索出以"四个功""九个势"和"十六字诀"为核心的工艺思想,尤其形成了"目测心算、特形矫正、翻新补洞"等绝技,并建构起适合本土的成熟理论体系。其坚持以人为本,注重个性化定制,首创中山装、改良旗袍、"海派"西服,开办了国内第一家西服店、第一所服装学校,编写了第一部西服裁剪教材,推动了中国传统服饰的现代转型。

2021年5月,红帮裁缝技艺被列入第五批国家级非物质文化遗产代表性项目名录。

（四）宁波金银彩绣

金银彩绣又称"金银绣"，即以金银丝线与其他各色丝线一起，在丝绸品上绣成的带有不同图案的绣品。1989 年，宁波市绣制的《百鹤朝阳》作品荣获中国工艺美术百花奖珍品·金杯奖，工艺界遂以"宁波金银彩绣"定名。

宁波金银彩绣主要应用于旅游、喜庆礼仪、高档陈设、戏剧服装、演艺及宗教场所等，主要题材包括鸟兽花草、山水人物、历史典故、神话传说、戏曲场景和民间吉祥物等。主要绣法与全国各地主要针法无异，但尤以"盘金（银）"和"填金（银）"为主，此外还有胖绣等上百种技艺。

地处浙江东部沿海的宁波，唐宋以来就有了"家家织席、户户刺绣"的传统。无论是富贵人家还是寻常门户，许多女子小时以习女红为美德。明清时代，宁波咸塘街、车轿街形成衣饰、嫁妆、绣织、裱画、戏衣帽专业街，承接官府、民间及寺庙商品，其中宁波府的礼赠贡品中，大量高档服饰陈设都由官办作坊及民间绣工制作。与此同时，为了快速、批量供应市场，传统刺绣从一人独作，走向绘图设计与刺绣分开的市场化分工操作方式。中华人民共和国成立后，宁波市和鄞县都曾有绣品合作社、绣品厂等，一直持续到 20 世纪 90 年代。由于机械绣花和电脑绣花的介入，手工绣花处于濒危状态。

2008 年，宁波金银彩绣被列入第二批浙江省非物质文化遗产名录。2011 年 5 月，宁波金银彩绣被列入第三批国家级非物质文化遗产名录。

（五）朱金漆木雕

朱金漆木雕是以樟木、椴木、银杏等纹理比较细腻的木材为对象，经过浮雕、圆雕和透雕后，上漆、贴金、彩绘，并运用砂金、碾银和开金等手段，制成造型古朴生动、金彩相间的器物。河姆渡遗址出土的漆器和木雕，证实了中国最早的漆木器的故乡在浙东。在距今约 4000 年的鄞西芦家桥遗址，也发现有与河姆渡同一文化时代的木构和雕刻。明清时，鄞县的朱金漆木雕技艺精湛，广泛应用于建筑、宗教造像、日用器具、民俗会器和室内外陈设等。著名的十里红妆、千工床、万工轿、万工船等，自宋代至明清,形成宁波传统民俗,堪称绝妙的民间工艺精品。

朱金漆木雕的特色主要在于漆而兼重雕,依靠贴金箔和漆朱来进行装饰,因此不但雕刻力求精致,其漆工的修磨、刮填、上彩、贴金、描花也是十分讲究。"三分雕刻,七分漆匠"是朱金漆木雕艺人的经验总结。正是这种特有的工艺方式,使得朱金漆木雕产生了富丽堂皇、金光灿烂的效果。朱金漆木雕的题材多取于古代历史和民间故事,清代晚期则以戏曲京剧人物为主。此种手法亦称"京班体"。"京班体"构图格局采用立视体,将近景、中景和远景处理在同一画面上,前景不挡后景,充实饱满,井然有序。其与传统中国画的"丈山、尺树、寸马、分人"的比例概念相反,人马大于房屋建筑。"武士无颈,美女无肩,老爷凸肚,武士挺胸",这些程式化的民间表现手法,使传统朱金漆木雕妙趣无穷、手艺丰富、风韵独具。

2006 年 5 月,朱金漆木雕被列入第一批国家级非物质文化遗产名录。

(六)宁波泥金彩漆

泥金彩漆,宁波传统工艺"三金"之一,是一种以泥金工艺和彩漆工艺相结合为主要特征的漆器工艺。泥金彩漆工艺在明清之际发展至鼎盛,现仅宁波市宁海县还保留此项传统手工艺。

泥金彩漆以中国生漆和金箔为主要原料。制作方法分为"堆泥(堆塑)""沥粉""泥金彩绘"三种。它们可以用一种工艺技法单独成品,也可三种结合,综合成一个工艺丰富的产品。堆泥是泥金彩漆最独特的工艺方法,它是在平面上做"加法"——手工堆塑。艺人以生漆、瓦片灰或蛎灰按一定比例捣制成漆泥,在木胎漆坯上堆塑山水、花鸟、人物、楼阁等图饰,再给堆塑贴金、上彩。此项工作程序繁杂,要领颇多。制成的工艺品典雅古朴、绚丽多彩,颇有汉唐雕刻艺术之遗韵。泥金彩漆与当地百姓生活息息相关。其品种丰富,大到眠床、橱柜等内房家具,小到提桶、果盒、帽桶等生活用具,折射出人们的生活习惯和习俗。宁波现今保存着的明清及民国时期家具和生活用具,其泥金彩漆部分光艳如新,看得出当年手工技艺之精湛。

民国至中华人民共和国成立之初,泥金彩漆还盛行在宁波地区的民间。在 1953 年举办的全国首届工艺美术展览会上,宁波泥金彩漆中的双龙提桶、饭盅、粉斗等作品,受到了行家的赞扬,影响颇大。此后在多次的国内外展览中,宁波泥金彩漆都赢得了声誉。20 世纪 70 年代初一度辉煌,产品远销美国、新加坡等地。但随着人们生活方式和观念的转变,泥金彩漆逐渐失去了生存市场。时至今日,仅宁海县境内还有少数艺人在制作,其他地方已鲜见踪迹了。

2011 年 5 月,宁波泥金彩漆被列入第三批国家级非物质文化遗产名录。

(七)骨木镶嵌

骨木镶嵌是鄞州的传统民间手工艺。其要领是以牛骨片、黄杨木片等为原料,用铜丝锯(现代用钢丝锯)锯成各种纹饰,在木坯上起槽后粘上黄鱼胶嵌入花纹,再进行磨雕刻、髹漆。在制作方法上有高嵌、平嵌、高平混嵌三种。骨木镶嵌涵盖门类较多,实用性强,包括传统家具、生活用品、门窗和建筑装饰等。现藏于宁波博物馆的骨木镶嵌"千工床",制作于同治三年(1864),可以说集骨木镶嵌技艺之大成,是传统手艺之瑰宝。

骨木镶嵌工艺精良,嵌雕精巧,以平面形的组合取胜,工艺制作上保持弯曲多孔、多枝、多节、块小而带棱角,既易于胶合,又防止脱落,可长时间保持完整。色彩素雅、花纹多姿,又经久耐用,充分体现了它的艺术性和实用性。骨木镶嵌的画面形象在黑白的对比中显示出剪影效果,"图案古拙,几同汉画",不加其他修饰色彩,充分体现自然材料的本色,装饰性强,颇具地方特色。

中华人民共和国成立后,政府请回嵌镶老艺人恢复和试制骨嵌产品,主要代表作品有红木镶嵌大地屏《群芳雅集》、博古组合橱《西湖春泛图》等。但随着人们审美观念的改变,宁波骨木镶嵌这一制作工艺已濒临失传。

2008 年 6 月,骨木镶嵌被列入第二批国家级非物质文化遗产名录。

（八）唱新闻

唱新闻又称锣鼓书,是广泛流传于宁波市所属象山县及周边北仑、鄞州等地的古老曲艺品种,影响遍及舟山市的岱山、普陀等。象山境内的唱新闻皆用象山土腔土调演唱,内容都是本地风土人情,所以又被称作"象山唱新闻"。据县志记载,清末,新闻传入象山县。另有民间艺人口传,唱新闻产生在南宋时期,当时有13位象山人用演唱象山乡音的方式把流落在外的游子召回故乡,途中吸收了临安、杭州、绍兴等地民间曲艺的养分,逐渐形成唱新闻。

2011年5月,唱新闻被列入第三批国家级非物质文化遗产名录。

（九）状元楼宁波菜烹饪技艺

宁波简称"甬",宁波菜称"甬帮菜",是浙菜中极具特色的一个地方菜。宁波菜源远流长,河姆渡遗址出土的籼稻、菱角、酸枣及釜、罐、盆、钵等陶器,表明当时宁波先民已经能简易地使用器皿并创造了以水为传导的蒸、炖等烹调方法。汉代司马迁《史记·货殖列传》、清代袁枚《随园食单》等文献中都有关于宁波海鲜的烹、食状况的记载。民国《鄞县通志·饮食》描绘了宁波城市餐饮状况。据其记载,仅市中心三江口一带就有上规模的酒楼饭店40多家。

甬帮菜以海鲜菜肴为主要特色,凭借丰富的海鲜资源,注重鲜活料理,烹调技艺突出原料本味,十分讲究火功,配菜方法追求鲜咸合一,将鲜活原料与海货干制品或腌制原料搭配烹调,产生独特的复合味。成品菜肴以鲜为核心,擅长以咸提鲜,形成鲜咸合一的特色风味。

甬帮菜名气最大、最具代表性的酒楼当数状元楼,相传清代乾隆年间,有两个举人进京应试,聚于三江酒楼,店家以冰糖甲鱼奉客,并谓菜名"独占鳌头"。两个举人进京应试后都得金榜题名,其中一位蟾宫折桂,高中状元。状元公衣锦还乡,再宴于三江酒楼,并题写"状元楼"三字,该酒楼自此闻名遐迩,也为宁波饮食文化增添了浓厚的文化韵味。200多年间,状元楼几经兴衰,店址多次迁移,但对先贤文化眷恋不舍的宁波人始终不忘对它的维护发扬。状元楼主要名菜有雪菜大汤黄鱼、冰糖甲鱼、锅烧河鳗、苔菜小方烤、红膏炝蟹等。1995年,状元楼被授予"中华老字号"金匾。2009年7月,因城市拆迁闭歇9年后,经宁波市贸易局授权,由宁波石浦酒店管理有限公司传承经营,状元楼再次开业,薪火得以传续。

2009年6月,状元楼宁波菜烹饪技艺被列入第三批浙江省非物质文化遗产名录。

(十)冠庄船灯

船灯舞是流传于宁海乡间的传统民间舞蹈,兴盛于明末清初。冠庄船灯是整个宁海船灯舞的其中一个船灯表演班子,发源于当地的"潘紫云"平调戏班。"潘紫云"平调戏班活跃时间为清咸丰三年(1853)至光绪三十年(1904)。其间,有民间扎灯艺人用山上的毛竹为他们扎制了一个船灯来表演,自此流传。船灯舞以双船四人组合表演的形式进行,是一种颇具地方特色的灯舞,戏剧化形式浓郁。船灯舞一般在面积很大的天井或晒场上表演,采用双船(凤船和狮船),每船各有两名表演者,分别饰小生和艄公及小旦和船娘。舞动时一般不唱,表演者随乐队的锣鼓点变化步伐,常见的舞法有穿八字、龙吃水、大转圆等。歌唱时一般只摆动船灯在原地踏步,唱段是平调戏《赠锦裘》《双玉佩》等片段。

2023年1月,冠庄船灯被列入第六批浙江省非物质文化遗产代表性项目名录。

(十一)拉丝玉雕

拉丝玉雕制品大部分是与首饰相关的玉花片,作为民间日常佩饰,影响十分广泛。清代李澄渊的《玉作图》一书对拉丝工艺有详细的记载。晚清至民国时期,玉雕业一度沉寂。改革开放前后,在宁波老艺人的带动下,拉丝玉雕生产有所恢复。20世纪八九十年代,在慈溪成立了不少的玉石工艺厂和玉雕作坊,还有配套首饰厂,最大的玉雕镶嵌厂年产值达到上亿元。

拉丝玉雕是以拉丝工艺为主,在玉质物品上镂雕各种花卉、鸟兽等吉祥图案的制玉工艺。它是由古代玉雕中的切割玉料技艺发展而来,包括选料、切料、磨坯、设计、绘图、粗雕、打眼、拉丝、雕刻、打磨、抛光、清洗、上蜡等十几道工序。主要作品有挂佩类、陈设类、镶嵌类等三大类，涵盖玉佩、挂件、摆件、器皿等 30 多个品种。拉丝玉雕工艺品质地坚硬、晶莹细腻、图案精美、剔透玲珑，工艺精湛，巧夺天工，具有独特的制作工艺特点和鲜明的地域风格，是中国传统玉雕文化的有机组成部分。

2023 年 1 月，拉丝玉雕被列入第六批浙江省非物质文化遗产代表性项目名录。

（十二）玉成窑紫砂制作技艺

玉成窑紫砂制作技艺是宁波的一项传统技艺，在中国紫砂发展史上占有特殊地位。玉成窑始烧于清代光绪年间宁波江北慈城。当时，宁波富庶繁荣，文风鼎盛，墨客云集，玉成窑筑造于慈城应与地理、人文、环境、友人资助等不无关联，而文人紫砂的兴盛更有赖于文人团体的兴起和积极参与。经实物考证，玉成窑的紫砂泥料有的采用本地的紫砂矿料，大部分是宜兴紫砂。玉成窑紫砂制作技艺的基本工序为设计壶型、选泥料、制作壶坯、撰写铭文、书法布局、壶坯题铭、铭文镌刻、烧窑。其中，壶型设计、铭文书法及镌刻是核心工艺，玉成窑的制壶技法传承了传统紫砂制作技艺，文人的参与又使玉成窑形成了别具一格的造型艺术，"切器切茶切意"的诗文书法及镌刻使玉成窑成为文人紫砂制作的一座高峰。

2023 年 1 月，玉成窑紫砂制作技艺被列入第六批浙江省非物质文化遗产代表性项目名录。

（十三）传统插花

宁波的传统插花可分为民间插花、寺观插花、宫廷插花、文人插花等四大类型，由花材、容器、花插、几架和垫板、配件等构成。主要容器为瓶、盘、碗、篮、缸、筒等六大类。主要工艺流程有花材选择、工具及器物准备、构思立意、构图定型、花色搭配、花材修剪与固定、陈设养护、品评鉴赏等。

2023 年 1 月，传统插花被列入第六批浙江省非物质文化遗产代表性项目名录。

（十四）鱼类故事

象山县最初的鱼类故事,多在船头、渔埠、网场等渔民集中劳动场所产生。渔民由于生活枯燥,空闲时只能以最简便的闲谈和说闲话的方式来打发时间。渔民"三句不离本行",凭着对鱼类习性、特点的熟悉和细心观察,也凭着对鱼类的特殊感情,集体创作了诸多鱼类故事,包括溯源故事、解释型故事、说理型故事、解释兼说理型故事等。2012年6月,象山县石浦镇东门渔村内专门设立鱼类故事传承基地,通过对鱼类形态特征观察、生物学解剖,寻找鱼类故事现实生活来源。象山成立渔文化名师宣讲工作室、渔文化讲堂等,通过口头讲述、书场说书、地方戏曲曲艺演绎和学校社区宣讲等多种形式进行传播。

2023年1月,鱼类故事被列入第六批浙江省非物质文化遗产代表性项目名录。

（十五）"老虎鞋"制作技艺

"老虎鞋"制作技艺早在明清时期就流传于慈溪民间,当时慈溪大古塘一带制盐所产生的废气导致环境恶劣,南方百姓的信俗以崇拜老虎为主,所以百姓用盐花(剪纸)图案来制作"老虎鞋"鞋底(夹鞋),鞋头用虎头像图案,让老虎来保佑小孩健康成长。但随着时代的发展,小孩只在满月时穿上"老虎鞋"以示辟邪。慈溪市古塘街道对还活跃在民间的以蒋建飞(原名蒋珍奋)为传承代表人物的"老虎鞋"制作技艺进行抢救、保护与传承。

2012年6月,"老虎鞋"制作技艺被列入第四批浙江省非物质文化遗产名录。

（十六）北仑造趺

北仑造趺始于清道光十九年(1839),流传于北仑区柴桥街道穿山村。穿山村靠海,旧时村中男子常常做脚夫谋生,曾建立"脚夫会"。"造"即造型、造脸,"趺"指脚趺,"造趺"即指站在脚夫肩上的造型。造趺又名"肩背戏",亦称"造型"与"造脸"(画脸谱),俗称"马嘟嘟"。由10名十岁左右的英俊男女少年站在青壮年男子肩上,边舞边唱、做、念、打。造趺常见于庙会及重大庆祝活动中,站在肩上的叫"天盘",下面走的称为"地伴"。

2009 年 6 月,北仑造跋被列入第三批浙江省非物质文化遗产名录。

(十七)越窑青瓷"瓯乐"

越窑青瓷"瓯乐",又名上林青瓷"瓯乐",俗称碗乐。它是用陶瓷土制成的乐器和器皿进行音乐演奏,并以"越瓯"为主奏乐器的一种艺术表现形式。中国历来就有以陶瓷乐器和器皿演奏音乐的传统,长江流域春秋战国墓葬大量出土的原始陶瓷乐器,浙江慈溪上林湖寺龙口越窑遗址出土的唐宋时期青瓷乐器,以及有关历史文献记载,证明这一传统历经商、周、秦、汉而绵延不绝。在唐宋时期,越窑青瓷"瓯乐"因越窑的兴盛而盛行。

2009 年 6 月,越窑青瓷"瓯乐"被列入第三批浙江省非物质文化遗产名录。

(十八)象山剪纸

象山剪纸有着悠久的历史,1988 年出土的塔山遗址陶器中,就发现有剪纸的饰样,可见其起始之早。这种古老的民间美术样式,至明清时期则已普遍流行于民间了,象山的村村岙岙的妇女巧手都能剪出一手美丽的纸花。象山剪纸以各色蜡光纸、宣纸、胶水等为材料,以剪刀、刻刀、铅笔、刷子等为工具,通过艺人的构思、起稿、剪刻和衬背景纸等制作工序剪刻而成。

2012 年 6 月,象山剪纸被列入第四批浙江省非物质文化遗产名录。

(十九)失蜡浇铸技艺

失蜡浇铸技艺是流传于宁波鄞州一带的传统技艺,最早出现于春秋时期。整个过程均为手工操作,是将蜡制成所要的型器样式后,将耐高温细泥浆淋至蜡型表面,并撒细沙在泥浆表层,反复多次,使之形成完整的型壳,干燥后加温使蜡质熔出,形成型腔,用以浇铸铜液。完成浇铸后,经去壳、打磨、做旧,一件精美绝伦的青铜器就展现在面前了。

2012 年 6 月,失蜡浇铸技艺被列入第四批浙江省非物质文化遗产名录。

（二十）宁波汤团制作技艺

近百年来,宁波"缸鸭狗"经营着各式精致的点心甜食,更以其精细的制作工艺、考究的选材用料,为大众推崇,而猪油汤团更是镇店之宝。其馅选优质之猪板油、白糖及黑芝麻为原料,以独特的传统工艺秘制而成。其糯米粉更是取上等糯米,经浸泡水磨,使其更加细韧、软糯、润滑,可谓糯而不黏、油而不腻,特色鲜明、独树一帜。其形更是色白如玉,外浑内甜,食之而味绝,赏之而意美。

2012年6月,宁波汤团制作技艺被列入第四批浙江省非物质文化遗产名录。

（二十一）红铜炉制作技艺

铜手炉又称"袖炉""手熏""火笼",是旧时宫廷乃至民间普遍使用的掌中取暖工具。清朝红铜炉制作技艺分布在全国各地。制作工序有图纸打样、敲打器型、网眼镂雕、錾花修整、焊接等。每道工序环环紧扣。作品主要有袖炉、香炉、薰炉、手炉、脚炉等。图案则有几何纹糕团形手炉、编织纹方形手炉、几何纹梅花形手炉等。制作材料是上等红铜板,器具有木榔头、搭柱、凿子、扶钻、锉刀、刮刀、作凳、铜焊工具和砂皮等。

2012年6月,由慈溪市申报的红铜炉制作技艺被列入第四批浙江省非物质文化遗产名录。

（二十二）庵东晒盐技艺

辉煌盐都、百年古镇慈溪庵东曾是全国著名的盐仓和经济重镇。因贸易繁荣,庵东曾经被称为"小上海"。庵东在杭州湾跨海大桥的南岸,金庸先生曾在《倚天屠龙记》里描述过庵东的晒盐盛况。庵东大部分区域300年前为滩涂,六塘筑成后,渐渐成了村落,现分为十二塘。庵东盐场在民国时期为全省第一大盐场,全国十大重点盐场之一,拥有十万盐民,其产量长期为浙江之冠,号称"浙江盐都"。中华人民共和国成立后,在党和政府的重视下,在原有七塘基础上向北继续推进,筑成八塘、九塘。庵东盐场向国家缴纳的盐税,一度是地方财政收入的主要来源。直到20世纪 80 年代前期,盐产量仍占全省总产量的一半,仍属省主要产盐区。在这广袤的土地上,围涂文化、移民文化及其衍生的盐文化构成了庵东的丰富内涵。庵东晒盐技艺正是在这一底蕴中不断扩大、发展、改进、延续。

2009 年 6 月,由慈溪市申报的庵东晒盐技艺被列入第三批浙江省非物质文化遗产名录。

(二十三)慈城水磨年糕手工制作技艺

年糕,作为谢年祭祀的供品,含"年年高"的意思,就像南方视馒头为"发"、北方视饺子为"元宝"一样。年糕被列为宁绍地区的食点之首。相传,大禹治水给浙江百姓带来实惠,大家就用他整好的水田上结出来的粮食制作或糕点祭祀。初叫米糕,因为祭祀的目的是希望一年更比一年好,所以改称年糕。宁波制作年糕历史悠久,至少在北宋已经有用米粉做糕的记述。水磨年糕的味道好,但工序复杂,一般家庭只做干粉年糕。

2009 年 6 月,慈城水磨年糕手工制作技艺被列入第三批浙江省非物质文化遗产名录。

(二十四)黄古林草席编织技艺

草席,俗称席子、席片、滑子、凉席、席等,用蔺草编织而成。考古证实,中国草席的发祥地在鄞州的古林镇,河姆渡遗址就出土了草席残片,当时的先民用此来遮身、铺地或避风雨。西汉,古林草席已与东北的人参齐名,成为朝廷贡品。唐代,古林成为全国草席主要产地与集散地,并大量远销东南亚。中华人民共和国成立后,编织草席成为当地家庭的主要副业。1954 年,黄古林草席曾被周恩来指定为国礼,赠送给参加日内瓦联合国大会的各国首脑,影响深广。

2009 年 6 月,黄古林草席编织技艺被列入第三批浙江省非物质文化遗产名录。

第二节　民间观念与信俗

一、民间信俗①

（一）妈祖信俗

妈祖信俗是指以崇奉和颂扬妈祖的立德、行善、大爱精神为核心，以妈祖宫庙为主要活动场所，以庙会、习俗和传说等为表现形式的中国传统民俗文化。妈祖信俗由祭祀仪式、民间习俗和故事传说三大系列组成。湄洲是妈祖祖庙所在地。在近千年的历史演进中，妈祖文化早已融入宁波本土文化之中，成为宁波民俗文化的重要组成部分。

2009年，妈祖信俗被列入联合国教科文组织人类非物质文化遗产代表作名录。

（二）徐福东渡传说

公元前210年，秦始皇第五次东巡时，命徐福率领3000名童男童女及数百名工匠、兵员出海求取长生不老之药。徐福东渡传说即指这一故事。这是中国历史上第一次有记载的大规模移民，也是开创中日文化交流之先河的最好证明。慈溪的达蓬山原名香山，因有徐福在此启航东渡，故又名达蓬山，意谓可以到蓬莱仙境。在慈溪周边的象山县和岱山县，也有徐福东渡时曾作短暂休息的传说。由于徐福东渡，日本催生了弥生文化，日本把徐福尊为农耕之神而加以祭祀，这成了中日两国文化交流的见证。

2008年6月，徐福东渡传说被列入第二批国家级非物质文化遗产名录。

---

① 本部分内容主要参考了宁波市非物质文化遗产网之"非遗名录"部分（https://www.ihningbo.cn/directory）。

（三）梁祝传说

梁祝传说（梁山伯与祝英台传说）流行于浙江、江苏、山东、河南的民间文学中，讲的是一对青年男女在封建制度下未能结合含恨而终的婚姻悲剧。梁祝传说是一则凄婉动人的爱情故事，与孟姜女传说、牛郎织女传说、白蛇传传说并称中国古代四大民间传说，而其中又以梁祝传说影响最大，其在文学性、艺术性和思想性上都居各类民间传说之首，是中国具有影响力的口头传承艺术。梁祝传说发源于1600年前的东晋时期，经长期流变、发展，在浙江省宁波地区逐渐形成以梁山伯墓为展演场所，内容丰富、形式多样的宁波梁山伯庙婚俗信俗文化。

2006年5月，由浙江省宁波市、杭州市、上虞市（今上虞区），江苏省宜兴市，山东省济宁市，河南省汝南县联合申报的梁祝传说被列入第一批国家级非物质文化遗产名录。

（四）石浦—富岗如意信俗

浙江省象山县石浦镇渔山渔村和台湾台东县富岗新村共同信奉着鲜为人知的海上平安孝神如意娘娘。如意娘娘信俗是一种民间自生现象，它与妈祖信俗相似，是浙江宁波、台州、温州沿海一带渔民的精神寄托。据传，浙东地区民间信奉如意娘娘已有几百年的历史。20世纪50年代后因祖国大陆与台湾地区彼此隔绝的特殊状况，形成了象山石浦与台东富岗（小石浦）两岸如意娘娘往来省亲迎亲的习俗。

2008年6月，石浦—富岗如意信俗被列入第二批国家级非物质文化遗产名录。

（五）虞舜传说

有关舜的故事很多，在余姚一带广为流传。最完整的有《姚舜的传说》《舜帝出世》《舜帝移山》《舜井的传说》《舜帝捉水怪》《小妹妹智救舜帝》《舜帝做女婿》《舜帝与秘图山》《一代孝德天子——虞舜》《舜和象》等。传说内容主要包括与舜相关的遗迹、舜的生平事迹、舜的品行等。

2009年6月，由余姚市申报的虞舜传说被列入第三批浙江省非物质文化遗产名录。

（六）布袋和尚传说

布袋和尚,唐末五代著名僧人,是一位真实的历史人物。他生长于奉化长汀村,出家圆寂于奉化岳林寺,当过奉化裘村岳林庄庄主,曾在雪窦寺讲经弘法,肉身葬于奉化区封山之腹。布袋和尚传说的主要内容有身世来历、童年趣事、风物传说、抑恶扬善、解危济困、出家圆寂等。布袋和尚传说孕育于他圆寂后不久的五代,宋代开始流传,此后不断演绎与丰富,成为家喻户晓的民间文学精品。

2009年6月,布袋和尚传说被列入第三批浙江省非物质文化遗产名录。

（七）石浦三月三

"三月三·踏沙滩"是象山石浦久负盛名的一个传统民俗活动。当地流传着这样一句民谣:"三月三,踏沙滩,辣螺爬高滩。"每年阴历三月初三,石浦及周边地区的人们,穿着节日的盛装,呼朋引友,来到海边尽情地嬉戏,享受阳光海风,观海潮、听海涛、拾海贝,有的体验辣螺姑娘的纯真爱情传说,有的感受阳春三月的自然气息。在千米沙滩上,往往还有民间舞龙、踩高跷、放风筝等活动。

2009年6月,石浦三月三被列入第三批浙江省非物质文化遗产名录。

（八）瀚浦船鼓

瀚浦早在600多年前就是浙东著名的渔、盐重镇。据传,瀚浦船鼓始于清中后叶嘉靖年间,也有说是此时已经盛行。瀚浦船鼓是一种集打击(鼓)乐、船型道具舞、民歌小调三种艺术形式于一体的、具有非常鲜明的浙东渔区风俗特色的民间表演艺术形式。其先是为当地渔民出海捕鱼(俗称"开洋")前祭祀海神、祈求平安和丰收,以及在捕鱼归来(俗称"谢洋")庆贺满载而归、抒发情感时所专用,后才融入庙会以及社会各项节庆活动,极受人们喜爱。

2009年6月,瀚浦船鼓被列入第三批浙江省非物质文化遗产名录。

(九)象山七月半

阴历七月半,古称鬼节,抬城隍、点水灯,行神赛会。在象山,人们对七月半的称呼按地有别,如爵溪称"神赛会",石浦东门称"太平节",定塘周岙称"鬼节",涂茨钱仓称"七月半节"。"七月半"会期上呈现的龙灯、抬阁、鼓琴、高跷等民间艺术百彩缤纷,传统戏剧曲艺日夜竞演。

2012年6月,象山七月半被列入第四批浙江省非物质文化遗产名录。

(十)赵五娘传说

赵五娘是流传于象山县的传说中的人物,在中国文化史上占有醒目的位置。赵五娘贤淑、孝顺、忠贞、勤劳的品性是中华民族传统美德的体现,赢得后人的普遍尊敬。象山沿海一带民众则是重要的传说群。赵五娘与东汉时的中郎将蔡伯喈的故事最早见于唐人小说《说郛》,其后,宋南词有《赵贞女》,金元院本有《蔡伯喈》,元南戏有《赵贞女与蔡二郎》,元杂剧有《琵琶记》,等等。

2009年6月,赵五娘传说被列入第三批浙江省非物质文化遗产名录。

(十一)半浦民间故事

半浦村位于江北区慈城镇姚江之滨,三面环水,南有灌浦古渡,北有慈城古镇,据交通要冲。半浦村是代表性的渡口古村,故家大族历世聚居,兴文重教,名人辈出,仕宦不断,曾先后营建颇具地方特色的府第宅院。如今,昔日"二老阁"仅存遗址,而"二老"文化犹与阁后的小池、古井同存,在老人们的故事和孩童的歌谣中久久流传。

2016年12月,半浦民间故事被列入第五批浙江省非物质文化遗产代表性项目名录。

(十二)鄞江它山贤德庙会

贤德庙会起自北宋咸平四年(1001),是为纪念我国古代四大著名的水利工程之———鄞江桥它山堰的建设者唐代鄞县县令王元暐的庙宇落成仪式而诞生的庙会,后又经历代朝廷的不断褒封,便成为鄞州西乡一带的著名庙会,迄今有逾千年的历史。但该庙曾于 1941 年因日军侵华而被毁,抗战胜利后重建恢复,1993 年再次重修。与他地庙会不同的是,该庙会一年有三期,即每逢阴历三月三、六月六、十月十都要举行。

2012 年 6 月,鄞江它山贤德庙会被列入第四批浙江省非物质文化遗产名录。

(十三)上林湖传说

上林湖坐落在富饶的浙东三北平原上,水域面积近 2 万平方千米,蓄水量约 1300 立方米。这里原是汉代贡瓷的烧制地———越窑遗址。诸如狮子、白象为保护上林湖而与王母娘娘周旋(《天下明珠上林湖》)、如来佛降服黄鳝精(《黄鳝山的传说》)、泥鳅勇斗海龙王(《泥鳅石和蛤蜊石》)等故事,经县内一些故事大王口耳相传,几乎家喻户晓。此外,还有《严子陵钓鱼石》《木勺湾》《玉眠床》《龙眼井》《桂香龙潭》《棋盘岗》等传说,也精彩纷呈。

2012 年 6 月,上林湖传说被列入第四批浙江省非物质文化遗产名录。

(十四)灵峰寺葛仙翁信俗

葛洪仙翁信俗是在全国比较普遍的信俗,但是像宁波地区这样广泛,非常少见。其不同于宗教,没有严格的传承和经典,但又保留了最原始的多神崇拜和医药崇拜的遗迹。灵峰寺葛仙翁信俗由香期、坐夜、点庚申灯、取丹井仙水、请葛牒、顶牒、朝圣母等构成。

2012 年 6 月,灵峰寺葛仙翁信俗被列入第四批浙江省非物质文化遗产名录。

(十五)八月半渔棉会

咸祥八月半渔棉会是鄞州大嵩滨海地区人们在渔棉丰收时节,为了庆祝渔棉丰收,感念裴肃平乱佑民及杨懿县令围涂筑塘、改造田地之功而举行的盛大集会。从每年的阴历八月十三开始，连续四天，祭祀、演戏、迎神献爵、行会等，其中八月十四晚上至十五下午的大巡游彩船（纱船）、抬阁场面蔚然壮观，各种各样的彩船、花桥船、亭阁船、虎头官船、龙船、凤船等令人目不暇接，伴随着民乐队的笙箫笛琴声，绵延数里。清李邺嗣的《鄞东竹枝词》曾记载了咸祥庙八月半渔棉会的盛况："八月迎神社鼓哗，神舆突入野人家。自招宿愿争罗拜，明日祭盘不敢赊。"

2016 年 12 月，八月半渔棉会被列入第五批浙江省非物质文化遗产代表性项目名录。

（十六）龙舟竞渡

龙舟竞渡是为纪念楚大夫屈原而创立的一项民间活动。于明末清初从绍兴传入宁波地区，逐渐发展成为一项水乡民众喜闻乐见的体育竞技活动。地处东钱湖边的云龙镇陈村的龙舟队员多是渔民出身，在历次比赛中多次获得冠军，名扬四方。龙舟队由 23 人组成，有划船手、锣鼓手、长梢手（舵手），鼓手在船头擂鼓助威，锣手站于船中间敲锣鼓劲，长梢手在船尾把撑竿主导全局。龙舟竞渡比赛有直航和绕折返点两种，过去以绕折返点为多。

2012 年 6 月，龙舟竞渡被列入第四批浙江省非物质文化遗产名录。

（十七）西岙行大龙

每年秋收后，西岙村民开始制作龙灯，筹备鼓亭、龙旗、龙牌等仪仗。待到来年正月十八日晚上 8 时，两条各由 40 人肩扛的巨大龙灯，在阵阵鞭炮和锣鼓声中，分别从祠堂、龙场（坛）抬出。队伍各由大锣和大龙旗开路，数名手持大龙叉的壮士护卫，后面跟随的是龙鼓亭、锣鼓队和火铳队。

2012 年 6 月，西岙行大龙被列入第四批浙江省非物质文化遗产名录。

（十八）宁海狮舞

宁海狮舞俗称"打狮子"，又称"狮子灯"，其历史可追溯到梁代，在宁海流行甚广。相传历史上舞狮盛行时期，宁海全县共有 300 多个舞狮班。

宁海狮舞演出在宁海各种民间艺术活动中最为突出。新春一到,宁海各乡镇都组织形式各异的狮子班,走村串户,敬祖迎神,表达人们祈求风调雨顺、五谷丰登、吉祥平安的美好愿望。舞狮习俗一直传承至今,现宁海城乡尚有多个舞狮班在活动。

2009年6月,宁海狮舞被列入第三批浙江省非物质文化遗产名录。

(十九)奉化婚礼

清代时,奉化婚礼已形成了相对固定的九大项程序。每个程序中还包含十几个乃至数十个小环节。如拜堂后的"贺郎"过程,就有诸多操作习俗,多一项可以,少一项不行。整个婚礼过程,大小程序繁复,但是场面隆重热闹,礼仪喜庆周全。旧时奉化地区的未婚男女几乎都是通过如此程序迈入婚姻殿堂的。

2012年6月,奉化婚礼被列入第四批浙江省非物质文化遗产名录。

(二十)奉化吹打

奉化吹打盛行于明代中叶。奉化位于浙江东部沿海,东面海,西枕山,北接宁绍平原。农、林、牧、渔业及手工业发展较为全面,为奉化吹打的起源和发展提供了一定的便利条件和经济基础。当地每逢庙会、喜庆婚嫁、丧葬祭祀时,职业化或半职业化的民间乐队(堂、班、社、会)便在其中表演。乐队成员多来自农民及理发业。乐器以唢呐、笛子、锣、鼓等吹打乐器为主,集民族吹管乐、丝弦乐和打击乐于一身。其最大的特点是创造性地使用了定律的"十面锣"。民国时期"九韶堂"为当地规模最大、水平最高、曲目最多的乐队,代表性曲目有《将军得胜令》《万花灯》《划船锣鼓》等。

奉化吹打对研究浙东地区的政治、经济、文化、宗教及风土人情具有较大的佐证作用,对于挖掘、整理、传承、发展我国民族器乐曲也具有不可替代的艺术价值。同时,奉化吹打使用的十面锣具有创造性艺术价值,现已成为我国一种独特的民族乐器,被器乐界广泛使用。

2005年6月,奉化吹打被列入浙江省首批非物质文化遗产名录。

（二十一）大头和尚

"大头和尚"是一种民间舞蹈，又称哑舞，俗称"抛大头"，是宁波市鄞州区集士港镇翁家桥村民间艺人演出的一个传统节目。"大头和尚"是哑舞中的代表作品，取材于民间故事，根据明末著名的思想家、戏曲家冯梦龙"三言二拍"的古今小说《月明和尚度柳翠》改写，也叫《老和尚背柳翠婆》，剧中的老和尚，就是原著中的月明。人们把他看成佛的化身，视他为除魔消灾、救苦救难的菩萨，那柳翠婆就是原著中的柳翠。由于她前世的因果关系，在人们的心目中，她是一个火魔——火神菩萨，是民间最恐惧的灾难——火灾的象征。哑舞从小和尚跳着开山门的舞步开始，到老和尚背出了柳翠婆到村外结束。故事虽然简单，但正符合了人民群众"驱灾星、保太平"的心理，所以各村、各族为保太平，每年都要请太平会演出这个节目。这正是过去太平会久盛不衰的主要原因。翁家桥村演"大头和尚"，是从清朝道光二十年（1840）开始，至今已有 170 年历史，由于人员少、道具简单、便于流动，各地的天井、明堂、晒场都能表演。

2012 年 6 月，大头和尚被列入第四批浙江省非物质文化遗产名录。

（二十二）松岙景祐庙庙会

奉化松岙镇景祐庙庙会是为纪念闽人祖域而设，每年自正月十三至十八，历时六天六夜，由松岙界下十六堡民众轮流举办。其时乡民云集、跪拜起伏、小吃琳琅、好戏连台，为奉化历史上"三个半庙会"之首。相传，闽人祖域在松岙做了很多好事实事，后无疾而终，寿 100 岁。乡民感其恩德而建庙祭祀，这体现了老百姓知恩必报的朴素心理。

景祐庙历史悠久，庙宇始建于北宋皇祐二年（1050），1919—1922 年全面整修，为浙东最宏伟的古文化建筑群之一。目前庙宇占地 4620 平方米，建筑面积 2500 余平方米，庙宇由大门、主楼、戏台、厢房、大殿等组成。现存明代大学士宋濂撰写的《勒赐景祐庙碑记》碑文，还有清代石狮子一对。民国年间，景祐庙成为卓兰芳、卓恺泽、裘古怀等革命先烈联络、组织共产党浙东支部、农会、农民军，发动群众暴动的重要场所，留下了革命先烈的足迹。每年的阴历正月十三，具有松岙地域特色的民间赛会——元宵庙会就在景祐庙举行,这是集文化艺术、祭祀、商贸等于一体的大型民俗文化活动。庙内外张灯结彩,舞布龙,放烟花、鞭炮,十里八乡的群众都赶来看庙会,人山人海,热闹非凡。

从 1993 年庙会恢复至今,作为奉化四大庙会之一的景祐庙庙会规模一年比一年大,近几年每年逛庙会的人都有 1 万多人,其已成为松岙重要的传统文化活动。每年的景祐庙会旨在弘扬民间优良传统,传承慈孝文化,倡导"尊老、爱老、敬老"风尚,坚持推陈出新、古为今用方针,将千百年来中华优良传统发扬光大,将慈孝文化代代相传。

2018 年,松岙景祐庙庙会入选第五批宁波市非物质文化遗产代表性项目名录。

(二十三)谢氏祭祀仪式

余姚市泗门谢氏素为姚北大姓,有明以来素称姚江望族。泗门谢氏系东晋时以指挥淝水之战而闻名,官赠太傅的东山谢安之后。南宋末年,谢安的三十世孙谢长二迁居余姚泗门定居。至明成化五年(1469)子孙已繁衍至十世 500 多人,明正德年间经谢长二的十世孙谢迁(即谢阁老)倡议,在后塘河建宗祠(全名"四门谢氏始祖祠堂",俗称大祠堂)。始建时仅一进,嘉靖年间增建第二进,清嘉庆年间增建第三进,分别敬奉谢氏三太傅以及东山谢氏始祖谢衡、泗门谢氏始祖谢长二等神主。

泗门谢氏宗祠祭祀仪式自明正德年间开始,至今已有 500 年左右历史。祭祀有一整套的规范化程序,每年在元旦、元宵、清明、夏祭、秋祭、冬至、除夕等时节,安排不同的祭祀项目。其中元宵祭祀因与元宵灯会相合而显得更为隆重、热闹。

泗门谢氏在泗门已繁衍到 28 世,人口近 5000 人,迁居外地的泗门谢氏后裔,已发展到近万人。2008 年元宵节,谢氏宗祠举行中华人民共和国成立后的首次元宵祭祀,2009 年、2010 年又连续举行元宵祭祀,其中不但有泗门谢氏十八房齐集拜祭,还有浙江省东山文化研究会人员和从上海、江苏新沂、安徽宿州以及桐乡、上虞、台州等地专程赶来拜祭的宗亲,体现了中华民族寻根拜祖的传统思想和宗族感情。通过祭祀,缅怀祖先功德,从而树立爱国爱家爱宗族的荣誉感,增强家族凝聚力,营造社会和谐氛围。

2012年6月,谢氏祭祀仪式被列入第四批浙江省非物质文化遗产名录。

(二十四)萧王庙庙会

宁波市奉化区的萧王庙庙会是融民间艺术、宗教信仰、物资交流、文化娱乐为一体的中国传统民俗文化盛会,为宁波市第二批非物质文化遗产。北宋年间,奉化连年大旱、大蝗灾,平素生活简朴、勤政为民的奉化县令萧世显为此奔走田间,以致劳累过度而暴瘁于途。民感其恩,在他的殉职处建庙以示纪念,历代朝廷亦多次拨银扩建其庙殿与重新塑像。后来,萧世显被谥封为"绥宁王"。庙宇因名"萧王庙"而形成庙会,并成为奉化区一个大集镇的名称,迄今已有千余年的历史。

萧王庙殿宇古朴而雄伟,建筑面积共1400平方米,中轴线自南至北为照墙、前进、台亭、正殿、后殿。两侧厢房通面宽各5间,制作规整,屹立陡坡,气势巍峨。内多石雕,正殿前檐有明代雕刻的石质云纹龙柱4根,四条龙盘柱而下,神态各异,气韵生动。庙门前左右墙上书"龙""虎"大字各一,字径达2.5米,笔力雄健奔放,为清代书法家毛玉佩手书。萧王庙现已列为奉化区重点文物保护单位。

萧王庙会曾建有庙众、庙堡等组织,并逐年由庙堡轮流举办。举办的时间是每年正月十三日至十八日,历时六天六夜。祭祀期间,庙堂内外昼夜灯火通明,香客不断,戏曲、说书、杂耍轮番上演。此外,庙内还会陈列许多奇珍异物、古玩字画和精美的工艺品供人观赏。庙外可卖买各种乡土小吃、土特产等,形成一项既庄严又热烈,既具纪念性又带娱乐性、交易性,能够祈求社会平安、土地丰收和百业兴旺的远近闻名的大型民间习俗活动。中华人民共和国成立以后,这一民俗活动曾经停止。近年来,在去除了一些迷信色彩和充实了新的内容后,庙会逐步得到恢复。

2012年6月,萧王庙庙会被列入第四批浙江省非物质文化遗产名录。

(二十五)石浦十四夜

石浦镇素有"浙洋中路重镇"之称,其渔区风情习俗非常独特,如这里的阴历元宵节在十四日过,而不是在十五日过,不吃元宵(汤圆),而是吃"糊粒"。同时,该夜还举行"走十四"(即那天晚上无论男女,人们要全家出动,抬着菩萨或提着灯进行走庙、观灯和看热闹,当地话叫"要睡冬至夜,要吃三十夜,要走十四夜")、"请背箕姑娘"(一种类似于其他地方"请水姑"或"请厕姑"的习俗)。

2016年12月,石浦十四夜被列入第五批浙江省非物质文化遗产代表性项目名录。

(二十六)邹溪稻花会

邹溪稻花会始于清道光八年(1828),为旧时鄞县著名的庙会之一,每年都在大暑前后三天举办。稻花会的会期,大体在大暑或前一天。后来,固定在阴历六月十六日。这一天,庙神出殿,村村迎神爵献,神轿从鄞州邹溪庙出发,经过老鼠山、茅岙、邹溪、谷山、前岸、溪兴王、施家桥,到邹溪打回,经塘头街返庙,庙神进殿。行稻花会时,三尊裴君神像分坐三顶精致板轿。轿后各撑一把黄龙大盖伞。前有旗锣开道,继则五面大旗迎风招展,二十三面大锣,锣声震天,铳炮怒吼。轿后随跟一群还愿者,扮穿红衣带枷"犯人",皂隶押后,最后是数以万计的行会人群,浩浩荡荡穿行在稻田间,爵献于各村祠庙,直到最后一站为止。

2012年6月,邹溪稻花会被列入第四批宁波市非物质文化遗产名录。

(二十七)太白庙天童镴会

鄞州区东吴镇天童太白庙九月半庙会天童镴会延续了数百年,已是约定俗成的一项具有民族地域特色的民间民俗活动,庙会旨在弘扬民族慈孝文化,在形式上,庙会传承了近于宗教仪式的祭祀巡游仪式。天童镴会行会区域主要是以天童村太白庙为中心,延伸至顺娘庙所在地的三塘村,和杜孝子失子地相子岩的童一村来回路程8千米。

天童镴会的基本内容有：阴历九月十五日子夜，在太白庙大殿内上供全副猪羊、四京四果、十二烩肴，并用 24 只镴制大盘的丰盛祭品，上祭，为庙神祝寿。是日下午，庙内开始做戏，持续一星期。十六日早上，上街巡游，展示各类纱船（包括龙船、凤船、鱼船等）、抬阁、香亭、花亭、茶亭、各类镴铸工艺品和各类民间艺术表演，如舞龙、舞狮、腰鼓、民间舞蹈等。巡游路程 8 千米，集中展示。

2016 年 6 月，太白庙天童镴会入选第四批宁波市非物质文化遗产名录。

（二十八）药皇祭祀仪式

宁波自古以来商贸繁荣，医药发达，药铺林立，名医云集。历史上曾是国内中药的主要集散地，因此宁波人对药皇尤为崇拜。一年一度的阴历四月二十八日药皇祭祀，曾是宁波地方最隆重的传统祭祀之一。

旧时每年阴历四月二十八日，在药皇祭案桌上供奉三牲、五谷、茶叶、中草药等祭品。祭堂前铺大红地毯，红烛高烧。吉时一到，钟鼓齐鸣，雅乐共奏，祭祀正式开始。由 1 人主祭，15 人陪祭。身着礼服，各拈清香三柱，按尊卑长幼依次鞠躬奉香，而后依次行三跪九叩大礼。祭礼敬酒三巡，每敬一巡奏鼓乐一通，行礼如仪，三巡方才礼毕。祭祀当日，百姓围观，前呼后拥，争相朝拜。为配合祭祀，烘托喜庆气氛，祭祀仪式前后三天，均演庙戏。传承至今，取消了旧仪式中敬奉三牲、敬酒三巡、三拜九叩等环节，祭祀人员从 16 人减少至 9 人。仪程包括仪式致辞、仪式开幕、敲鼓迎圣、恭请圣像、恭颂祭文、敬献花篮、敬献高香、敬奉药材、共拜药皇等 9 个环节。同时举行演庙戏酬药皇。

2018 年 6 月，药皇祭祀仪式入选第五批宁波市级非物质文化遗产代表性项目名录。

（二十九）浙东高桥会

高桥会原是宁波市老百姓为纪念宋朝抗金大捷而自发组织的活动，时间从每年阴历三月初三开始，共持续 3 天。据史料记载，高桥会队伍长数里，队伍从高桥出发，先至望春桥石将军庙，行至城区望京桥折回，至凤奄过横街头返回。行会时整个西乡群众争相看会，直到清朝和民国时期，依然名扬浙东。1947年,最后一次高桥会为庆祝抗战胜利而举行。2017年,海曙区高桥镇决定重新恢复高桥会,并融合现代节庆形式,以传承传统文化,推进经济社会发展,打造继"梁祝"之后又一民俗文化品牌。

2018年6月,浙东高桥会入选第六批宁波市级非物质文化遗产代表性项目名录。

二、民间禁忌

民间禁忌属于民俗文化现象之一,是一种以信俗为核心的民俗和心理现象,蕴含着信众原本的愿望与幻想。

(一)节日禁忌

大年初一是新年的开始,而禁忌的地方也不少,如:不汲水,不洒地,不乞火,不用刀剪,不讲不吉利的话,不能走亲访友,不能倒垃圾,等等。有的地方在这一天忌喝粥,认为年初一喝粥,财物就不会进门,而且会像水一样流走。这一天,说话也要格外小心,不能说"破""死""光""穷"这些不吉利的字。如果小孩子不懂事,说了这些不吉利的话,大人就得赶紧说"小囡不事,小囡放屁,百无禁忌"之类的话加以补救。有些家庭则干脆于除夕这天在门框或墙上贴写有"姜太公在此,百无禁忌"的红纸。这一天不能吵架、骂人或打碎碗、杯、瓷器等易碎器皿,讲"未昏而眠,不点灯",人们认为这样可避免夏日虫害。

宁波在立夏日也有禁忌,比如儿童忌坐石阶和门槛,认为这样夏天就避免脚骨痛。地藏王生日夜也有禁忌,如忌在地上倒水、便溺、跨地行走等。[①]

(二)渔民禁忌[②]

浙东民间禁忌多种多样,与海洋文化有关且以方言为载体的渔民禁忌介绍如下。

---

① 周时奋.宁波老俗[M].宁波:宁波出版社,2008:31-32.
② 周志锋.浙东方言与海洋文化探析[J].绍兴文理学院学报,2009(2):81-84.

把"乱梦"说成"聊天"。宁波、舟山一带管梦叫"乱梦"。因"乱梦"与"网"同音，网乱就捕不到鱼，故渔民忌说"乱梦"而改称"聊天"。

把"帆"说成"篷"。"帆"与"篷"异名同实，"帆"产生时代早于"篷"，使用范围也广于"篷"。但浙东不叫"帆"而叫"篷"，因"帆"与"翻"谐音，渔民最后讳翻船，所以一律叫作"篷"。如船头的帆叫"头篷"，风帆中的横向绳子叫"篷筋"，风帆上面一块叫"上脱篷"，下面一块叫"下脱篷"。

把"袜子"说成"锄头套"。脚的样子像锄头，而"袜"与"没"方言同音，渔民忌讳船沉没，故称袜子为"锄头套"。

把"舌头"说成"赚头"。渔民把出海捕鱼称作"做生意"，而做生意最忌讳"蚀"。"舌""蚀"同音，于是把"舌头"叫作"赚头"。同理，称"石浦"为"赚浦"，称"食罩"（竹或塑料做的用来罩饭菜的罩子）为"赚罩"。

把"倒掉（剩饭剩菜）"说成"卖掉"或"过鲜"。船上人把剩饭剩菜弃海不能说"倒掉"，要说"卖掉"或"过鲜"（原指把鲜鱼卖给渔行），以忌船倒翻。同理，船只靠岸忌说"到了"，因为"到"与"倒"谐音，不吉利。

把"浮尸"说成"元宝"。渔民称海上浮尸为"元宝"，称捞浮尸为"捞元宝"。捞起"元宝"后要将其包裹好，运回岸上收殓埋葬。这既体现了渔民的爱心，也反映了他们避凶求吉的心理。

至于像"碰石岩""刮海底"等，对渔民来说是最恶毒的詈语。船碰到礁石，会导致船毁人亡；人遭遇海难沉到海底，连尸骨都难归故里。这些也是渔民生产生活禁忌的重要内容。

（三）生育禁忌

旧时宁波生育禁忌甚多，如孕妇怀孕期间就有诸多禁忌：忌坐门槛，否则会招致难产；忌看别人砌灶，否则小孩生下会缺唇；忌食生姜，否则小孩生下会叉指头；忌看蛇，否则小孩生下要伸舌头；忌拿吊着的饭篮，否则胎儿将会脱落；尤忌跌跤，谓跌一跤，胎儿脐带要在头上缠一圈，缠多了胎儿会被缠死。产妇产房称为"红房"，男子不可入。产妇在做坐月子期间禁忌照镜子、动剪刀、晒太阳,且不能出产房门。①

（四）商业禁忌

宁波自古以来商业气息浓厚,故商业禁忌也多。旧时宁波商家也有诸多营业禁忌。商家最忌开门第一笔生意"触霉头",尤其是正月初五开市时,对第一位上门顾客特别客气,称为"发利市",甚至敬奉"元宝茶"(杯内泡有两枚青果或金柑),并在价格上给予优惠,以求"开门顺,全年顺"。正月初五财神日出门忌遇见僧尼,如途中遇见僧尼,便要悄悄将其夹在中间走过去,认为这样可把财气兜进来,称为"兜财神"。

店堂为营业场所,忌店员打呵欠、伸懒腰;忌双脚踏在门槛上,或两脚半进半出停在门槛两边;忌手托门枋,忌坐门槛和背脊朝外手托门枋,认为这样会把财气挡住,生意要逃走。店堂扫地忌由内到外,而应由外到内,认为这样可把金银财宝扫进来。数钱币必须由外往里数,忌往外数,谓之"招财进宝"。在称呼上要讨彩头,猪头称"利市头",猪舌(与"蚀"谐音)称"赚头"。遇顾客购买结婚用品,失手敲碎东西,忌说"碎"字,而说"先开花,后结籽"。忌说"关",每天营业结束,不说"关门"而说"打烊"。忌说"死",不说"人死了"而说"人老了""人没了""人走了",不说"气死了"而说"气煞了"。忌说"完",不说"完了"而说"好了"。卖布,忌敲量具。卖酒,忌摇晃酒瓶。药业习俗,年初进货先购进胖大海、大连子,意为大发大利。学徒进店,先拣万金枝、金银花,均取黄金、银子之意。以药名讨彩头,连翘称"和合"(状似),红毛大戟叫"大吉",茱萸呼"如意",贝母称"元宝"(状似),橘络叫"福禄",陈皮称"头红",橘红叫"大红袍"。②

中华人民共和国成立后,商民信俗、禁忌诸俗多亦改变或废弃,也有的被赋予新的含义仍在传承。

（五）生活禁忌

宁波人视乌鸦为不祥之物,认为"乌鸦当头叫,祸水免勿掉",听见或看

---

① 俞福海.宁波市志[M].北京:中华书局,1995:2830-2831.
② 本部分内容主要引自俞福海主编的《宁波市志》(中华书局,1995年),有增删。

见乌鸦,得赶紧吐一口唾沫,并念"乌老鸦,白头颈。叫两声,不要紧",认为这样可以解禳祛祸。老鼠被作为子神,如夜深人静时听到老鼠发出有节奏的嚓嚓声,会认为是老鼠在数铜钿,要连续念"一万、二万、三万、四万、五万……"直到老鼠停止发出声响,认为这样就不会让老鼠把钱财偷出去。

三、宁波谚语

(一)日常生活谚语

俞福海《宁波市志》将宁波谚语分为故乡类、家庭类、生活类、社交类、行业类、社会类、自然类、修养类、事理类、讽喻类等十大类,基本囊括了宁波谚语的精华。在此依据《宁波市志》的相关内容,摘录要者,并做适当增补。

金窠银窠,弗如自家草窠。

亲弗亲,家乡人。

甜弗甜,家乡米。

天下各省都走过,除了苏杭算宁波。

走过三关六码头,吃过奉化芋芳头。

走遍天下,弗及宁波江厦。

无宁不成市,无绍不成衙。

宁波熟,一鬶粥。

五月弗娶妻,六月弗孵鸡。

立秋西瓜被被秋。

八月十六度中秋。

灯头爆灯花,客人来我家。

潘大佬挑水,一路顺口溜。

天要落雨娘(姑娘)要嫁。

东乡十八隘,南乡十八埭,西乡十八填。

养儿勿论饭,打铁勿论炭。

做官勿断杭州路,做囡勿断娘家路。

三岁打娘娘会笑,廿岁打娘娘上吊。

长线放远鹞。

出门弗认货。

藕断丝弗断。

管其泥螺蟹酱。

船帮船,水帮水。

家和万事兴,家乱贼走进。

天亮饱一日饱,老婆抬着一世饱。

只要老公好,苦苦也呒告。

猫生猫中意,狗生狗喜欢,自生自值钿。

自生自值钿,调一弗喜欢。

新妇多,烧饭还是靠婆婆。

三分人,七分扮。

苏州头,扬州脚,宁波女人好扎括。

年轻弗美,老了后悔。

春二三月乱穿衣。

鱼吃跳,猪吃叫。

天上斑鸠,地上泥鳅。

烧酒加老酒,吃仔打娘舅。

只可共天下,勿可同厨下。

问路弗施礼,多走十几里。

冬补十进九,夏补随汗流。

一个手掌拍弗响,一块砖头难打墙。

三十过,四十来,双手招郎郎弗来。

娘舅大石头,讲话独句头。

浇树浇根,交人交心。

来是人情去是债。

少讲为妙,多讲伤料。

喜时多失言,怒时多失礼。

宁可听苏州人相骂,弗可听宁波人讲话。

小囡吭娘,说来话长。

人误田一时,田误人一年。

人吭力桂圆枣子,田吭力河泥草子。

吃过谷雨饭,刮风落雨要下畈。

阳山油茶阴山竹,低山水果高山茶。

冬至栽竹,立夏栽木。

夏至杨梅满山红,小暑杨梅要出虫。

水稻是米缸,席草是钱庄。

闭口黄鱼,开口鲈鱼。

三月黄鱼要出虫,四月乌鲗背板红。

贝母一袋,谷一儎。

外行生意勿可做,内行生意勿可错。

弗怕蚀,只怕歇。

该板,板;该斩,斩(削价)。

撑大船,背大债。

家弗和要穷,国弗和要亡。

乱世人弗如太平狗。

天怕雪后风,人怕老来穷。

弗贪财,祸弗来。

沙蟹命,吃吃壮,爬爬瘦。

出道是依早,运道是我好。

运道来了推弗开,烤熟毛蟹爬进来。

人穷志气高,弗好也会好。

心直口快,招怨致怪。

会赚弗如会积。

弗怕弗懂,只怕装懂。

弗懂装懂,永世饭桶。

闲话讲道理,带鱼吃肚皮。

人到三十顶风光,船到肋子顶会装。

汤团好吃磨难挨。

人心难料,鸭肫难剥。

礼拜弗过三,过三就转弯。

会叫黄狗弗咬人。

只怕依弗做,弗怕依弗破。

魂灵弗生,只会拖羹。

自己出屁股,还讲人家穿短裤。

扫地扫一地中央,溚面溚一鼻头梁。

贫贱买老牛,一年倒两头。

百病好医,贱骨难医。

落水要性命,上岸讨包袱。

新造茅坑三日香。

自家做做来弗及,人家做做弗中意。

城隍庙得病,土地堂将息。

好心犯恶意,吐血来弗及。

春天生意实难做,一头行李一头货。

做寿做九勿做十。

十天三市黄古林,花席双草白麻筋。

(二)气象谚语①

春东风,雨祖宗;夏东风,燥松松。

春东风,雨太公;夏东风,井底空。

西风弗过午,过午便是虎。

干净冬至邋遢年,邋遢冬至干净年。

---

① 本部分内容主要参考了俞福海主编的《宁波市志》(中华书局,1995 年)、蔚波《宁波老话中的天气谚语》(《天下宁波帮》2006 年第 1 期)、张行周的《宁波习俗丛谈》(民主出版社,1973 年),有改动。

夜里东风吹潮大，八月十六大潮汛。

海水哈哈响，就有台风降。

远望海水青，天家必定晴。

鱼跳水面有雨象。

立春打雷半月雨。

雷响惊蛰前，七七四十九日勿见天。

正月刮南风，趁早盖草棚。

春霜勿露白，露白要赤脚；三朝勿赤脚，晴到割大麦。

正月十五勿见星，淅淅沥沥到清明。

雨打清明节，晴到夏至勿肯歇。

春天孩儿脸，一日变三变。

头八晴，好年成；二八晴，好收成；三八晴，好种成。

清明热得早，早稻一定好。

清明有雨早黄梅，清明无雨迟黄梅。

清明要明，谷雨要雨。

早上芒种晚头梅。

吃过端午粽，还要冻三冻。

五月端午晴，烂草粘田塍；五月端午落，烂田挑燥谷。

小暑热勒透，大暑凉飕飕；小暑一声雷，倒转做重梅。

头梅勿可做，二梅勿可错。

三梅三伏，等勒稻熟。

雨打立夏，呒水洗耙。

六月猛北风，晒煞河底老虾公。

秋黄老南风，晒煞河底老虾公。

六月盖被，有谷呒米；六月勿热，五谷勿结。

六七月里吹北风，一两天里有台风。

夏风三日北，大水没上屋。

冷在三九，热在三伏。

立秋雨淋淋,遍地是黄金。

早晚风凉,晴过九月重阳。

处暑勿雾,晴到白露。

白露秋风凉,一夜冷一夜。

过了白露节,夜冷日里热。

重阳晴,一冬明;重阳雨,一冬冰。

霜降勿降,一百廿天阴雨罩。

白露白咪咪,秋分稻头齐。

霜降霜加雪,明年米勿缺。

寒露勿寒,霜降做梅。

立冬晴,一冬晴;立冬落,一冬落。

冬至晴,明年好年成。

冬至西北风,明春燥烘烘。

冬雪是宝,春雪是草。

冬冷勿算冷,春冷冻煞小牛婴。

一九二九,滴水勿流;三九四九,冰碎捣臼;五九四十五,太阳开门户;六九五十四,笆头出嫩枝;七九六十三,破袄两头掼;八九七十二,黄狗瘫泥地;九九八十一,飞爬一齐出。

日晕三更雨,月晕午时风。

月亮生毛,阴雨难逃。

日落胭脂红,无雨便是风。

夜里露水重,明朝太阳红。

龙光闪,东闪空,西闪风,南闪火门开,北闪雨要来。

瓦爿云,晒煞人;梭子云,天会晴;棉花云,雨便临;黑塔云,雨勿停。

天出黄云,必有狂风。

早上云如山,必定雨满湾。

乌云接日头,夜雨防屋漏。

歇歇昼,落日凑。

野猪乌云起,不做大水便是台风天。

傍晚火烧云,明朝像蒸笼。

云像鱼鳞斑,晒谷勿用翻。

夜红天,晴半年。

正月雾,雪铺路;二月雾,天空乌;三月雾,雨落糊;四月雾,三麦满仓库;五月雾,大雨在半路;六月雾,深井水也枯;七月雾,热勒勿走路。

春雾雨,夏雾火,秋雾风,冬雾雪。

春雾三日雨,夏雾三日晴。

久晴大雾阴,久阴大雾晴。

雷打五更头,昼过有日头。

早起雷,天当晴;午起雷,雨落阵;晚起雷,不到明。

浓霜猛日头。

雪上加霜,瓦爿放汤。

春秋两季东北风,一吹就是雨祖宗。

六七月里吹北风,两三天里刮台风。

夏无三日北,落雨落得哭。

早霞雨淋淋,晚霞晒煞人。

早虹雨,夜虹晴。

虹在东,日当空;虹在西,穿蓑衣。

蚂蚁搬窠,大水要做。

蜻蜓夹头飞,大雨在眼前。

狗要水吃,天要雨落。

泥鳅跳,雷雨到。

夏夜蚊虫咬得痛,闷热雷雨来势凶。

苍蝇呆牢牛背脊,出门拖伞来勿及。

曲蟮地上爬,雨伞快快拿。

猪吃草,来寒潮。

燕子低飞青蛙叫,蚂蟥浮水蛇横道,倾盆大雨要来到。

鲤鱼跳龙门,大雨后头跟。

蜘蛛幽网中,勿雨也是风;蜘蛛结新网,天气要晴朗。

石壁湿淋淋,落雨勿肯停。

水缸穿裙,阴雨来临。

石板还潮,落雨明朝。

盐鬓还潮,雨勿会小。

家鸡进笼早,明朝天气好;家鸡进笼迟,明朝风雨天。

(三)渔谚[①]

七月虹,做七日风泳。

八月十五乌,张网人吃虾蛄。

冬季早起南风,晚上暴。

未到惊蛰先响雷,七七四十九日乌。

水鸡叫,风泳到。

春雪发鲫。

初八落流脚,张网人脚手干。

夏至烂,鱼虾烂得剩半担。

东南风淡淡,乌贼靠岩。

惊蛰虾蛄芒种虾,四月初一蜇出世。

六月乌猪脚块。

六月初一响雷公,秋季必有大台风。

八九月里吹北风,一两天内有台风。

春雷响不续,台风刮不停。

夏雷压台风,秋雷引台风。

立秋响雷公,秋后无台风。

冬季多北风,来年多台风。

冬春北风大,夏秋台风强。

---

① 本部分内容摘编自:象山县海洋与渔业局渔业志编纂办公室.象山县渔业志[M].北京:方志出版社,2008:561-569.

天出箭头云，必定起台风。

大暑打雷隆隆响，秋后台风人遭殃。

日落胭脂红，明潮两夹风。

三日雾蒙蒙，必定起狂风。

雨注东风勿拢洋，挫转西风叫爹娘。

西边黑云起，必定有暴期。

一日南风一日暴，两日南风两日暴，三日南风缓缓暴。

太阳落山爬进城，明朝就有风雨淋。

东风漫涌浪涌山，挫转南风雨打洋。

太阳上山吹横箫，有了今朝无明朝。

西风挂龙，总有大风。

东闪做风水，西闪日头猛，南闪北不动，北闪猛南风。

三月天闷必有暴，六月响雷不做风。

起漫涌，发大风。

南风出潮，必定要打暴。

上山靠健，落海靠辗。

落海勿富，只够兑肚。

捫鱼落洋吃新鲜，种田儿郎万万年。

欠债如牛毛，海水值一潮。

落洋年年好，独怕年纪老。

家中有口薄粥饭，万万勿上浪岗山。

耕田看牛头，摇船看船头。

老大勿用学，顺风上拉落。

顺风加镶边，老大敲潮烟，伙计讲嘹天。

南风慢慢拖，老大篷下坐。

千摇万摇，勿如风篷直腰。

老大难驶，顺风对水。

浪如山，船如鸭，浪到船头自会散。

哪只港猫勿进衾,哪个老大勿忌暴。

宁可家中火着,勿可东门放落泽。

北洋潮,南洋礁。

只有十全船车,呒没十全人家。

人老露筋,船老露钉。

船边拖根绳,勿如乘个人。

种田四月半,柯鱼四日半。

四半月,潮水涨,柯鱼落洋船来撑,长年短工田来耕。

柯鱼柯潮水,讨饭讨财主。

死赌呒没散场,抲鱼呒没谢洋。

十二、十三喜上洋,十五、十六鱼满船,十七、十八回洋转。

西水健落锚来抛,东北翻涨加劲道。

朝捕大戢,夜捕白吉。

败落鱼头落罾网。

罾网一条带,越抲越背债。

子卯东南风,带鱼腰骨痛。

浪岗西嘴头,一网三船头。

北水落缓,只欠船载。

一个夜东涨,文书写两张。

千网万网,候着一网。

呆大捕,死张网,活络要算小对郎。

一钓二溜三张网,第四要算柯鱼郎。

靠山吃山,靠海吃海。

冬鲫夏鲈。

正月苔,二月苔,三月猪娘苔,四月壅田苔。

三寸板里是天堂,三寸板外见阎王。

水流千转归大海。

一只手难抲两条鳗。

船大吃水深,船小调头快。

船帮船,水帮水,老大帮水鬼。

老大勿识潮,伙计有得摇。

海港猫勿识大小水。

老蟹还是小蟹乖,小蟹打洞会转弯。

虾有虾路,蟹有蟹路。

八月蟛蜞抵只鸡。

三月三,辣螺爬沙滩。

三月三,螺子螺孙爬高滩。

夏至发北,撑船人进屋,鱼虾蟹要哭。

夏刮西北风,晒死河底老虾公。

月亮上山,潮水到滩。

上半个月潮等月,下半个月月等潮。

三月龙闪,有风暴,六月打雷勿起风。

南闪北勿动,北闪猛南风。

东风漫涌浪翻山。

东风勿曾发浪先生,黄牛未生头先掯。

东风是鱼差,西风海扫帚。

东风催潮健,西风催鱼去。

春南夏北,倒船折屋。

雨歇东风勿拢洋,转打暴头叫爹娘。

东风带雨勿拢洋,老大柯来斩肉酱。

西风河里涛,东风兜底掏。

西风勿过午,过午如老虎。

起水发风,发到潮松。

海水黄牛叫,转日台风到。

日头须朝上,必定要生浪;日头须朝落,必定好晒谷。

江中鲤鱼跳,大雨即刻到。

泥鳅翻泡,大水要到。

子花结龙头,小黄鱼结蓬头。

四月十五田鸡嘎嘎叫,四月十八黄鱼满船摇。

十四夜亮,黄鱼打头碰;十四夜乌,墨鱼整大部。

四月半黄鱼勿叫,柯鱼人老婆上吊。

五月十三鳓鱼会,日里勿会夜里会,今日勿会明朝会。

春水勿离山头,黄鱼勿离滩头。

带鱼两头尖,生在海礁沿,要想吃带鱼,还在浪岗面。

北里生,南里养,又到北里来剖鲞。

鳓鱼肚下鳞,黄鱼嘴巴筋。

讲话讲道理,带鱼吃肚皮。

虾蛇望虾做眼。

三月清明断鱼卖,二月清明鱼叠街。

三月清明鱼是宝,二月清明鱼是草。

四月八,挨磨泥螺塔个塔。

六月蛏,剩根筋。

早稻发蓬,沙蟹满桶。

八月鲗,壮如鸭。

桐子花落地,白鳊鱼呒味。

九月九,望潮吃脚手。

退潮泥螺涨潮蟹。

山里头人烧青柴,海边头人吃活蟹。

上山一蓬烟,落海一餐鲜。

落洋年年好,独怕年纪老。

耕田看牛头,摇船看船头。

呆大捕,死张网,活络要算小对郎。

一钓二溜三张网,第四要算柯鱼郎。

东风带雨勿拢洋,老大柯来斩肉酱。

第十章　宁波市景观类农业文化遗产

景观类农业文化遗产是由自然条件与人类活动共同创造的,由生命景观、农业生产、生活场景等多种元素综合构成,具有生产价值和审美价值的复合系统。其主要类型有农地景观、园地景观、林业景观、畜牧业景观、渔业景观、复合农业系统等。实际上,在全域旅游和文旅深度融合发展背景下,遗址类、工程类、物种类、技术类、工具类、文献类、特产类、聚落类、民俗类、复合农业系统等农业文化遗产以及农业生产过程、农村风貌、农民劳动和生活场景都是重要的旅游资源和旅游景观,都是发展农业旅游、乡村旅游的重要载体。根据宁波市景观类农业文化遗产的构成和分布,本章重点介绍农地景观与复合农业系统、林业景观与园地景观、渔业景观等类型。此外,具有旅游景观价值的其他农业文化遗产在本书其他章节中也有介绍。

第一节　农地景观与复合农业系统

一、农地景观

(一)宁波黄古林蔺草-水稻轮作系统

宁波黄古林蔺草-水稻轮作系统位于宁波市海曙区古林镇,包括西洋港村、蒋里村、仲一村等 9 个乡村。遗产总面积约为 20 平方千米,约占古林镇总面积的 43%。遗产地处于宁绍平原腹地,四季分明,气候温和,日照充分,雨量丰沛,自然条件得天独厚,适宜水稻、蔺草种植与生长,形成了传承千年的具有活态性、复合性、可持续性和多功能性的"一草一稻"农业种植模式。如今,亘古不衰的古林"蔺草-水稻"轮作的传统农耕方式,已演变为古林独特的"草稻文化"。

遗产地沃野平畴、河流纵横,蔺草和水稻是遗产地的环境背景和核心组成要素,农田成方,沟渠成行,蔺草绿海与稻田风光交替变换,形成一年四季多变的农田景观。遗产地内 30 条河道交错流动,蜿蜒曲折,樟树、重阳木等百年古树与古桥、水系融合形成典型的水口景观;丰富的水资源也是农田丰收的保证。古村落安静祥和,河流环绕,保留着"缘水而建,聚族而居"的浙东典型平原水乡村落形制,村内古宅、古桥、古亭、宗祠、寺院等随处可见,构成了底蕴深厚的古村落景观。千百年来遗产地农民编制售卖草席,形成了古街古市。发达的水系成为运输的主要途径。河流两岸开设码头,沿街有用于专门销售草席的席行和用于零散草席及草席原材料交易的固定地点席行跟,众多遗迹留存至今,形成了独特的人文景观。

除了蔺草手工编制技艺与文化,古林的米食文化也远近闻名。千百年来,古林先民在劳动之余利用家中常见的籼米、粳米、糯米等,以水为媒,运用磨制、捶打、蒸煮等各种方法,创造性地开发出宁波汤团、龙凤金团、年糕、米馒头等花色繁多的米食制品。这些米食制品与当地民俗结合,其制作技艺大多传承数百年,经久不衰。古林镇从 2015 年起每年推出米食节,深挖传统米食文化,结合当地特色民俗以及廉、孝、礼、义文化,打造独具地方特色的民俗活动,搭建平台展示悠久农耕文化。

近年来,遗产地充分挖掘农业产业、田园风光等资源,促进了农旅融合,每年吸引大量海内外游客慕名前来。区域内举办了各类农事体验节,延伸了蔺草的产业链和价值链,提升了所在地区传统农耕文化的影响力,促进了区域产业发展,助力遗产申报地乡村振兴。

(二)宁海越溪稻药轮作系统

近年来,宁海越溪乡因地制宜,积极探索"一地两用"药稻轮作新模式,通过单季稻与贝母、延胡索循环种植的模式,推动以药促稻、一田三收、药稻共赢,实现了绿色种养、循环发展。浙贝母作为浙江本土地道中药材"浙八味"之一,具有较高的经济价值。浙贝母是每年10月底开始种植,次年5月开始采收,这不仅填补了单季稻种植的空窗期,而且提高了土地利用率。

近年来,越溪乡大力践行乡村振兴战略,充分利用现有村级资源,挖掘"山海和美"内涵,依托七市贝母水稻轮作基地、王干山沧海桑田景观点等,开展"一粒种子"水稻贝母轮作基地探秘活动,积极发展"艺术＋研学""农耕＋研学""户外＋研学"等丰富多彩的研学项目,为乡村振兴带来新活力。

(三)象山浙东白鹅养殖系统

象山是浙东白鹅的原产地。据史书记载,早在东晋,象山就已驯养白鹅。在明代,象山已有养鹅及鹅翎列为贡赋的记载。经过多年的原种选育和品种繁育,象山把浙东白鹅提纯复壮成了特有的象山白鹅,形成了集种鹅种苗生产、肉鹅饲养、鹅产品深加工于一体的特色产业体系,探索"橘树＋"立体种养生态循环模式,促进象山大白鹅种鹅产业发展迭代升级。目前象山已成为全国最大的浙东白鹅育苗基地。通过政府搭台、企业参与,全县已举办多届白鹅节,促进了白鹅文化的传承与传播。

(四)余姚茶文化系统

余姚产茶历史悠久,茶史遗存丰富,演变传承有序,文化底蕴深厚,是中国茶饮、茶事、茶文化的主要源头,在中国茶文化发展史上占据重要的一席。从距今6000年的田螺山遗址人工栽培山茶属植物的发现,到汉晋时期瀑布仙茗的诞生,再到今天超亿元主导产业的形成,余姚茶业的历史可以说是中国茶叶发展史的缩影。

余姚境内有众多的茶事遗迹、典故以及道士山、丹山赤水、升仙桥、升仙山、第九洞天等名胜古迹。道士山瀑布岭是我国第一古名茶——瀑布仙茗的发源地,现存有古茶树、瀑布等自然遗迹,在国内外享有较高声誉。丹山赤水是道教用茶炼丹之地,由宋徽宗皇帝品尝名茶后亲笔题名。升仙桥是刘纲、樊云翘夫妇饮用名茶成仙之地。位于陆埠镇十五岙内的化安山茶事碑,纪念了与瀑布仙茗、四明十二雷并举的化安山瀑布茶历史。

"神奇大岚"茶文化旅游节是余姚市一年一度的茶文化盛宴。茶文化旅游节以茶文化、乡村美景、乡土美食等为抓手,举办相关特色体验活动,推介乡村文创产品,打造春日旅游精品线路,通过丰富的线上线下活动,将旅游体验与茶文化、茶产业深度融合,使广大游客在欣赏大岚春日美景的同时,感受深厚的茶文化底蕴。

(五)鄞州雪菜文化系统

鄞州是雪菜主要产地,又以邱隘咸齑最为著名。鄞州自古就有"东乡一株菜,西乡一根草"之说,"东乡一株菜"指的是邱隘镇的雪菜。近年来,鄞州雪菜常年种植面积稳定在1200公顷左右,产值1.5亿元,雪菜加工产品达十多种。在2021年发布的浙江特色伴手礼评测结果中,"鄞州雪菜"等60项产品上榜。

为推介鄞州雪菜,助力乡村振兴、共同富裕,鄞州区依托线上新媒体,充分发挥生产、供销、信用的三大优势,举办雪菜网络文化节,进一步擦亮鄞州雪菜品牌。鄞州东吴镇的雪菜博物馆赋予雪菜更多的文化内涵,全面向游客展示雪菜的前世今生。该馆已经成为浙江省工业旅游示范点及宁波市中小学生社会大课堂实践基地。

(六)奉化曲毫茶文化系统

奉化曲毫茶具有悠久的历史,是历史名茶。南宋广闻禅师在《御书应梦名山记》中称赞道:"茶荈不同亩,曲毫幽而独芳。"由此可见,早在700多年前,奉化溪口雪窦山一带已产曲毫茶。

奉化曲毫茶文化系统主要分布于奉化区尚田镇、大堰镇、溪口镇、莼湖镇、西坞街道、松岙镇和裘村镇等地。奉化茶园生态环境适宜,光照及湿度、土壤质地优越,茶树品种多为毫系芽壮品种,制作工艺中采取"揉捻与半烘炒"创新制法,塑造了曲毫独特的外形及不苦不涩、甘醇鲜爽的滋味。

大雷山东南麓南山茶场位于奉化城区西南部,包含印家坑茶场、楼家岙茶场、条宅茶场、方家岙茶场以及杨家堰茶场,周边群山逶迤,溪水潺潺,满目苍翠,景色极为优越,是宁波最美 12 条古道之一"大雷山古道"的必经之地。茶场于 2015 年入选"中国三十座最美茶园"。茶场以茶文化为载体,每年举办奉化茶文化节。

(七)奉化芋艿头种植系统

奉化芋艿头在宋代已有种植,至今已有 700 余年历史。明清时期,奉化萧王庙街道境内前葛一带已广为种植,后扩大到剡江沿岸的牌亭、罗村、同山岙、石桥等村。1996 年,萧王庙被国务院研究发展中心等单位联合命名为"中国芋艿头之乡"。

秋天是奉化芋艿头采收的最佳季节,在核心产区萧王庙街道,田间采挖芋艿头的景象随处可以见到。奉化区萧王庙街道多次举办奉化芋艿头文化节,全方位展现芋艿头之乡萧王庙宜居宜业宜游的独特魅力,进一步提高萧王庙芋艿头的对外知名度和影响力,并带动全域旅游发展。

二、复合农业系统

(一)东钱湖

东钱湖是宁波市鄞州区境内的湖泊和风景名胜区,距宁波城东 15 千米,湖的东南背依青山,湖的西北紧依平原,是闽浙地质的一部分,系远古时期地质运动形成的天然潟湖。东钱湖开凿已有 1200 多年历史,唐天宝年间鄞县县令陆南金率众修筑坝堤,之后王安石、李夷庚、吕献之等历代地方官除葑清界、增筑设施,使之成为综合利用的水域。

东钱湖由谷子湖、梅湖和外湖三部分组成,南北长 8.5 千米,东西宽 6.5 千米,环湖周长 45 千米,面积 22 平方千米,是浙江省最大的天然淡水湖。东钱湖面积为杭州西湖的 3 倍,平均水深 2.2 米,总蓄水量 3390 万立方米。东钱湖湖区自然条件优越,水产品相当丰富,仅湖鲜品种就有近 40 种,主要有青鱼、朋鱼(翘嘴鲌)、鲢鱼、草鱼、鲫鱼、乌鳢鱼、洋花鱼、黄颡鱼等,还有湖虾、螺蛳等。每年 12 月底到次年 2 月中旬是最佳冬捕时段。

东钱湖原有陶公钓矶、余相书楼、百步耸翠、霞屿锁岚、双虹落彩、二灵夕照、上林晓钟、芦汀宿雁、殷湾渔火、白石仙坪等"十景"。现定期举办东钱湖龙舟节、中国湖泊休闲节、东钱湖冬捕节、东钱湖赏花节等活动。

(二)它山堰

它山堰位于宁波市海曙区的它山樟溪的出口处,属于甬江支流鄞江上修建的御咸蓄淡引水灌溉枢纽工程,是世界水利建筑史上的一朵奇葩。唐代太和七年(833)由县令王元暐创建。1988年1月,它山堰被国务院公布为第三批全国重点文物保护单位。2015年10月,它山堰入选世界灌溉工程遗产名单。

它山堰的建成,化水害为水利,造就了宁波城。当江河不再肆虐,鄞西平原成为浙江重要产粮区之时,也是城中人口增多,商贸、社会、经济蓬勃发展之时,宁波最初的城市格局由此形成。它山堰浸润出山明水秀,宁波西部生态资源丰富的优势逐渐凸显出来。在有着"四明锁钥"之称的鄞江镇,小桥流水映衬出别样的江南韵致。

它山堰枢纽有回沙闸、官池塘、洪水湾塘等配套工程遗迹和它山庙、片石留香碑亭等纪念建筑。这里,有唐代僧人宗亮笔下"叠石横铺两山嘴,截断咸潮积溪水"的雄浑壮观,有宋代诗人史弥宁眼中"云峦著色四时画,石濑有声千古诗"的湍流澎湃,有清代史学家万斯同卷中"善政祠前岩壑幽,一村佳趣此全收"的乡趣幽静。它山堰和周边古村更成为旅游休闲胜地,在它山庙会、古建筑群、非物质文化遗产特色街区内,市民可以沉浸式体验"活"的它山堰水利文化。

(三)天宫庄园

天宫庄园位于宁波市鄞州区下应街道湾底村,是国家4A级旅游景区、全国农业旅游示范点、全国十佳休闲农庄。景区以生态农庄为特色,是"都市里的村庄,城市中的花园",现已形成3条特色旅游线路,20多个旅游景点,拥有浙江省内单体面积最大、智能化程度最高、植物种类最全的热带植物园,宁波唯一一家儿童职业体验馆,全年高品质水果采摘基地,以及西江古村、民国老街、药用植物园、木瓜园、香蕉园等众多具有特色的游览体验地。

（四）达人村

达人村位于宁波市江北区甬江街道畈里塘，于 2018 年 9 月试运营。达人村以复兴乡村文明为使命，融合了集市文化、节庆庙会、田园风光、美食小吃、民俗演艺、童话世界等项目，是浙江首个田园综合体。达人村先后被评为 4A 级景区、国家首批农村产业融合发展示范园、宁波市示范性青创农场、浙江省示范性青创农场，2019 年成为宁波市乡村振兴现场会示范点之一。

（五）达人谷

达人谷度假乐园位于宁波市江北区慈城镇，是以"山野玩乐、亲子度假"为核心的大型旅游综合目的地。景区交通便捷，区位优越，以优美、朴实的生态环境为依托，提供会务、餐饮等特色化服务，满足不同人群的需求。

（六）慈溪大桥生态农庄

慈溪大桥生态农庄位于慈溪市长河镇杭州湾跨海大桥工程指挥部西侧 1 千米处。园内绿树成荫，鲜花盛开，湖岸和护坡建有亭、台、楼、阁、小桥流水、竹廊、形态各异的奇石喷泉和各种古色古香的建筑物。大桥、海滩、阳光、生态餐饮，大桥生态农庄充分展现了人与自然的和谐，令人流连忘返。

第二节　林业景观与园地景观

一、林业景观

（一）雪窦山（溪口国家森林公园）

溪口国家森林公园成立于 1997 年 3 月，森林资源范围为雪窦山核心景区及山麓溪口镇西郊。雪窦山为四明山支脉的最高峰，海拔 800 米，有"海上蓬莱，陆上天台"之美誉。

溪口国家森林公园植物种类繁多。它拥有野生高等植物 180 余科、1500 余种,是浙东地区野生植物资源最丰富的区域之一。珍稀植物如国家一级保护植物杜仲,国家三级保护植物浙江楠、凹叶厚朴、青檀等,至今在雪窦山仍有零星分布。野生动物资源丰富,现有野生动物 1600 余种,尚栖息着 20 余种国家一、二级保护动物。

雪窦山现为国家级风景名胜区、国家 5A 级旅游景区。景区以雪窦古刹和千丈岩瀑布为中心,四周围环列,东有五雷、桫椤、东翠诸峰,西有屏风山,南有天马、翠峦,西南有象鼻峰、石笋峰、乳峰,中间是一片广阔的平地,阡陌纵横,山水秀丽,气候宜人,有千丈岩飞瀑、妙高台、徐凫岩峭壁、商量岗林海、三隐潭瀑布等景观。

公园内拥有全球最高的坐姿露天弥勒大佛与弥勒道场雪窦寺、雪窦山三大瀑布森林胜景、全国重点文物保护单位蒋母墓园及蒋介石妙高台别墅、中国现代最早旅行机构之一雪窦山中国旅行社招待所旧址等旅游观光资源。森林、高瀑、苍崖三大自然资源,与民国历史、佛教文化所构成的多属性旅游文化,为江浙地区国家森林公园所罕有。

(二)瑞岩寺国家森林公园

瑞岩寺森林公园位于北仑区柴桥街道。1951 年,由镇海县人民政府批准建立瑞岩寺林场,1991 年经国家林业部批准建立瑞岩寺森林公园,为国家级森林公园。

瑞岩寺森林公园由于处于太白山、东搬山和九峰山交接的深山密林处,有植物 700 多种,多为国家一级保护树种。森林内树林高耸挺拔,遮阴蔽日,景色壮观。有各类野生动物 10 种以上,各类鸟雀近 20 种,其中国家二级保护动物镇海棘螈为瑞岩寺一带特有。

(三)四明山国家森林公园

四明山国家森林公园位于层峦叠嶂、山奇水秀的四明山腹地。2003 年 12 月,经国家林业局批准建立四明山国家森林公园。园内物种丰富,有植物近千种,动物 106 种。森林公园现有维管束植物计 150 科 547 属 974 种,其中有国家一级保护植物南方红豆杉,国家二级保护植物金钱松、榧树、长序榆、榉树、樟树、野大豆、七子花等7种。森林公园内野生动物主要有野猪、獐、松鼠、斑羚、刺猬、獾猪、穿山甲、金钱豹等,鸟类主要有鹧鸪、雉鸟、画眉、猫头鹰等,爬行动物主要有五步蛇、眼镜蛇、石蛙、石龟等。

四明山保存着良好的山水景观、历史文化、农业资源、风土人情以及民俗传统。四明山国家森林公园分为仰天湖、商量岗、深秀谷、黄宗羲纪念馆、鹧鸪岩水帘洞、四明山庄度假村、农家风情园等7个景区。

(四)双峰国家森林公园

双峰国家森林公园位于宁波市宁海县,距城区30千米,2003年12月国家林业和草原局同意建立浙江双峰国家森林公园,包括宁海县五山林场的双峰林区、双峰乡和岔路镇部分村集体山林。园内森林植被以天然常绿阔叶林为主,天然常绿阔叶林分布面积500公顷,面积之大、保存之完好,为浙东沿海地区所少见,被评为"浙江最美森林"。茂密的森林、丰富的水源和适宜的气候为野生动植物提供了良好的生长、栖息和繁衍的环境。森林公园内主要木本植物计有56科124属202种,主要鸟兽类动物计有16目27科33种。其中南方红豆杉为国家一级保护野生植物,香果树、毛红椿、香樟、榉树等4种为国家二级保护野生植物,刺楸、乳源木莲、细叶香桂等3种为省级保护野生植物,云豹、黑麂等2种为国家一级保护野生动物,穿山甲、青羊、水獭、猫头鹰等4种为国家二级保护野生动物。

双峰国家森林公园主要景点有浙东大峡谷、清水峡、月亮谷、七色潭、森林温泉等。

(五)南溪温泉森林公园

南溪温泉森林公园位于宁波市宁海县,距城区27千米。其前身为南溪森林公园,公园于1991年经林业部批准设立,建立在宁海县五山林场基础上。公园已成为集休闲、度假、理疗、娱乐、观光于一体的旅游度假胜地,为国家4A级旅游景区。

南溪温泉森林公园以得天独厚的温泉资源而闻名遐迩,又因青翠葱郁的繁茂森林而成为宛如仙境的世外桃源。南溪温泉于 1959 年被发现，水温常年保持在 49.5℃—51℃，为浙江省 4A 级温泉。

南溪温泉森林公园内有阔叶乔木，形成天然的超级"大氧谷"，是夏季纳凉避暑的绝佳胜地。

（六）黄贤森林公园

黄贤森林公园位于宁波市奉化区裘村镇西北黄贤村，是一个自然景观与人文景观有机融合的海岸沿线山水风光型景区。

奉化黄贤森林公园植被分区属中亚热带常绿阔叶林地带北部亚地带浙闽山丘甜槠木荷林区，地带性森林植被为中亚热带常绿阔叶林，兼有落叶阔叶林和常绿落叶阔叶混交林。有维管束植物 929 种，隶属 150 科，其中蕨类植物 40 种，隶属 22 科；种子植物 889 种，隶属 128 科。重点保护植物有银杏、水杉、榉树、鹅掌楸、厚朴、樟等。园内主要有画眉、白鹭、夜鹭、啄木鸟、杜鹃、黄胸鹀、青蛙、蟾蜍、黑线姬鼠等小型动物。

黄贤森林公园有红岩飞瀑、庙山亭、清和门、蟠龙寺、东祠庙、黄贤湖、黄公墓、向阳海岸、黄公广场、东祠庙、东元塔、海上山海关等景点。相传秦末汉初"商山四皓"之一夏黄公曾在此隐居，"黄贤"的村名即由此而来。人称"梅妻鹤子"的北宋诗人林逋出生在这里。

（七）天童国家森林公园

天童国家森林公园位于宁波市鄞州区的太白山麓，是浙江省建立的第一个森林公园。公园以寺庙、森林、奇石、怪洞、云海、晚霞著称，形成古刹、丛林两大特色，既是游览胜地，也是植物生态学的科普教育基地。园内物种多样性较高，堪称物种"基因库"，有苔藓植物 37 科 105 种，蕨类植物 24 科 114 种，种子植物 152 科 1097 种，其中包括金钱松、榧树、浙江楠、花榈木、香果树、天目木兰、舟山新木姜子、天竺桂、榉树、樟树、竹柏、银杏、杜仲、鹅掌楸等国家重点保护野生植物，平均每平方千米计有高等植物 370 种。古树名木 600 株，其中树龄 100 年以上 597 株，500 年以上 3 株。据初步调查，动物种类丰富，仅鸟类就有 24 科 142 种，其中国家二级保护鸟类 23 种，中日候鸟保护协议鸟种 49 种，中澳候鸟保护协议鸟种

9种。此外,还有角鹿、野猪、穿山甲、秋鼠、豪猪、树狸以及蛇和昆虫等。

天童国家森林公园内的天童寺建于西晋永康元年(300),号称"东南佛国",为佛教禅宗五大名刹之一。公园内的阿育王寺为中国禅宗名刹,是中国现存唯一以印度阿育王命名的千年古寺。

(八)金峨山森林公园

金峨山森林公园位于宁波市奉化区,以杜鹃花海、金峨山揽胜和茶花苗木为主要特色。公园地处天台山脉支脉,属亚热带季风性气候区,植被类型为中亚热带常绿阔叶林。2018年3月,金峨山森林公园被浙江省林业厅命名为省级森林公园。

因人为活动影响,金峨山森林公园植被均为次生林和人工林。有各种植物1037种,隶属160科,主要有黑松、马尾松、槭树、柳杉、杉木、金钱松、毛竹、桃、梨、杨梅、茶叶等。公园内动物有61种,包括刺猬、缺齿鼹、中华鼠耳蝠、穿山甲、华南兔、赤腹松鼠、黄毛鼠、豪猪、黄鼬、水獭、大灵猫、花面狸、小麂、野猪、鸢、小隼、燕隼、鹧鸪、鹌鹑、山斑鸠、灰胸竹鸡、环颈雉等。其中重点保护动物有6种,都为二级保护动物,分别为苍鹰、小隼、白鹇、穿山甲、赤腹鹰、雀鹰。金峨山森林公园的主要景点有天打岩、神主岩、万步云梯、杜鹃花海、珍稀花木园、香樟古树群等。

(九)斑竹森林公园

斑竹森林公园位于宁波市奉化区,公园于2001年经省林业厅批准设立,分为西晦溪人文景观区和左溪生态景观区。

斑竹森林公园地处四明山低山丘陵区,常绿阔叶林构成公园植被的主体,加上落叶阔叶林、翠竹、松林,森林景观绚丽多姿。园内有百年以上古树名木103株,主要集中在壶潭村,3处古树群共计74株古树,其中百年以上槲树38株,树龄最大的在350年以上。公园内水资源丰富,金溪、左溪两条溪涧贯穿整个公园,还有一座小型水库金竹湖,蜿蜒数十里。

园内人文历史景观资源丰富。葛竹村为蒋介石母亲王采玉娘家所在地,构成了斑竹人文历史景观的主体,与溪口蒋介石故居遥相呼应。黄巢起义也在斑竹留下了痕迹。壶潭村是革命老区,为四明山革命根据地的中心,村里有 3 座烈士墓、革命烈士纪念碑和壶潭村交通站遗址等革命历史遗迹。

(十)余姚东岗山省级森林公园

东岗山省级森林公园位于宁波余姚市,公园于 2006 年经省林业厅批准设立,建立在余姚市林场基础上。

公园内植被以毛竹林、马尾松林、杉木林和茶园为主,还有少量成片分布的常绿阔叶林、金钱松林、锥栗林等,林木茂盛,郁郁葱葱。地文景观最具特色,有气势壮观的白岩尖、老鹰岩、将军岩、天门洞,有惟妙惟肖的石门迎宾、慈母盼归等。雾凇是公园另一极具特色的自然景观,似霜非霜、似冰非冰,松枝、树丛结满了毛茸茸的树挂,像一株株巨大的白珊瑚,千姿百态。公园内还保存有部分斤岭古道,古道修建于南宋时期,为梁弄至宁波的通道,以块石和卵石铺筑。

(十一)余姚杨梅种植系统

余姚是著名的"全国杨梅之乡",是"余姚杨梅"原产地,常年产量居全国之冠。每年 6 月,杨梅熟红枝头、闪红烁紫,各地游客纷至沓来,上杨梅山摘杨梅,边摘边品,齿颊生津,沁人心肺,还能感受、领略余姚四明山的秀美景致和风俗民情。

余姚杨梅已从一种应时水果发展成为一项产业、一种文化。有着"十里梅乡"之称的丈亭梅溪,印证了这段非同寻常的发展历程。近年来,丈亭镇为帮助梅农拓宽销售渠道,积极开展杨梅产业与文化旅游产业联动,在区域内新建杨梅观光景点,并增设了"农家乐、农家饭"等项目,特别策划推出微度假路线,让市民游客在体验杨梅采摘乐趣之余,感受在乡野微度假的闲适。

(十二)慈溪杨梅生态栽培系统

慈溪杨梅历史悠久,是久负盛名的"中国杨梅之乡"。慈溪野生杨梅的历史可以追溯到 7000 年前,杨梅人工栽培的历史有 2000 余年。

近年来,慈溪稳基地、强主体、拓链条、打品牌,做大做强杨梅全产业链,鼓励企业加大技术改造力度,研发新产品、新工艺,使杨梅栽培的产业化和规模化水平持续提升。依据杨梅观光园建设的基本要求,2017年,慈溪市综合评估确定了22家旅游推荐杨梅观光园。22家杨梅观光园在园区内设立了明显的餐饮、公厕等服务指示标志,专门安排工作人员为游客提供杨梅采摘、打包等服务。正在建设中的横河杨梅主题公园(文旅融合区),拟建设项目包括横河杨梅文化传承园、潮家湖休闲乐园、松毛山民宿、竹山颐养院、樵隐里农家乐和上林农庄等。

(十三)宁海双峰香榧文化系统

宁海县黄坛镇双峰片区是宁波榧树发源地之一,也是宁波香榧的主产区。如今,双峰片区11个行政村都种植香榧树。双峰香榧壳薄、肉肥、色金黄,香酥可口、回味甘甜,气微香,口感独特;生长在高山中,千年榧三代果,久享盛名。

一直以来,黄坛镇致力于发展香榧产业,带领山区群众致富,制定了"双峰香榧"地理标志商标的团体标准,让当地榧农享受到了"双峰香榧"商标带来的红利。黄坛镇持续举办双峰香榧文化节,将"双峰香榧"品牌与宁海"十里红妆"喜文化结合,加深了品牌在消费者心中的印象。节庆期间,举办宁海"双峰香榧"("抱孙果")炒制交流会、宁海"双峰香榧"("抱孙果")及农产品销售直播,游客可以参观黄坛镇双峰香榧"百年老树"精品园及山外山香榧加工厂,了解香榧的生长环境及精湛的炒制加工技艺。

(十四)奉化水蜜桃种植系统

据史料记载,奉化栽桃已有2000多年历史,水蜜桃已经成为奉化区的传统名果,是中国四大传统名优桃之一。因气候条件及土壤酸碱度适宜,加之栽培得法,奉化所产桃子果形美观、肉质细软、汁多味甜、香气浓郁、皮薄易剥、入口易溶,被誉为"琼浆玉露,瑶池珍品",驰名中外。1996年6月,国务院发展研究中心命名奉化为"中国水蜜桃之乡"。

水蜜桃旅游文化节、水蜜桃擂台赛等文化活动的开展,使奉化水蜜桃文化品牌的名气越来越大。近年来,奉化从卖"桃"到卖"休闲"、卖"文化",以"桃"为牵引,打造"桃"产业链,激活富民基因,用创意方式把桃花与文化体育、旅游消费、乡村农业等多种元素相融合,多维度展示奉化山水、区域文化特色和城市发展新形象。

二、园地景观

(一)宁波杭州湾国家湿地公园

宁波杭州湾国家湿地公园于 2000 年被列为国家重要湿地,地处河流与海洋的交汇区,是我国东部大陆海岸冬季水鸟最富集的地区之一,也是东亚—澳大利西亚候鸟迁徙路线中的重要驿站和世界濒危物种黑嘴鸥、黑脸琵鹭和卷羽鹈鹕的重要越冬地与迁徙停歇地。杭州湾湿地目前已发现鸟类 303 种(实施前为 169 种),其中列入国家重点保护野生动物名录的鸟类有 33 种(实施前为 13 种),列入世界自然保护联盟濒危物种红色名录的中国受威胁鸟类有 16 种(实施前为 9 种);记录其他维管束植物、浮游植物、底栖动物、鱼类等生物共 550 余种。

(二)镇海九龙湖湿地公园

镇海九龙湖湿地公园为浙江省自《浙江省湿地保护条例》颁布以来第一个依法建立的省级湿地公园。公园是典型的库塘湿地生态系统,主要包括生态保育区、湿地生态展示区、合理利用区、湿地服务管理区等四大功能板块,以修复湿地生态系统和发挥湿地服务功能为核心,并通过湿地自然环境与历史人文展示,为公众提供良好的湿地科普教育和生态休憩场所。

(三)宁波植物园

宁波植物园位于浙江省宁波市镇海区新城,东至东外环,南至北外环,西至 329 国道,北至永茂路。宁波植物园分为体育休闲植物区、科普观光植物区和花卉园艺植物区三大片区,共布设樱花海棠园、木兰春色园、月季园、兰园、藤蔓园、槭树秋香园等 17 个植物专类园,打造形成了"春赏蔷薇夏品莲,秋看金桂冬探梅"的四季植物景观体验区。宁波植物园是浙江最美赏花基地(四季)、宁波市休闲旅游基地、宁波市科普教育基地、浙江省生态文化基地、浙江省科协优秀科普教育基地,被列入宁波市十佳旅游产业融合基地。

(四)鄞州公园(鄞州湿地公园)

鄞州公园位于鄞州中心城区的主轴线南端,是一个集旅游、康体、娱乐、科学于一体的综合性公园,也是宁波新城区"一心、二轴、三环、四廊、三十六点"绿地体系的中心。

鄞州公园内有大片的草坪、花坛、湖泊等,还有一些小型的人工景观,如喷泉、亭台、桥梁等。公园内的植被种类繁多,有各种花草树木,如桂花、银杏、梧桐等。2014年底,鄞州公园二期开工建设,2018年初建成。鄞州公园二期以湿地水域景观、多元文化交流与培育为特色,集生态保护、科普教育于一体,目标是成为"全民覆盖的共享公园"。湿地特征明显、生态循环良好,这是鄞州公园二期最大的特色。它充分利用了湿地特有的岛链型表现形式,结合生态漫滩、阔大湖面、悠长河道,勾勒出丰富多样的水陆关系。

第三节　渔业景观

一、淡水渔业景观

(一)四明湖

四明湖位于四明山北部余姚梁弄镇,景色秀丽,碧波荡漾,湖水湖山交相辉映。

四明湖汇集溪流、泉水、瀑布,湖中渔业资源丰富,吸引了大批飞禽。湖中有八字桥、野猫湾、丁山等5座小岛,形成5个湖心岛,好似镶嵌在明镜中的翡翠,更增添了四明湖的魅力。四明湖位于余姚千年文化古镇梁弄、四明山第九洞天境内,环湖皆山,七十二四明湖峰远近翠黛相间,历代名人高士留下众多异闻传说。湖心的玉兔岛是四明湖最大的岛屿，玉兔岛现已建成四明湖度假村，并已成为浙东休闲度假胜地。环湖还有五桂楼（浙东第二藏书楼）、白水冲等风景名胜。

（二）九龙湖

九龙湖原称十字路水库，位于宁波市镇海区九龙湖镇境内，始建于1977年。九龙湖为中丘地貌，三面环山，自然生态环境优越、历史人文积淀深厚。景区内群山起伏、黛峰逶迤、植被茂密、生物丰富。其间由东北而西南，一字排列着蓄水量达2200余万立方米的九龙湖和蓄水量在300万立方米以上的郎家坪凤凰湖、小洞岙湖、三圣殿湖，湖水清澈，山水交辉，呈现出四湖连缀如珠、百湖探幽如梦的诗画美景，小溪清涧与平原河流交织。

二、海洋渔业景观

（一）象山港蓝点马鲛国家级水产种质资源保护区

象山港蓝点马鲛国家级水产种质资源保护区于2010年11月获农业部批复，位于被誉为"国家级大鱼池"的宁波市象山港内。保护区批复的总面积39176公顷，其中核心区面积18750公顷，实验区面积34600公顷，特别保护期为每年3月1日至7月31日。保护区的主要保护对象是蓝点马鲛，其他保护对象包括银鲳、大黄鱼、小黄鱼、黄姑鱼、黑鲷等。象山港是东海区域蓝点马鲛的主要繁殖场之一，每年清明前10天左右蓝点马鲛鱼从舟山海域进入象山港，亲鱼洄游入港后性腺成熟，并产卵产精体外受精。受精卵发育形成的仔、稚鱼以摄食其他鱼的仔鱼或其同类为食，在象山港生长。7月上旬象山港内水温上升到25℃以上时，大部分马鲛鱼亲鱼和幼鱼都向外海洄游，称为摄食洄游，小部分马鲛鱼在港内生活生长。

（二）象山渔山列岛国家级海洋生态特别保护区

渔山列岛位于宁波市象山县，距石浦东南45千米，分北渔山、南渔山、五虎礁三群岛,由 13 岛 41 礁组成。2008 年 8 月,国家海洋局批准建立渔山列岛国家级海洋生态特别保护区。保护区总面积 57 平方千米,主要保护丰富的海洋资源、独特的列岛海蚀地貌和领海基点伏虎礁。

渔山列岛海洋特别保护区重点保护的生物对象是贝类和藻类,渔山列岛是宁波市大型海藻集聚分布的典型区域,渔山列岛的厚壳贻贝和条纹隔贻贝等也久负盛名。渔山列岛享有"亚洲第一钓场"的美誉,主要有石斑鱼、真鲷、黑鲷、黄鳍鲷、石鲷、黑毛、鲈鱼、褐菖鲉等 10 多种名贵鱼类。北渔山灯塔是渔山岛的标志,有"远东第一大灯塔"之誉,成为国际航标。五虎礁位于北渔山岛的东面,是我国领海基线岛礁。

(三)象山韭山列岛国家级自然保护区

韭山列岛位于舟山群岛最南端,是浙江中部沿海的一个著名列岛,以主岛南韭山而得名。象山韭山列岛国家级自然保护区于 2011 年获批,保护区总面积 484.78 平方千米,主要保护对象为大黄鱼、曼氏无针乌贼、江豚、以中华凤头燕鸥为主的繁殖鸟类及与之相关的海洋岛礁生态系统。

韭山列岛分布的环状区域及其周围海域是国家二级保护动物江豚的较大种群分布区;南韭山岛周围海域为大黄鱼主要产卵场所及其苗种资源主要保护区;列岛以东是带鱼的主要产卵场;列岛北部海域为曼氏无针乌贼产卵、索饵及其幼体保护区。韭山列岛是浙江省重要的水鸟繁殖和栖息点,有国家二级保护鸟类 1 种,浙江省重点保护鸟类 7 种,其中黑尾鸥、中白鹭在此形成了较大的繁殖种群。保护区设立以来,区内主要水生保护种类大黄鱼和曼氏无针乌贼的资源开始出现恢复迹象。在该海域还发现了国家二级保护动物水獭。

(四)象山中国渔村

中国渔村位于宁波市象山县石浦镇,是能体现渔区民俗风情的首家大型渔文化休闲度假区。

象山中国渔村的一期工程被称为"阳光海岸景区",是一个以渔文化民俗游、海滨海洋休闲度假为主题的大型休闲滨海旅游胜地。象山中国渔村紧紧围绕丰富的海洋资源和深厚的渔文化内涵,通过渔村主题别墅、三桅式古船、渔家排档、帐篷村,以及高挂的渔村风向标、渔家小船、桅灯等,全方位展示渔区的生活氛围。

象山中国渔村是国家 4A 级旅游景区,被列入浙江省十大避暑休闲胜地、宁波市十大魅力景区。

(五)象山松兰山海滨度假区

象山松兰山旅游度假区山海交融,岬湾众多,沙滩连绵,"山、海、岛、崖、滩、湾"滨海资源齐全,是浙江省级旅游度假区、第 19 届杭州亚运会帆船帆板比赛地、浙江省海洋运动中心所在地、中国海洋论坛永久会址。

度假区现有国家 4A 级景区 1 个,高品质度假住宿设施 8 家,其他酒店及特色民宿 70 余家,培育形成了以度假酒店、海洋运动、海鲜美食、房车露营、温泉康养、节庆赛事等为主的度假产品体系,是集休闲、娱乐、运动、度假、会议等于一体的综合性滨海旅游度假胜地。

(六)象山花岙岛

花岙岛位于宁波市象山县南部的三门湾口洋面上。花岙岛行政村由岛上的大塘里自然村和后花岙自然村组成,主要产业包括养殖紫菜、养殖梭子蟹、近海捕鱼、从事旅游业等。

早在南北朝时,象山花岙岛就被道家称为"南天七十二福地",是"海上十洲"之一。唐时即有居民,明洪武间被封禁,明末清初张苍水在此屯兵抗清,名震朝野。清光绪元年(1875)准令开禁,始有居民迁入。岛上山峦叠翠,景色迷人,尤其以气势恢宏的中心式火山岩原生地貌海上石林、神形巨岩大佛头、五色玲珑鹅卵石滩、奇特的蜂窝岩、日月并行吞吐洞、仙子洞、千年古樟桩、张苍水抗清兵营遗址等更具特色,素有"海琢石空、精巧峻险"之称,被誉"海山仙子国,人间瀛洲城"。

(七)象山半边山旅游度假区

象山半边山旅游度假区位于象山县石浦镇东海之滨,三面环海,形如麒麟,两岛相伴,白浪相拥,是华东地区最大的生态型综合性海洋旅游项目。度假区依托山脉、海洋、沙滩、岛礁、渔村等自然与人文资源,遵循低碳、生态、智慧的理念，积极打造集亲子度假、滨海运动、康体养生、研学拓展于一体的海滨度假休闲胜地和文旅商住多功能的旅游度假目的地。

（八）象山檀头山岛

檀头山岛位于象山县石浦镇东部的大目洋与猫头洋交界海面上。檀头山岛均为火山凝灰岩构成，岗峰连绵，山野之间植被良好，灌木丛生，鸟语花香。岛中岛岬海湾众多，岸线曲折，天然的奇岩、洞穴、沙滩置于其间。檀头山民风淳朴，环境恬静，有渔村、大王宫等人文景观和浓郁的渔乡风土人情。檀头山岛鱼类资源丰富，有各种海鲜、特色水产，是集观赏海景、品尝海鲜、体验渔乡习俗于一体的海岛休闲旅游好去处。

（九）象山东门渔村

东门渔村是象山县石浦镇的一个村，依山傍港，居民大多以渔为业。东门渔村历史悠久，至今还有"新石浦，老东门"之说，岛上居民为保护历史遗存尽心尽力。唐神龙二年（706）象山立县，它是辖村之一，明代昌国卫从舟山迁到东门。东门渔村北港口为铜瓦门，南港口为东门门头，扼航路要津。建于明洪武年间的昌国卫古城墙遗址、门头古灯塔及每年的开洋节、谢洋节吸引无数游客前来东门渔村观光。每年的"中国开渔节"重点项目祭海仪式在东门渔村的门头山妈祖像前举行。

（十）象山南田岛

南田岛又名牛头山，位于象山县石浦镇南 3 千米处，西邻高塘岛，两岛与大陆岸线构成的天然港池，即为著名的石浦渔港。南田岛是宁波市第一大岛，设鹤浦镇，西部多低丘平原，东部多山地。岛岸曲折，东海岸多海湾，有沙滩，海域开阔，充满回归自然之美。鹤浦港与石浦镇每日有交通船往返，为旅客进岛的主要港口。

（十一）鄞州横山码头

鄞州区咸祥镇横山村是象山港北岸的一个渔村，村南有横山，村以山名，村民天天见潮涨潮落、虾跳蟹爬。村内存有多处海防遗址、烽火台、碉堡。从北仑洋沙山到咸祥鹰龙山，有五六十里海岸线，大多为浅海、海涂，难以登陆,唯有横山一带,舰船可直抵海岸,登陆即为平原。横山作为海防前哨,成为防卫倭寇和西方列强威胁的一道重要关隘,也是侦察敌情、奋勇而战的一大要塞。

(十二)奉化桐照村

桐照村隶属于宁波市奉化区莼湖街道。全村初始由桐照农业村、桐照渔业村两个自然村组成,2003年合并为一个自然村。桐照渔村的外海捕捞历史悠久,渔业文化底蕴深厚。2007年,桐照村发现了清朝同治年间的海洋捕捞许可证,说明那时人们已经有了保护海洋的意识。2010年,中国渔业协会授予桐照村"中国第一渔村"称号。2017年,桐照村获得全国"最美渔村"称号。

(十三)宁波湾天妃湖

在宁波市奉化区裘村镇和莼湖街道交界地带的海边,有两座小岛,分别名叫南沙山和悬山,这里也是宁波湾的核心区域。近年来,奉化区实施了阳光海湾工程,通过人工筑堤,围海成湖。东端,在杨村码头与南沙山之间筑堤相连;西端,在鸿峙村与悬山之间筑堤相连;南边,在南沙山和悬山两岛之间也筑堤相连。因此形成了闭环的人工湖。天妃湖建设项目原名阳光海湾,2019年完工并投入运行。近年来,在国家体育总局及相关运动协会的支持下,依托天妃湖的优越资源,先后举办了中国家庭帆船赛、中国大学生赛艇锦标赛等多场赛事,引发了广泛关注,天妃湖逐渐成为宁波滨海旅游观光的网红地。作为度假与运动融合的典范,宁波湾天妃湖的假日生活因为有运动元素的融入而格外精彩。

(十四)宁海横山岛

强蛟群岛是宁海著名的渔业捕捞和水产养殖基地,水产之优居浙江三大养殖港湾之最,是品尝海鲜的理想基地。横山岛又名"小普陀",是强蛟群岛十二岛之一,位于宁波市宁海县强蛟镇的狮子口海域的东南侧,呈南北走向,是开发中的宁海湾旅游度假区的重要组成部分。

横山岛上有镇福庵,原分前后二殿,殿基为明代所建,梁柱为清代造型。岛周岩石经长年海涛拍击,成浪蚀崖穴,千姿百态。早在汉代,武帝就因此地是海道要冲而设鲒埼亭。到北宋,以梅妻鹤子为伴的林逋对此地发生兴趣,在四孤坪建起了八卦形象的太极宫。

(十五)宁海长街蛏子养殖系统

宁海蛏子养殖历史悠久,早在 700 多年前已出产蛏子作为商品交易。2011 年 5 月,中国渔业协会授予宁海县"中国蛏子之乡"称号。宁海县长街一带濒临三门湾,常年有大量淡水注入,海水咸淡适宜,饵料丰富,涂质以泥沙为主,十分适宜蛏子的生长。因而蛏子生长快、个体大、肉嫩而肥、色白味鲜。随着"科技兴渔"工作的不断推进,宁海县的缢蛏养殖模式趋于多样化,有传统的平涂养殖,有新开发的滩涂蓄水养殖,滩涂低坝高网混养,海水池塘与对虾或青蟹或梭子蟹或海水鱼类混养。缢蛏已成为宁海县著名的特色产品和海水养殖的主导品种。

(十六)宁海西店牡蛎养殖系统

西店镇素有"牡蛎之乡"的美誉,"西店牡蛎"是国家地理标志证明商标。西店一带牡蛎养殖业长久不衰,依赖于得天独厚的自然环境。这里位于象山港底部狮子口内,港口水色清澈,风平浪静,滩涂宽阔平缓,有凫溪等大小 20 多条溪河淡水注入港内,涂质肥沃。近年来,西店镇以共同富裕为目标,强集体、富农民,释放特色产业带富效益,在擦亮"西店牡蛎"品牌上取得新成效。西店镇紧盯优化布局"前端环节",科学布局养殖场地,形成生态养殖基地;聚焦研发加工核心环节,补链强链,形成牡蛎全产业链发展新业态。

(十七)象山海洋渔文化系统

象山海洋渔文化是中国海洋渔文化的"标本"。象山海洋渔文化是世代象山人在其 6000 多年生存的海洋自然环境之中于生产与生活两大领域内的一切社会实践活动的成果。它包括生产文化(造船、织网、渔具制作等)、社会文化(开渔节、渔民宅居、渔民饮食、渔业商贸等)、观念文化(妈祖巡游、祭海仪式及其他民间信俗等)、组织文化(行业组织、渔村组织、家庭制度)和其他文化(渔谚、渔歌、渔曲、渔戏、渔鼓、渔灯等)。

2010年6月,象山获文化部批准,建立海洋渔文化(象山)生态保护实验区,成为全国唯一一个以海洋渔文化为保护内容的国家级生态保护实验区。2019年,海洋渔文化(象山)生态保护区成功入选首批国家级文化生态保护区,是浙江唯一入选区域。近年来,象山县坚持"见人见物见生活"的建设理念,注重多方联动,强化整体保护,重视传承传播,全力推动海洋渔文化创造性转化、创新性发展。2022年1月,象山"海洋渔文化"入选浙江省首批100项"浙江文化标识"培育项目。

第十一章　宁波市文献类农业文化遗产

　　文献类农业文化遗产是指古代留传下来的各种农书和有关农业的文献资料,具体包括综合性类文献、时令占候类文献、农田水利类文献、农具类文献土壤耕作类文献、大田作物类文献、园艺作物类文献、竹木茶类文献、畜牧兽医类文献、蚕桑鱼类文献、农业灾害及救济类文献等。本章将文献类农业文化遗产分为古代农书(含综合性类文献、农田水利类文献、蚕桑鱼类文献、竹木茶类文献、园艺作物类文献、农具类文献等)与古代诗词两大部分进行介绍。

第一节　古代农书

　　农业是中华古文明存在和发展的物质基础,我国历朝历代都重视农业生产技术经验的总结和推广。在这样的文化背景下,中国古代产生了主题、类型多样的农业书籍。据《中国农学书录》记载,中国古代农书共有500多种,流传至今的有 300 多种。[①] 本节选取部分与古代宁波、浙江和南方地区农业生产技术相关的农书进行介绍。

---

　　① 　王毓瑚.中国农学书录[M].北京:中华书局,2006.

一、综合性类文献

(一)《陈旉农书》

《陈旉农书》是我国唐宋时期保存下来的唯一一部综合性农书,对我国南方地区农作物种植以及动物饲养等相关生产技术的丰富经验进行了归纳总结。《陈旉农书》在内容与形式方面都对已有成果进行了创新,从而开创了一个全新的农学体系,对农业生产实践具有重大的现实指导意义。它还是我国现存时代最早的记载江南地区农业生产技术的农书。

《陈旉农书》共分为上、中、下三卷,共计1.2万余字。其中,上卷共有14篇,约占全书的三分之二,重点阐述了农作物种植和土壤耕作。在土壤耕作部分,针对不同类型的土地耕作都分门别类做了详细记录,也强调要因地制宜,对质量不高的田块要注重改造;在作物种植尤其是水稻种植中,确立了适时、选田、施肥、管理4个要素。中卷和下卷的篇幅较小。中卷侧重讲解如何对水牛进行饲养管理和疾病防治等;下卷主侧重讲解如何植桑种麻,尤其注重推荐桑麻的套种。

陈旉(1076—1156),自号西山隐居全真子,又号如是庵全真子,生于南宋偏安时期,在真州(今江苏仪征)西山隐居务农。其一生致力于农桑,在古稀之年完成了著作《陈旉农书》。

(二)《王祯农书》

《王祯农书》主要论述南方和北方地区汉族的农业生产技术,在继承前人研究成果的基础之上,首次从宏观上对农业生产知识进行了全面系统的论述,并提出了中国农学的传统体系,是记录古代农业生产技术的鸿篇巨制。

全书正文部分共有37集371目,字数达13万字,分"农桑通诀""百谷谱""农器图谱"三大部分,最后所附"杂录"包括"法制长生屋"和"造活字印书法",与农业生产技术关系并不密切。其中,"农桑通诀"是农业总论部分,追溯了农业生产、牛耕、蚕织的历史渊源,阐述了农业生产的关键在于种植的时机、土壤肥沃程度等要素,介绍了开垦、土壤、耕作、施肥、农田灌溉、田间管理和收获等农业操作应遵循的基本原则。将农具列为综合性整体农书的重要组成部分是《王祯农书》首创和一大亮点。无论是记载农业耕作技术,还是介绍农具的使用、蚕桑的种植,《王祯农书》都时刻能关注到南方和北方之间的差别,致力于推动南北方不同区域的交流。书中还绘制了各种农业生产工具,便于老百姓仿造试制及使用。

王祯(1271—1368),字伯善,山东东平人,是元代著名的农学家、农业机械学家。元成宗时,他曾任宣州旌德县尹、信州永丰县尹。他生活勤俭节约,在做官期间,坚持为官一任造福一方,高度重视民生,兴办学校,修建道路、桥梁,施舍医药,百姓称赞他"惠民有为"。王祯坚持"农本"思想,在旌德和永丰任职期间,亲自参与农业生产。在他的带动下,劝农工作成效卓著。王祯在搜集以往农业生产技术著作的基础之上,根据自身在劝课农桑过程中积累的丰富经验,于皇庆二年(1313)完成《王祯农书》。

(三)《农政全书》

《农政全书》是明代科学家徐光启编撰的农业类鸿篇巨制。《农政全书》涉及农业的制度、政策、农具、作物属性以及农业耕作技术等,是对17世纪以前中国的农学知识进行的系统归纳总结,还附带介绍了其他国家和地区的农学知识,可以称得上是关于中国古代农业的百科全书。

《农政全书》共有12目,共60卷,50余万字。其中,农本3卷,田制2卷,农事6卷,水利9卷,农器4卷,树艺6卷,蚕桑4卷,蚕桑广类2卷,种植4卷,牧养1卷,制造1卷,荒政18卷。《农政全书》的内容可以归纳为两类,即农政思想和农业技术。其中有关农政思想的内容占一半以上。

徐光启(1562—1633),字子先,号玄扈,上海人,明万历进士,官至崇祯朝礼部尚书兼文渊阁大学士、内阁次辅,明末著名科学家。徐光启年轻时曾从事过农业生产,尽管后来在朝廷担任官员,但一直心系农业生产。后来,徐光启进行农作物种植、开展农业实验,写了大量农业著作。在徐光启去世后,门生陈子龙等对其生前的农业著作进行修订,是为《农政全书》,于崇祯十二年(1639)付印。除了在农学方面的成就,徐光启还会同传教士一起翻译了《几何原本》《泰西水法》等著作,主持了 130 多卷的《崇祯历书》编写工作。在军事方面,徐光启著有《徐氏庖言》《兵事或问》等。

(四)《天工开物》

《天工开物》是世界上首部关于农业和手工业生产的综合性著作,记载了明朝中期之前中国古代不同种类的农作物和手工业原料的品种、产出地、生产技术水平和工艺装备,以及组织开展生产的经验等,是中国古代的一部综合性的科技著作,被称为一部百科全书式的著作。

《天工开物》全书分为上、中、下 3 篇,共计 18 卷。上卷记载了谷物和豆类作物的种植与加工方法,蚕丝纺织技术和染色工艺,以及制糖和制盐工艺;中卷记录的内容包括陶瓷、砖瓦的加工技术,车船建造,冶金,煤炭开采,石灰、硫黄的开采和烧制,以及榨油、造纸工艺等;下卷记述了金属矿物的开采和冶炼,军工用品的制造,颜料、酿酒技术,以及珠宝的采集加工等。该书图文并茂,有 123 幅插图,反映了 130 多项农业和手工业的生产技术和工具的名称、外观、工序等。

《天工开物》作者宋应星(1587—约 1666),明末科学家,字长庚,江西奉新人。明神宗万历四十三年(1615)举人。曾任袁州府分宜县教谕、汀州府推官、亳州知州。崇祯十七年(1644)弃官归乡。

(五)《农圃四书》

《农圃四书》是明代反映浙江地区水稻种类、养蚕状况、养鱼技术、养菊等方面的综合性农书,具有极高的学术研究价值和使用价值,流传范围甚广。

《农圃四书》共分四部。第一部为《稻品》,是我国现存最早的记录水稻品种的文献,详细记录了 38 个浙江地区的水稻品种。第二部为《蚕经》,有 2000 余字,侧重记载杭州嘉兴地区的蚕桑生产状况,囊括艺桑、宫宇、器具、种连、育饲、登蔟、择茧、缫板、戒宜等 9 个部分。第三部为《种鱼经》,也称《养鱼经》《鱼经》,记录了当时浙江地区的养鱼技术,首次记载了人们利用海涂养鱼。书中所载半咸水人工养殖鲻鱼是我国海鱼人工饲养之始。第四部为《艺菊书》,包括储土、留种、分秧、登盆、理缉、护养等 6 个部分,学术上参考价值较高。

《农圃四书》作者黄省曾(1490—1540),字勉之,号五岳,长州(今江苏苏州)人。《明儒学案》记其"少好古文,解通《尔雅》。为王济之、杨君谦所知"。嘉靖十年(1531),其以《春秋》乡试中举,名列榜首,后进士累举不第,便放弃了科举之路,转攻诗词和绘画。其交游极广,长于农业与畜牧,诗作以华艳取胜。

(六)《劝农书》

《劝农书》也称《宝坻劝农书》,是明代宝坻县令袁黄编写的古代重要的农政著作,从天时、地利、田制、播种、耕治、灌溉、粪壤、占验等8个方面对当地农业进行了总结。《劝农书》在宝坻区内推广后效果显著。《宝坻劝农书》的原版没能留存下来,但被《宝坻县志》完整收存,成为研究明朝万历年间宝坻地区农业的重要资料。

《劝农书》八篇的篇目顺序,实际上是农作物生长过程中的8个连续环节。《劝农书》的内容既详细又切实可行。如在"天时篇"中提倡种秋麦,"尔民狃于习俗,多喜种春麦,又皆蹉跎,多至二月种,所以收常薄也";在"地利篇"中提倡种粳稻,"种薯亦不若种粳,但开井于陇首,旱则每月浇三四次,无不成熟者";在"田制篇"中有井田、区田、围田、涂田、沙田图5幅,介绍开垦法;在"播种篇"中针对北方气温低而提出用温水浸种育秧,并提倡用直播技术种植水稻。"灌溉篇"是《劝农书》的重点内容,占全书文字的五分之一,特别强调昔兴今废、事在人为的道理,列举了旧农书所记载的灌溉十二法,并附之以图,以便仿行。

《劝农书》作者袁黄(1533—1606),字庆远,后改了凡,浙江嘉善人。袁黄兴趣广泛,对天文、术数、水利、军政、医药等无不研究。明万历十四年(1586)中进士,为万历初嘉兴府三名家之一。万历十六年(1588),出任河北宝坻知县,任职五年,政绩显著。

(七)《沈氏农书》

《沈氏农书》是明末清初反映浙江嘉湖地区农业生产的农书。《沈氏农书》大约是明崇祯末年(1640年前后)浙江归安(今浙江湖州)佚名的沈氏所撰。

《沈氏农书》分"逐月事宜""运田地法""蚕务（六畜附）""家常日用"4个部分，全面总结了太湖地区农家生活生产的技术知识，在江南几个省流传甚广，产生过积极影响。

清朝乾隆年间，朱坤编辑《杨园全集》时，把《沈氏农书》与《杨园全集》合为一本，分上、下两卷，统称为《补农书》，后世刊本多用此书名。

（八）《补农书》

《补农书》主要记载了明末清初时期嘉兴、湖州及其周边地区的农业生产状况，是对湖州《沈氏农书》进行的有益补充，对于农民的农业生产实践具有巨大的帮助作用，当时流传范围甚广。

浙江人张履祥长期身体力行参与农业生产实践，在吸收和借鉴已有研究成果的基础上，于顺治十五年（1658）完成了《沈氏农书》的增补工作。《补农书》分为上卷和下卷以及附录部分，对于耕种、蚕桑、养鱼、酿酒乃至动物饲养和农业生产经营都有较为详细的记述。由于当时作者经济拮据，《补农书》未能刊印，仅能通过手抄本的方式流传。康熙乾隆年间，范鲲等人开始增补《补农书》的逸文。1935年，桐乡县政府有沈光熊选编的《杨园遗著菁华》铅印本。1949年后，《补农书》又有多个版本。

张履祥（1611—1674），字考夫，号念芝，世居浙江桐乡，被尊称为杨园先生。其热心社会公益事业，关心普通百姓疾苦，著有《愿学集》、《读易笔记》1卷、《四书朱子语类摘钞》38卷、《言行见闻录》、《补农书》等。

二、农田水利类文献

（一）《水经》

《水经》是中国第一部记述水系的专著。著者和成书年代历来说法不一，争议颇多。《隋书·经籍志》载"《水经》三卷郭璞注"；《旧唐书·经籍志》改《隋志》之郭"注"字为"撰"，郭成为作者。但《新唐书·艺文志》记为桑钦撰。《四库全书总目提要》称："观其涪水条中，称广汉已为广魏，则决非汉时;钟水条中,称晋宁仍曰魏宁,则未及晋代。推文寻句,大概三国时人。"《水经》简要记述了137条全国主要河流的水道情况。原文仅1万多字,记载相当简略,缺乏系统性,对水道的来龙去脉及流经地区的地理情况记载不够详细、具体。

(二)《水经注》

《水经注》是中国古代地理名著,对1000多条河流和有关的历史遗址、人物典故等进行了记载。其不仅是一部科学巨著,还是一部具有极高文学艺术价值的名著。

《水经注》的主要内容包括:自然地理部分,记录的河流多达1200余条,记载湖泊和沼泽超过500处,记载泉水和井等地下水接近300处,记载的瀑布有60余处,记载伏流30多处;人文地理部分,记载县城和城邑达到2000余座,记录镇、乡、亭、里、聚、村、墟、戍、坞、堡等10类近1000处,记载桥梁100座左右,渡口上百处;经济地理方面,记载农田水利工程名称10余种,同时对屯田、农业耕作等也有涉及;手工业生产方面,包括采矿业、钢铁冶金、机械化生产、蚕丝纺织、印钞、食品加工等;兵要地理方面,记录战役多达300余次。书中还记载了中外古塔、各类宫殿、寺院、苏州园林等诸多建筑。

《水经注》作者郦道元(约470—527),字善长,范阳涿县(今河北涿州)人。南北朝时期北魏官员、地理学家、文学家、政治家、教育家。

(三)《吴中水利书》

《吴中水利书》是宋代单锷撰写的水利著作,书共一卷。单锷关心太湖地区的水利,经常来往于苏、常、湖之间,调查太湖周围的水系源流,历30余年将其调查的研究结果著为此书。该书认为,消除太湖地区水患,应实行全面治理,先于下游凿通吴江岸,疏浚太湖泄水道,配合筑堤,导水分别注入江海,次于上源修复荆溪五堰,开通百渎,以分散太湖来水。原书有太湖海图,因其绘制草略,今遗失。因书中所论切中实际,明永乐中夏原吉、正统间周忱治理太湖水利,多从其说。

单锷(1031—1110),江苏宜兴人,北宋嘉祐五年(1060)中进士。其经过近 30 年的调查研究,于元祐三年(1088)写成《吴中水利书》。

(四)《吴中水利全书》

《吴中水利全书》是明代张国维撰写的关于江南地区的重要水利著述,在中国水利史上占有重要地位。四库馆臣称赞它"所记虽止明代事,然指陈详切,颇为有用之言",又称"国维之于水利,实能有所擘画,是书所记皆其阅历之言,与儒生纸上空谈,固迥不侔矣"。

《吴中水利全书》共 28 卷,约 70 万字,成书于崇祯十二年(1639),搜辑了吴中地区历代以来治理太湖流域上上下下水系脉络的有关资料,分纪事和纪言两部分。纪事部分为前十卷,主要包括苏南四府(苏、松、常、镇)及各县的水系形态、名称与水旱灾害、治水疏浚修筑等历史纪事。其后十八卷为纪言部分,收录历代以来关于吴中水利的诏命敕书、奏状章疏、祀文诗歌等资料,是研究苏、松、常、镇四郡的一部至关重要的水利文献。

张国维(1595—1646),字玉笥,浙江东阳人,曾任明末江南十府巡抚,后任兵部尚书,清兵入关后,宁死不降,以身殉国。

(五)《治水筌蹄》

《治水筌蹄》是 16 世纪万恭撰写的治理黄河、运河的水利名著。

该书主要内容和特点有:搜集、实践治黄方略和方法,总结出筑堤束水冲沙深河的经验,后经潘季驯等继承发展成为束水攻沙的理论和措施;首次提出汛前在河滩筑矮堤,汛期用来滞洪拦沙,落淤滩地,稳定主槽;强调掌握汛情的必要性;建立上起潼关、下至宿迁的飞马报汛制度;具体描述黄河暴涨暴落特性,对京杭运河,特别是在山东境内的河段,创造性地总结出一套因时因地制宜的航运管理与水量调节的操作方法。

万恭(1515—1592),字肃卿,江西南昌人,隆庆六年(1572)至万历元年(1573)任总理河道,主持黄河、运河的治理工程。

(六)《河防一览》

《河防一览》为古代著名河工专著之一,明代河专家潘季驯的代表作。成书于万历十八年(1590),全书共 14 卷,约 28 万字,记录了潘季驯治理黄河、淮河、运河的基本思想和主要措施。

该书卷一是皇帝的玺书和黄河图说,反映了当时治河的历史背景,黄、淮、运三河的总形势和工程总体布置;卷二《河议辩惑》,集中阐述了潘季驯"以河治河,以水治沙"的治河主张;卷三《河防险要》,全面指出了黄河、淮河、运河的要害部位、主要问题及应采取的措施;卷四《修守事宜》,系统规定了堤、闸、坝等工程的修筑技术和堤防岁修、防守的严格制度;卷五《河源河决考》是前人研究黄河源头和历史上黄河决口资料的收集和整理;卷六收集了宋、元、明代一些有关治河的议论;卷七至卷十二是从潘季驯200多道治河奏疏中挑选出来的精粹41道,是潘季驯4次主持治河过程中解决一些重大问题的原始记录,概括了他治河的基本过程和主要经验;卷十三、卷十四是潘季驯为阐明自己的观点、批驳反对派的意见而引证的古人以及同时代人的著述、奏疏、碑文等。

潘季驯(1521—1595),初字子良,又字惟良,后改字时良,号印川,浙江乌程(今湖州)人。明朝中期官员、水利学家。

(七)《水道提纲》

《水道提纲》是清代齐召南编写的地理著作。

全书共28卷,以巨川为纲,以所汇众流为目,故名提纲。冠以海水,起自与朝鲜交界的鸭绿江口,止于与越南交界的钦江口,叙述了自东北至西南的海岸线走向及沿海各大小河口和岛屿。次为各省诸水,或以政区为分,如盛京诸水、山东诸水、云南诸水等;或以流域为分,如黄河、长江、淮河、闽江、粤江等。运河、南运河、江南运河等均有专篇。再次为西藏、漠北诸水,殿以西域诸水,记载了清代盛时各边地的河流、湖泊、山脉等。每卷首有小序,概述大势和编记次第。然后依水系叙述,脉络清晰,原委详明。又最早用经纬度定位,虽有错误,但仍为中国地理著作中的一个创举。

齐召南(1703—1768),字次风,号琼台,晚号息园,浙江天台人,清代地理学家。

三、蚕桑鱼类文献

(一)《耕织图》

《耕织图》是南宋绍兴年间画家楼璹所作,是以绘图的形式详细记载耕作与蚕织的系列图谱。画面中记录的农业生产图景,为后人从事农业研究提供了宝贵的资料。

《耕织图》为宋高宗时期楼璹任於潜(今属浙江临安)县令时所著。《耕织图》描绘了农桑生产的各个环节,包括耕图 21 幅、织图 24 幅。楼璹的《耕织图》洋溢着田园气息,既是一幅兼具诗画的艺术作品,也可以称作一部以农业为题材的农学专著。后人对其在农学方面成就的评价绝不亚于《天工开物》《农政全书》等。

楼璹(1090—1162),鄞县(治今浙江宁波)人,北宋官员楼异之子,宋代官员。

(二)《蚕书》

宋代秦观创作的农书,是中国乃至世界上现存最早的一本养蚕、缫丝专书。

《蚕书》主要总结宋代以前兖州地区的养蚕和缫丝的经验,尤其对缫丝工艺技术和缫车的结构形制进行了论述。该书分为辨种、时食、制居、化治、钱眼、琐星、添梯、车、祷神、戎治等 10 目,叙述简明。作者自述书中所记的是兖州人养蚕的方法,可能与吴地的蚕家有所不同。书中的记载来自直接观察,文字简略,却极有价值。如书中对各龄蚕给桑标准、采茧适期以及养蚕期和上蔟结茧对温度高低的不同要求等均有说明,至今仍值得参考。其中,"种变"是蚕卵经浴种发蚁的过程;"时食"是蚁蚕吃桑叶后结茧的育蚕过程;"制居"是蚕按质上蔟结茧;"化治"是掌握煮茧的温度和索绪、添绪的操作工艺过程;"钱眼"是丝絮经过的集绪器(导丝孔);"缫车"是脚踏式的北缫车及其结构和传动。《蚕书》是中国有价值的古蚕书之一,但行文以农家方言为主,艰涩难懂,全文无图。

秦观(1049—1100),字少游,别号邗沟居士,高邮(今属江苏)人。北宋官员、词人。

（三）《湖蚕述》

《湖蚕述》是清朝汪曰桢编写的介绍栽桑养蚕、缫丝卖丝织绸等一整套生产经验及桑农养蚕习俗的著作。

《湖蚕述》全书共有四卷,主要是辑录的性质,编排井然有序。第一卷是对蚕具及栽桑的介绍;第二卷是对养蚕技术的介绍;第三卷是对择茧、缫丝等技术的介绍;第四卷是对作绵、藏种、卖丝及织绸等的介绍。整本书的开篇还有自序,部分章节后还附有乐府诗。

汪曰桢(1813—1881),字仲雍,一字刚木,号谢城,又号薪甫,浙江乌程(今湖州)人。清代史学家、诗人、数学家。

（四）《蚕桑辑要》

《蚕桑辑要》是清朝沈秉成编著的一部蚕桑类农书。

《蚕桑辑要》内容包含:其一,新序落款,有同治辛未孟夏归安沈秉成序、同治辛未仲秋之月丹徒吴学楷谨识;新内容,有告示规条,计开九条。书末辑入沈秉成之父归安沈炳震《乐府二十首》。其二,桑、蚕、缫丝、杂记、橡树、野蚕、野茧等内容及图说三十六幅,图说数量、饲蚕凳式形状皆与原版本一致。其三,新增《蚕桑辑要》诸多参与劝课的官绅姓名。

沈秉成(1823—1895),原名秉辉,字仲复,一字玉材,号听蕉、耦园主人等,浙江归安(今湖州)人,清代官员、藏书家。

（五）《蚕桑萃编》

《蚕桑萃编》是中国古代篇幅最大的一部蚕书,由卫杰于清光绪二十年(1894)综合多种蚕书中的材料编纂而成。

《蚕桑萃编》共5册15卷。卷1为历代君王诏劝农桑的谕旨,卷2桑政,卷3为蚕政,卷4为缫政,卷5为纺政,卷6为纺政,卷7为织政,卷8为棉政,卷9为线谱目录,卷10为花谱目录,卷11为图谱(桑器图类、蚕器图类、纺织器图类),卷12为图谱(桑器图咏、蚕器图咏、纺织器图咏),

卷 13 为图谱(幽风图咏类、四时图咏类),卷 14 为外纪(泰西蚕事类),卷 15 为外纪(东洋蚕子类)。全书内容详尽,通俗易懂。书中除了对中国古蚕书的介绍和评价,还重点叙述了当时中国蚕桑和手工缫丝织染所达到的技术水平,尤其是在 3 卷图谱中绘有当时使用的生产器具,并附有文字说明。有些内容,如浙江水纺图和四川旱纺图中所绘的多锭大纺车,反映了当时中国手工缫丝织绸技术的最高成就。在第 14 卷中介绍了英国和法国的蚕桑技术和生产情况;在第 15 卷中介绍了日本的蚕务。

卫杰,蜀郡(治今四川成都)人。19 世纪末,直隶(今河北省)兴办蚕业,设立官办蚕桑局于保定,由卫杰负责蚕桑技术工作。卫杰从四川引入蚕种并选工匠来保定创办蚕桑业和传授种桑养蚕、缫丝织绸之法,为此编成《蚕桑萃编》。

(六)范蠡《养鱼经》

春秋末年范蠡所著《养鱼经》是中国历史上最早的养鱼专著。

范蠡被称为陶朱公,因而《养鱼经》又称《陶朱公养鱼经》《陶朱公养鱼法》《陶朱公养鱼方》等。在《襄阳记》中有汉光武时"侍中习郁于岘山南,依范蠡养鱼法作鱼池"的记载。由于《陶朱公养鱼法》早已失传,后世农书中关于养鱼的记载,基本上都被收录在《齐民要术》中。

范蠡(前 536—前 448),字少伯,春秋末期越国大夫,著名政治家、军事家、谋略家、经济学家。

(七)黄省曾《养鱼经》

《养鱼经》又称《种鱼经》《鱼经》,是明代黄省曾创作的养鱼专著。

《养鱼经》内容共三篇:第一篇介绍鱼苗,第二篇介绍养鱼的技巧和方法,第三篇介绍鱼的分类。书中记述了鲟、鲈、鳜、鲳等近 20 种鱼类,并指出河豚的毒性、如何鉴别毒性和解毒方法。由此可以推断,当时人们不但已了解河豚的毒性,而且在鉴别与解毒方面,都积累了丰富的经验。

黄省曾(1490—1540),字勉之,号五岳山人,嘉靖年间举人。

四、竹木茶类文献

(一)《竹谱》

《竹谱》是一部画竹专论,又名《竹谱详录》,共 10 卷。该书分《画竹谱》《墨竹谱》《竹态谱》《竹品谱》四谱。全书卷各有图,自序谓与常竹同者不复作图,遂使部分章节无图。《画竹谱》以文同授苏轼画竹之法开篇,引出"学"与"法度"之重要性,再分言位置、描墨、承染、设色、笼套五法,附说粘帧、矾绢二事。《墨竹谱》分言画竿、画节、画枝、画叶四事。《竹态谱》详言竹之各种名目风态。《竹品谱》又分全德品、异形品、异色品、神异品、似是而非竹品、有名而非竹品 6 个子目。全书有完整的系统、严密的逻辑,征引繁博,言之有物,详明可解,是画论中的力作。

《隋书·经籍志》"谱录类"著录,无撰人姓名。《旧唐书·经籍志》"农家类"收录,题戴凯之撰,但未注明作者时代。宋晁公武的《郡斋读书志》也有记载。

(二)《茶经》

《茶经》是唐代陆羽创作的一部关于茶叶生产的开端、发展、现状,产茶的技术水平,以及品茶技艺的综合性茶学专著,是中国乃至世界现存最早、最完整、最全面介绍茶的专著,被誉为"茶叶百科全书"。

《茶经》共有 3 卷 10 节,字数在 7000 字左右。其中,卷上包括第一至三节,卷中为第四节,卷下包括第五至十节。第一节主要论述了茶的起源、名称、功效;第二节讲述了采摘茶叶和制作茶叶所使用的器具,例如,采茶篮、蒸茶灶;第三节讲述了茶的分类以及采茶制茶的方式;第四节讲述了煮茶、饮茶所使用的器具,包括 20 余种饮茶用具,如茶碗、茶釜、木碾等;第五节讲述了烹茶方式以及不同地区的水质差异;第六节讲述了唐代以前的饮茶历史;第七节讲述了从古至今有关茶的逸事;第八节讲述了唐代时期全国范围内八大茶区的分布状况,以及不同茶区所产茶叶的优势与弊端;第九节讲述了采茶、制茶的工具要因地制宜、因势而新;第十节教人如何用绢素写《茶经》。

陆羽(733—约804),名疾,字鸿渐,又字季疵,唐代复州竟陵(今湖北天门)人。唐代茶学家、茶文化奠基人,为世界茶业发展做出了卓越贡献,被誉为"茶仙",尊为"茶圣",祀为"茶神"。

(三)《茶录》

《茶录》是古代中国饮茶论著,蔡襄作于北宋皇祐年间,是宋代重要的茶学专著。

蔡襄有感于陆羽《茶经》"不第建安之品"而特地向皇帝推荐北苑贡茶,由此写作《茶录》。全书分为两篇。上篇论茶,分色、香、味、藏茶、炙茶、碾茶、罗茶、候茶、熁盏、点茶十目,主要论述茶汤品质和烹饮方法。下篇论器,分茶焙、茶笼、砧椎、茶铃、茶碾、茶罗、茶盏、茶匙、汤瓶九目。该书是继陆羽《茶经》之后最有影响力的论茶专著。

蔡襄(1012—1067),字君谟,兴化军仙游县(今福建仙游)人,北宋官员、书法家、文学家、茶学家。

(四)《茶谱》

《茶谱》是明代朱权所著的农书,全书除绪论外,分十六则。绪论简洁地道出了茶事是雅人之事,用以修身养性,绝非白丁可以了解。正文指出茶的功用有"助诗兴""伏睡魔""倍清淡""中利大肠,去积热化痰下气""解酒消食,除烦去腻"等。《茶谱》记载的饮茶器具有炉、灶、磨、碾、罗、架、匙、筅、瓯、瓶等。《茶谱》从品茶、品水、煎汤、点茶四项谈饮茶方法。朱权认为品茶应品谷雨茶,用水当用"青城山老人村杞泉水""山水""扬子江心水""庐山康王洞帘水",煎汤要掌握"三沸之法",点茶要经"盏""注汤小许调匀""旋添入,环回击拂"等程序,并认为"汤上盏可七分则止,着盏无水痕为妙"。制茶方法有收茶法、熏香茶法。

朱权(1378—1448),明太祖朱元璋之第十七子,又号涵虚子、丹丘先生。洪武二十四年(1391)封宁王。谥献,故称宁献王。

五、园艺作物类文献

(一)《全芳备祖》

《全芳备祖》是宋代时期花谱著作的权威代表,可以称得上是一部既全且备的植物学著作。书中涉及 400 余种花、果、草、木,覆盖面极广,因而被称为"全芳";书中的每一种植物,都有"事实""赋咏""乐赋",因而被称为"备祖"。

《全芳备祖》共分为前后两集,共有 58 卷。其中前集主要是记载各种花卉,共有 27 卷。如卷一为梅花,卷二为牡丹,卷三为芍药,等等,大约 120 种。其中后集共有 31 卷,分为 7 个部分,其中 9 卷记果,3 卷记卉,1 卷记草,6 卷记木,3 卷记农桑,5 卷记蔬,4 卷记药,收录植物 150 多种。对于每一种植物,又分别从"事实祖""赋咏祖""乐赋祖"三大部分进行记载。"事实祖"下分碎录、纪要、杂著三目,记载古今图书中所见的各种文献资料;"赋咏祖"下分五言散句、七言散记、五言散联、七言散联、五言古诗、五言八句、七言八句、五言绝句、七言绝句十目,收集了文人墨客的诗、词、歌、赋;"乐赋祖"收录有关的词,分别以词牌标目。从整体的内容来看,书中既有植物诗词歌赋的内容,也有探究生植原理的意图。

陈景沂,生卒年不详,其籍贯《四库全书总目》记载为天台,民国《台州府志》记载为泾岙(今温岭市晋岙村)。

(二)《菊谱》

《菊谱》又名《刘氏菊谱》,是世界上现存最早的一本以品花为主的菊花专谱,北宋刘蒙撰,成书于徽宗崇宁三年(1104)。

《菊谱》为一卷本,分"谱叙""说疑""定品""杂记"四部分。"谱叙"说明写本书之缘起及所依据的材料。"说疑"弄清了什么才是菊的问题。"定品"是全书的主体部分。作者以"先色与香而后态"的标准,色又以黄为首白为次、紫为白之次、红为紫之次的顺序,将 35 种名菊排了座次,一一评品,并对颜色、形态、开花时间等生物学性状极尽详细描绘之能事。

"杂记"包括叙遗、补遗、拾遗三篇。

刘蒙,北宋彭城(今江苏徐州)人,生卒年不详,生平亦不可考。

(三)《范村梅谱》

《范村梅谱》是宋代范成大创作的梅花专书。

此书记载了范村园内梅花12种,故名《范村梅谱》。作者在书中称,范村"以其地三分之一与梅。吴下栽梅特盛,其品不一,今始尽得,随所得为之谱"。所记范村之梅十二种为江梅、早梅、官城梅、消梅花、古梅(内记成都卧梅)、重叶梅、综萼梅(最出名者)、百叶缃梅、红梅、鸳鸯梅、杏梅花、蜡梅。每种对其形、色、香、栽培方法及其历史等都有较详细记载,还间有艺文故事。

范成大(1126—1193),平江府吴县(今江苏苏州)人。南宋时期官员、文学家、书法家。

(四)《百菊集谱》

《百菊集谱》是宋代史铸撰写的一部杂记,是一部关于菊花品种、种植栽培、故事典实、诗词文赋的集大成之作。

《百菊集谱》书是汇辑名家的专谱,加上史氏本人自撰的新谱,以及诸书所载有关菊的故事而成的,故曰"集谱"。全书6卷,卷首、补遗各1卷。卷首列举菊的品种160多个。第一、二卷辑录周师厚《洛阳花木记》中所载的菊名和刘蒙、史正志、范成大、沈竞等谱,再加上书作者的新谱,分别标名为洛阳、虢地、吴中、石湖、禁苑及渚州、赵中等品类。第三卷包括种艺、故事、杂说、方术、辨疑、诗话等6个部分。第五卷主要是胡融谱的摘录。第四、六卷则全是有关菊的辞章诗赋,与园艺学无关。

史铸,生平不详,字颜甫,号愚斋,会稽山阴(今浙江绍兴)人。

(五)《金漳兰谱》

《金漳兰谱》是宋代赵时庚编撰的我国最早的兰花专著。

《金漳兰谱》一书分五章,介绍了产于漳州、泉州、瓯越等地的32个兰花品种,并叙述兰花的品评、爱养、封植和灌溉等方面的经验。我国古代多部花卉专著转载《金漳兰谱》时传误较多,甚至将其误传为明代高濂所作。有时又将高濂所作的《遵坐八笺》以《兰谱奥法》冠于赵时庚名下。《金漳兰谱》的影响很大,宋明两代共有近 10 部兰谱,多数都抄录《金漳兰谱》中的章节。《金漳兰谱》与同时代王贵学编著的《王氏兰谱》是我国古代专述建兰的双璧。

赵时庚,生卒与生平不详。

(六)《王氏兰谱》

淳祐七年(1247)王贵学编著《王氏兰谱》,比《金漳兰谱》晚 14 年。比较两部兰谱,《王氏兰谱》记述更详,水平略高。为此古人评说:"较赵氏《金漳兰谱》更可贵。"

《金漳兰谱》记述兰花名品 32 种。作者在兰谱序言中说:"予嗜焉成癖,志学之暇感于心,服于身,复于声誉之间,搜求五十余种而遍植之。"由此可知当时王贵学栽培了 50 种名兰。但各种版本的《王氏兰谱》中记述均不足 50 种。

王贵学,字进叔,一字田叔,临江(今江西清江)人,生平不可考。

六、农具类文献

(一)《耒耜经》

《耒耜经》是唐代陆龟蒙撰写的一本古农具专志,是中国有史以来独一无二的专门论述农具的古农书经典著作。

《耒耜经》是作者对自身参与农业生产实践经验和访谈农民生产经验的结晶,收录在《甫里先生文集》第 19 卷中。"耒耜"是学术用语,在实际生活中,人们习惯于将"耒耜"称为"犁"。换言之,"耒耜经"即"犁经"。整部《耒耜经》短小精悍,全书仅有 600 多字,却记录了江东犁、耙、礰礋和碌碡四种农具。《耒耜经》是我国最早的一部农具专著,是研究古代耕犁不可或缺的文献。

《耒耜经》一经问世,就引起了巨大的反响。元代陆深曾将《耒耜经》

与《氾胜之书》《牛宫辞》并提,誉为"农家三宝"。英国的中国科技史专家白馥兰曾经指出:"《耒耜经》在中国诸多农学著作中是具有划时代意义的,欧洲大约比中国晚了600年才出现类似的著作。"

陆龟蒙(?—约881),字鲁望,自号天随子、甫里先生、江湖散人,姑苏(今江苏苏州)人,唐代诗人、文学家、农学家。

(二)《新制诸器图说》

《新制诸器图说》是明代王徵编撰的科学技术著作。

该书卷端题"关西王徵著",新安后学汪应魁校订。书前有作者之《新制诸器图小序》。全书采图文对照形式,手绘图解在前,图说文字居后,各类制器有"各类制器图说引",各器有"各器图及图说"。图说后附"铭赞"及"字音"。解说之诸器包括虹吸、鹤饮两种引水之器,轮激、风砲、自行磨、自行车等转砲之器,以及轮壶、代耕、新制连弩等诸器。

王徵(1571—1644),字良甫,号葵心,又号了一道人,陕西泾阳人。明天启二年(1622)进士,授扬州推官,擢登莱监军佥事,寻告归。

(三)《农具记》

《农具记》是清陈玉堪撰的农书,共1卷,专记农具,分负牛、服牛、耕田、灌田、藏种、布种、收获、作场、戽水、治谷等类。作者考察了前人著作图籍,结合亲眼所见,并咨询老农,发现前人所记与实际出入颇多,逐一加以订正。缺点为无附图,文字简略,使读者难知所述农具的具体情况。

陈玉璂,字赓明,号椒峰,江苏武进人,生卒年均不详,康熙二十年(1681)前后在世。

第二节　古代诗词

本节主要搜集了古代文人撰写的与宁波地区农业有关的诗词,涉及古代宁波的稼穑、蚕织、茶山、果园、蔬圃、花海以及自然山水、历史人文、风土物产等。①

一、古诗

早望海霞边

[唐]李　白

四明三千里,朝起赤城霞。

日出红光散,分辉照雪崖。

一餐咽琼液,五内发金沙。

举手何所待? 青龙白虎车。

寄明州于驸马使君三绝句

[唐]白居易

有花有酒有笙歌,其奈难逢亲故何。

近海饶风春足雨,白须太守闷时多。

平阳音乐随都尉,留滞三年在浙东。

吴越声邪无法用,莫教偷入管弦中。

何郎小妓歌喉好,严老呼为一串珠。

海味腥咸损声气,听看犹得断肠无。

送萧炼师入四明山

[唐]孟　郊

闲于独鹤心,大于高松年。

迥出万物表,高栖四明巅。

千寻直裂峰,百尺倒泻泉。

绛雪为我饭,白云为我田。

静言不语俗,灵踪时步天。

---

① 本部分内容摘编自:李亮伟.泠泠唐音:唐诗咏宁波全解[M].宁波:宁波出版社,2021.

游四窗

[唐]刘长卿

四明山绝奇,自古说登陆。

苍崖倚天立,覆石如覆屋。

玲珑开户牖,落落明四目。

箕星分南野,有斗挂檐北。

日月居东西,朝昏互出没。

我来游其间,寄傲巾半幅。

白云本无心,悠然伴幽独。

对此脱尘鞅,顿忘荣与辱。

长笑天地宽,仙风吹佩玉。

送州人孙沅自本州却归句章新营所居

[唐]刘长卿

故里归成客,新家去未安。

诗书满蜗舍,征税及渔竿。

火种山田薄,星居海岛寒。

怜君不得已,步步别离难。

送任郎中出守明州

[唐]岑参

罢起郎官草,初分刺史符。

城边楼枕海,郭里树侵湖。

郡政傍连楚,朝恩独借吴。

观涛秋正好,莫不上姑苏。

同诸隐者夜登四明山

〔唐〕施肩吾

半夜寻幽上四明，手攀松桂触云行。

相呼已到无人境，何处玉箫吹一声。

宿四明山

〔唐〕施肩吾

黎洲老人命余宿，杳然高顶浮云平。

下视不知几千仞，欲晓不晓天鸡声。

忆四明山泉

〔唐〕施肩吾

爱彼山中石泉水，幽深夜夜落空里。

至今忆得卧云时，犹自涓涓在人耳。

寄四明山子

〔唐〕施肩吾

高栖只在千峰里，尘世望君那得知。

长忆去年风雨夜，向君窗下听猿时。

晓发鄞江北渡寄崔韩二先辈

〔唐〕许浑

南北信多岐，生涯半别离。

地穷山尽处，江泛水寒时。

露晓兼葭重，霜晴橘柚垂。

无劳促回楫，千里有心期。

四明山诗·过云

[唐]陆龟蒙

相访一程云,云深路仅分。

啸台随日辨,樵斧带风闻。

晓著衣全湿,寒冲酒不醺。

几回归思静,仿佛见苏君。

秘色越器

[唐]陆龟蒙

九秋风露越窑开,夺得千峰翠色来。

好向中宵盛沆瀣,共嵇中散斗遗杯。

贡余秘色茶盏

[唐]徐夤

捩翠融青瑞色新,陶成先得贡吾君。

功剜明月染春水,轻旋薄冰盛绿云。

古镜破苔当席上,嫩荷涵露别江濆。

中山竹叶醅初发,多病那堪中十分。

酬余姚郑摸明府见赠长句四韵

[唐]张祜

仙令东来值胜游,人间稀遇一扁舟。

万重山色连江徼,十里溪声到县楼。

吏隐不妨彭泽远,公才多谢武城优。

生疏莫笑沧浪叟,白首直竿是直钩。

游雪窦寺

［唐］方干

绝顶空王宅，香风萍薜萝。

地高春色晚，天近日光多。

流水随寒玉，遥峰拥翠波。

前山有丹凤，云外一声过。

它山堰

［唐］宗亮

截断寒流叠石基，海潮从此作回期。

行人自老青山路，涧急水声无绝时。

它山歌

［唐］宗亮

一条水出四明山，昼夜长流如白练。

连接大江通海水，咸潮直到深潭里。

淡水虽多无计停，半邑人民田种费。

大和中有王侯令，清优为官立民政。

昨因祈祷入山行，识得水源知利病。

棹舟直到溪岩畔，极目江山波澜漫。

略呼父老问来由，便设机谋造其堰。

叠石横铺两山嘴，截断咸潮积溪水。

灌溉民田万顷余，此谓齐天功不毁。

民间日用自不知，年年丰稔因阿谁。

山边却立它神庙，不为长官兴一祠。

本是长官治此水，却将饮食祭闲鬼。

时人若解感此恩，年年祭拜王元玮。

咏插秧

[五代]布袋和尚

手把青苗种福田,低头便见水中天。

六根清净方成稻,退步原来是向前。

送寇侍御司马之明州

[唐]武元衡

斗酒上河梁,惊魂去越乡。

地穷沧海阔,云入剡山长。

莲唱蒲萄熟,人烟橘柚香。

兰亭应驻楫,今古共风光。

行东钱湖

[宋]史浩

行李萧萧一担秋,浪头始得见渔舟。

晓烟笼树鸦还集,碧水连天鸥自浮。

十字港通霞屿寺,二灵山对月波楼。

于今幸遂归湖愿,长忆当年贺监游。

次韵鲍以道天童育王道中吴体

[宋]史浩

逆云佛塔金千寻,傍耸滴翠玲珑岑。

春供万家富远目,响答两地纷啼禽。

风摇野帻去复去,露浥乳窦深尤深。

奇声俊逸鲍夫子,蓬社不挂渊明心。

天童道上

[宋]王安石

村村桑柘绿浮空,春日莺啼谷几风。

二十里松林欲尽,青山捧出梵王宫

天童山溪上

[宋]王安石

溪水清涟树老苍,行穿溪树踏春阳。

溪深树密无人处,唯有幽花渡水香。

鄞县西亭

[宋]王安石

收功无路去无田,窃食穷城度两年。

更作世间儿女态,乱栽花竹养风烟。

泊姚江

[宋]王安石

山如碧浪翻江去,水似青天照眼明。

唤取仙人来此住,莫教辛苦上层楼。

东钱湖

[宋]王应麟

湖草青青湖水平,酒航西渡入空明。

月波夜静银浮镜,霞屿春深锦作屏。

丞相祠前惟古柏,读书台上但啼莺。

年年谢豹花开日,犹有游人作伴行。

宁波琴台夜雨

[宋]杨万里

夜雨滴滴琴台晓,半夜困倚月明高。

思故人家乡旧事,何堪夜深独自号。

慈　湖

[宋]杨简

惜也天然一段奇,如何万古罕人知。

只今烟水平轩槛,触目无非是孝慈。

晚过招贤渡

[宋]陆游

老马骨巉然,旭尵不受鞭。

行人争晚渡,归鸟破秋烟。

湖海凄凉地,风霜摇落天。

吾生半行路,搔首送流年。

明　州

[宋]陆游

丰年满路笑歌声,蚕麦俱收谷价平。

村步有船衔尾泊,江桥无柱架空横。

海东估客初登岸,云北山僧远入城。

风物可人吾欲住,担头莼菜正堪烹。

再和并答杨次公

[宋]苏轼

毗卢海上妙高峰,二老遥知说此翁。

聊复舣舟寻紫翠,不妨持节散陈红。

高怀却有云门兴，好句真传雪窦风。

唱我三人无谱曲，冯夷亦合舞幽宫。

送刘寺丞赴余姚

〔宋〕苏轼

中和堂后石楠树，与君对床听夜雨。

玉笙哀怨不逢人，但见香烟横碧缕。

讴吟思归出无计，坐想蟋蟀空房语。

明朝开锁放观潮，豪气正与潮争怒。

银山动地君不看，独爱清香生云雾。

别来聚散如宿昔，城郭空存鹤飞去。

我老人间万事休，君亦洗心从佛祖。

手香新写法界观，眼净不觑登伽女。

余姚古县亦何有，龙井白泉甘胜乳。

千金买断顾渚春，似与越人降日注。

送谢景初廷评宰余姚

〔宋〕范仲淹

世德践甲科，青紫信可拾。

故乡特荣辉，高门复树立。

余姚二山下，东南最名邑。

烟水万人家，熙熙自翔集。

又得贤大夫，坐堂恩信敷。

春风为君来，绿波满平湖。

乘兴访隐沦，今逢贺老无。

文藻凌云处，定喜江山助。

未能同仙舟，离樽少留驻。

行行道不孤，明月相随去。

349

乱礁洋

[宋]文天祥

海山仙子国,邂逅寄孤蓬。

万象画图里,千崖玉界中。

登镇海楼

[宋]吴潜

鄮山深处古明州,新有江南客倚楼。

凤阙天连便望日,蛟门海晏不惊秋。

头颅已迫残年景,身口聊为卒岁谋。

萧飒西风吹败叶,满眶清泪自难收。

送李子仪知明州

[宋]王安国

儿童剧戏甬东天,小别侵寻二十年。

海岸楼台青嶂外,人家箫鼓白鸥边。

哀容愁问州民事,胜概欣逢太守贤。

为我剩题潇洒句,遥闻凤诏待诗仙。

送同年王殿丞知鄞县

[宋]刘敞

同日大梁客,共登青云梯。

逢时方跃马,从政暂驱鸡。

万水会东海,千岩开鄞溪。

远游观益壮,肯为簿书迷。

余姚饭

[宋]陈造

昨暮浴上虞，今晨饭余姚。

官期有余日，我行得逍遥。

盘实剥芡芰，羹鱼荐兰椒。

一鲍老人事，茗饮亦复聊。

扪腹每自愧，莫贤尚箪瓢。

僧垣栖翠微，金碧焕山椒。

龙泓甘可茹，塔铃如见招。

迟留本不恶，况复待晚潮。

余姚陈寺丞

[宋]梅尧臣

试邑来勾越，风烟复上游。

江潮自迎客，山月亦随舟。

海货通闽市，渔歌入县楼。

弦琴无外事，坐见浦帆收。

余姚胡氏绣观音求颂

[宋]释正觉

线蹊密密度金针，一一针针观世音。

妙净庄严成相好，光明感应发身心。

江横练色月浮水，雨灌华枝春在林。

闻见可中超有路，普门处处许相寻。

寻余姚上林湖山

[宋]佚名

山水有奇秀，何必耳目亲。

兹地世未知,仙游良可珍。

平湖瞰其中,翠巘围四垠。

青松千万植,落瀑如悬巾。

佛庙耸殿塔,装点纷图新。

清溪与断崖,水石声磷磷。

峰巅见沧海,日出常先晨。

花草时节异,宁问秋夏春。

陵谷千万古,岂无称道人。

德微言不信,又恐远故埋。

樽酒且乐我,醉来事事均。

咏慈溪普济寺古松

[宋]朱翌

三国名臣宅,千楹释子宫。

但求除橘籍,不见老松公。

怀抱凌云上,规模偃盖同。

须防雷雨际,恐复化为龙。

题慈溪庆安寺古松

[宋]冯轼

寒松一干老苍苍,古寺门前岁月长。

匠伯偶图舟楫利,禅翁方患斧斤伤。

得全此日同齐栎,勿翦他年比召棠。

可但与君期久远,相将俱列大夫行。

寄赋慈溪沈氏爱菊序

[宋]陈著

我不识爱菊,却与菊相识。

寒前后著花,土中央为色。

微苦养长寿,晚香擅清德。

滔滔彼世人,方为桃李役。

寄和竹所叔摄慈溪税官二首(其二)

[宋]何梦桂

半夜愚翁挟北山,头衔休系旧时官。

风云失手剑光冷,霜雪满头衣带宽。

归去荒园三径菊,相期晏岁九皋兰。

年年江上风涛恶,不上严陵七里滩。

丙子兵祸台温为烈宁海虽经焚掠然耕者不废丁

[宋]舒岳祥

白兔秋毫绽,青虫树色并。

兴亡谁与吊,聊复快新晴。

早发宁海寿宁道中过奉化

[宋]释正觉

晓径风香雨阵红,凿崖棱石上梯空。

勤归鸟语春过半,投饭人家日正中。

山怪翠寒台对偶,溪能柔碧剡相通。

杨华便是浮萍草,踪迹又随流水东。

途中书怀寄奉化知县二首

[宋]卢襄

其一

自戴渊明漉酒巾,食鲑甘作庾郎贫。

虽无残菊簪华发,赖有青山似故人。

几处鸦鸣牛背雨,经年衣犯马蹄尘。

待携神武朝衫去,还我烟溪漱石身。

其二

奔驰渐觉岁峥嵘,负郭芜田未退耕。

正恐山溪吹岸去,任从烟草唤愁生。

别来竹院门长掩,好去渔舟手自撑。

渐晚归心在何许,夕阳低处伴云横。

奉化城西三溪口

[宋]戴表元

青林白石三溪口,斑笋黄梅四月头。

正好清游谁懒得,幸无公事且归休。

捕蝗回奉化泊剡源有感

[宋]戴栩

十月五日江信风,小舟摇兀芦苇丛。

云端初月吐复翳,时有鹳鹤鸣寒空。

梓荚离离挂石发,松萝矫矫垂羽幢。

徒步长歌者谁子,乍抑乍扬惊远宠。

令人惨淡百感集,呼酒不饮心未降。

自从作吏涴泥滓,故书蛛纲尘满窗。

海田无雨种十一,是处奔走祈渊龙。

龙慵不报蝗四起,茹草唻叶无留踪。

早击暮遮夜秉火,遗子已复同蜩蛬。

吏无功德可销变,勉力与尔争长雄。

矮屋三间自寒暑,居无十日甘憧憧。

却忆莱堂应梦我,白云正隔西南峰。

人生富贵亦何用,长年菽水胜万钟。

一丘一壑自不恶，我欲从之郏曼容。

寄题明州太守钱君倚众乐亭

［宋］郑獬

使君何所乐，乐在南湖滨。

有亭若孤鲸，覆以青玉鳞。

四面拥荷花，花气摇红云。

使君来游携芳樽，两边佳客坐翠裀。

鄞江鲜鱼甲如银，玉盘千里紫丝莼。

金壶行酒双美人，小履轻裙不动尘。

壮年行乐须及辰，高谈大笑留青春。

游人来看使君游，芙蓉为楫木兰舟。

横箫短笛悲晚景，画帘绣幕翻中流。

贪欢寻胜意不尽，相招却渡白蘋洲。

日落使君扶醉归，游人散后水烟霏。

紫鳞跳复戏，白鸟落还飞。

岂独乐斯民，鱼鸟亦忘机。

使君今作螭头臣，游人依旧岁时新。

空余华榜照湖水，更作佳篇夺北人。

初赴明州

［宋］范成大

四征惟是欠东征，行李如今忽四明。

海接三韩诸岛近，江分七堰两潮平。

拟将宽大来宣诏，先趁清和去劝耕。

顶踵国恩元未报，驱驰何敢叹劳生。

和潘良贵题明州三江亭韵

[宋]陈栖筠

红尘一点不相侵,下瞰澄江几万寻。

地接海潮分鼎足,檐飞凤翼峙天心。

三山有路云收幕,午夜无风月涌金。

欲识龚黄报新政,满城争唱使君吟。

初至宁海二首

[元]黄溍

其一

地至东南尽,城孤邑屡迁。

行山云作路,累石海为田。

蜃炭村村白,棕林树树圆。

桃源名更美,何处有神仙?

其二

缥缈龙宫窟,风雷隔杳冥。

人家多面水,岛屿若浮萍。

煮海盐烟黑,淘沙铁气腥。

停骖方问俗,渔唱起前汀。

题九灵山房图(戴叔能读书处,时避地明州)

[元]爱理沙

梦里家山十载迟,丹青只尺是耶非?

墨池新水春还满,书阁浮云晚更飞。

张翰见几先引去,管宁避乱久忘归。

人生若解幽栖意,处处林丘有蕨薇。

寒食过东钱湖

[元]袁士元

尽说西湖足胜游,东湖谁信更清幽。

一百五日客舟过,七十二溪春水流。

白鸟影边霞屿寺,翠微深处月波楼。

天然景物谁能状,千古诗人咏不休。

青林渡

[元]张仲深

青林渡头月影微,舍南雅阵归提提。

澄江入夜客唤渡,短艇剪烛闲裁诗。

田园每为清事废,鼓角又起残年悲。

十年踪迹半江海,草草杯盘慰别离。

九　曲

[元]陈基

九曲棠梨岁作花,兴公手植信堪夸。

欲知此日谁为主,隆国诸孙太史家。

九　曲

[元]陈子羍

九曲迢迢云水长,兴公曾此植甘棠。

雪溪高士今何在,文靖山林丘墓荒。

送奉化州判薛仲杰

[元]徐宪

酒阑初上甬东船,春入乾坤已晏然。

石首迎潮喧海市,麦苗带雨暗畲田。

卷帘晴看扶桑日,退食时分雪窦泉。

引领未为千里隔,政成须使万人传。

宁海道中次叶方伯韵

［元］李裕

雨过平川后,联镳落照前。

樵歌闲野笛,炊火杂林烟。

远嶂溪流断,孤城海树连。

乡关几千里,回首寸心悬。

慈溪簿白桂子芳去思碑诗

［元］叶恒

猗与簿君,学优而仕。顾我慈溪,发迹之始。

必疏其源,必蹈其轨。有纬有经,遂底千里。

惟此慈溪,纯孝之乡。君子戻止,井井纪纲。

既耕而食,既织而裳。我夫我如,孰使田桑。

曰雨则雨,曰旸则旸。匪忒匪僭,一秉故常。

天朝需材,行则大用。毋狭一隅,四海斯共。

宁不怀思,惧咈群众。勒彼康庄,以著舆颂。

芝山吟

［元］彭籴

西山有灵芝,我采茹其芳。

吐气为卿云,绚烂纷天章。

紫微上卿不敢惜,手抉氛埃看五色。

虎豹卫关深九重,倐烁电光迷白黑。

归来不是故山遥,天风卷幔正飘飘。

化作慈溪泮林雨,坐令嘉植长春苗。

碧涧泠泠煮芹藻,恰似山中采芝好。

咀华滋味与人同,粱肉朱门祇素饱。

阖闾城头秋日凉,停云只隔钱塘江。

西山日夜生辉光,山中紫芝烨烨长,更结飞霞高颉颃。

送白主簿二首(其二)

[元]郑元祐

簿领慈溪县,遥知傍海湣。

熬波官赋急,扶犁野农淳。

船发帆樯晓,烟明岛屿春。

每嫌凤栖棘,咫尺是青旻。

明州西渡

[元]黄镇成

西坝津头望海涛,扬波卷雨日滔滔。

一江风起晚潮上,半夜舟行山月高。

葭菼连空迷雪舫,鱼龙吹浪湿宫袍。

乾坤不碍身如叶,我亦螟蛉笑二豪。

思明州(其五)

[元]陈孚

刺竹丛丛苦笋生,山禽无数不知名。

元宵已似春深后,龙眼花开蛤蚧鸣。

宁波杂咏

[明]杨守陈

山颠带海涯,竹树映禾麻。

雪挺猫儿笋,雷惊雀觜茶。

瑞香金作叶，茉莉玉为葩。

六月杨梅熟，城西烂紫霞。

沈世君问宁波风土应教五首

[明]吕时臣

其一

越绝饶山水，古今文物稠。

三冬无积雪，十月尚余秋。

风雨无归处，家乡在尽头。

出门车马少，到处泛兰舟。

其二

石头古城子，城下绕沧波。

大屋空如谷，小船尖若梭。

山深置麂鹿，潮满制鼋鼍。

距海五十里，生涯海错多。

其三

淹淹梅雨后，卑湿用楼居。

有地俱成稼，无人不读书。

香多吸老酒，鲜极破黄鱼。

顿顿新粳饭，先将赋税除。

其四

儿童养鹅鸭，蔬果足山家。

赤午农耘稻，清宵妇绩麻。

烝尝先敬慎，婚嫁稍奢华。

长吏民皆畏，无烦刑法加。

其五

四明八百里，物色甲东南。

玉版春肥笋，瓷瓶雪醉蚶。

董山足灵气,慈水供余甘。

窈窕千峰处,幽踪日可探。

宁海县

[明]刘廷玑

远隔灵江百余里,海滨城郭易丘墟。

章安太守无遗迹,正学先生有故居。

青染层峦经雨后,红翻乌桕惹霜初。

停车细问民生事,半种山田半打鱼。

海曙楼(鼓楼)怀古

[明]范汝梓

披襟直上最高楼,极目偏添桑梓愁。

日落江城千嶂晚,露飘砧杵万家秋。

四明翠锁潺湲洞,三岛波浮聚窟洲。

君子六千营尚在,不知谁是计然俦。

天封塔

[明]张瓒

天封宝塔镇明州,乘暇登临倦未收。

举目仰瞻银汉近,荡胸平见白云浮。

远穷海宇三千界,高出风尘十二楼。

忽听下方钟磬响,回看星斗挂檐头。

雪窦山

[明]王守仁

穷山路断独来难,过尽千溪见石坛。

高阁鸣钟僧睡起,深林无暑葛衣寒。

鼗雷隐隐连岩瀑，山雨森森映竹竿。
莫讶诸峰俱眼熟，当年曾向画图看。

送沈肩吾归明州

[明]欧大任

广陵驿前柔橹鸣，越客离歌半楚声。
高阁酒醒孤树远，片帆潮落大江平。
四明天自窗中见，九曲人从镜里行。
莫向秋风折杨柳，箜篌多少忆归情。

送赵元举之奉化州学正

[明]刘基

东风吹雪作春波，送客中流发棹歌。
酒至莫辞狼籍醉，情深无奈别离何。
天童山杳岚光暝，佛手江长海气多。
泮水紫片香可揽，倚看待佩乐菁莪。

湖南草堂为慈溪张廷仪赋

[明]沈周

清胜之居不可当，诗书亦许带农桑。
近家湖似君王赐，买宅赀非录事将。
山有一屏华翡翠，人无半唾辱沧浪。
开门尽得临流兴，何待兰亭始可觞。

题镇海楼

[明]德祥

斯楼屡易名，一上一伤情。
白屋多为戍，青山半作城。

雨中春树出,风里晚潮生。

亦有归鸦早,闲啼四五声。

镇海楼

[明]麦秀岐

松涛满壑散炎埃,飞阁凌虚爽气开。

沧海波光侵槛入,白云山色隔城来。

烟花寂寞呼鸾道,古木萧疏朝汉台。

徙倚休裁王粲赋,故园风景且衔杯。

登招宝山望海

[清]袁枚

招宝山头坐,茫茫望大洋。

波涛如起立,人世定洪荒。

水合天无缝,云生岛尽藏。

有谁温带下,亲手折扶桑。

读王荆公鄞县经游记有感

[清]陈励

荆公宰吾鄞,学校振士风。

石台足师表,楼王皆儒宗。

留心及水利,经游详记中。

旱涝切民瘼,往返劳行踪。

当时青苗法,实惠遍村农。

一旦秉钧轴,方期恢前功。

任使非其人,海内滋怨恫。

近世行社仓,借口师徽公。

良法鲜美意,流弊又安穷。

社仓与青苗，得失将毋同。

送王明府有龄入都即题其慈湖种花图

[清]姚燮

天欲栽培民气厚，暗假春风入君手。

春风萦回桃柳枝，如君颜色民见怡。

吾郡频年苦兵乱，疲弱愁逢辣手断。

便得河阳百里才，难及当时见功半。

枯灰元气云渐苏，烂额焦头尚无算。

是当喔咻抚恤之，子得父母身乃依。

严霜四野日照室，暖体何必裘与衣？

君来慈溪作贤宰，道路隆隆口碑在。

无端草木亦承膏，寂郭风烟发精采。

物犹如此人可知，此理奚烦费词解？

凉飙九月山城秋，碧天高静鸿不流。

君将奉檄走京洛，旌车驾矣民难留。

君虽不留民意系，静待阳和转初地。

阳和二月多好莺，君来置酒民同听。

我题君图送君别，聊为君民写心结。

莫将剪败忧后时，此民共读甘棠诗。

奉化道中柬施明府

[清]刘廷玑

百里孤城晚，秋风上野航。

溪声争乱石，山色变残阳。

宿鸟全依树，农夫半在场。

使君清且简，茅屋庆仓箱。

二、古词

菩萨蛮·送奉化知县秦奉议

［宋］舒亶

一回别后一回老。别离易得相逢少。莫问故园花。长安君是家。

短亭秋日晚。草色随人远。欲醉又还醒。江楼暮角声。

蝶恋花·送岳明州

［宋］丘崈

鼓吹东方天欲晓。打彻伊州，梅柳都开了。尽道鄞江春许早。使君未到春先到。　号令只凭花信报。旗垒精明，家世临淮妙。遥想明年元夕好。玉人更著华灯照。

青玉案·饯李州判为鄞县监病假摄政归

［元］袁士元

江城十月春犹小。问解印、何须早。鄞水长官清健了。争如归去，长汀风月，依旧平分好。　谪仙襟度人间少。留借无缘意频悄。近种棠阴犹草草。会看他日，腰金衣紫，五马来蓬岛。

人月圆·为人寄寿钱塘王嘉瑞(故孔目天与之孙)

［元］程敏政

钱塘江绕吴山翠，相望隔天涯。镇海奇观，泛浙佳兴，尽属谁家。闻说王郎，翰林孙子，四十年华。遥想同人，一回相寿，几醉流霞。

卖花声·题镇海楼

［清］屈大均

城上五层高。飞出波涛。三君俎豆委蓬蒿。一片斜阳犹是汉，掩映江皋。　风叶莫悲号。白首方搔。蛮夷大长亦贤豪。流尽兴亡多少恨,珠水滔滔。

浪淘沙·春日同夫子游石堂,回经慈溪,见鸳鸯无数,马上成小令

[清]顾太清

花木自成蹊。春与人宜。清流荇藻荡参差。小鸟避人栖不定,飞上杨枝。　　归骑踏香泥。山影沉西。鸳鸯冲破碧烟飞。三十六双花样好,同浴清溪。

蓦山溪·慈溪看捕鱼作

[清]顾太清

垂杨枝外,一片桃花水。临水野人家,好生涯、叉鱼活计。疏篱草舍,三五自成村,称鱼市,儿童戏,也效叉鱼技。　　飞花万点,乱卷东风起。晒网趁斜阳,射金波、落霞影里。言斤论两,鱼价细评量,同妇子,谋生耳,此外无余事。

第十二章　宁波市农业文化遗产保护
实践及发展对策建议

第一节　宁波市农业文化遗产保护实践与成效

农业文化遗产不仅是农业绿色发展的技术宝库,也是乡土中国的文化基因。宁波作为国家历史文化名城,拥有包括农业文化遗产在内的丰富的文化资源。宁波是多种农业文化遗产的集聚区,每个区县都能发掘出具有重要保护价值的农业文化遗产。改革开放以来,特别是党的十八大以来,宁波市通过完善法律法规、申报国家地理标志保护、打造农业农村文化博物馆、促进农耕文化创造性转化、打造高知名度的农业文化节庆活动等途径,在农业文化遗产保护与传承方面进行了创新实践,取得了显著成效。

一、宁波市农业文化遗产的保护实践

(一)完善政策法规,构建农业文化遗产保护体系

自 1981 年以来,宁波市已依法公布了四批市级文物保护单位。1994年 6 月,宁波市颁布《宁波市文物保护管理条例》,对具有历史、艺术、科学价值的文物进行保护。2007 年 11 月,宁波市颁布《宁波市文物保护点保护条例》,对具有历史、艺术、科学价值的文物保护点进行保护。2021 年12 月,宁波市颁布《宁波市非物质文化遗产保护条例》,对各种传统文化

表现形式以及与其相关的实物和场所进行保护。2023年3月,宁波市颁布《宁波市大运河遗产保护办法》,对列入《世界遗产名录》的中国大运河(宁波段)的河道和遗产点进行保护。

近年来,在专门的农业文化遗产保护方面,宁波市也出台了一系列法规政策。例如,2022年3月,宁波市农业农村局、宁波市乡村振兴局制定出台《宁波市二十四节气农耕文化系列活动总体方案》,提出要充分挖掘二十四节气农耕文化,弘扬传统,留住乡愁,多角度安排节庆文化活动内容,充分展示新时代美丽乡村的生态环境、绿色健康的生活方式、全面繁荣的乡村文化,打造具有宁波味的二十四节气农耕文化品牌。2022年7月,宁波市委常委会研究部署贯彻落实保护传承农业文化遗产工作。会议指出,要高质量开展农业文化遗产保护传承,高水平挖掘农业文化遗产功能价值,打造更多具有辨识度的宁波农遗金名片,为现代化滨海大都市建设增色添彩,并提出了以农业文化遗产繁荣港城文化、以农业文化遗产助力共同富裕、以农业文化遗产提升大美宁波等保护与传承农业文化遗产的几点具体意见。① 此外,宁波市各区(县、市)也相继制定针对性措施,进一步推进农业可持续发展。

(二)推进地理标志培育与保护,助力乡村振兴

一是出台相关文件,推进地理标志培育、运用及保护工作。近年来,宁波市各级各部门高度重视通过发展地理标志特色产业工作,深入实施商标品牌战略,持续推进地理标志培育、运用促进及保护工作。例如,出台《宁波市地理标志运用促进工程实施方案(2020—2022)》《宁波市商标品牌战略专项资金管理办法》《宁波市地理标志运用促进工程项目实施指引》等文件,持续加大资金支持,以项目管理、政府财政资助的方式扎实推进地理标志运用促进工程。同时,将地理标志工作列为"十四五"知识产权发展规划重点内容,全市建立起了涵盖地理标志品牌挖潜培育、评价提升、展示推广等流程的一整套运营服务体系。

---

① 徐展新.市委常委会会议传达学习近平主席致全球重要农业文化遗产大会贺信精神:打造更多具有辨识度的农遗金名片 为现代化滨海大都市建设增色添彩[N].宁波日报,2022-07-27.

二是深入开展地理标志助力乡村振兴行动。积极探索形成地理标志产业融合和促进区域经济高质量发展的新路径新模式，多措并举推进提质强基、品牌建设、产业强链、能力提升等工作。例如，通过完善生产与流通零售模式、创新探索数字化引擎等举措，余姚榨菜已经形成具有浙式榨菜生产特点的独特发展模式，成为余姚市富民强村的支柱乡村产业；象山县深入实施品牌兴农战略，健全完善"象山红美人"等地理标志商标品牌保护制度和体系，有效推动了"象山红美人"等地理标志商标产业全产业链发展和农旅融合。

三是创新运用数字化技术推动地理标志产品全过程透明可控。目前，宁波市半数以上地理标志产品都贴上了防伪溯源码。如：对地理标志产品"象山红美人"制定推广"红美人鲜果分级标准""红美人柑橘设施越冬栽培技术标准"等系列标准规范，率先实现国内柑橘鲜果全年供应，并运用"5G＋区块链技术"实行"一标两码"（地理标志＋追溯码＋防伪码）的质量管控追溯体系；对地理标志产品"奉化水蜜桃"的防伪与溯源平台进行大数据管理，形成了品牌主体管理、品牌防伪保护、质量追溯、销路跟踪分析等覆盖全产业链的信息服务体系，投放的50多万张"一箱一码"二维码标签，助力水蜜桃销售价格提升3％至5％。①

（三）打造乡村博物馆，展现乡村风土人情

乡村博物馆是展现乡村风土人情、传承农业文化遗产和赋能乡村产业的重要载体。作为全国乡村博物馆建设试点省份，2022年，浙江省政府把乡村博物馆建设列入十大民生实事，计划在"十四五"期间建设乡村博物馆1000家，其中，2022年建设乡村博物馆不少于400家。② 近十年来，宁波市形成了黄古林草席博物馆、雪菜博物馆、王升大博物馆等一批农业农村文化博物馆。经过多年的建设，宁波市乡村博物馆中涌现出许多品位高端、特色鲜明、功能完备、运营良好的乡村博物馆，并已逐渐成为

① 黄迪.宁波地理标志建设现状、问题及发展建议[J].宁波通讯,2021(11):64-66.
② 黄银凤.乡村振兴路上的别样风景："小而美"乡村博物馆何以"出圈"[N].宁波日报,2022-06-27.

369

区域内地标性的乡村文化窗口和文化品牌。

(四)打造农业文化节庆,开展农业文化遗产保护传承活动

近年来,宁波市积极开展重要农业文化遗产保护传承活动,打造了农民丰收节、乡村旅游节、中国开渔节等有较高知名度的农业文化节庆活动,同时,芋艿头文化节、长街蛏子节等节庆活动也应运而生。如象山县中国开渔节创办于 1998 年,是以保护海洋为主题,以浓厚的渔文化为底蕴,在承袭传统习俗的基础上,通过节庆活动推进当地社会经济的发展,引导广大渔民热爱海洋、感恩海洋、合理开发利用海洋,已经成为宁波市三大主要节庆之一;慈溪自 1989 年举办首届杨梅节以来,活动内容不断丰富,呈现形式不断创新,打响了"中国杨梅之乡"的知名度和美誉度,杨梅节不仅成为弘扬杨梅文化、释放乡村活力、促进农民增收的重要路径,也成为慈溪推动旅游发展、提升城市品牌的重要载体。

二、宁波市农业文化遗产保护取得的成效

(一)入选各级遗产名单的农业文化遗产数量不断增加

2015 年 10 月,它山堰入选世界灌溉工程遗产名单。2016 年,农业部公布了 408 项具有潜在保护价值的农业生产系统,宁波市的东钱湖白肤冬瓜种植系统、奉化水蜜桃栽培系统、奉化芋艿栽培系统、奉化曲毫茶文化系统、奉化大桥草籽种植系统、象山白鹅养殖系统等 6 个项目入选。2020 年 3 月,农业农村部公布了第五批中国重要农业文化遗产名单,宁波黄古林蔺草-水稻轮作系统入选。2023 年 10 月,浙江省水利厅公布首批 205 处浙江省重要水利工程遗产资源名录,宁波市的它山堰、月湖、象山古井群等 20 处遗产资源入选。2024 年 1 月,浙江省农业农村厅公布了首批全省重要农业文化遗产资源库名录,宁波市共有宁波黄古林蔺草-水稻轮作系统、宁海长街蛏子养殖系统、宁海双峰香榧文化系统等 19 个项目入库。

此外,截至 2023 年末,宁波全市共有全国重点文物保护单位 33 处,

省级文物保护单位 103 处,市级文物保护单位 62 处,区(县、市)级文物保护单位 500 余处,一般不可移动文物 6000 余处。[①] 截至 2023 年末,宁波拥有国家级非物质文化遗产代表性项目 28 项、省级 105 项,国家级非物质文化遗产代表性传承人 16 名、省级传承人 101 名;有 5 个项目入选国家级传统工艺振兴目录,10 个项目入选省级传统工艺振兴目录,数量居全国副省级城市前列。[②] 这些重点文物保护单位和非物质文化遗产中,不少项目属于农业文化遗产。

(二)地理标志产业向集约化、规模化、品牌化发展

近年来,宁波立足实际,在浙江省内率先以项目管理的方式组织开展地理标志运用促进工程,加大资金扶持,大力助推地理标志产业集约化、规模化、品牌化发展。以地理标志权利人为核心成立了多种形式的地理标志产业协作联盟,科学制定地理标志品牌发展规划,着力打造并充分发挥地理标志领军企业的"头雁"引领作用,带动整个产业规模化发展。如"象山白鹅"坚持走"政府+联盟(公司)+基地+农户"产业发展之路,目前养殖数量达到 128 万羽,种鹅存栏 50 万羽,年产苗鹅 1000 万羽,全产业链产值达到 5.6 亿元,有效带动县内、对口帮扶地区以及国内 10 多个省份 2000 余户低收入农户增收致富;江北区建设"慈城年糕"产业园,成立慈城年糕产业协会,制定地方标准、行业标准和团体标准,严格规定原料、生产工艺及检验标准,形成了 10 余个知名年糕品牌,年生产各类年糕近万吨,销售额近亿元;海曙区政府出台扶持浙贝母产业振兴若干意见,通过品种保护、标准化生产、规模化经营、数字化赋能、农业综合体建设等措施,"樟村浙贝"年产值已达 3 亿元;宁海推行"公司+合作社+基地+农户"的模式,以建设农业标准化示范区、多彩农业美丽田园示范基地、生态茶园、精品果园、数字种养殖基地为抓手,走出一条政府引导、企业主体、农民参与的地理标志品牌建设路子,全县以地理标志望海茶为代表的涉茶产业总产值 5.86 亿元,长街蛏子总产值约 1.45 亿元,双峰片区 11

---

① 黄银凤.宁波新增 52 处市级文物保护单位[N].宁波日报,2023-09-07.
② 顾嘉懿.遗产日,我们在纪念和传承什么[N].宁波日报,2023-06-11.

个村庄种植双峰香榧的收入占当地农民总收入的 70％以上。①

(三)乡村博物馆建设成效显著

近年来,宁波市各地深入挖掘农业文化遗产的内涵,探索形成农业文化遗产上下游产业联动发展格局,一座座乡村博物馆悄然兴起。如"慈溪杨梅""慈城年糕""鄞州雪菜"都建立了各自的主题博物馆,赋予农业文化遗产独特的自然与人文内涵。自 2021 年 9 月浙江省提出在"十四五"期间建设 1000 家乡村博物馆以来,宁波市积极响应,目前宁波市已有 70 多家乡村博物馆获评浙江省乡村博物馆,这些博物馆涵盖了人物纪念、艺术展陈、地方乡村文化和农业特色等多个类别,其中与农业文化遗产主题相关的乡村博物馆占多数,成为记录乡村历史变迁、传承地方文化和民俗风情的重要载体。在乡村振兴的大背景下,宁波的乡村博物馆除了承载地方历史记忆和乡愁,更在内容展示和形式创新上展现出前所未有的活力。

其中,鄞州区作为"中国博物馆文化之乡",目前拥有博物馆、美术馆38 家。如鄞州非遗馆、插花艺术馆、甬宝斋锡镴器熨斗博物馆、甬式家具博物馆、沙氏故居、周尧故居陈列室、高钱村史记忆馆等均具有一定规模且有品牌知名度,特色鲜明,成为深藏当地人历史记忆的家门口博物馆。其中,鄞州区雪菜博物馆于 2013 年 9 月开馆,是全国首家以雪菜为主题的民办博物馆,全面体现了浙江非遗"邱隘咸齑腌制技艺"的精髓以及五百多年的雪菜生产制作等历史。鄞州宁波粮食文化陈列馆前身为始建于 1924 年的陈介桥老粮站,经过改造升级,设有稻作农业、粮油收购、粮食加工、新时代粮食等七大展区,全面展示了宁波地区粮食生产的悠久历史和丰富文化。鄞州区沧海农耕博物馆成立于 2012 年 3 月,展示了民国时期的犁耙以及家用的农事工具和部分水车,设有农业农具互动区,采取亲身操作、现场观看、举办活动等形式,让广大群众近距离接触农业、了解农业。位于下应街道西江古村的鄞州非遗馆被评为宁波唯一的省五星级乡村博物馆。

---

① 高华兴.用好地标"金名片"铸造共富"金钥匙" 浙江宁波市力推地理标志产业集约化规模化品牌化发展助力乡村振兴[N].中国质量报,2022-04-22.

宁波市海曙区投资近 600 万元、占地 3000 平方米的宁波草编博物馆（黄古林草编博物馆）于 2011 年 1 月正式开馆。该博物馆是全国首家草编博物馆，展示了黄古林白麻筋草席实物、数百件古林人编织的草编工艺品和黄古林席草生产栽培管理全过程。2022 年 6 月，宁波草编博物馆入选浙江省博物馆（纪念馆）名录。

慈溪市观海卫镇五洞闸村曾是慈溪集中产棉基地。1949 年后，五洞闸村成立浙江省第一个高级农业生产合作社，成为当时农业社会主义改造的一面旗帜，获评宁波市全面建设小康示范村。由于产业结构的变化，当地的棉花种植产业已退出历史舞台，五洞闸人于 2015 年兴建了占地面积 350 余平方米的慈溪棉花博物馆，展示了慈溪棉花种植的光荣历史及五洞闸村棉花种植的文化渊源、栽培管理、农具工具等内容。慈溪市长河镇的"草编民间文化"远近闻名，草帽远销海内外，成为长河镇的支柱产业之一。长河镇草编工艺陈列馆成立于 2007 年，是在原有草帽业小学旧址基础上设计建造起来的，包括长河草编工艺品博物馆和草帽业小学纪念馆两大部分。扩建后的草编工艺陈列馆为慈溪市爱国主义教育基地、宁波市首批非物质文化遗产体验基地。

（四）农旅融合和农业文化节庆发展势头强劲

近 20 年来，宁波市坚持以农为基，以工促农，创造性转化、创新性发展农业文化遗产，通过农旅融合发展，促进乡村文化振兴，打造乡愁经济，探索出一条农业产业化、规模化、精品化的现代农业之路，涌现出天宫庄园、达人村等一批有代表性的休闲观光农业点。

2004 年，鄞州区湾底村成立了天宫庄园休闲旅游有限公司，以农业产业为基础大力发展农旅产业，逐渐形成面积达 40 公顷、涵盖 50 多个品种的精品水果种植基地。[①] 村里完整地保留了西江古村的历史风貌，开设了西江古村农家乐，开办了宁波非物质文化遗产博物馆、宁波服装博物馆以及湾底村历史展览馆。天宫庄园先后被评为国家 4A 级景区、全国

① 王悦宁，郑凯侠.湾底村：创享美丽乡村　蹚出共富之路[J].宁波通讯，2023(8)：68-71.

农业旅游示范点。

宁波市达人村总占地面积 40 公顷,融合了集市文化、节庆庙会、田园风光、美食小吃、民俗演艺、童话世界等项目,是浙江首个田园综合体,核心区域分设为乡村夜游、特色赶集、节庆庙会、民俗演艺、田园艺术等功能区块,先后被评为国家 4A 级景区、国家首批农村产业融合发展示范园、浙江省示范性青创农场。

2020 年,宁波黄古林蔺草-水稻轮作系统入选第五批中国重要农业文化遗产名单,黄古林草编博物馆已被列入宁波市级非物质文化遗产传承基地,海曙区设立了省级非物质文化遗产"黄古林草席编制技艺"传承基地。① 从 2015 年起,古林镇深挖传统米食文化,每年举办米食节,结合当地廉、孝、礼、义文化,打造独具地方特色的民俗活动,展示悠久的农耕文化。此外,古林镇还举办了冬耕开犁文化节,恢复了当地百余年的"冬耕破土祭太岁,上轭犁田翻冬土"传统习俗。②

2022 年 9 月 23 日,"2022 中国农民丰收节"宁波庆丰收主场活动在宁波镇海永旺村开幕,活动分为"丰收""感恩""希望"三大篇章,展现了宁波农业立足新起点、奔赴新征程的坚定信心。③ 2023 年 10 月 19 日,以"庆丰收 促和美 享亚运"为主题的"2023 中国农民丰收节"浙江主场活动在宁波举行,活动以敲起"丰收鼓"、晒出"丰收语"、唱响"丰收歌"、打起"丰收糕"、弹起"丰收乐"为主线,各地游客与当地农民一起,观看精彩演出、品尝各地美食、体验农事乐趣、尽享丰收喜悦。④ 宁海县长街镇 2006 年推出首届长街蛏子节,截至 2023 年共举办了 18 届。

此外,慈城年糕通过申报"中国年糕之乡"、举办年糕文化节等活动将产品做成了文旅名片,"鄞州雪菜"成为宁波市首届"十佳"伴手礼之一;象

---

① 陈朝霞,张立,朱斌:黄古林蔺草-水稻轮作系统离全球重要农业文化遗产还有多远?[N].宁波日报,2019-04-19.

② 陈朝霞.黄古林蔺草-水稻轮作系统离全球重要农业文化遗产还有多远?[N].宁波日报,2019-04-19.

③ 孙吉晶.中国农民丰收节浙江主场活动在甬举行[N].宁波日报,2023-10-20.

④ 孙吉晶.中国农民丰收节浙江主场活动在甬举行[N].宁波日报,2023-10-20.

山县通过举办"象山白鹅节""象山柑橘文化节"等活动,形成线下体验、线上销售的新型运作模式;宁海县组织"蛏子节""香榧节""枇杷节"等特色节庆活动,推介宁海地理标志产品文化品牌;奉化区已连续举办6届水蜜桃文化节,成功塑造了奉化"桃花之城"品牌形象,做火了赏花经济、乡村旅游,扩大了奉化水蜜桃的品牌影响力。

第二节　国内外重要农业文化遗产保护与发展经验

一、国外重要农业文化遗产的保护与发展经验

截至2021年5月,联合国粮食及农业组织共评选了62项全球重要农业文化遗产项目,其中数量最多的3个国家分别是中国(15项)、日本(11项)、韩国(5项),三国的全球重要农业文化遗产总数约占全球的一半。除了中国,日本和韩国在重要农业文化遗产保护与利用方面也取得了突出成绩,有些经验值得参考和借鉴。

（一）日本:鼓励多方参与,充分挖掘传统农业系统的价值

日本对农业文化遗产的保护与利用非常重视。目前日本有能登半岛山地与沿海乡村景观、佐渡岛稻田-朱鹮共生系统、熊本县阿苏可持续草地农业系统、静冈县传统茶-草复合系统、大分县国东半岛林-农-渔复合系统等11项全球重要农业文化遗产,全球重要农业文化遗产数量仅次于我国,居世界第二位。日本在农业文化遗产申报与管理方面起步早、保护意识强,主要有以下方面的做法与经验。

一是重视农业文化遗产的申报与管理。日本大力支持联合国粮农组织的工作,农林水产省有专门机构和人员负责农业文化遗产的申报与管理,遗产所在县知事和市长亲自参加申报工作,各遗产地设立相应的管理机构,环境省通过"生物多样性十年"等计划对传统农业系统和农业生物多样性保护给予支持,将农业文化遗产旅游列入国家旅游发展规划中。

2013 年成立了农业文化遗产专家委员会,负责遗产申报的评审工作,每个遗产地在政府的支持下都成立了遗产推进协会,并建立了由每项全球重要农业文化遗产的代表组成的全国性网络。

二是注重监测与评估。2015 年,日本开始对全球重要农业文化遗产进行监测与评估,并将申报全球重要农业文化遗产时制订的行动计划作为考核监测的主要内容之一,在行动计划执行的第三年或第四年,农林水产省开始进行监测,监测后向遗产地提出修改意见。日本现有的各项支农专项都向全球重要农业文化遗产地倾斜,遗产地也可以从企业、协会等单位获得赞助与支持。

三是鼓励多方参与。日本农业文化遗产保护已经逐渐探索形成"政府＋民间组织(公司)＋农户"的多方参与工作机制,即政府主要负责遗产申报宣传和保护资金投入,独立法人身份的民间机构具体负责遗产地综合运营与管理,当地农户以投工投劳、分担少量养护成本的方式参与遗产保护与管理,将遗产保护与文化传承、农业稳产、农民增收、产业融合统筹谋划,拓展并发挥农业文化遗产的多功能性。①

四是充分挖掘传统农业系统的价值。日本注重充分利用农业文化遗产的品牌和良好的生态环境,开发丰富多样的农产品,充分挖掘山水景观、民俗、歌舞、手工艺等传统农业文化资源,发展休闲农业和乡村旅游。如日本本州岛中北部的能登半岛三面环海,地域景观特色鲜明,水稻、蔬菜、油菜、大豆等农业种植类型丰富,是 300 多种候鸟以及许多濒危珍稀动物的栖息地,实现了人与自然的和谐共生。2011 年,日本能登半岛山地与沿海乡村景观被列为全球重要农业文化遗产。又如,日本佐渡岛作为野生朱鹮的最后一块栖息地,近年来,当地力促佐渡岛的传统农业与其他地区融合,传统农耕方式逐渐复兴,为朱鹮在此提供了更多的栖息地。2011 年佐渡岛稻田-朱鹮共生系统被列为全球重要农业文化遗产。②

① 胡永万,白睿,回文广.日本现代农业的发展特点及启示[J].世界农业,2017(6):177-180.
② 农业农村部国际交流服务中心.全球重要农业文化遗产概览(一)[J].农产品市场,2019(16):60-63.

五是重视品牌建设与传承推介。日本政府、企业和民众都十分重视农业文化遗产的宣传推介,通过评选重要农业文化遗产标识、制作宣传品、举办有关庆祝活动等途径加强农业文化遗产的宣传与推广。此外,还通过教科书、漫画书、博物馆等让居民和青少年认识到当地农耕文化的重要性,增强文化自信;通过开设培训班,让农民熟悉农业文化遗产,掌握传统生产方式;通过加强与学校的合作,对学生进行农业文化遗产社会实践教育。①

（二）韩国：重视品牌塑造,注重发展农业文化遗产旅游

为促进对农业文化遗产的有效保护,韩国采取了一系列保护和发展措施,主要包括以下四个方面。

一是建立较完善的农业文化遗产申报与管理机制。韩国的农业文化遗产管理由中央政府、遗产地政府、社区委员会、专家组共同负责,中央政府的农林畜食品部和海洋水产部负责遗产认定、政策制定、遗产评估等工作,其他政府负责遗产申报、制定利用和管理计划、遗产监测等。② 除了申报全球重要农业文化遗产,韩国还在国内认定国家级重要农业文化遗产和国家级重要渔业文化遗产。此外,韩国一些省份也有省级重要农业文化遗产的评定。

二是提供资金支持。在遗产地进行申报时,由农林畜食品部和遗产地政府共同出资,提供为期3年共计15亿韩元的预算支持,用于支持农业文化遗产的恢复和保护、环境整治以及旅游配套建设,重要渔业文化遗产则是由海洋水产部和遗产地政府提供为期3年共计约7亿韩元的预算支持。全球重要农业文化遗产还可在项目结束后申请2亿韩元的修复项目。此外,从2019年开始,每个国家级重要农业文化遗产或重要渔业文化遗产候选地均可申请20亿—30亿韩元的乡村振兴项目。③

① 刘海涛,徐明.中日韩全球重要农业文化遗产管理体系比较及对中国的启示[J].世界农业,2019(5):73-79.
② 杨伦,闵庆文,刘某承,等.韩国农业文化遗产的保护与发展经验[J].世界农业,2017(2):4-8.
③ 刘海涛,徐明.中日韩全球重要农业文化遗产管理体系比较及对中国的启示[J].世界农业,2019(5):73-79.

三是重视品牌塑造。韩国政府设计并推广了独特的重要农业文化遗产标识,各重要农业文化遗产所在地政府也围绕遗产系统的特征积极开展品牌开发,提高本地居民和参观者对遗产系统的认知度,并利用韩国影视行业优势推介农业文化遗产。

四是注重发展农业文化遗产旅游。韩国通过在遗产地建立农业文化遗产生态博物馆和游客中心,设计和发展农业文化遗产旅游产品,并要求培训专业的解说员,向游客普及保护农业文化遗产的思想。如韩国济州岛为防止土壤流失和大风对农作物的破坏,济州岛居民用黑色的玄武岩火山石在农田周围建造了长达2.2万千米的石垣,在漫长的劳动和生活过程中形成了独特的石头文化,与其他景观一道,使济州岛成为著名的风景游览胜地。① 2014年,济州岛石垣农业系统入选全球重要农业文化遗产。

(三)印度:制订保护规划与行动计划,探索农业文化遗产保护的利益共享机制

印度的农业历史悠久,长期以来逐渐发展形成了不同的农业系统,形成了特有的农业文化。截至目前,印度已有3个传统农业系统被评为保护试点,分别为藏红花农业系统、科拉普特传统农业系统和库塔纳德海平面下农耕文化系统。此外,位于印度北部以高寒荒漠为特征的传统拉达克农业系统、位于拉贾斯坦邦塔尔荒漠地区的莱卡游牧系统、位于锡金邦的锡金喜马拉雅传统农业系统、位于泰米尔纳德邦的传统长筏渔业系统和林牧管理系统、位于卡纳塔克邦的高止山脉西部系统等被列为候选地。② 印度政府在传统农业系统的保护方面做了大量努力,主要做法有以下四个方面。

一是加强农业文化遗产保护的政策扶持、制度建设和法律保障。印度政府成立了农业文化遗产委员会,成立了国家藏红花委员会等农业文化遗产保护的专门机构。结合不同农业文化遗产的特征,制订了保护规

① 王传宝,孔歌,张悦,等.多国努力发掘农业文化遗产多方面价值[N].人民日报,2022-10-19.
② 闵庆文,刘伟玮.印度的农业文化遗产保护[N].农民日报,2013-08-23.

划与行动计划,通过申报全球重要农业文化遗产和召开各类研讨会等方式,提高对农业文化遗产保护的认知。

二是加强与科研机构的研究合作。印度政府与相关科研机构、高等学校合作,开展以遗产保护为目的的相关科学研究,调查、评估区域的农业生物多样性及其特征,收集、整理农业文化遗产的相关资料。

三是探索构建利益共享机制和农民激励机制。探索构建农业文化遗产保护过程中的利益共享机制和农民激励机制,激励农民更好地保护传统农业文化遗产,提高农民在现代技术使用、资源综合管理等方面的能力。

四是加强农业文化遗产地的农产品生产、加工、运输和销售的整个产业链建设,建立合作社,开拓市场等。①

(四)意大利:注重乡土特色和游客参与性,大力发展农业旅游

阿西西和斯波莱托坡地橄榄园是意大利翁布里亚地区的主要橄榄种植区,面积约 6142 公顷。得益于农业活动与大自然之间的长期良性互动,该地区形成了可持续的生态系统和独特的橄榄树林坡景观,橄榄油生产成为当地重要的经济活动。数据显示,翁布里亚大区目前有 2.7 万个橄榄树农场和 270 家油坊,每年橄榄油产量 5500 吨至 1.1 万吨。② 翁布里亚大区出产的橄榄凭借独特的果香和口感深受消费者喜爱。布里亚地区的橄榄梯田耕作系统具有独特的文化价值和景观特色,并在保障粮食安全、丰富农业生物多样性、传承传统农业知识等方面发挥了重要作用。2016 年,特雷维镇政府等六镇共同推动了该农业文化遗产地的申报工作,并于 2018 年成为意大利首个获得粮农组织认定的全球重要农业文化遗产系统项目。③

意大利托斯卡纳地区是意大利农业旅游最为发达的地区,全区拥有

---

① 闵庆文,刘伟玮.印度的农业文化遗产保护[N].农民日报,2013-08-23.
② 王传宝,孔歌,张悦,等.多国努力发掘农业文化遗产多方面价值[N].人民日报,2022-10-19.
③ 李熙.广德福带队考察意大利 GIAHS 橄榄园项目[J].世界农业,2021(12):118.

4万多个农业庄园,并以美丽的自然风光和丰富的农业遗产而闻名世界,佛罗伦萨的农业历史中心、比萨主教堂的农业庄园、圣吉米尼亚农业历史中心、美第奇家族别墅及农业庄园等7处遗产被列为世界农业文化遗产。[①] 托斯卡纳地区大力发展农业遗产旅游,主要做法有以下四个方面。

一是完善法律保障与政策支持。1992年意大利制定了农业法律法案,明确规定了农业旅游农场的建设标准、农场建筑设计方案、食材来源等,为托斯卡纳地区农业旅游发展提供了明确而清晰的方向。[②]

二是平衡农业旅游和农业生产之间的良性发展。意大利托斯卡纳地区将发展农业旅游作为增加农场收入的衍生功能,并适度控制农业旅游发展规模,以保证农业生产的主体地位,平衡农业旅游和农业生产之间的良性发展。

三是重视农业产品营销手段的现代化。托斯卡纳地区政府开辟专门的多语种农业旅游网站,通过网站,游客可查询路线、农场特色及相关设施、农场风景与游客提供的照片、旅游项目、在线支付系统、农业相关课程等。

四是注重农业旅游中的乡土特色和旅游参与性。托斯卡纳地区的房屋建筑采用了天然材料,为游客提供质朴的乡村生活。在农业旅游活动中不断增强参与性与体验性,游客可以参加鳕鱼节、板栗节等当地人的农家节庆活动。

（五）西班牙:提升产品附加值,因地制宜开发旅行路线

西班牙农业文化遗产丰富,目前有5个农牧业生产系统被认定为全球重要农业文化遗产,即阿尼亚纳盐谷农业系统（2017年认定）、阿萨尔基亚马拉加葡萄干生产系统（2017年认定）、塞尼亚地区古橄榄树农业系统（2018年认定）、巴伦西亚奥尔塔历史灌溉系统（2019年认定）、莱昂山脉农林牧复合系统（2022年认定）。这些农业文化遗产涉及盐业、葡萄种

[①] 李熙:广德福带队考察意大利GIAHS橄榄园项目[J].世界农业,2021(12):118.

[②] 佘菁华.意大利托斯卡纳地区农业旅游发展的经验及其启示[J].世界农业,2016(11):170-175.

植、橄榄产业、灌溉和农林牧复合系统,种类多样。西班牙政府为了发展农业文化遗产旅游,进一步保护农业文化遗产,采取了多项措施。

一是加强政策法规建设。根据联合国《生物多样性公约》,西班牙政府制定了《自然遗产名录》《生物多样性、自然遗产和生物多样性战略计划》《自然资源管理指南》等政策法规,通过《2030年可持续旅游战略》,以推动旅游业向可持续发展模式转型,促进自然和文化价值传播,加强各级行政主管部门的参与性治理,应对农村人口减少等挑战。2018年颁布《奥尔塔保护法》,遵循动态保护原则来保护农业文化遗产,通过旅游、节庆、美食活动推广奥尔塔地区的传统产品,保障在维持农业人口的基础上推广奥尔塔的文化、保护当地历史遗迹。

二是提供资金保障与社会支持。例如,阿尼亚纳盐谷农业系统的保护、开发和利用得到了阿尼亚纳盐谷基金会以及其他战略合作伙伴的支持。西班牙政府及相关自治区和省议会还共同提供资金保护塞尼亚地区古橄榄树农业系统,维护农村道路,举办橄榄树照片巡回展,测定古橄榄树的年龄并出版相关书籍等。

三是通过地理标志提升产品附加值。在西班牙,欧盟的"原产地保护"(PDO)体系和"地理标志保护"(PGI)体系认证都得到了消费者较高程度的认可。为保存传统栽培方法,保护马拉加葡萄干的手工制作技术,控制并提升产品质量,拓展葡萄干消费市场,西班牙安达卢西亚地区农业、渔业和农村发展部成功申请了对马拉加葡萄干进行原产地保护。"马拉加"地理标志还被用于当地出产的利口酒和葡萄酒。莱昂山脉农林牧复合系统涉及16种优质食品认证,为当地以美食为重点发展旅游业提供了助力。西班牙政府把阿尼亚纳盐和阿尼亚纳黑松露以及当地出产的草药搭配在一起,推出系列产品,提升产品价值。

四是因地制宜开发旅行路线。为了让人们能够拥有丰富的旅行体验,西班牙管理部门根据当地特点,设计了生态之旅、文化之旅和农业之旅等各种旅行路线。例如,在阿尼亚纳,游客既可以观察河床中的各种沉积物,学习山谷的独特地质史,又可以近距离欣赏嗜盐动植物,在盐水水疗中心放松身心;塞尼亚地区古橄榄树农业系统的管理部门通过串联博物馆、橄榄树树林、石头建筑等景观,规划了徒步路线和自行车骑行路线;阿萨尔基亚马拉加葡萄干生产系统的管理部门注重开发美食之旅,与知名餐厅联动恢复传统食谱,并创建由葡萄干制成的菜肴。此外,西班牙还通过举办各种集市、节日庆典吸引民众参与,如向盐业工人致敬的狂欢节、葡萄加工品美食节、庆祝丰收的舞蹈表演和篝火之夜等。

二、国内重要农业文化遗产保护与发展经验

(一)浙江青田稻鱼共生系统:世界农业文化遗产保护的探路者

浙江青田稻鱼共生系统是被联合国粮食及农业组织列为中国第一个、全球第一批的全球重要农业文化遗产保护项目试点,也是世界上第一个挂牌的全球重要农业文化遗产,从一开始就肩负着世界农业文化遗产保护探路者的角色。青田人民遵循"在发掘中保护,在利用中传承"的原则,充分利用生态、文化资源优势,积极发展多功能农业,使稻鱼共生系统逐渐成为世界农业文化遗产保护的成功范例。浙江青田稻鱼共生系统的保护与发展主要有如下经验。

一是明确遗产保护内容。在遗产核心保护区内建立了传统水稻品种资源保护基地和青田田鱼种质资源保护、良种繁育基地,在保护区内实施稻鱼共生传统种养模式,建立青田田鱼原种场,推广传统繁育技术。对传统稻鱼共生技术进行了深入挖掘,从稻田整理、稻种选择、鱼苗繁殖、鱼苗放养、田间管理等方面总结青田稻鱼共生的传统知识,制作科教片,积极举办鱼灯展演、田鱼文化节、田鱼烹饪大赛、开耕节等各种节日文化活动。

二是制定相关规划与政策。先后制定了《全球重要农业文化遗产青田稻鱼共生博物园建设总体规划(2010—2015年)》《青田稻鱼共生系统保护规划(2006—2015年)》《青田稻鱼共生系统保护与发展规划(2016—2025年)》《青田县"稻鱼共生"产业发展三年行动计划(2017—2019年)》等规划与政策,明确了保护与发展方向以及能力建设、保障措施等;先后

发布了《青田田鱼》《山区稻鱼共生技术规程》与《青田田鱼孵化和苗种培育技术规程》等地方标准，为推广稻鱼共生模式提供了技术依据；出台了《加快高效生态农业发展的实施细则》，建立了稻鱼共生生态补偿机制，对保护区稻鱼共生进行生态补贴，并为品牌建设与品质提升设立补助。

三是强化科技支撑。2005 年以来，青田县先后多次承办了联合国粮食及农业组织的全球重要农业文化遗产的学术会议，组织专家探讨青田稻鱼共生系统的保护问题。2010 年，与中国科学院地理科学与资源研究所、浙江大学等联合成立了青田稻鱼共生农业文化遗产研究中心、农业文化遗产院士专家工作站等机构，合作开展农业文化遗产保护机制、生态旅游发展、稻鱼系统生态机制等研究，为深化农业文化遗产、稻鱼共生和青田田鱼等方面研究提供技术支撑。

四是落实保护主体责任。坚持构建以政府为主导、农民为主体、全社会广泛参与的保护机制。2010 年，青田县人民政府成立了青田稻鱼共生系统保护工作领导小组，专门设立稻鱼共生产业发展中心、青田县农业发展有限公司等机构，统一负责稻鱼共生品牌的开发与利用；突出农民主体地位，通过惠农政策，支持保护区农民搞好稻鱼生产设施建设。[1] 鼓励专业大户、家庭农场、农民合作社、农业企业等新型农业经营主体参与青田稻鱼共生系统的保护与发展。[2]

五是加强对外展示和宣传。先后参加中国国际农产品交易会、中国重要农业文化遗产主题展、中国现代渔业暨渔业科技博览会等重要展会，举办中国农民丰收节暨青田稻鱼共生系统入选全球重要农业文化遗产15 周年系列活动，编制《青田稻鱼共生系统农业文化遗产旅游解说手册》《浙江青田稻鱼共生系统》等科普读物，在学校开展地方特色文化和鱼文化教育、建立农耕文化园等。

---

[1]　顾兴国,闵庆文,王英,等.浙江省农业文化遗产保护进展、问题与对策[J].浙江农业学报,2022(1):397-408.

[2]　吴敏芳,邹爱雷.全球重要农业文化遗产浙江省青田稻鱼共生系统保护和发展经验[J].世界农业,2014(11):151-155.

(二)绍兴会稽山古香榧群:守护古树群落,传承古老技艺

2013 年,浙江绍兴会稽山古香榧群被认定为中国重要农业文化遗产和全球重要农业文化遗产。绍兴市认真实施《绍兴会稽山古香榧群农业文化遗产保护与发展规划》,以"在发掘中保护,在利用中传承,在创新中发展"为要求,扎实推进规划落实,基本形成了"核心区重点推进,以点带面,点线结合辐射拉动"的农业文化遗产保护与发展格局。

一是强化立法保护,制定技术规程。2018 年 11 月,绍兴市人民代表大会常务委员会通过了《绍兴会稽山古香榧群保护规定》,开创了浙江省为单一植物实行地方立法保护的先河,为绍兴会稽山古香榧群保护和利用提供了有力的法治保障。组织编制《绍兴市古榧树养护技术规程》,主要包含古榧树健康等级评价、土壤管理、树体管理、组织管理等方面的内容。[①]

二是强化政策扶持,健全管理机制。绍兴市政府先后出台了《绍兴会稽山古香榧群保护管理办法》《关于做好市花市推广工作的意见》《关于推进香榧产业传承发展的意见》《绍兴会稽山古香榧群保护规定三年行动方案》等政策意见,进一步规范古香榧群保护管理。建立了绍兴会稽山占香榧群保护联席会议制度,加强对古香榧群保护工作的综合协调和监督指导,林业、交通运输、文广旅游等部门在古香榧群旅游规划、遗产地基础设施建设、全国生态文化村与省生态文化基地创建、香榧文化普及等方面积极配合。

三是守护古树群落,传承古老技艺。2016 年以来,绍兴市投入大量人力、财力,查清了古榧树资源总量、分布状况、生长情况、树龄等基本情况,并给每株古榧树编写了 22 位数字代码,登记造册、建档立案,将古榧树数据录入古树名木信息管理系统,同时开展树龄 80—99 年古榧树后备资源普查。2019 年,柯桥区投入 9 万多元,对稽东镇占岙村树龄达 1574 年、树势已严重衰退的国家一级保护古榧树展开修复性保护。围绕香榧

---

① 顾兴国,闵庆文,王英,等.浙江省农业文化遗产保护进展、问题与对策[J].浙江农业学报,2022(1):397-408.

树用石块构筑梯田、鱼鳞坑、树盘以及将竹子剖开做成栏杆等传统方式，阻挡水土流失以保护香榧树等。

四是培养遗产保护人才，提高遗产保护水平。2015 年 8 月，设立了绍兴市会稽山古香榧群保护管理局，明确编制，落实经费。2019 年改编为绍兴市自然资源保护管理中心（挂绍兴市古香榧群保护中心牌子）。每年举办香榧业务培训班，不断提升各级政府管理人员和遗产地农户的经营管理水平。通过加强与国内外同行专家的交流，专门组织相关人员赴云南红河、福建福州实地考察哈尼梯田等全球重要农业文化遗产的保护经验，联合国粮食及农业组织、日本、泰国等国内外多批专家和同行来绍兴市考察与举办培训班，提升了古香榧群保护队伍保护水平。

五是创新宣传方式，提升宣传效果。将香榧保护标志标牌分别安装在古香榧群的醒目位置，起到了宣传普及的效果。诸暨市的全球重要农业文化遗产绍兴会稽山古香榧群展示馆全年对外开放。通过拍摄大型古代农业纪录片在央视以及地方台播放、出版《全球重要农业文化遗产在中国》专刊等途径宣传介绍绍兴会稽山古香榧群。通过举办香榧节、香榧古道马拉松赛、香榧炒制比赛、香榧品牌评选等系列活动，扩大影响力。[①]

（三）湖州桑基鱼塘系统：探索企业、农户、高校等参与的遗产保护与发展机制

湖州桑基鱼塘系统于 2017 年 11 月被认定为全球重要农业文化遗产。自该系统申报重要农业文化遗产的工作启动以来，已经初步形成企业、农户、高校、院所等广泛参与的农业文化遗产保护与发展机制，在生态产品开发、休闲农业发展、对外宣传与科普教育等方面都取得较大突破。

一是发挥政府的主导作用。2013 年，湖州市、南浔区两级政府分别成立桑基鱼塘保护利用工作领导小组，出台了《湖州市桑基鱼塘保护办法》。南浔区成立桑基鱼塘系统保护管理中心，编制了《湖州南浔桑基鱼塘系统保护和发展规划》，并把该规划纳入"十三五"规划。湖州市政府、

南浔区政府每年安排一定资金支持湖州桑基鱼塘保护工作,按照《湖州市桑基鱼塘保护办法》规定的 6∶4 的塘基比例对核心区进行恢复。2017年以来,在桑基鱼塘系统核心保护区内建立了桑基鱼塘科普馆、百桑园,连同桑基鱼塘历史文化长廊等,展示桑基鱼塘的发展历史、蚕桑文化、科技成就等内容。①

二是发挥专家的支撑作用。2016 年,与中国工程院院士李文华团队签约,建立了全国首个农业文化遗产保护与发展院士专家工作站。2017年,邀请浙江大学、浙江省农业科学院等 8 名专家成立中国全球重要农业文化遗产保护与发展研究中心。2019 年 4 月,成立了湖州南太湖农业文化遗产保护与发展研究中心,聘请了中国科学院等专家为特聘专家和技术顾问。2019 年 7 月,通过"站站合作"形式,柔性引进中国科学院院士桂建芳团队。与浙江省农业科学院合作,开展"百千万"麦芽桑基塘鱼生态养殖技术的研究与应用。

三是发挥企业的带动作用。2016 年,湖州市南浔区和孚镇成立了湖州荻港桑基鱼塘建设管理有限公司,市、区两级政府每年安排专项资金220 余万元,由公司负责桑基鱼塘的日常管理和桑基鱼塘系统核心保护区的修复工作。2008 年起,举办了数十次不同规模的鱼桑文化展览和比赛,连续举办"鱼文化节",并举办全国"湖桑茶"论坛,多元化带动当地农旅发展,帮助村民增收。2017 年,在荻港渔庄建设桑基鱼塘历史文化馆。2019 年,创立湖州鱼桑文化研学院,打造全国中小学生研学旅行和生态文化旅游的重要基地。

四是发挥协会的纽带作用。2018 年,成立了湖州市桑基鱼塘产业协会,构建湖州蚕、桑、渔等产业联盟,开发桑、蚕、茧、鱼等农产品和文化创意产品,共同推进湖州桑基鱼塘产业蓬勃发展。2019 年 6 月开始,组织专家划定了湖州桑基塘鱼农产品地理标志地域保护范围,制定了湖州桑基塘鱼农产品地理标志质量控制技术规范,整理了湖州桑基塘鱼人文历

---

① 湖州市农业局.传承农耕文明 打造湖州乡村振兴金名片[N].农民日报,2018-04-24.

史等。2020 年 4 月,湖州桑基鱼塘产业协会举办湖州桑基塘鱼品牌推介会,通过宣传湖州桑基鱼塘系统遗产魅力,扩大农产品地理标志品牌影响力。

五是发挥农民的主体作用。2016 年以来,院士专家工作站与蚕桑、茶叶、水果三大产业联盟紧密结合,开展队伍建设和人才培养,平均每年培训高素质农民、乡镇以上技术骨干 1000 余人次,带动农民积极参与桑基鱼塘的保护与发展。2017 年,荻港村引进德清东庆蚕种有限公司,采取小蚕共育、大蚕分户、收茧到种场分散饲养模式,农户比往年年收入增加一倍。先后引进了池塘内循环零排放养殖系统、机械化养蚕平台和可供收割机收割的桑树品种,积极探索和发展桑基鱼塘新型模式,不但提高了劳动效率,而且节省了采桑成本。

(四)云南红河哈尼稻作梯田系统:推动"种植＋加工＋旅游"融合发展

2013 年 6 月,"云南红河哈尼梯田文化景观"列入《世界遗产名录》,成为我国第一个以民族名称命名、以农耕文明为主题的活态世界遗产。多年来,红河哈尼族彝族自治州不断加大对哈尼梯田农业物种资源和传统文化的挖掘和传承力度,借助绿色生态品牌和文化旅游品牌,全力打造"一产助推旅游、二产服从生态、三产激活全链条"的生态模式,取得了显著成效。[①]

一是全面保护生态景观格局。红河州立足全面保护"森林—村寨—梯田—水系"四素同构的生态景观格局,实施荒山造林、封山育林工程,遗产区森林覆盖率从 2013 年的 41.26％提高到 2022 年的 49.57％。对 64 个传统村落、4504 幢传统民居进行修缮,1603 幢传统民居实行挂牌保护,阿者科村、箐口村等 6 个村寨被列入中国传统村落名录。建立监测站、聘请监测员,修复损毁、旱化梯田 328.9 公顷,累计投入 1.31 亿元。沿用

---

① 全婧,尚秋媛.梯田秋色醉人心 "活态"瑰宝耀眼绽放! 红河哈尼梯田保护利用工作综述 [EB/OL].(2023-09-22)[2024-02-24].https://baijiahao.baidu.com/s? id＝1777728923420521426 &.wfr＝spider&.for＝pc/.

"赶沟人""木刻分水"传统水资源管理制度,实施 36 个水利项目,修缮梯田沟渠 105 条共计 86 千米。通过州、县合力,哈尼梯田灌溉系统得到有效保障,基础设施、人居环境得到了质的提升。

二是推动哈尼梯田一二三产融合发展。创造性提出"阿者科计划",建立内源式村集体企业主导发展模式,把资源变资产、村民变股民、叶子变票子,村民人均年收入从 2018 年的 2785 元增长到 2022 年的 13944 元,阿者科村入选"全国乡村旅游重点村"。哈尼梯田遗产区获评全国第二批"绿水青山就是金山银山"实践创新基地。通过复制推广"阿者科模式",遗产区的各个传统村寨将保护利用与乡村旅游结合,走上了绿色发展之路。遗产区共发展乡村客栈 266 家,直接带动就业 5000 余人,间接带动就业 1 万余人。在 2023 年文化和自然遗产日主场城市活动中,红河哈尼梯田"世界文化遗产保护传承　助推乡村振兴"项目入选国家文物局文物高质量发展十佳案例。

三是着力保护传承哈尼梯田文化。一方面,实施"哈尼古歌传承三年行动计划",开展哈尼古歌传承传唱展演活动,组建哈尼梯田文化传习馆和 350 支民族文化传承文艺队,奖补扶持农村优秀文艺队,加大非物质文化遗产传承人申报、扶持力度,引导老百姓唱好哈尼古歌、跳好哈尼乐作舞。举办哈尼古歌常态化演出、"最美护田人"评选、"火塘夜话"及非物质文化遗产进校园、进社区、进集镇等系列活动,举办中国农民丰收节、"开秧门"等实景农耕活动。[①]

四是推动"种植＋加工＋旅游"的融合发展。建立了水稻种植补贴和水稻专业合作社,并引进了红米深加工企业,以提高农户的生产积极性。与旅游开发公司合作,在基础设施建设、旅游品牌推广、资金贷款扶持等方面加大投入,引导农户参与旅游接待。在"种植＋加工＋旅游"的融合发展下,农户的农业生产继续维持,家庭收入显著提升。元阳县注册了"阿波红呢"和"元阳梯田红米"等系列商标,形成了哈尼梯田红米产品的

---

① 饶勇,黄翘楚.最美山岭雕刻　焕发生机活力[N].云南日报,2024-10-06.

系列品牌,成功推出了红米糊、红米茶、红米酒、红米牙膏、红米香皂、红米沐浴露等产品,大大延伸了梯田红米的产业链。[①] 此外,以种植户为主体,成立梯田红米专业合作社,与县粮食购销有限公司合作,形成"电商公司＋县粮食购销有限公司＋专业合作社＋农户"模式。

(五)内蒙古敖汉旱作农业系统:充分发挥科研人员、农户、专业合作社的作用

丰富的农业物种资源和生物多样性是农业文化遗产系统的重要特征之一。品种多样性的保护对于农业文化遗产的保护和传承具有至关重要的作用。2013 年以来,内蒙古敖汉旱作农业系统逐步开展了以谷子为优势产品的保护实践探索,形成"优势产品生产型"保护实践模式。此种模式的参与主体有地方政府、农业企业和当地社区农户。

一是加强对传统品种的收集与整理。敖汉旗政府通过逐村推进的方式对传统品种进行收集与整理,现已收集传统品种 218 个,并与农业科研院所合作建立了全国第一个旗县级旱作农业种质资源库;建立 10.7 万公顷的种植基地,通过试验筛选出环境适宜性强的传统品种进行推广。

二是充分发挥科研人员与当地农户的作用。科研人员与当地农户也是传统品种收集与整理的有力实践者。中国科学院农业政策研究中心与农户共同参与,激发农民对种质资源的重视,以此实现优势品种资源的保护。敖汉旗还在特定地点建立农业文化遗产监测点,对传统品种的保护利用进行检测,并每年向农业农村部报送检测报告。敖汉旗采用品种与品牌一起推广的"双推"模式,以敖汉小米品牌促进传统谷子品种推广,借助农业文化遗产影响力推广敖汉小米品牌;规划农业品牌战略、通过线上销售与实体销售相结合,发展旅游与主题节庆活动,多种媒介、多渠道实施农业品牌推广,打造具有一定影响力的农业品牌。

三是充分发挥农民专业合作社的作用。在敖汉旱作农业系统的保护与发展中,农民专业合作社起到了重要作用。敖汉旗共组建了 366 家种

---

① 杨伦,王国萍,闵庆文. 从理论到实践:我国重要农业文化遗产保护的主要模式与典型经验[J].自然与文化遗产研究,2020(6):10-18.

植专业合作社,引进了 27 家龙头企业,完善了敖汉小米产业链条。2019年,仅龙头企业、合作社带动年销售敖汉小米就达 1 万吨,直接为全旗农牧民增加收入 2 亿元。通过对初级农业产品进行深加工,对相关农产品进行资源整合,实现优势产品市场竞争力和经济价值的提升,以优势产品带动整个遗产系统的保护与发展。

第三节 宁波市农业文化遗产保护与发展存在的问题与对策建议

一、宁波市农业文化遗产保护与发展存在的问题

（一）农业文化遗产资源挖掘不足,高级别农业文化遗产数量过少

虽然宁波市农业文化遗产发掘工作已经取得较好的成绩,但已经认定和发现的遗产数量、类型尚不能完全代表宁波市优秀农业文化遗产的总体面貌,一些农业文化遗产资源还处于待识别、待发掘、待保护的状态。随着城镇化加快推进和现代农业技术的普及应用,有的遗产由于缺乏系统有效的保护而面临被破坏、被遗忘、被抛弃的危险。另外,宁波目前列入高级别农业文化遗产的数量过少,只有宁波黄古林蔺草-水稻轮作系统入选第六批中国重要农业文化遗产,尚无农业文化遗产项目入选全球重要农业文化遗产名录。在 2016 年农业部办公布的 408 项具有潜在保护价值的农业生产系统中,浙江省占 46 项,宁波市仅有东钱湖白肤冬瓜种植系统、奉化水蜜桃栽培系统、奉化芋艿栽培系统、奉化曲毫茶文化系统、奉化大桥草籽种植系统、象山白鹅养殖系统等 6 个项目入选。2024 年 1 月,在浙江省公布的 205 项浙江农业文化遗产资源库入库名录中,宁波市只占 19 项。

（二）农业文化遗产管理体系有待健全

根据《中国重要农业文化遗产认定标准》《重要农业文化遗产管理办法》的要求,遗产地要有明确的农业文化遗产保护与发展领导机构与管理机构。现在的农业文化遗产工作由农业农村部门兼管,缺少专门的管理人员。农业文化遗产内容丰富、数量庞大、类型多样,保护利用涉及农、林、牧、水、海洋、环保、文化、旅游、科技等多个部门,需要政府统一协调,但当前农业文化遗产保护主体结构性缺失,包括政府、社会组织和遗产地农村居民在内的统一保护与管理体制尚未建立,农业文化遗产管理部门存在职能重叠、管理标准不同等问题,部门之间容易产生利益冲突和推诿塞责。另外,与历史文化遗产、非物质文化遗产等遗产保护相比,农业文化遗产保护与管理的资金保障不足,农业文化遗产的基础设施建设、科研、培训、宣传推广、生态补偿等工作由于缺乏资金保障而受到限制。

（三）农业文化遗产发掘、保护与利用的科技支撑与研究相对滞后

开展多学科系统研究是对农业文化遗产地科学保护和有效利用的前提。农业文化遗产保护与利用工作所涉及的学科领域广泛,需要多个学科的协同研究与攻关,需要加强人力、资金等的投入。目前,在宁波农业文化遗产的价值挖掘、保护与发展机制、保护与活化利用等方面研究不足,运用文化学、历史地理学以及营养学、医药学、生态学、植物学等多学科对宁波农业文化遗产进行的深入系统研究还不够,农业文化遗产在价值发掘、申报、保护与发展等方面还需要多学科综合性团队的共同努力、长期跟踪和支持。

（四）对农业文化遗产的重要性认识不足,传统农耕技艺传承后继乏力

当前,宁波市对农业文化遗产品牌价值的系统性认识不够深入,在重要农业文化遗产的标志管理、宣传推介、品牌打造等方面措施不多、投入不足。部分群众对农业文化遗产的意义和保护需求认识不深。部分管理

者过分强调"原味",而无视了农民想要提高生活水平的诉求;部分管理者重在"拿牌子",忽略了"给票子"。对多数农民来说,获得更多的经济收入是他们参与农业文化遗产保护的主要动力,如果缺乏持续性的经营模式,他们很难真正投身农业文化遗产保护事业。受城镇化和现代生活方式转变的冲击,从事农业文化遗产保护传承的年轻人越来越少,已成为传统农业和农业文化遗产生存发展的巨大威胁,一些传统农事文化、农耕信仰、传统农耕技艺传承后继乏力。

(五)农业文化遗产在"农文旅"融合发展方面有待加强

多年来,宁波市在促进农业文化遗产的"农文旅"融合发展、推动宜居宜业和美乡村建设,提升人民群众满意度、幸福感等方面取得了积极成效,但还面临以下问题:一是全市重要农业文化遗产蕴藏的品牌价值远未得到发挥,一些农旅融合项目停留在田园观光、种植采摘、民宿体验等初级发展阶段,大型田园综合体、创意农业、农旅康养、农业科普研学等高端休闲、新业态项目发展不足;二是"农文旅"融合发展中的农业、文化和旅游业之间缺乏有效的衔接和协同,农民收益低、文化传承不足、产业化程度不高,共建共享的格局尚未形成;三是一些地方在"农文旅"融合发展中缺乏地方特色和文化内涵,产品同质化严重,难以吸引游客,文旅融合发展空间有待拓展等。

二、加强宁波市农业文化遗产保护与发展的对策建议

(一)深刻认识加强农业文化遗产保护的重大意义

一是加深对重要农业文化遗产保护重大意义的认识。习近平总书记强调,"人类在历史长河中创造了璀璨的农耕文明,保护农业文化遗产是人类共同的责任"。《"十四五"文化发展规划》强调,要加强农耕文化保护传承,通过保护乡村文物古迹、传统村落、农业遗迹等,推动乡村成为文明和谐、物心俱丰、美丽宜居的空间。因此,在新的历史时期,要深刻认识到,农业文化遗产的保护与传承是推动我国农业可持续发展的基本要求,

是乡村生态振兴、文化振兴、产业振兴等方面的重要内容,是增强乡村社会凝聚力、促进乡村文化传承与创新的重要载体。

二是把农业文化遗产保护纳入宁波历史文化遗产保护的总体框架。要树立以农业文化遗产增强文化自信、传承中华优秀传统文化、繁荣宁波港城文化的意识,把农业文化遗产保护纳入宁波历史文化遗产保护的总体框架;开展农业文化遗产保护传承,高水平挖掘农业文化遗产功能价值,打造更多具有辨识度的宁波农遗金名片;拓宽农业文化遗产促进乡村振兴的有效路径,真正让农业文化遗产活起来、传下去,不断提升港城文化的影响力和美誉度,为现代化滨海大都市建设增色添彩。

三是把农业文化遗产保护与乡村全面振兴相结合。在新时代,保护、传承、挖掘、利用农业文化遗产,对于实现乡村全面振兴具有重要意义。要以农业文化遗产助力共同富裕,充分发挥农业文化遗产的生态优势、品牌优势,拓宽农业文化遗产促进乡村振兴的有效路径,形成"挖掘一个文化遗产、搞活一个产业链条、带动一方百姓致富"的生动局面。

四是把农业文化遗产保护与大美宁波打造相结合。要以农业文化遗产提升大美宁波为目标,结合"精特亮"工程和城乡风貌整治提升,依托农业文化遗产,塑造"一村一品""一村一艺""一村一景"特色品牌,促进自然生态、社会文化、农业产业和谐发展,打造有山有水、有乡愁、有文化的大美乡村。①

(二)全面摸清全市农业文化遗产资源家底

一是加强农业文化遗产资源普查。组织由相关学科专家和农业农村管理人员组成的技术队伍,对潜在农业文化遗产资源进行系统化、规范化普查,按照活态性、适应性、复合性、战略性、多功能性和濒危性要求,充分梳理辖区内潜在遗产系统内部独特的种质、畜禽、古村古镇、生产、工艺、民风民俗等资源要素,掌握第一手资料和数据,作为加强发掘、保护、传承和利用农业文化遗产的前提,使其成为认定省级、国家级和各级重要农业

---

① 徐展新.市委常委会会议传达学习习近平主席致全球重要农业文化遗产大会贺信精神:打造更多具有辨识度的农遗金名片　为现代化滨海大都市建设增色添彩[N].宁波日报,2022-07-27.

文化遗产的重要依据。

二是完善农业文化遗产数据库。对发掘的农业文化遗产资源进行科学分析,建立包括地理环境、历史文化、社会经济等信息在内的宁波市级农业文化遗产资源库和农业文化遗产名录储备库,编制农业文化遗产资源名录和分布图,形成农业文化遗产普查报告。

三是着力推动申报中国重要农业文化遗产。根据全市重要农业文化遗产的类型、范围和重要性等,按照储备一批、培育一批、争创一批、冲击一批的目标,分级分类建立名录库,对入库项目开展挖掘保护和传承利用工作,对条件成熟的逐级申报推荐,力争早日将宁波黄古林蔺草-水稻轮作系统申报为世界农业文化遗产,将宁海长街蛏子养殖系统、象山海洋渔文化系统、余姚杨梅种植系统、鄞州雪菜文化系统等农业文化遗产申报为中国重要农业文化遗产。

(三)健全重要农业文化遗产保护与发展的机制

一是建立健全顶层设计体系。加快市本级农业文化遗产保护立法保护探索,编制全市农业文化遗产保护与发展规划,对全市农业文化遗产系统及其价值进行科学分析,对所面临的优势与劣势、机遇与挑战进行科学评估,从农业文化遗产保护要求和遗产地社会经济发展总目标出发,注重长期目标的实现,确保规划在较长时间内具有指导作用。

二是开展市本级重要农业文化遗产认定工作。在推进各级重要农业文化遗产的申报的基础上,开展宁波市本级重要农业文化遗产的认定工作,参照联合国、国家和浙江省重要农业文化遗产的认定标准、申报要求和管理办法,制定适应宁波市实际情况的重要农业文化遗产申报流程和管理制度,为开展建立区域性重要农业文化遗产名录提供示范。[①]

三是完善保护机构。设立宁波农业文化遗产保护利用工作小组,整合相关资源,在相关高校组织成立农业文化遗产研究中心,全面指导农业文化遗产挖掘普查、项目申报、保护与发展规划编制等工作。建立政府分

---

① 顾兴国,闵庆文,王英,等.浙江省农业文化遗产保护进展、问题与对策[J].浙江农业学报,2022(1):397-408.

管领导负责，农业农村部门牵头，文旅、住建、自然资源、生态环境、水利、发改、财政、金融等部门参与的协同推进机制，加强对各地做好农业文化遗产保护利用发展规划的指导。

四是提升农业文化遗产保护者的能力。面向广大基层农民、各类企业经营者、各级遗产行政管理者广泛开展农业文化遗产主题宣讲、遗产管理、生产技术、管理能力等培训活动，培育具有保护理念和传统知识、掌握现代管理技术与农业生产技术的高素质农民，提高企业经营者在农业文化遗产产品开发、产业管理等方面的水平，提升管理人员管理、保护与发展农业文化遗产的能力。

（四）加强农业文化遗产的科学研究、宣传与资金投入

一是加强科学研究。加强与高校、科研单位的合作，组建宁波市农业文化遗产专家库，为重要农业文化遗产认定和申报提供技术支撑。支持高校和科研机构成立农业文化遗产研究基地，鼓励遗产地成立农业文化遗产保护与发展院士工作站、专家工作站、博士后工作站等，对农业文化遗产专家开展深入研究和长期跟踪研究。在宁波市哲社规划课题、宁波市自然科学基金、宁波市软科学等科研项目中设立农业文化遗产保护发展专项研究，引导和鼓励企业、社会组织等对相关研究进行经费支持等。

二是加强农业文化遗产宣传交流与科普宣传。通过制作宣传视频、出版书籍刊物、设立遗产展示厅、举办主题培训和各类农业文化遗产推介活动等多种途径，宣传、普及宁波农业文化遗产知识，提高宁波农业文化遗产的知名度和美誉度，提升公众的遗产保护意识和对农业文化遗产的认知水平。将重要农业文化遗产科普教育纳入中华优秀传统文化传承发展工程，融入学前及大中小学教育体系。

三是加大资金投入。将各项重要农业文化遗产的保护与发展纳入遗产地国民经济和社会发展规划，为农业文化遗产保护利用提供专项资金支持。加强对农业文化遗产地实施生态和文化保护的补偿，对农业文化遗产地所保护的传统品种、自然景观、文化遗存以及休闲农业、特色农产品开发等给予特别扶持和税收优惠，促进有关企业积极参与，扩大宁波重

要农业文化遗产的品牌效应。

(五)推动农业文化遗产成为乡村振兴的重要抓手

一是将农业文化遗产保护与农民生活水平的提高相结合。积极培育农业文化遗产地新业态,夯实遗产地产业基础,激活遗产地文化根脉,让农业文化遗产保护成为促进乡村全面振兴的重要抓手,让农业文化遗产在新时代彰显出历久弥新的独特魅力和当代价值。[①] 尊重农民的主体地位,完善利益联结机制,注重持续为农民提供生计,让农民真正认识到保护农业文化遗产的重要意义和价值,增强他们的认同感、参与感。通过发挥农业文化遗产的经济、生态、文化与社会等价值,助力乡村共兴、共美、共育、共治与共富。

二是将农业文化遗产保护利用与推进农业现代化相结合。在乡村建设上,要根据农业生产方式特点,建设农村生活方式,保留青山绿水,留住乡愁,守好农业文化遗产瑰宝。在乡村治理方面,要注意积极挖掘农业文化遗产中的优秀合理因素,融入现代治理体系。尤其注意挖掘古代农业社会德治中好的做法,推动乡村形成自治、法治、德治有机结合的善治体系,推动乡村形成文明乡风、良好家风、淳朴民风。

三是打造富有宁波特色的农业文化系统。充分发挥市场机制,吸收社会资金,将东钱湖白肤冬瓜种植系统、奉化水蜜桃栽培系统、奉化芋艿栽培系统、象山白鹅养殖系统等一些具有生产潜力和开发价值的农业文化遗产打造成富有宁波特色的农业文化系统,做到在开发中保护、在保护中开发。对于农业文化遗产资源相对集中的地方,通过建立农耕文明博物馆的形式,收藏、保护、陈列和展览文物,优先发掘"特产型"项目,着力发展"链条型"产业。

(六)加强重要农业文化遗产的旅游开发利用

农业文化遗产既是重要的农业生产系统,又是重要的文化和景观资

---

① 农民日报、中国农网评论员:保护共同农业遗产　促进全面乡村振兴[N].农民日报.2022-07-19.

源,在保护的基础上,通过功能拓展,可以实现生态农业与休闲农业的结合,实现与第二、三产业的融合,带动当地农民就业增收,推动遗产地经济社会的可持续发展。在保护的基础上,通过农业文化遗产的挖掘与功能拓展,可以实现生态农业与休闲农业的结合,带动当地农民就业增收,推动遗产地乡村旅游的发展。

一是利用民俗类农业文化遗产旅游资源开发遗产节庆旅游。加强前童元宵行会、渔民开洋谢洋节、十里红妆婚俗等民俗类农业文化遗产的旅游开发,设计既有竞技性又充满趣味性的农事竞赛项目,根据农业农村习俗和生产生活特点设计,增强游客的体验性、参与性,延长旅游产业链。

二是利用聚落类农业文化遗产旅游资源开发主题农庄、民宿、民俗文化村。结合全域旅游和乡村旅游的发展,加强河姆渡遗址、井头山遗址等遗址类农业文化遗产的旅游开发,开发主题农庄、民宿、民俗文化村等旅游项目,以体现出遗产地的聚居和生活的生存环境,展示遗产地独具特色的民风民俗,提升农耕文化旅游的硬实力,形成农耕文化的“打卡地”,吸引游客来此观光、休闲和度假,体验日常的生活生产活动。

三是利用农业技术类、工具类农业文化遗产旅游资源开发博物馆。通过博物馆、民俗文化园等形式,将农业文化遗产中的耕种制度、土地制度、种植和养殖方法与技术展示出来,并结合现代农业的发展,打造宁波黄古林蔺草-水稻轮作系统、象山浙东白鹅养殖系统、宁海长街蛏子养殖系统、奉化芋艿头种植系统等农业科普基地等旅游项目,还原农业工具和技术的发展历史,传承传统技艺和传统农耕文化,展示现代农业科学技术的发展成果。

四是利用景观类、遗址类农业文化遗产进行旅游资源开发。景观类农业文化遗产中的自然生命景观、农业生产、生活场景等多种元素,是乡村旅游的重要载体。利用黄古林蔺草-水稻轮作系统等复合型农业景观、溪口国家森林公园等林业景观、井头山等贝丘遗址、渔山列岛等渔业景观等农业文化遗产旅游资源,打造经典的农业文化遗产景区,发展特色产业、采摘餐饮、研学实践、休闲度假等农文旅融合新业态,开发农耕历史之旅等旅游精品线路。

五是利用农业特产、林业特产、畜禽特产、渔业特产开发旅游商品与旅游纪念品。依托杨梅、水蜜桃、特色海产品、特色小吃等资源优势，通过创新、创意开发成生态旅游商品、绿色旅游食品、传统风味小吃、手工艺品等，做好"土特产"文章，强龙头、补链条、兴业态、树品牌，利用农业文化遗产推动乡村文旅产业全链条升级。

需要指出的是，农业文化遗产和其他遗产一样，既具有重要的文化、经济、生态价值，又具有脆弱性和不可再生性，不合理、不科学的开发都会造成遗产资源的破坏，甚至造成农业生态系统的退化与生态灾难。因此，开发农业文化遗产旅游，应当处理好长远利益与当前利益、农业生产与旅游发展、旅游发展与遗产保护、企业与社区等之间的关系，通过全域统筹规划、全域合理布局、全域服务提升、全域系统营销等全域旅游发展观念，构建良好的自然生态环境、人文社会环境和旅游消费环境，实现全域宜居宜业宜游，促进农业文化遗产地旅游业的可持续发展。

参考文献

[1] 陈茜,罗康隆.农业文化遗产复兴的当代生态价值研究:以湖南花垣子腊贡米复合种养系统为例[J].贵州社会科学,2021(9):63-68.

[2] 陈茜.农业文化遗产在乡村振兴中的价值与转化[J].原生态民族文化学刊,2020(3):133-140.

[3] 但方,王堃訚,但欢,等.农业文化遗产研究热点及趋势分析[J].世界农业,2022(5):108-118.

[4] 丁晓蕾,王思明,庄桂平.工具类农业文化遗产的价值及其保护利用研究[J].中国农业大学学报(社会科学版),2014(3):137-146.

[5] 冯瑄,陈晓众.宁波发布生物多样性保护"自然笔记"[N].宁波日报,2021-10-11.

[6] 高华兴.用好地标"金名片"铸造共富"金钥匙":浙江宁波市力推地理标志产业集约化规模化品牌化发展助力乡村振兴[N].中国质量报,2022-04-22.

[7] 顾嘉懿.遗产日,我们在纪念和传承什么[N].宁波日报,2023-06-11.

[8] 韩燕平,刘建平.关于农业遗产几个密切相关概念的辨析:兼论农业遗产的概念[J].古今农业,2007(3):111-115.

[9] 金君俐,刘建国.甬上物华[M].宁波:宁波出版社,2005.

[10] 雷于新,肖克之.中国农业博物馆馆藏中国传统农具[M].北京:中国农业出版社,2002.

[11] 李亮伟.泠泠唐音:唐诗咏宁波全解[M].宁波:宁波出版社,2021.

[12] 闵庆文,白艳莹.南美洲的农业文化遗产保护[N].农民日报,2013-

08-30.

[13] 闵庆文,张碧天,刘某承.加强农业文化遗产保护研究助推脱贫攻坚和乡村振兴战略:"第六届全国农业文化遗产大会"综述[J].古今农业,2020(1):92-100.

[14] 闵庆文,张丹,何露,等.中国农业文化遗产研究与保护实践的主要进展[J].资源科学,2011(8):1018-1024.

[15] 闵庆文.农业文化遗产的五大核心价值[N].农民日报,2014-01-17.

[16] 宁波市土地志编纂委员会.宁波市土地志[M].上海:上海辞书出版社,1999.

[17] 农业农村部国际交流服务中心.全球重要农业文化遗产概览(一)[J].农产品市场,2019(16):60-63.

[18] 彭兆荣.文化遗产学十讲[M].昆明:云南教育出版社,2012.

[19] 石声汉.中国农学遗产要略[M].北京:农业出版社,1981.

[20] 宋佳雨,刘海涛.西班牙拉阿哈基亚葡萄干生产系统[J].农产品市场,2019(17):63.

[21] 宋佳雨,宋雨星.坦桑尼亚马赛游牧系统[J].农产品市场,2019(17):62.

[22] 孙庆忠.枣韵千年:全球重要农业文化遗产的保护行动[J].金融博览,2020(13):20-22.

[23] 孙业红,闵庆文,成升魁,等.农业文化遗产的旅游资源特征研究[J].旅游学刊,2010(10):57-62.

[24] 孙志国,殷瑰姣,田敏,等.武陵山片区重要农业文化遗产保护状况的思考[J].浙江农业科学,2014(11):1757-1761.

[25] 汪本学,张海天.浙江农业文化遗产调查研究[M].上海:上海交通大学出版社,2018.

[26] 王思明,李明.中国农业文化遗产名录[M].北京:中国农业科学技术出版社,2016.

[27] 王思明.农业文化遗产概念的演变及其学科体系的构建[J].中国农

史,2019(6):113-121.

[28] 王万盈,何维娜,魏亭.宁波风物志[M].宁波:宁波出版社,2012.

[29] 吴灿;王梦琪.中国农业文化遗产研究的回顾与展望[J].社会科学家,2020(12):147-151.

[30] 象山县海洋与渔业局渔业志编纂办公室.象山县渔业志[M].北京:方志出版社,2008.

[31] 徐旺生,闵庆文.农业文化遗产与"三农"[M].北京:中国环境科学出版社,2008.

[32] 徐业鑫.文化失忆与重建:基于社会记忆视角的农业文化遗产价值挖掘与保护传承[J].中国农史,2021(2):137-144.

[33] 俞福海.宁波市志[M].北京:中华书局,1995.

[34] 张灿强,吴良.中国重要农业文化遗产:内涵再识、保护进展与难点突破[J].华中农业大学学报(社会科学版),2021(1):148-155.

[35] 张行周.宁波习俗丛谈[M].北京:民主出版社,1973.

[36] 赵敏.中外农业遗产介绍[N].中国旅游报,2005-06-17.

[37] 浙江省农业农村厅.浙江省农业文化遗产保护与发展[M].北京:中国农业出版社,2021.

[38] 周时奋.宁波老俗[M].宁波:宁波出版社,2008.

附　录

附录一　2016 年全国农业文化遗产普查结果[①]

北京市(50 项)

北京朝阳洼里油鸡养殖系统

北京朝阳黑庄户宫廷金鱼养殖系统

北京朝阳郎家园枣树栽培系统

北京海淀玉巴达杏栽培系统

北京丰台长辛店白枣栽培系统

北京丰台桃树种植系统

北京丰台花乡芍药复合种植系统

北京门头沟京白梨栽培系统

北京门头沟杏树栽培系统

北京门头沟京西核桃栽培系统

北京门头沟玫瑰花栽培系统

北京门头沟盖柿栽培系统

北京门头沟红头香椿栽培系统

北京房山旱作梯田系统

[①] 2016 年 12 月,农业部办公厅印发《关于公布 2016 年全国农业文化遗产普查结果的通知》,向社会公布了 408 项具有潜在保护价值的农业生产系统。

北京房山京白梨栽培系统

北京房山良乡板栗栽培系统

北京房山菱枣栽培系统

北京房山磨盘柿栽培系统

北京房山山楂栽培系统

北京房山仁用杏栽培系统

北京房山黄芩文化系统

北京房山上方山香椿文化系统

北京房山中华蜜蜂养殖系统

北京房山拒马河流域传统渔业系统

北京通州葡萄栽培系统

北京顺义水稻栽培系统

北京顺义铁吧哒杏栽培系统

北京大兴安定古桑园

北京大兴北京鸭养殖系统

北京大兴金把黄鸭梨栽培系统

北京大兴玫瑰香葡萄栽培系统

北京大兴皇室蔬菜栽培系统

北京大兴西瓜栽培系统

北京昌平京西小枣栽培系统

北京昌平海棠栽培系统

北京昌平京白梨栽培系统

北京昌平核桃栽培系统

北京昌平磨盘柿栽培系统

北京昌平燕山板栗栽培系统

北京平谷佛见喜梨栽培系统

北京平谷蜜梨栽培系统

北京怀柔板栗栽培系统

北京怀柔尜尜枣栽培系统

北京怀柔红肖梨栽培系统

北京密云黄土坎鸭梨栽培系统

北京密云御皇李子栽培系统

北京延庆香槟果栽培系统

北京延庆八棱海棠栽培系统

北京延庆李子栽培系统

北京延庆葡萄栽培系统

天津市(3 项)

天津宝坻稻作文化系统

天津静海枣树栽培系统

天津西青沙窝萝卜栽培系统

河北省(4 项)

河北涉县核桃-作物复合系统

河北魏县鸭梨栽培系统

河北永年大蒜栽培系统

河北献县古桑林

山西省(6 项)

山西稷山板栗栽培系统

山西临猗江石榴栽培系统

山西神池莜麦种植系统

山西壶关旱作梯田系统

山西平顺大红袍花椒栽培系统

山西沁县沁州黄小米种植系统

内蒙古自治区(6 项)

内蒙古东乌珠穆沁草原游牧系统

内蒙古西乌珠穆沁草原游牧系统

内蒙古阿巴嘎黑马养殖系统

内蒙古乌审草原游牧系统

内蒙古伊金霍洛草原游牧系统

内蒙古鄂托克阿尔巴斯白绒山羊养殖系统

辽宁省(7项)

辽宁台安龙凤台鸭养殖系统

辽宁岫岩大尖把梨栽培系统

辽宁本溪绒山羊养殖系统

辽宁本溪老红根谷子种植系统

辽宁大石桥博洛铺谷子种植系统

辽宁庄河歇马杏栽培系统

辽宁庄河大骨鸡养殖系统

吉林省(1项)

吉林和龙长白山林下参种植系统

黑龙江省(8项)

黑龙江五常稻作文化系统

黑龙江阿城交界木耳生产系统

黑龙江宁安镜泊湖渔猎文化系统

黑龙江东宁黑木耳生产系统

黑龙江东宁松茸文化系统

黑龙江穆棱红豆杉文化系统

黑龙江塔河桦树文化系统

黑龙江呼玛樟子松文化系统

江苏省(14项)

江苏丰县果树栽培系统

江苏溧阳白芹栽培系统

江苏金坛建昌圩传统农业系统

江苏张家港稻作文化系统

江苏张家港小麦种植系统

江苏如东狼山鸡养殖系统

江苏如东海子牛养殖系统

江苏海门琵琶栽培系统

江苏东海淮猪养殖系统

江苏淮安蒲菜栽培系统

江苏淮阴柘树文化系统

江苏淮阴银杏栽培系统

江苏姜堰溱湖湿地农业系统

江苏沭阳栗树栽培系统

浙江省（46项）

浙江建德苞茶文化系统

浙江东钱湖白肤冬瓜种植系统

浙江奉化水蜜桃栽培系统

浙江奉化芋艿栽培系统

浙江奉化曲毫茶文化系统

浙江奉化大桥草籽种植系统

浙江象山白鹅养殖系统

浙江乐清铁皮石斛文化系统

浙江永嘉稻作梯田系统

浙江苍南古磉柚栽培系统

浙江德清桑基鱼塘系统

浙江德清淡水珍珠养殖系统

浙江安吉竹文化系统

浙江秀洲南湖菱栽培系统

浙江秀洲槜李栽培系统

浙江嘉善杨庙雪菜栽培系统

浙江嘉善杜鹃花栽培系统

浙江海盐柑橘栽培系统

浙江海宁汪菜种植系统

浙江桐乡槜李栽培系统

浙江桐乡桑基鱼塘系统

浙江上虞盖北葡萄栽培系统

浙江上虞桑蚕养殖系统

浙江嵊州茶文化系统

浙江江山中华蜜蜂养殖系统

浙江常山油茶栽培系统

浙江常山胡柚栽培系统

浙江开化清水鱼养殖系统

浙江普陀兰花栽培系统

浙江普陀观音水仙栽培系统

浙江黄岩蜜橘栽培系统

浙江黄岩东魁杨梅栽培系统

浙江黄岩枇杷栽培系统

浙江天台云雾茶文化系统

浙江天台乌药文化系统

浙江天台小狗牛养殖系统

浙江天台香鱼养殖系统

浙江仙居鸡养殖系统

浙江缙云麻鸭养殖系统

浙江缙云茭白栽培系统

浙江龙泉香菇文化系统

浙江云和雪梨栽培系统

浙江云和黑木耳生产系统

浙江景宁惠明茶文化系统

浙江景宁香菇文化系统

浙江莲都通济堰及灌区农业系统

安徽省(8 项)

安徽绩溪金山时雨茶文化系统

安徽寿县古香草园

安徽寿县梨树栽培系统

安徽寿县八公山黄豆种植与豆腐文化系统

安徽相山笆斗杏栽培系统

安徽杜集葡萄栽培系统

安徽烈山石榴栽培系统

安徽黟县石墨茶文化系统

福建省(25 项)

福建丰泽清源山茶文化系统

福建洛江槟榔芋栽培系统

福建洛江红心地瓜栽培系统

福建洛江黄皮甘蔗栽培系统

福建洛江芥菜栽培系统

福建南安龙眼栽培系统

福建南安石亭绿茶文化系统

福建永春佛手茶文化系统

福建永春岵山荔枝栽培系统

福建永春闽南水仙栽培系统

福建晋江花生文化系统

福建惠安余甘栽培系统

福建安溪油柿栽培系统

福建安溪山药栽培系统

福建漳州凤凰山古荔枝林

福建云霄古茶园与茶文化系统

福建连城白鸭养殖系统

福建武平绿茶文化系统

福建龙岩斜背茶文化系统

福建龙岩花生栽培系统

福建松溪甘蔗栽培系统

福建霞浦荔枝栽培系统

福建福鼎白茶文化系统

福建古田银耳生产系统

福建蕉城柳杉文化系统

江西省（17 项）

江西广昌莲作文化系统

江西鄱阳传统渔业系统

江西大余鸭养殖与板鸭文化系统

江西遂川狗牯脑茶文化系统

江西遂川金桔栽培系统

江西修水宁红茶文化系统

江西青原灰鹅养殖系统

江西遂川鸭养殖系统

江西遂川稻作梯田系统

江西峡江蒿菜种植系统

江西新干三湖红橘栽培系统

江西泰和乌鸡养殖系统

江西分宜苎麻文化系统

江西浮梁茶文化系统

江西赣县稻作文化系统

江西彭泽梅花鹿养殖系统

江西庐山云雾茶文化系统

山东省（46 项）

山东历城白菜栽培系统

山东历城核桃栽培系统

山东章丘大葱栽培系统

山东章丘龙山小米种植系统

山东章丘明水香稻文化系统

山东章丘明水白莲藕栽培系统

山东章丘鲍芹栽培系统

山东章丘核桃栽培系统

山东章丘花椒栽培系统

山东章丘香椿文化系统

山东章丘甲鱼养殖系统

山东长清瓜蒌栽培系统

山东长清张夏玉杏栽培系统

山东长清茶文化系统

山东长清灵岩御菊栽培系统

山东桓台白莲藕栽培系统

山东桓台山药栽培系统

山东桓台四色韭黄栽培系统

山东峄城石榴栽培系统

山东滕州梨树栽培系统

山东台儿庄桃树栽培系统

山东台儿庄银杏栽培系统

山东寿光桂河芹菜栽培系统

山东寿光羊角黄辣椒栽培系统

山东寿光大葱栽培系统

山东寿光鸡养殖系统

山东安丘流苏树栽培系统

山东安丘大姜栽培系统

山东安丘花生栽培系统

山东安丘大蒜栽培系统

山东安丘大葱栽培系统

山东安丘樱桃栽培系统

山东岱岳古栗林

山东新泰黄瓜栽培系统

山东新泰樱桃栽培系统

山东雪野古栗林

山东莱芜鸡腿葱栽培系统

山东莱城白花丹参种植系统

山东莱城花椒栽培系统

山东莱城姜栽培系统

山东莱城朱砂桃栽培系统

山东莱城山楂栽培系统

山东莱城黑山羊养殖系统

山东莱城黑猪养殖系统

山东莱城大蒜栽培系统

山东临清古柘树林

河南省(6 项)

河南巩义古橿树林

河南新安古樱桃园

河南南召辛夷栽培系统

河南南召柞蚕养殖系统

河南平舆白芝麻种植系统

河南确山古栗林

湖北省(11 项)

湖北夷陵雾渡河猕猴桃栽培系统

湖北普都银杏栽培系统

湖北秭归桃叶橙栽培系统

湖北秭归九畹溪丝锦茶文化系统

湖北巴东独活栽培系统

湖北蔡甸藜蒿栽培系统

湖北蔡甸莲藕栽培系统

湖北监利猪养殖系统

湖北荆江鸭养殖系统

湖北随县葛根栽培系统

湖北钟祥葛根栽培系统

湖南省(5 项)

湖南江永香米文化系统

湖南双牌古银杏群

湖南道县把截萝卜栽培系统

湖南保靖古茶园

湖南古丈毛尖茶文化系统

广东省(9 项)

广东增城乌榄栽培系统

广东增城凉粉草栽培系统

广东增城挂绿荔枝栽培系统

广东增城稻作文化系统

广东增城迟菜心种植系统

广东潮阳乌苏杨梅栽培系统

广东阳春春砂栽培系统

广东高州古荔枝园

广东化州化橘红栽培系统

广西壮族自治区(14 项)

广西横县白毛茶文化系统

广西临桂罗汉果栽培系统

广西恭城月柿栽培系统

广西灌阳雪梨栽培系统

广西灵川古银杏群

广西全州稻鱼鸭复合系统

广西苍梧六堡茶文化系统

广西岑溪古茶园与茶文化系统

广西八步开山白毛茶文化系统

广西南丹巴平米种植系统

广西南丹长角辣椒栽培系统

广西南丹六龙茶文化系统

广西南丹巴平稻作梯田系统

广西忻城珍珠糯玉米种植系统

海南省(3项)

海南海口荔枝栽培系统

海南白沙茶园与茶文化系统

海南陵水疍家渔文化系统

四川省(20项)

四川崇州枇杷茶文化系统

四川龙泉驿水蜜桃栽培系统

四川郫县稻鱼共生系统

四川邛崃老川茶文化系统

四川邛崃花楸茶文化系统

四川双流成都麻羊养殖系统

四川双流郁金栽培系统

四川双流辣椒栽培系统

四川温江大蒜栽培系统

四川平武果梅文化系统

四川江油附子栽培系统

四川安州大树杜鹃文化系统

四川治县涪城麦冬栽培系统

四川三台崭山米枣栽培系统

四川北川苔子茶文化系统

四川雨城藏茶文化系统

四川名山蒙顶山茶文化系统

四川高坪芥菜栽培系统

四川嘉陵柑橘栽培系统

四川通江银耳生产系统

云南省（63项）

云南师宗薏米种植系统

云南师宗糯稻文化系统

云南师宗药用生姜栽培系统

云南南华山菌利用系统

云南双柏稻作梯田系统

云南大姚核桃栽培系统

云南大姚湾碧鸡养殖系统

云南大姚蜂蜜养殖系统

云南澄江渔猎文化系统

云南新平古茶园与茶文化系统

云南元阳古茶园与茶文化系统

云南建水古茶园与茶文化系统

云南建水稻作梯田系统

云南弥勒甘蔗栽培系统

云南蒙自甜石榴栽培系统

云南文山三七栽培系统

云南富宁八角栽培系统

云南广南铁皮石斛文化系统

云南广南古茶园与茶文化系统

云南广南文山牛养殖系统

云南西畴阳荷栽培系统

云南西畴乌骨鸡养殖系统

云南西畴传统渔业系统

云南丘北乌芋栽培系统

云南丘北辣椒栽培系统

云南丘北粉红腰豆种植系统

云南勐海古茶园与茶文化系统

云南巍山稻豆复种系统

云南巍山黑山羊养殖系统

云南巍山黄牛养殖系统

云南巍山红雪梨栽培系统

云南弥渡古茶园与茶文化系统

云南弥渡传统种植业系统

云南宾川核桃-作物复合系统

云南宾川朱苦拉古咖啡林

云南云龙沟渠灌溉农业系统

云南云龙林下作物栽培系统

云南云龙稻作梯田系统

云南云龙诺邓古盐井

云南云龙坝区灌溉农业系统

云南云龙梨-作物复合系统

云南云龙核桃-作物复合系统

云南云龙山地旱作复合系统

云南云龙高原养殖系统

云南云龙传统蔬菜种植系统

云南云龙古茶园与茶文化系统

云南云龙花椒栽培系统

云南云龙河谷灌溉农业系统

云南云龙仔猪养殖系统

云南云龙黑山羊养殖系统

云南云龙荞麦种植系统

云南云龙古梨园

云南云龙乌骨鸡养殖系统

云南腾冲银杏栽培系统

云南腾冲古茶园与茶文化系统

云南腾冲水牛养殖系统

云南腾冲秃杉栽培系统

云南腾冲马养殖系统

云南腾冲香叶树栽培系统

云南腾冲灌溉农业系统

云南芒市稻作文化系统

云南芒市德昂酸茶文化系统

云南瑞丽石斛栽培系统

贵州省(6项)

贵州盘县稻作梯田系统

贵州盘县古银杏群

贵州剑河稻作文化系统

贵州黎平香禾糯栽培系统

贵州三穗鸭养殖系统

贵州普定朵贝茶文化系统

西藏自治区(3项)

西藏乃东雅砻谷地传统农业系统

西藏山南青稞栽培系统

西藏吉隆犏牛养殖系统

陕西省(8项)

陕西凤县大红袍花椒栽培系统

陕西千阳稻作文化系统

陕西南郑古茶园与茶文化系统

陕西佛坪山茱萸栽培系统

陕西汉阴稻作梯田系统

陕西石泉桑蚕养殖系统

陕西紫阳古茶园与茶文化系统

陕西岚皋稻作文化系统

甘肃省(6项)

甘肃阿克塞哈萨克草原游牧系统

甘肃肃南裕固族草原游牧系统

甘肃碌曲洮河传统渔业系统

甘肃徽县银杏栽培系统

甘肃岷县黑裘皮羊养殖系统

甘肃岷县中蜂养殖系统

青海省(3项)

青海大通牦牛养殖系统

青海湟中蚕豆种植系统

青海湟中燕麦种植系统

宁夏回族自治区(6项)

宁夏大武口葡萄栽培系统

宁夏平罗昌润渠及其灌区农业系统

宁夏平罗桑树栽培系统

宁夏青铜峡稻作文化系统

宁夏盐池滩羊养殖系统

宁夏沙坡头灌溉农业系统

新疆维吾尔自治区(4项)

新疆察布查尔布哈农业系统

新疆温宿旱稻栽培系统

新疆高昌吐鲁番葡萄栽培系统

新疆阿图什无花果栽培系统

附录二　浙江省重要农业文化遗产资源库名录^①

序号	设区市	县(市、区)	农业文化遗产资源名称	备注
1	杭州市	西湖区	浙江杭州西湖龙井茶文化系统	中国重要农业文化遗产
2		萧山区	浙江萧山古柿树群	
3		余杭区	浙江余杭径山茶文化系统	
4		临平区	浙江临平超山梅文化系统	
5			浙江临平塘栖枇杷种植系统	
6			浙江临平莲藕种植与利用系统	
7		富阳区	浙江富阳安顶云雾茶文化系统	
8		临安区	浙江临安竹栽培与利用系统	
9			浙江临安山核桃栽培系统	
10		桐庐县	浙江桐庐古澳系统	
11			浙江桐庐桐君中药文化系统	
12		淳安县	浙江淳安鸠坑茶文化系统	
13		建德市	浙江建德苞茶文化系统	
14			浙江建德古楠木林	
15			浙江建德九头芥栽培系统	
16			浙江建德里叶白莲文化系统	
17	宁波市	海曙区	浙江宁波黄古林蔺草-水稻轮作系统	中国重要农业文化遗产
18		宁海县	浙江宁海长街蛏子养殖系统	
19			浙江宁海双峰香榧文化系统	
20			浙江宁海西店牡蛎养殖系统	
21			浙江宁海越溪稻药轮作系统	

---

①　浙江省农业农村厅 2024 年 1 月公布。

序号	设区市	县(市、区)	农业文化遗产资源名称	备注
22	宁波市	象山县	浙江象山海盐生产系统	
23			浙江象山海洋渔文化系统	
24			浙江象山浙东白鹅养殖系统	
25		余姚市	浙江余姚茶文化系统	
26			浙江余姚河姆渡茭白种植系统	
27			浙江余姚杨梅种植系统	
28			浙江余姚河姆渡稻作系统	
29		慈溪市	浙江慈溪咸草种植与利用系统	
30			浙江慈溪杨梅生态栽培系统	
31		鄞州区	浙江鄞州白肤冬瓜种植系统	
32			浙江鄞州雪菜文化系统	
33		奉化区	浙江奉化曲毫茶文化系统	
34			浙江奉化水蜜桃种植系统	
35			浙江奉化芋艿头种植系统	
36	温州市	瓯海区	浙江瓯海三垟湿地稻柑菱农业系统	
37		乐清市	浙江乐清雁荡山铁皮石斛文化系统	
38		瑞安市	浙江瑞安条台田湿地系统	
39		永嘉县	浙江永嘉稻鱼共生系统	
40			浙江永嘉乌牛早茶文化系统	
41		文成县	浙江文成杨梅栽培系统	
42		平阳县	浙江平阳黄汤茶文化系统	
43			浙江平阳畲族竹文化系统	
44			浙江平阳南麂列岛渔文化系统	
45			浙江平阳小黄姜种植与利用系统	
46			浙江平阳塘川橄榄种植系统	
47	湖州市	泰顺县	浙江泰顺传统茶种植系统	
48		苍南县	浙江苍南番薯种植与利用系统	
49			浙江苍南马站四季柚种植系统	

续表

序号	设区市	县(市、区)	农业文化遗产资源名称	备注
50	湖州市	吴兴区	浙江吴兴湖羊养殖系统	
51			浙江吴兴溇港圩田农业系统	中国重要农业文化遗产
52		南浔区	浙江湖州桑基鱼塘系统	全球重要农业文化遗产、中国重要农业文化遗产
53			浙江南浔湖羊养殖系统	
54		德清县	浙江德清淡水珍珠传统养殖与利用系统	中国重要农业文化遗产
55			浙江德清莫干黄芽茶文化系统	
56			浙江德清蚕桑丝织文化系统	
57		长兴县	浙江长兴顾渚山林-茶复合系统	
58			浙江长兴银杏文化系统	
59			浙江长兴湖羊养殖系统	
60		安吉县	浙江安吉竹文化系统	中国重要农业文化遗产
61			浙江安吉白茶文化系统	
62	嘉兴市	南湖区	浙江南湖凤桥水蜜桃种植系统	
63			浙江南湖生姜种植系统	
64			浙江南湖槜李种植系统	
65			浙江嘉兴南湖菱种植系统	
66			浙江嘉兴年糕稻种植与利用系统	
67		秀洲区	浙江秀洲南湖菱种植系统	
68			浙江秀洲槜李种植系统	
69			浙江秀洲塘浦圩田系统	
70		嘉善县	浙江嘉善黄桃种植系统	
71			浙江嘉善雪菜栽培系统	
72			浙江嘉善马家桥甜瓜栽培系统	
73			浙江嘉善杜鹃花文化系统	
74		海盐县	浙江海盐黄沙坞蜜橘栽培系统	
75			浙江海盐葡萄种植系统	

序号	设区市	县（市、区）	农业文化遗产资源名称	备注
76	嘉兴市	平湖市	浙江平湖西瓜文化系统	
77		海宁市	浙江海宁斜桥榨菜种植系统	
78			浙江海宁蚕桑文化系统	
79		桐乡市	浙江桐乡蚕桑文化系统	中国重要农业文化遗产
80			浙江桐乡杭白菊栽培系统	
81			浙江桐乡湖羊养殖系统	
82			浙江桐乡槜李栽培系统	
83	绍兴市	绍兴市域	浙江绍兴会稽山古香榧群	全球重要农业文化遗产、中国重要农业文化遗产
84		柯桥区	浙江柯桥兰花栽培系统	
85			浙江柯桥麻园笋文化系统	
86			浙江柯桥麻鸭养殖系统	
87			浙江柯桥古桂林	
88			浙江柯桥湖塘杨梅栽培系统	
89		上虞区	浙江上虞蚕桑文化系统	
90			浙江上虞盖北葡萄栽培系统	
91			浙江上虞岭南梯田农业系统	
92		诸暨市	浙江诸暨湖畈农渔复合系统	
93			浙江诸暨桔槔井灌农业系统	
94			浙江诸暨石笕茶文化系统	
95			浙江诸暨珍珠养殖与利用系统	
96		嵊州市	浙江嵊州茶文化系统	
97			浙江嵊州桃形李栽培系统	
98		新昌县	浙江新昌天姥茶文化系统	
99			浙江新昌小京生栽培系统	
100			浙江新昌白术栽培系统	

续表

序号	设区市	县(市、区)	农业文化遗产资源名称	备注
101	金华市	金华市域	浙江金华两头乌猪养殖系统	
102		婺城区	浙江婺城茶花栽培系统	
103		金东区	浙江金东佛手种植系统	
104		兰溪市	浙江兰溪毛峰茶文化系统	
105			浙江兰溪里山杨梅栽培系统	
106		东阳市	浙江东阳东白山茶文化系统	
107			浙江东阳元胡种植系统	中国重要农业文化遗产
108		义乌市	浙江义乌大枣种植及南枣加工文化系统	
109			浙江义乌糖蔗种植系统	
110			浙江义乌鱼花传统养殖系统	
111			浙江义乌长圆柿栽培系统	
112		永康市	浙江永康五指岩生姜种植系统	
113			浙江永康方山柿栽培系统	
114			浙江永康舜芋种植系统	
115			浙江永康灰鹅养殖系统	
116		浦江县	浙江浦江上山稻作文化系统	
117		武义县	浙江武义灵芝-铁皮石斛栽培系统	
118			浙江武义宣莲种植系统	
119		磐安县	浙江磐安云峰茶文化系统	
120			浙江磐安磐五味中药材文化系统	
121	衢州市	柯城区	浙江柯城衢橘栽培系统	
122		衢江区	浙江衢江稻鳖共生系统	
123			浙江衢江甘蔗种植系统	
124			浙江衢江红柿栽培系统	
125			浙江衢江蛟垄小黄姜种植系统	
126			浙江衢江椪柑种植系统	
127			浙江衢江岭洋茶文化系统	

序号	设区市	县(市、区)	农业文化遗产资源名称	备注
128	衢州市	龙游县	浙江龙游基塘农业系统	
129			浙江龙游北乡田莲鱼复合系统	
130			浙江龙游竹下麻鸡养殖系统	
131			浙江龙游方山茶文化系统	
132			浙江龙游乌猪养殖系统	
133			浙江龙游辣椒种植系统	
134			浙江龙游姜席堰农业系统	
135			浙江龙游毛竹文化系统	
136			浙江龙游甘蔗种植系统	
137			浙江龙游萝卜种植系统	
138			浙江龙游落汤青种植系统	
139			浙江龙游乌桕生产系统	
140		江山市	浙江江山黄精种植与利用系统	
141			浙江江山中蜂养殖系统	
142			浙江江山茶文化系统	
143		常山县	浙江常山油茶栽培系统	
144			浙江常山胡柚筑坎撩壕栽培系统	
145		开化县	浙江开化山泉流水养鱼系统	中国重要农业文化遗产
146			浙江开化龙顶茶文化系统	
147			浙江开化大豆种植系统	
148			浙江开化蟠姜种植系统	
149			浙江开化油茶栽培及利用系统	
150	舟山市	定海区	浙江定海鮸鱼养殖系统	
151			浙江舟山晚稻杨梅种植系统	
152		定海区	浙江定海金塘李种植系统	
153		普陀区	浙江普陀水仙-水稻轮作系统	
154			浙江普陀佛茶文化系统	
155			浙江普陀东极渔业文化系统	

续表

序号	设区市	县(市、区)	农业文化遗产资源名称	备注
156	舟山市	岱山县	浙江岱山沙洋花生种植与利用系统	
157		嵊泗县	浙江嵊泗贻贝养殖系统	
158	台州市	椒江区	浙江椒江围海养鱼系统	
159			浙江椒江贡姜种植系统	
160		黄岩区	浙江黄岩蜜橘筑墩栽培系统	中国重要农业文化遗产
161			浙江黄岩甘蔗种植与利用系统	
162			浙江黄岩茭白栽培系统	
163			浙江黄岩枇杷栽培系统	
164			浙江黄岩杨梅栽培系统	
165		路桥区	浙江路桥枇杷种植系统	
166		临海市	浙江临海羊岩勾青茶文化系统	
167		温岭市	浙江温岭黄鱼文化系统	
168		玉环市	浙江玉环文旦栽培系统	
169			浙江玉环火山茶文化系统	
170		天台县	浙江天台黄精文化系统	
171			浙江天台云雾茶文化系统	
172			浙江天台乌药林下种植系统	中国重要农业文化遗产
173			浙江天台铁皮石斛文化系统	
174			浙江天台小狗牛山地养殖系统	
175		仙居县	浙江仙居杨梅栽培系统	全球重要农业文化遗产、中国重要农业文化遗产
176			浙江仙居茶文化系统	
177			浙江仙居杨丰山稻作梯田系统	
178		三门县	浙江三门青蟹文化系统	
179	丽水市	莲都区	浙江莲都莲鸭共生系统	
180			浙江莲都通济堰及灌区农业系统	

序号	设区市	县(市、区)	农业文化遗产资源名称	备注
181	丽水市	龙泉市	浙江龙泉黑木耳栽培系统	
182			浙江龙泉灵芝种植系统	
183			浙江龙泉磨石栏茶文化系统	
184			浙江龙泉竹笋文化系统	
185			浙江龙泉香菇文化系统	
186		青田县	浙江青田稻鱼共生系统	全球重要农业文化遗产、中国重要农业文化遗产
187			浙江青田杨梅栽培系统	
188			浙江青田油茶栽培系统	
189		庆元县	浙江庆元香菇文化系统	全球重要农业文化遗产、中国重要农业文化遗产
190			浙江庆元荒野茶文化系统	
191		云和县	浙江云和梯田农业系统	中国重要农业文化遗产
192			浙江云和雪梨栽培系统	
193		缙云县	浙江缙云茭白-麻鸭共生系统	中国重要农业文化遗产
194			浙江缙云黄花菜栽培与加工系统	
195			浙江缙云芥菜种植系统	
196		遂昌县	浙江遂昌三叶青种植系统	
197			浙江遂昌蜜蜂养殖系统	
198			浙江遂昌山(稻)谷种植系统	
199		松阳县	浙江松阳茶文化系统	
200			浙江松阳"松古灌区"农业系统	
201		景宁县	浙江景宁惠明茶文化系统	
202			浙江景宁山地毛豆栽培与利用系统	
203			浙江景宁畲黄精林下栽培系统	
204			浙江景宁华南中蜂养殖系统	
205			浙江景宁高山茭白栽培系统